CAD/CAM/CAE 工程应用丛书

ANSYS 18.0 有限元分析学习宝典

贾雪艳 刘平安 等编著

机械工业出版社

本书以 ANSYS 18.0 为依据，对 ANSYS 分析的基本思路、操作步骤、应用技巧进行详细介绍，并结合典型工程应用实例详细讲述 ANSYS 的具体工程应用方法。

本书共分为 5 篇，第 1 篇为操作基础篇，详细介绍 ANSYS 分析的基本步骤和方法，共 6 章，依次介绍 ANSYS 18.0 概述、几何建模、划分网格、施加载荷、求解、后处理；第 2 篇为专题实例篇，按不同的分析专题讲解各种分析专题的参数设置方法与技巧，共 8 章，依次介绍结构静力分析、模态分析、谐响应分析、瞬态动力学分析、谱分析、非线性分析、结构屈曲分析、接触问题分析；第 3 篇为热分析篇，共 2 章，依次介绍稳态热分析与瞬态热分析、热辐射和相变分析；第 4 篇为电磁分析篇，共 3 章，依次介绍电磁场分析、磁场分析、电场分析；第 5 篇为耦合场分析篇，共 3 章，依次介绍耦合场分析、直接耦合场分析、多场求解-MFS 单码的耦合分析。

图书在版编目（CIP）数据

ANSYS 18.0 有限元分析学习宝典 / 贾雪艳等编著. —北京：机械工业出版社，2017.6

（CAD/CAM/CAE 工程应用丛书）

ISBN 978-7-111-57461-3

Ⅰ. ①A… Ⅱ. ①贾… Ⅲ. ①有限元分析—应用软件 Ⅳ. ①O241.82

中国版本图书馆 CIP 数据核字（2017）第 158292 号

机械工业出版社（北京市百万庄大街 22 号　邮政编码 100037）
策划编辑：张淑谦　　责任校对：张艳霞
责任编辑：张淑谦　　责任印制：李　昂

三河市国英印务有限公司印刷

2017 年 8 月第 1 版・第 1 次印刷
184mm×260mm・32 印张・782 千字
0001—3000 册
标准书号：ISBN 978-7-111-57461-3
定价：99.00 元

凡购本书，如有缺页、倒页、脱页，由本社发行部调换

电话服务	网络服务
服务咨询热线：（010）88361066	机 工 官 网：www.cmpbook.com
读者购书热线：（010）68322694	机 工 官 博：weibo.com/cmp1952
（010）88379203	教育服务网：www.cmpedu.com
封面无防伪标均为盗版	金　书　网：www.golden-book.com

前　言

随着计算力学、计算数学、工程管理学，特别是信息技术的飞速发展，数值模拟技术日趋成熟。数值模拟可以广泛应用到土木、机械、电子、能源、冶金、国防军工、航天航空等诸多领域，并对这些领域产生了深远的影响。

ANSYS软件是美国ANSYS公司研制的大型通用有限元分析（FEA）软件，是世界范围内成长较快的CAE软件之一，能够进行包括结构、热、声、流体及电磁场等学科的研究，在核工业、铁道、石油化工、航空航天、机械制造、能源、汽车交通、国防军工、电子、土木工程、造船、生物医药、轻工、地矿、水利、日用家电等领域有着广泛的应用。ANSYS因其功能强大，操作简便，现已成为国际上流行的有限元分析软件之一，并且在历年FEA评比中均名列前茅。目前，国内有100多所理工院校已采用ANSYS软件进行有限元分析或者作为标准教学软件。

一、编写目的

鉴于ANSYS软件强大的功能和深厚的工程应用底蕴，编者虽力图编写一本全方位介绍ANSYS软件在各个工程行业应用情况的书籍，但因篇幅有限，所以本书着重选择ANSYS的常见应用，利用ANSYS大体知识脉络作为线索，以实例作为"抓手"，帮助读者掌握利用ANSYS软件进行工程分析的基本技能和技巧。

二、本书特点

☑ 专业性强

本书的编者都是在高校多年从事计算机图形教学研究的一线人员，具有丰富的教学实践经验与教材编写经验，更有一些执笔者是国内ANSYS图书的知名作者。多年的教学工作使他们能够准确地把握读者的心理与实际需求。本书是编者总结多年的设计经验以及教学的心得体会所著，历时多年的精心准备，力求全面、细致地展现ANSYS软件在工程分析应用领域的各种功能和使用方法。

☑ 涵盖面广

就本书而言，编者的目的是编写一本对工科各专业具有普遍适用性的基础应用学习书籍。因为读者的专业学习方向不同，且有的读者可能需要在多个专业方向内应用ANSYS，所以本书对知识点的讲解非常全面，几乎包含了ANSYS软件的全部功能的讲解，内容涵盖了ANSYS分析基本流程、机械与结构分析、热力学分析、电磁学分析和耦合场分析等知识。对每个知识点，不求过于深入，只要求读者能够掌握可以满足一般工程分析的知识即可，并且在语言上尽量做到浅显易懂、言简意赅。

☑ 实例丰富

本书的实例无论是在数量上还是在种类上，都非常丰富。从数量上说，本书结合大量的工程分析实例，详细讲解 ANSYS 知识要点。全书包含 40 多个大型工程案例，让读者在学习案例的过程中逐渐掌握 ANSYS 软件的操作技巧。从种类上说，本书注意实例的行业分布广泛性，以普通机械和结构分析为主，热力学分析、电磁学分析和耦合场分析等工程方向为辅。

☑ 突出提升技能

本书从全面提升 ANSYS 工程分析能力的角度出发，结合大量的案例来讲解如何利用 ANSYS 软件进行有限元分析，使读者了解计算机辅助分析并能够独立地完成各种工程分析。

本书中的很多实例来源于工程分析项目案例，经过编者精心提炼和改编，不仅保证了读者能够学好知识点，更重要的是能够帮助读者掌握 ANSYS 的实际操作技能，同时培养工程分析实践能力。

三、本书的基本内容

书中尽量避开了烦琐的理论描述，从实际应用出发，结合编者使用该软件的经验，实例部分采用 GUI 方式一步步地对操作过程和步骤进行讲解。为了帮助用户熟悉 ANSYS 的相关操作命令，在每个实例的后面列出了分析过程的命令流文件。

本书以 ANSYS 18.0 为依据，对 ANSYS 分析的基本思路、操作步骤、应用技巧进行详细介绍，并结合典型工程应用实例详细讲述 ANSYS 的具体工程应用方法。

本书共分为 5 篇，第 1 篇为操作基础篇，详细介绍 ANSYS 分析的基本步骤和方法，共 6 章，依次介绍 ANSYS 18.0 概述、几何建模、划分网格、施加载荷、求解、后处理；第 2 篇为专题实例篇，按不同的分析专题讲解各种分析专题的参数设置方法与技巧，共 8 章，依次介绍结构静力分析、模态分析、谐响应分析、瞬态动力学分析、谱分析、非线性分析、结构屈曲分析、接触问题分析；第 3 篇为热分析篇，共 2 章，依次介绍稳态热分析和瞬态热分析、热辐射和相变分析；第 4 篇为电磁分析篇，共 4 章，依次介绍电磁场分析、磁场分析、电场分析；第 5 篇为耦合场分析篇，共 3 章，依次介绍耦合场分析、直接耦合场分析、多场求解-MFS 单码的耦合分析。

四、关于本书的服务

1．关于本书的技术问题或有关本书信息的发布

读者若遇到有关本书的技术问题，可以登录网站www.sjzswsw.com或将问题发到邮箱 win760520@126.com，编者将及时回复。也欢迎加入图书学习交流群 QQ：180284277 交流探讨。

2．安装软件的获取

按照本书中的实例进行操作练习以及使用 ANSYS 进行有限元分析时，需要事先在计算机上安装相应的软件，读者可通过网络、当地软件经销商购买正版软件。

本书由华东交通大学教材基金资助，主要由华东交通大学的贾雪艳、刘平安编写。此外，参与编写的还有胡仁喜、刘昌丽、康士廷、杨雪静、李亚莉、闫聪聪、贾长治、张亭、秦志霞、孟培、解江坤、闫国超、毛瑢、吴秋彦、孙立明、甘勤涛、李兵、王敏、王玮和井晓翠，在此对他们的付出表示真诚的感谢。

本书适用于 ANSYS 软件的初、中级用户，以及有初步使用经验的技术人员。本书可作为理工科院校相关专业的高年级本科生、研究生及教师学习 ANSYS 软件的教材，也可作为从事结构分析相关行业的工程技术人员使用 ANSYS 软件的参考书。另外，由于时间仓促，加之作者的水平有限，本书不足之处和错误在所难免，恳请相关专家和广大读者不吝赐教。

编　者

目 录

前言

第1篇 操作基础篇

第1章 ANSYS 18.0 概述 2
- 1.1 ANSYS 介绍 3
  - 1.1.1 ANSYS 的功能 3
  - 1.1.2 ANSYS 的发展 4
- 1.2 ANSYS 文件系统 4
  - 1.2.1 文件类型 4
  - 1.2.2 文件管理 5
- 1.3 ANSYS 18.0 的用户界面 8
- 1.4 ANSYS 分析过程 9
  - 1.4.1 建立模型 10
  - 1.4.2 加载并求解 10
  - 1.4.3 后处理 11
- 1.5 实例——悬臂梁应力分析 11
  - 1.5.1 问题描述 11
  - 1.5.2 GUI 路径模式 12
  - 1.5.3 命令流方式 22

第2章 几何建模 23
- 2.1 几何建模概论 24
  - 2.1.1 自底向上创建几何模型 24
  - 2.1.2 自顶向下创建几何模型 24
  - 2.1.3 布尔运算操作 24
  - 2.1.4 拖拉和旋转 25
  - 2.1.5 移动和复制 25
  - 2.1.6 修改模型（清除和删除）............ 26
  - 2.1.7 从 IGES 文件几何模型导入到 ANSYS 26
- 2.2 自顶向下创建几何模型（体素）............ 26
  - 2.2.1 创建面体素 26
  - 2.2.2 创建实体体素 27
- 2.3 自底向上创建几何模型 28
  - 2.3.1 关键点 29
  - 2.3.2 硬点 30
  - 2.3.3 线 31
  - 2.3.4 面 33
  - 2.3.5 体 34
- 2.4 工作平面的使用 35
  - 2.4.1 定义一个新的工作平面 36
  - 2.4.2 控制工作平面的显示和样式 36
  - 2.4.3 移动工作平面 36
  - 2.4.4 旋转工作平面 37
  - 2.4.5 还原一个已定义的工作平面 37
  - 2.4.6 工作平面的高级用途 37
- 2.5 坐标系简介 39
  - 2.5.1 总体坐标系和局部坐标系 40
  - 2.5.2 显示坐标系 42
  - 2.5.3 节点坐标系 42
  - 2.5.4 单元坐标系 43
  - 2.5.5 结果坐标系 44
- 2.6 使用布尔操作修正几何模型 44
  - 2.6.1 布尔运算的设置 44
  - 2.6.2 布尔运算之后的图元编号 45
  - 2.6.3 交运算 45
  - 2.6.4 两两相交 46
  - 2.6.5 相加 46
  - 2.6.6 相减 47
  - 2.6.7 利用工作平面进行减运算 47
  - 2.6.8 搭接 48
  - 2.6.9 分割 48
  - 2.6.10 粘接（或合并）............ 49
- 2.7 移动、复制和缩放几何模型 49
  - 2.7.1 按照样本生成图元 49
  - 2.7.2 由对称映像生成图元 50
  - 2.7.3 将样本图元转换坐标系 50

		2.7.4	实体模型图元的缩放 ········ 50
2.8	从 IGES 文件中将几何模型导入 ANSYS ······· 51
2.9	实例——输入 IGES 单一实体 ····· 52
2.10	实例——对输入模型进行修改 ········· 55
2.11	实例——旋转外轮的实体建模 ········· 59
	2.11.1	GUI 方式 ········· 59
	2.11.2	命令流方式 ········· 65

第 3 章 划分网格 ········· 68
3.1 有限元网格概论 ········· 69
3.2 设定单元属性 ········· 69
　　3.2.1 生成单元属性表 ········· 70
　　3.2.2 在划分网格之前分配单元属性 ··· 70
3.3 网格划分的控制 ········· 72
　　3.3.1 ANSYS 网格划分工具（MeshTool） ········· 72
　　3.3.2 单元形状 ········· 73
　　3.3.3 选择自由网格或映射网格划分 ··· 74
　　3.3.4 控制单元边中节点的位置 ········· 74
　　3.3.5 划分自由网格时的单元尺寸控制（SmartSizing） ········· 74
　　3.3.6 映射网格划分中单元的默认尺寸 ········· 75
　　3.3.7 局部网格划分控制 ········· 76
　　3.3.8 内部网格划分控制 ········· 77
　　3.3.9 生成过渡棱锥单元 ········· 78
　　3.3.10 将退化的四面体单元转化为非退化的形式 ········· 79
　　3.3.11 执行层网格划分 ········· 79
3.4 自由网格划分和映射网格划分控制 ········· 80
　　3.4.1 自由网格划分 ········· 80
　　3.4.2 映射网格划分 ········· 81
3.5 延伸和扫掠生成有限元模型 ········· 85
　　3.5.1 延伸（Extrude）生成网格 ········· 85
　　3.5.2 扫掠（VSWEEP）生成网格 ········· 87
3.6 修正有限元模型 ········· 89

　　3.6.1 局部细化网格 ········· 89
　　3.6.2 移动和复制节点及单元 ········· 92
　　3.6.3 控制面、线和单元的法向 ········· 93
　　3.6.4 修改单元属性 ········· 94
3.7 直接通过节点和单元生成有限元模型 ········· 95
　　3.7.1 节点 ········· 95
　　3.7.2 单元 ········· 96
3.8 编号控制 ········· 98
　　3.8.1 合并重复项 ········· 99
　　3.8.2 编号压缩 ········· 99
　　3.8.3 设定起始编号 ········· 100
　　3.8.4 编号偏差 ········· 100
3.9 实例——旋转外轮的网格划分 ········· 101
　　3.9.1 GUI 方式 ········· 101
　　3.9.2 命令流方式 ········· 105

第 4 章 施加载荷 ········· 107
4.1 载荷概论 ········· 108
　　4.1.1 载荷简介 ········· 108
　　4.1.2 载荷步、子步和平衡迭代 ········· 109
　　4.1.3 时间参数 ········· 109
　　4.1.4 阶跃载荷与坡道载荷 ········· 110
4.2 施加载荷 ········· 111
　　4.2.1 载荷分类 ········· 111
　　4.2.2 轴对称载荷与反作用力 ········· 116
　　4.2.3 利用表格施加载荷 ········· 117
　　4.2.4 利用函数施加载荷和边界条件 ········· 119
4.3 设定载荷步选项 ········· 121
　　4.3.1 通用选项 ········· 121
　　4.3.2 动力学分析选项 ········· 124
　　4.3.3 非线性选项 ········· 125
　　4.3.4 输出控制 ········· 125
　　4.3.5 Biot-Savart 选项 ········· 126
　　4.3.6 谱分析选项 ········· 127
　　4.3.7 创建多载荷步文件 ········· 127
4.4 实例——旋转外轮的载荷和约束施加 ········· 128
　　4.4.1 GUI 方式 ········· 128
　　4.4.2 命令流方式 ········· 130

第 5 章 求解 ... 132
5.1 求解概论 ... 133
- 5.1.1 使用直接求解法 ... 133
- 5.1.2 使用其他求解器 ... 134
- 5.1.3 获得解答 ... 134

5.2 利用特定的求解控制器指定求解类型 ... 135
- 5.2.1 使用 Abridged Solution 菜单命令 ... 135
- 5.2.2 使用求解控制对话框 ... 135

5.3 多载荷步求解 ... 136
- 5.3.1 多重求解法 ... 137
- 5.3.2 使用载荷步文件法 ... 137
- 5.3.3 使用数组参数法（矩阵参数法） ... 138

5.4 实例——旋转外轮模型求解 ... 139

第 6 章 后处理 ... 141
6.1 后处理概述 ... 142
- 6.1.1 结果文件 ... 143
- 6.1.2 后处理可用的数据类型 ... 143

6.2 通用后处理器（POST1） ... 143
- 6.2.1 将数据结果读入数据库 ... 144
- 6.2.2 图像显示结果 ... 150
- 6.2.3 列表显示结果 ... 157
- 6.2.4 将结果旋转到不同坐标系中并显示 ... 159

6.3 时间历程后处理（POST26） ... 160
- 6.3.1 定义和储存 POST26 变量 ... 161
- 6.3.2 检查变量 ... 163
- 6.3.3 POST26 后处理器的其他功能 ... 165

6.4 实例——旋转外轮计算结果后处理 ... 166
- 6.4.1 GUI 方式 ... 166
- 6.4.2 命令流方式 ... 172

第 2 篇 专题实例篇

第 7 章 结构静力分析 ... 174
7.1 结构静力概论 ... 175
7.2 实例——内六角扳手的静态分析 ... 175
- 7.2.1 问题描述 ... 175
- 7.2.2 建立模型 ... 176
- 7.2.3 定义边界条件并求解 ... 184
- 7.2.4 查看结果 ... 188
- 7.2.5 命令流执行方式 ... 193

7.3 实例——钢桁架桥静力受力分析 ... 193
- 7.3.1 问题描述 ... 193
- 7.3.2 建立模型 ... 194
- 7.3.3 定义边界条件并求解 ... 202
- 7.3.4 查看结果 ... 204
- 7.3.5 命令流执行方式 ... 208

第 8 章 模态分析 ... 209
8.1 模态分析概论 ... 210
8.2 实例——钢桁架桥模态分析 ... 210
- 8.2.1 问题描述 ... 210
- 8.2.2 GUI 操作方法 ... 211
- 8.2.3 求解 ... 211
- 8.2.4 查看结算结果 ... 212
- 8.2.5 退出程序 ... 215
- 8.2.6 命令流执行方式 ... 216

8.3 实例——压电变换器的自振频率分析 ... 216
- 8.3.1 问题描述 ... 216
- 8.3.2 建立模型 ... 217
- 8.3.3 求解短路电路频率 ... 223
- 8.3.4 短路电路频率后处理 ... 225
- 8.3.5 求解公开电路频率 ... 227
- 8.3.6 公开电路频率后处理 ... 228
- 8.3.7 命令流执行方式 ... 229

第 9 章 谐响应分析 ... 230
9.1 谐响应分析概论 ... 231
- 9.1.1 完全法（Full Method） ... 231
- 9.1.2 减缩法（Reduced Method） ... 232
- 9.1.3 模态叠加法（Mode Superposition Method） ... 232

9.1.4 3种方法的共同局限性 …… 232
9.2 实例——弹簧质子系统的谐响应分析 …… 232
　9.2.1 问题描述 …… 233
　9.2.2 建模及分网 …… 233
　9.2.3 模态分析 …… 237
　9.2.4 谐响应分析 …… 239
　9.2.5 观察结果 …… 240
　9.2.6 命令流执行方式 …… 243
第10章 瞬态动力学分析 …… 244
10.1 瞬态动力学概述 …… 245
　10.1.1 完全法（Full Method） …… 245
　10.1.2 模态叠加法（Mode Superposition Method） …… 245
　10.1.3 减缩法（Reduced Method） …… 246
10.2 实例——瞬态动力学分析 …… 246
　10.2.1 问题描述 …… 246
　10.2.2 建立模型 …… 247
　10.2.3 进行瞬态动力学分析设置、定义边界条件并求解 …… 251
　10.2.4 查看结果 …… 256
　10.2.5 命令流执行方式 …… 258
第11章 谱分析 …… 259
11.1 谱分析概论 …… 260
　11.1.1 响应谱 …… 260
　11.1.2 动力设计分析方法（DDAM） …… 260
　11.1.3 功率谱密度（PSD） …… 260
11.2 实例——支撑平板动力效果谱分析 …… 261
　11.2.1 问题描述 …… 261
　11.2.2 前处理 …… 261
　11.2.3 模态分析 …… 269
　11.2.4 谱分析 …… 272
　11.2.5 POST1 后处理 …… 275
　11.2.6 谐响应分析 …… 277
　11.2.7 POST26 后处理 …… 278

11.2.8 命令流执行方式 …… 280
第12章 非线性分析 …… 281
12.1 非线性分析概论 …… 282
　12.1.1 非线性行为的原因 …… 282
　12.1.2 非线性分析的基本信息 …… 283
　12.1.3 几何非线性 …… 285
　12.1.4 材料非线性 …… 286
　12.1.5 其他非线性问题 …… 290
12.2 实例——螺栓的蠕变分析 …… 290
　12.2.1 问题描述 …… 290
　12.2.2 建立模型 …… 291
　12.2.3 设置分析并求解 …… 294
　12.2.4 查看结果 …… 296
　12.2.5 命令流执行方式 …… 299
第13章 结构屈曲分析 …… 300
13.1 结构屈曲概论 …… 301
13.2 实例——薄壁圆筒屈曲分析 …… 301
　13.2.1 问题描述 …… 301
　13.2.2 前处理 …… 302
　13.2.3 建立实体模型 …… 303
　13.2.4 获得静力解 …… 305
　13.2.5 获得特征值屈曲解 …… 307
　13.2.6 扩展解 …… 308
　13.2.7 后处理 …… 309
　13.2.8 命令流执行方式 …… 309
第14章 接触问题分析 …… 310
14.1 接触问题概论 …… 311
　14.1.1 一般分类 …… 311
　14.1.2 接触单元 …… 311
14.2 实例——陶瓷套管的接触分析 …… 312
　14.2.1 问题描述 …… 312
　14.2.2 建立模型并划分网格 …… 313
　14.2.3 定义边界条件并求解 …… 320
　14.2.4 后处理 …… 324
　14.2.5 命令流执行方式 …… 328

第3篇 热分析篇

第15章 稳态热分析与瞬态热分析 …… 330
15.1 热分析概论 …… 331

15.1.1 热分析的特点 ········· 331
15.1.2 热分析单元 ··········· 332
15.2 热载荷和边界条件的类型 ····· 332
15.2.1 热载荷分类 ··········· 332
15.2.2 热载荷和边界条件注意事项 ··· 333
15.3 稳态热分析概述 ··········· 333
15.3.1 稳态热分析定义 ········· 333
15.3.2 稳态热分析的控制方程 ····· 334
15.4 实例——蒸汽管分析 ········ 334
15.4.1 问题描述 ············ 334
15.4.2 问题分析 ············ 334
15.4.3 进行平面的轴对称分析 ····· 335
15.4.4 进行三维分析 ·········· 340
15.4.5 命令流执行方式 ········· 347
15.5 瞬态热分析概述 ··········· 347
15.5.1 瞬态热分析特性 ········· 347
15.5.2 瞬态热分析前处理考虑因素 ··· 348
15.5.3 控制方程 ············ 348
15.5.4 初始条件的施加 ········· 348
15.6 实例——钢板加热过程分析 ···· 349
15.6.1 问题描述 ············ 349
15.6.2 问题分析 ············ 350
15.6.3 前处理 ············· 350
15.6.4 施加载荷及求解 ········· 351
15.6.5 后处理 ············· 353
15.6.6 命令流执行方式 ········· 356

第 16 章 热辐射和相变分析 ········· 357
16.1 热辐射基本理论及在 ANSYS 中的处理方法 ··········· 358
16.1.1 热辐射特性 ··········· 358
16.1.2 ANSYS 中热辐射的处理方法 ·· 358
16.2 实例——黑体热辐射分析 ····· 358
16.2.1 问题描述 ············ 358
16.2.2 问题分析 ············ 359
16.2.3 前处理 ············· 359
16.2.4 施加载荷及求解 ········· 360
16.2.5 后处理 ············· 361
16.2.6 命令流执行方式 ········· 362
16.3 实例——长方体形坯料空冷过程分析 ················ 362
16.3.1 问题描述 ············ 362
16.3.2 问题分析 ············ 363
16.3.3 前处理 ············· 363
16.3.4 施加载荷及求解 ········· 365
16.3.5 后处理 ············· 367
16.3.6 命令流执行方式 ········· 368
16.4 相变分析概述 ············ 368
16.4.1 相和相变 ············ 368
16.4.2 潜在热量和焓 ·········· 368
16.4.3 相变分析基本思路 ······· 369
16.5 实例——两铸钢板在不同介质中焊接过程对比 ··········· 371
16.5.1 问题描述 ············ 371
16.5.2 问题分析 ············ 371
16.5.3 前处理 ············· 371
16.5.4 施加载荷及求解 ········· 374
16.5.5 后处理 ············· 376
16.5.6 命令流执行方式 ········· 380

第 4 篇 电磁分析篇

第 17 章 电磁场分析 ············ 382
17.1 电磁场分析概述 ··········· 383
17.1.1 电磁场中常见边界条件 ····· 383
17.1.2 ANSYS 电磁场分析对象 ····· 383
17.1.3 电磁场单元简介 ········· 384
17.1.4 电磁宏 ············· 385
17.2 远场单元及其使用 ········· 386
17.2.1 远场单元 ············ 387
17.2.2 使用远场单元的注意事项 ···· 387

第 18 章 磁场分析 ············· 390
18.1 实例——载流导体的电磁力分析 ················ 391
18.1.1 问题描述 ············ 391
18.1.2 创建物理环境 ·········· 391
18.1.3 建立模型、赋予属性和划分网格 ············· 393

18.1.4　添加边界条件和载荷⋯⋯⋯⋯⋯398
　18.1.5　求解⋯⋯⋯⋯⋯⋯⋯⋯⋯⋯⋯399
　18.1.6　查看计算结果⋯⋯⋯⋯⋯⋯⋯399
　18.1.7　命令流执行方式⋯⋯⋯⋯⋯⋯404
18.2　实例——三维螺线管静态磁
　　　分析⋯⋯⋯⋯⋯⋯⋯⋯⋯⋯⋯⋯⋯404
　18.2.1　问题描述⋯⋯⋯⋯⋯⋯⋯⋯⋯404
　18.2.2　GUI 操作方法⋯⋯⋯⋯⋯⋯⋯405
　18.2.3　命令流执行方式⋯⋯⋯⋯⋯⋯417

第 19 章　电场分析⋯⋯⋯⋯⋯⋯⋯⋯⋯⋯418

19.1　实例——正方形电流环中的
　　　磁场⋯⋯⋯⋯⋯⋯⋯⋯⋯⋯⋯⋯⋯419
　19.1.1　问题描述⋯⋯⋯⋯⋯⋯⋯⋯⋯419
　19.1.2　创建物理环境⋯⋯⋯⋯⋯⋯⋯419
　19.1.3　建立模型、赋予属性和划分
　　　　　网格⋯⋯⋯⋯⋯⋯⋯⋯⋯⋯⋯421
　19.1.4　添加边界条件和载荷⋯⋯⋯⋯⋯423
　19.1.5　求解⋯⋯⋯⋯⋯⋯⋯⋯⋯⋯⋯424
　19.1.6　查看计算结果⋯⋯⋯⋯⋯⋯⋯424
　19.1.7　命令流执行方式⋯⋯⋯⋯⋯⋯427
19.2　实例——电容计算⋯⋯⋯⋯⋯⋯⋯428
　19.2.1　问题描述⋯⋯⋯⋯⋯⋯⋯⋯⋯428
　19.2.2　创建物理环境⋯⋯⋯⋯⋯⋯⋯428
　19.2.3　建立模型、赋予属性和划分
　　　　　网格⋯⋯⋯⋯⋯⋯⋯⋯⋯⋯⋯431
　19.2.4　添加边界条件和载荷⋯⋯⋯⋯⋯434
　19.2.5　求解⋯⋯⋯⋯⋯⋯⋯⋯⋯⋯⋯436
　19.2.6　命令流执行方式⋯⋯⋯⋯⋯⋯437

第 5 篇　耦合场分析篇

第 20 章　耦合场分析简介⋯⋯⋯⋯⋯⋯⋯440

20.1　耦合场分析的定义⋯⋯⋯⋯⋯⋯⋯441
20.2　耦合场分析的类型⋯⋯⋯⋯⋯⋯⋯441
　20.2.1　直接方法⋯⋯⋯⋯⋯⋯⋯⋯⋯441
　20.2.2　载荷传递分析⋯⋯⋯⋯⋯⋯⋯441
　20.2.3　直接方法和载荷传递⋯⋯⋯⋯442
　20.2.4　其他分析方法⋯⋯⋯⋯⋯⋯⋯444
20.3　耦合场分析的单位制⋯⋯⋯⋯⋯⋯444

第 21 章　直接耦合场分析——微型驱动器电热耦合分析⋯⋯⋯⋯⋯448

21.1　问题描述⋯⋯⋯⋯⋯⋯⋯⋯⋯⋯⋯449
21.2　前处理⋯⋯⋯⋯⋯⋯⋯⋯⋯⋯⋯⋯450
21.3　求解⋯⋯⋯⋯⋯⋯⋯⋯⋯⋯⋯⋯⋯472
21.4　后处理⋯⋯⋯⋯⋯⋯⋯⋯⋯⋯⋯⋯475
21.5　命令流执行方式⋯⋯⋯⋯⋯⋯⋯⋯476

第 22 章　多场求解-MFS 单码的耦合分析——静电驱动的梁分析⋯⋯⋯⋯⋯⋯⋯⋯⋯⋯477

22.1　问题描述⋯⋯⋯⋯⋯⋯⋯⋯⋯⋯⋯478
22.2　前处理⋯⋯⋯⋯⋯⋯⋯⋯⋯⋯⋯⋯478
22.3　求解⋯⋯⋯⋯⋯⋯⋯⋯⋯⋯⋯⋯⋯490
22.4　后处理⋯⋯⋯⋯⋯⋯⋯⋯⋯⋯⋯⋯495
22.5　命令流执行方式⋯⋯⋯⋯⋯⋯⋯⋯499

第 1 篇

操作基础篇

- ☑ 第 1 章　ANSYS 18.0 概述
- ☑ 第 2 章　几何建模
- ☑ 第 3 章　划分网格
- ☑ 第 4 章　施加载荷
- ☑ 第 5 章　求解
- ☑ 第 6 章　后处理

ANSYS 18.0 概述

本章简要介绍有限元分析软件 ANSYS 的最新版本 18.0，包括 ANSYS 的用户界面以及 ANSYS 的启动、配置与程序结构，最后用一个简单的例子来了解 ANSYS 分析的过程。

- ☑ ANSYS 介绍
- ☑ ANSYS 文件系统
- ☑ ANSYS 18.0 的用户界面
- ☑ ANSYS 分析过程
- ☑ 实例——悬臂梁应力分析

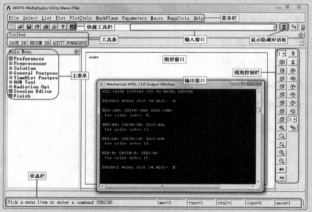

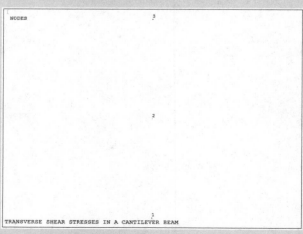

第1章 ANSYS 18.0概述

1.1 ANSYS 介绍

ANSYS 软件可在大多数计算机及操作系统中运行，从个人计算机到工作站，直到巨型计算机，ANSYS 文件在其所有的产品系列和工作平台上均兼容。ANSYS 多物理场耦合的功能，允许在同一模型上进行各式各样的耦合计算成本，如热-结构耦合、磁-结构耦合及电-磁-流体-热耦合，在个人计算机上生成的模型同样可运行于巨型机上，这样就确保了 ANSYS 对多领域多变工程问题的求解。

1.1.1 ANSYS 的功能

1. 结构分析

静力分析：用于静态载荷。可以考虑结构的线性及非线性行为，如大变形、大应变、应力刚化、接触、塑性、超弹性及蠕变等。

模态分析：计算线性结构的自振频率及振型，谱分析是模态分析的扩展，用于计算由随机振动引起的结构应力和应变（也称为响应谱或 PSD）。

谐响应分析：确定线性结构对随时间按正弦曲线变化的载荷的响应。

瞬态动力学分析：确定结构对随时间任意变化的载荷的响应。可以考虑与静力分析相同的结构非线性行为。

特征屈曲分析：用于计算线性屈曲载荷并确定屈曲模态形状（结合瞬态动力学分析可以实现非线性屈曲分析）。

专项分析：断裂分析、复合材料分析和疲劳分析。

专项分析用于模拟非常大的变形，惯性力占支配地位，并考虑所有的非线性行为。它的显式方程求解冲击、碰撞、快速成型等问题，是目前求解这类问题最有效的方法。

2. ANSYS 热分析

热分析一般不是单独的，其后往往进行结构分析，计算由于热膨胀或收缩不均匀引起的应力。热分析包括以下类型：

相变（熔化及凝固）：金属合金在温度变化时的相变，如铁合金中马氏体与奥氏体的转变。

内热源（如电阻发热等）：存在热源问题，如加热炉中对试件进行加热。

热传导：热传递的一种方式，当相接触的两物体存在温度差时发生。

热对流：热传递的一种方式，当存在流体、气体和温度差时发生。

热辐射：热传递的一种方式，只要存在温度差时就会发生，可以在真空中进行。

3. ANSYS 电磁分析

电磁分析中考虑的物理量是磁通量密度、磁场密度、磁力、磁力矩、阻抗、电感、涡流、耗能及磁通量泄漏等。磁场可由电流、永磁体、外加磁场等产生。电磁分析包括以下类型：

静磁场分析：计算直流电（DC）或永磁体产生的磁场。

交变磁场分析：计算由于交流电（AC）产生的磁场。

瞬态磁场分析：计算随时间随机变化的电流或外界引起的磁场。

电场分析：用于计算电阻或电容系统的电场。典型的物理量有电流密度、电荷密度、电场及电阻热等。

高频电磁场分析：用于微波及 RF（射频）无源组件，如波导、雷达系统、同轴连接器等。

4. ANSYS 流体分析

流体分析主要用于确定流体的流动及热行为。流体分析包括以下类型：

CFD（Coupling Fluid Dynamic，耦合流体动力）——ANSYS/FLOTRAN 提供强大的计算流体动力学分析功能，包括不可压缩或可压缩流体、层流及湍流及多组分流等。

声学分析：考虑流体介质与周围固体的相互作用，进行声波传递或水下结构的动力学分析等。

容器内流体分析：考虑容器内的非流动流体的影响。可以确定由于晃动引起的静力压力。

流体动力学耦合分析：在考虑流体约束质量的动力响应基础上，在结构动力学分析中使用流体耦合单元。

5. ANSYS 耦合场分析

耦合场分析主要考虑两个或多个物理场之间的相互作用。如果两个物理场之间相互影响，单独求解一个物理场是不可能得到正确结果的，因此需要一个能够将两个物理场组合到一起求解的分析软件。例如，在压电力分析中，需要同时求解电压分布（电场分析）和应变（结构分析）。

1.1.2 ANSYS 的发展

ANSYS 能与多数 CAD 软件结合使用，如 AutoCAD、I-DEAS、Pro/ENGINEER、NASTRAN、ABAQUS 等，实现数据共享和交换，是现代产品设计中的高级 CAD 工具之一。

ANSYS 软件提供了一个不断改进的功能清单，具体包括：结构高度非线性分析、电磁分析、计算流体力学分析、设计优化、接触分析、自适应网格划分、大应变/有限转动功能以及利用 ANSYS 参数设计语言（ANSYS Parameter Design Language，APDL）的扩展宏命令功能。基于 Motif 的菜单系统使用户能够通过对话框、下拉式菜单和子菜单进行数据输入和功能选择，为用户使用 ANSYS 提供"导航"。

1.2 ANSYS 文件系统

本节将简要讲述 ANSYS 文件的类型和文件管理的相关知识。

1.2.1 文件类型

ANSYS 程序广泛应用文件来存储和恢复数据，特别是在求解分析时。这些文件被命名为 jobname.ext，其中 jobname 是默认的工作名，默认作业名为 file，用户可以更改，最大长度可达 32 个字符，但必须是英文名，因为 ANSYS 目前不支持中文的文件名；ext 是由 ANSYS 定义的唯一的由 2～4 个字符组成的扩展名，用于表明文件的内容。

ANSYS 程序运行产生的文件中，有一些文件在 ANSYS 运行结束前产生，但在某一时刻会自动删除，这些文件被称为临时性文件，如表 1-1 所示；另外一些在运行结束后保留的文件则被称为永久性文件，如表 1-2 所示。

表 1-1 ANSYS 产生的临时性文件

文件名	类型	内容
jobname.ano	文本	图形注释命令
jobname.bat	文本	从批处理输入文件中复制的输入数据
jobname.don	文本	嵌套层（级）的循环命令
jobname.erot	二进制	旋转单元矩阵文件
jobname.page	二进制	ANSYS虚拟内存页文件

表 1-2 ANSYS 产生的永久性文件

文件名	类型	内容
jobname.out	文本	输出文件
jobname.db	二进制	数据文件
jobname.rst	二进制	结构与耦合分析文件
jobname.rth	二进制	热分析文件
jobname.rmg	二进制	磁场分析文件
jobname.rfl	二进制	流体分析文件
jobname.sn	文本	载荷步文件
jobname.grph	文本	图形文件
jobname.emat	二进制	单元矩阵文件
jobname.log	文本	日志文件
jobname.err	文本	错误文件
jobname.elem	文本	单元定义文件
jobname.esav	二进制	单元数据存储文件

临时性文件一般是计算过程中存储某些中间信息的文件，如 ANSYS 虚拟内存页（jobname.page）及某些中间信息的文件（jobname.erot）等。

1.2.2 文件管理

1．指定文件名

ANSYS 的文件名由以下 3 种方式来指定。

（1）进入 ANSYS 后，通过以下两种方式实现更改工作文件名。

命令：/FILNAME，fname。

GUI：Utility Menu > File > Change Jobname…。

（2）由 ANSYS 启动器交互式进入 ANSYS 后，直接运行，则 ANSYS 的文件名默认为 file。

（3）由 ANSYS 启动器交互式进入 ANSYS 后，在运行环境设置窗口 jobname 项中把系统默认的 file 更改为用户想要输入的文件名。

2．保存数据库文件

ANSYS 数据库文件包含了建模、求解、后处理所产生的保存在内存中的数据，一般只存储几何信息、节点单元信息、边界条件、载荷信息、材料信息、位移、应变、应力和温度等数据库文件，扩展名为.db。

存储操作将 ANSYS 数据库文件从内存中写入数据库文件 jobname.db，作为数据库当前状态的一个备份。由于 ANSYS 软件没有其他有限元软件的即时 UNDO 功能以及 ANSYS 没有自动保存功能，因此，建议用户在不能确定下一个操作是否正确的情况下，保存当前数据库，以便及时恢复。

ANSYS 提供以下 3 种方式存储数据库。

（1）利用工具条中的"SAVE_DB"按钮，如图 1-1 所示。

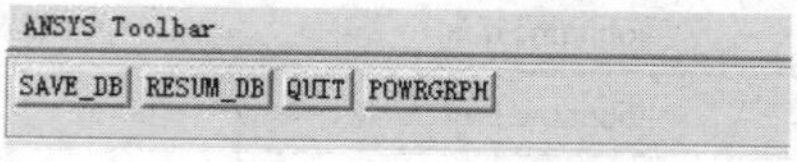

图 1-1 ANSYS 文件的存储与读取快捷方式

（2）使用命令流方式存储数据库。

命令：SAVE, Fname, ext, dir, slab。

（3）用菜单方式保存数据库。

GUI：Utility Menu > File > Save as jobname.db

　　　Utility Menu > File > Save as ….

◆ 注意：Save as jobname.db 表示以工作文件名保存数据库；而 Save as…表示将数据保存为另外一个新文件，当前的文件内容并不会发生改变，保存之后进行的操作仍记录到原来的工作文件的数据库中。

如果保存以后再次以一个同名数据库文件进行保存的话，ANSYS 会先将旧文件命名为 jobname.db 作为备份，此备份用户可以恢复它，相当于执行一次 Undo 操作。

在求解之前保存数据库。

3．恢复数据库文件

ANSYS 提供以下 3 种方式恢复数据库。

（1）利用工具条中的"RESUM_DB"按钮，如图 1-1 所示。

（2）使用命令流方式恢复数据库。

命令：Resume, Fname, ext, dir, slab。

（3）用菜单方式恢复数据库。

GUI：Utility Menu > File > Resume jobname.db

　　　Utility Menu > File > Resume from….

4．读入文本文件

ANSYS 程序经常需要读入一些文本文件，如参数文件、命令文件、单元文件、材料文件等，常见读入文本文件的操作如下。

（1）读取 ANSYS 命令记录文件。

命令：/Input, fname, ext, …, line, log。

GUI：Utility Menu > File > Read input from。

（2）读取宏文件。

命令：*Use, name, arg1, arg2, …, arg18。

GUI：Utility Menu > Macro > Execute Data Block。

（3）读取材料参数文件。

命令：Parres, lab, fname, ext, …。

GUI: Utility Menu > Parameters > Restore Parameters。

(4) 读取材料特性文件。

命令：Mpread，fname，ext，…，lib。

GUI: Main Menu > Preprocess > Material Props > Read from File

　　　Main Menu > Preprocess > Loads > Other > Change Mat Props > Read from File

　　　Main Menu > Solution > Load step opts > Other > change Mat Props > Read from File。

(5) 读取单元文件。

命令：Nread，fname，ext，…。

GUI: Main Menu > Preprocess > Modeling > Creat > Elements > Read Elem File。

(6) 读取节点文件。

命令：Nread，fname，ext，…。

GUI: Main Menu > Preprocess > Modeling > Creat > Nodes > Read Node File。

5．写入文本文件

(1) 写入参数文件。

命令：Parsav，lab，fname，ext，…。

GUI: Utility Menu > Parameters > Save Parameters。

(2) 写入材料特性文件。

命令：Mpwrite，fname，ext，…，lib，mat。

GUI: Main Menu > Preprocess > Material Props > Write to File

　　　Main Menu > Preprocess > Loads > Other > Change Mat Props > Write to File

　　　Main Menu > Solution > Load step opts > Other > change Mat Props > Write to File。

(3) 写入单元文件。

命令：Ewrite，fname，ext，…，kappnd，format。

GUI: Main Menu > Preprocess > Modeling > Creat > Elements > Write Elem File。

(4) 写入节点文件。

命令：Nwrite，fname，ext，…，kappnd。

GUI: Main Menu > Preprocess > Modeling > Creat > Elements > Write Node File。

6．文件操作

ANSYS 的文件操作相当于操作系统中的文件操作功能，如重命名文件、复制文件和删除文件等。

(1) 重命名文件。

命令：/rename，fname，ext，…，fname2，ext2，…。

GUI: Utility Menu > File > File Operation > Rename。

(2) 复制文件。

命令：/copy，fname，ext1，…，fname2，ext2，…。

GUI: Utility Menu > File > File Operation > Copy。

(3) 删除文件。

命令：/delete，fname，ext，…。

GUI: Utility Menu > File > File Operation > Delete。

7. 列表显示文件信息

（1）列表显示 Log 文件。

GUI：Utility Menu > File > List > Log Files

Utility Menu > List > Files > Log Files。

（2）列表显示二进制文件。

GUI：Utility Menu > File > List > Binary Files

Utility Menu > List > Files > Binary Files。

（3）列表显示错误信息文件。

GUI：Utility Menu > File > List > Error Files

Utility Menu > List > Files > Error Files。

1.3 ANSYS 18.0 的用户界面

启动 ANSYS 18.0 并设定工作目录和工作文件名之后，将进入如图 1-2 所示 ANSYS 18.0 的图形用户界面（Graphical User Interface，GUI）。ANSYS 18.0 图形用户界面主要包括以下几个部分。

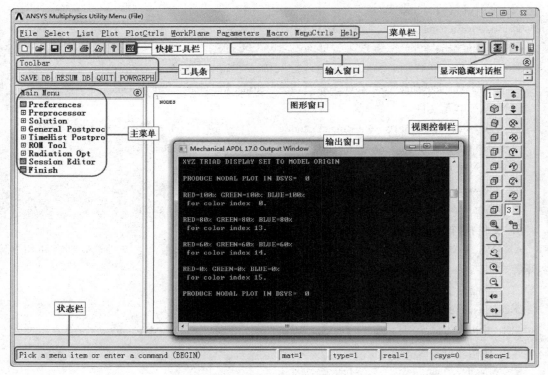

图 1-2 ANSYS 18.0 图形用户界面

1. 菜单栏

菜单栏包括 File（文件操作）、Select（选择功能）、List（数据列表）、Plot（图形显示）、PlotCtrls（视图环境控制）、WorkPlane（工作平面）、Parameters（参数）、Macro（宏命令）、

MenuCtrls（菜单控制）和 Help（帮助），共 10 个菜单，囊括了 ANSYS 的绝大部分系统环境配置功能。在 ANSYS 运行的任何时候均可以访问这些菜单。

2．快捷工具栏

快捷工具栏对于常用的新建、打开、保存数据文件、视图旋转、抓图软件、报告生成器和帮助操作，提供了快捷方式。

3．输入窗口

ANSYS 提供了 4 种输入方式：常用的 GUI（图形用户界面）输入、命令流输入、使用工具条和调用批处理文件。在输入窗口中可以输入 ANSYS 的各种命令，且在输入命令的过程中，ANSYS 自动匹配待选命令的输入格式。

4．图形窗口

图形窗口显示 ANSYS 的分析模型、网格、求解收敛过程、计算结果云图、等值线和动画等图形信息。

5．工具条

工具条中包括一些常用的 ANSYS 命令和函数，是执行命令的快捷方式。用户可以根据需要对其中的快捷命令进行编辑、修改和删除等操作，最多可设置 100 个命令按钮。

6．显示隐藏对话框

在对 ANSYS 进行操作的过程中，会弹出很多对话框，重叠的对话框会隐藏，单击输入栏右侧第一个按钮，可以迅速显示隐藏的对话框。

7．主菜单

主菜单几乎涵盖了 ANSYS 分析过程的全部菜单命令，按照 ANSYS 分析过程进行排列，依次是 Preferences（个性设置）、Preprocessor（前处理）、Solution（求解器）、General Postproc（通用后处理器）、TimeHist Postproc（时间历程后处理）、ROM Tool（ROM 工具）、Prob Design（概率设计）、Radiation Opt（辐射选项）、Session Editor（进程编辑）和 Finish（完成）。

8．状态栏

状态栏显示 ANSYS 的一些当前信息，如当前所在的模块、材料属性、单元实常数及系统坐标等。

9．视图控制栏

用户可以利用视图控制栏中的快捷方式方便地进行视图操作，如前视、后视、俯视、旋转任意角度、放大或缩小、移动图形等，调整到最佳的视图角度。

10．输出窗口

输出窗口的主要功能在于同步显示 ANSYS 对已进行的菜单操作或已输入命令的反馈信息，以及用户输入命令、菜单操作的出错信息和警告信息等。关闭此窗口，ANSYS 将强行退出。

注意：用户可利用输出窗口的提示信息，随时改正自己的操作错误，对修改用户编写的命令流特别有用。

1.4 ANSYS 分析过程

从总体上讲，ANSYS 软件有限元分析包含前处理、求解和后处理 3 个基本过程，如

图 1-3 所示，它们分别对应 ANSYS 主菜单系统中的 Preprocessor（前处理）、Solution（求解器）、General Postproc（通用后处理器）与 TimeHist Postproc（时间历程后处理器）。

ANSYS 软件包含多种有限元分析功能，从简单的线性静态分析到复杂的非线性动态分析，以及热分析、流固耦合分析、电磁分析、流体分析等。ANSYS 具体应用到每一个不同的工程领域时，其分析方法和步骤有所差别，本节主要讲述适用于大多数分析过程的一般步骤。

一个典型的 ANSYS 分析过程可分为以下 3 个步骤。

（1）建立模型。
（2）加载求解。
（3）查看分析结果。

图 1-3　分析主菜单

其中，建立模型包括参数定义、实体建模和划分网格；加载求解包括施加载荷、边界条件，以及进行求解运算；查看分析结果包括查看分析结果和分析处理并评估结果。

1.4.1　建立模型

建立模型包括创建实体模型、定义单元属性、划分有限元网格和修正模型等几项内容。现今，大部分的有限元模型都是用实体模型建模的，ANSYS 以数学的方式表达结构的几何形状，然后在里面划分节点和单元，还可以在几何模型边界上方便地施加载荷，但是实体模型并不参与有限元分析，因此，施加在几何实体边界上的载荷或约束必须最终传递到有限元模型上（单元或节点）进行求解，这个过程通常是 ANSYS 程序自动完成的。

用户可以通过以下 4 种途径创建 ANSYS 模型。

- ☑ 在 ANSYS 环境中创建实体模型，然后划分有限元网格。
- ☑ 在其他软件（如 CAD）中创建实体模型，然后读入 ANSYS 环境，经过修正后划分有限元网格。
- ☑ 在 ANSYS 环境中直接创建节点和单元。
- ☑ 在其他软件中创建有限元模型，然后将节点和单元数据读入 ANSYS。

单元属性是指划分网格以前必须指定的分析对象的特征，包括材料属性、单元类型和实常数等。需要强调的是，除了磁场分析以外，用户不需要告诉 ANSYS 使用的是什么单位制，只需要自己决定使用何种单位制，然后确保所有输入值的单位统一即可。单位制影响输入的实体模型尺寸、材料属性、实常数及载荷等。

1.4.2　加载并求解

ANSYS 中的载荷可分为以下几类。

- ☑ 自由度 DOF：定义节点的自由度（DOF）值（如结构分析的位移、热分析的温度和电磁分析的磁势等）。
- ☑ 面载荷（包括线载荷）：作用在表面的分布载荷（如结构分析的压力、热分析的热对流和电磁分析的麦克斯韦尔表面等）。
- ☑ 体积载荷：作用在体积上或场域内（如热分析的体积膨胀和内生成热、电磁分析的磁流密度等）。
- ☑ 惯性载荷：结构质量或惯性引起的载荷（如重力和加速度等）。

在进行求解之前,用户应进行分析数据检查,包括以下内容。
- ☑ 单元类型和选项,材料性质参数,实常数以及统一的单位制。
- ☑ 单元实常数和材料类型的设置,实体模型的质量特性。
- ☑ 确保模型中没有不应存在的缝隙(特别是从 CAD 中输入的模型)。
- ☑ 壳单元的法向,以及节点坐标系。
- ☑ 集中载荷和体积载荷,以及面载荷的方向。
- ☑ 温度场的分布和范围,以及热膨胀分析的参考温度。

1.4.3 后处理

ANSYS 提供了以下两个后处理器。
- ☑ 通用后处理(POST1):用来观看整个模型在某一时刻的结果。
- ☑ 时间历程后处理(POST26):用来观看模型在不同时间段或载荷步上的结果,常用于处理瞬态分析和动力分析的结果。

1.5 实例——悬臂梁应力分析

1.5.1 问题描述

如图 1-4a 所示,一个长度为 L、宽度为 w、高度为 h 的悬臂梁结构自由端受力 F 作用而弯曲,其有限元模型如图 1-4b 所示,采用壳体单元(SHELL99),共有 4 层,每层有指定的材料特性和厚度。其拉压破坏和剪切破坏应力分别为 $\sigma_x f$、$\sigma_y f$、$\sigma_z f$ 和 $\sigma_{xy} f$。

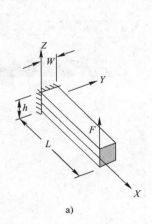
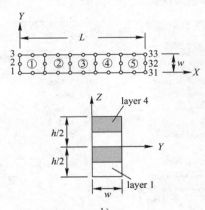

图 1-4 悬臂梁示意图

a) 实体模型 b) 有限元模型

悬臂梁尺寸及材料特性如下(采用英制单位):

$E = 30 \times 10^6$ psi,$v = 0$,$\sigma_x f = 25000$ psi,$\sigma_{xy} f = 500$ psi。

$\sigma_y f = 3000$ psi,$\sigma_z f = 5000$ psi。

$L = 10.0$ in,$w = 1.0$ in,$h = 2.0$ in,$F = 10000$ lb。

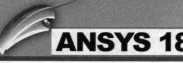

1.5.2 GUI 路径模式

01 建立模型

❶ 定义工作文件名：Utility Menu > File > Change Jobname，弹出如图 1-5 所示的"Change Jobname"对话框，在"Enter new jobname"文本框中输入"Beam"，并将"New log and error files"复选框选为"Yes"，单击"OK"按钮。

❷ 定义工作标题：Utility Menu>File>Change Title，在出现的对话框中输入"TRANSVERSE SHEAR STRESSES IN A CANTILEVER BEAM"，如图 1-6 所示，单击"OK"按钮。

图 1-5 "Change Jobname"对话框　　　　图 1-6 "Change Title"对话框

❸ 关闭三角坐标符号：Utility Menu > PlotCtrls > Window Controls > Window Options，弹出如图 1-7 所示的"Window Options"对话框，在"Location of triad"下拉列表框中，选择"Not shown"，单击"OK"按钮。

❹ 选择单元类型：Main Menu > Preprocessor > Element Type > Add/Edit/Delete，弹出如图 1-8 所示的"Element Types"对话框，单击"Add"按钮，弹出如图 1-9 所示的"Library of Element Types"对话框，在选择框中分别选择"Structural Shell"和"3D 8node 281"，单击"OK"按钮。

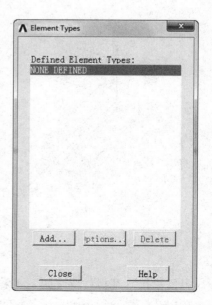

图 1-7 "Window Options"对话框　　　　图 1-8 "Element Types"对话框

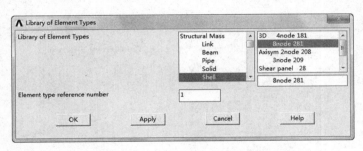

图 1-9 "Library of Element Types" 对话框

❺ 设置单元属性：单击"Element Types"对话框中的"Options"按钮，弹出如图 1-10 所示的"SHELL281 element type options"对话框，在"Storage of layer data K8"下拉列表框中选择"All layers + Middle"选项，单击"OK"按钮，然后单击"Element Types"对话框中的"Close"按钮，关闭该对话框。

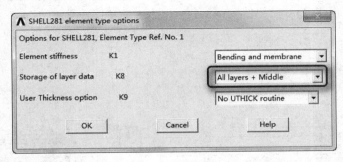

图 1-10 "SHELL281 element type options" 对话框

❻ 设置材料属性：Main Menu > Preprocessor > Material Props > Material Models，弹出如图 1-11 所示的"Define Material Model Behavior"对话框，在"Material Models Available"列表框中依次打开 Structural > Linear > Elastic > Isotropic，又弹出如图 1-12 所示的"Linear Isotropic Properties for Material Number 1"对话框，在"EX"文本框中输入"3e6"，在"PRXY"文本框中输入"0"，单击"OK"按钮，然后单击菜单栏中的 Material > Exit 选项，完成材料属性的设置。

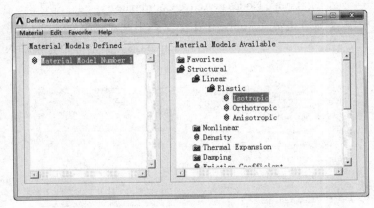

图 1-11 "Define Material Model Behavior" 对话框

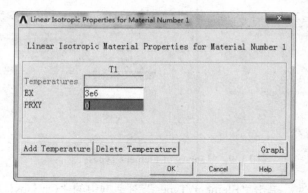

图 1-12 "Linear Isotropic Properties for Material Number 1" 对话框

❼ 划分层单元：Main Menu > Preprocessor > Sections > Shell > Lay-up > Add / Edit，弹出如图 1-13 所示的 "Create and Modify Shell Sections" 对话框，单击 "Add Layer" 按钮添加层，分别创建 "Thickness" 为 0.5、"Integration Pts" 为 5 的 4 层，单击 "OK" 按钮。

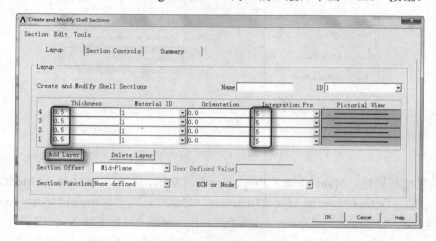

图 1-13 "Create and Modify Shell Sections" 对话框

❽ 创建两个单元节点：Main Menu > Preprocessor > Modeling > Create > Nodes > In Active CS，弹出如图 1-14 所示的 "Create Nodes in Active Coordinate System" 对话框，在 "NODE Node number" 文本框中输入 "1"，单击 "Apply" 按钮，又弹出此对话框，在 "NODE Node number" 文本框中输入 "3"，在 "X, Y, Z Location in active CS" 文本框中分别输入 "0, 1, 0"，单击 "OK" 按钮。

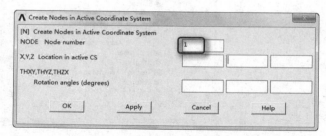

图 1-14 "Create Nodes in Active Coordinate System" 对话框

❾ 创建第 3 个节点：Main Menu > Preprocessor > Modeling > Create > Nodes > Fill between Nds，弹出一个拾取框，在图形上拾取编号为 1 和 3 的节点，单击"OK"按钮，又弹出如图 1-15 所示的"Create Nodes Between 2 Nodes"对话框，单击"OK"按钮。生成的结果如图 1-16 所示。

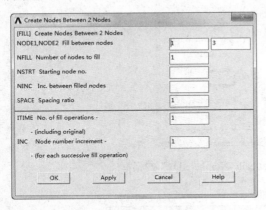

图 1-15 "Create Nodes Between 2 Nodes"对话框　　　图 1-16 节点生成图形显示

❿ 复制其他节点：Main Menu > Preprocessor > Modeling > Copy > Nodes > Copy，弹出一个拾取框，单击"Pick All"按钮，又弹出如图 1-17 所示的"Copy nodes"对话框，在"ITIME Total number of copies including original"文本框中输入"11"，在"DX　X-offset in active CS"文本框中输入"1"，单击"OK"按钮，结果生成如图 1-18 所示的图形。

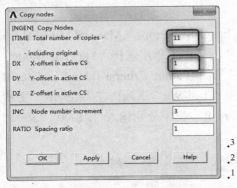

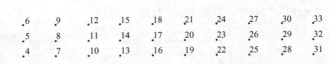

图 1-17 "Copy nodes"对话框　　　　　　　图 1-18 节点生成图形显示

⓫ 连接节点生成单元：Main Menu > Preprocessor > Modeling > Create > Elements > Auto Numbered > Thru Nodes，弹出一个拾取框，依次拾取图形上编号为 1、7、9、3、4、8、6、2 的节点，单击"OK"按钮。

⓬ 复制生成其他单元：Main Menu > Preprocessor > Modeling > Copy > Elements > Auto Numbered，弹出一个拾取框，单击拾取图形上刚刚生成的单元，单击"OK"按钮，又弹出如图 1-19 所示的"Copy Elements（Automatically-Numbered）"对话框，在"ITIME　Total number of copies including original"文本框中输入"5"，在"NINC　Node number increment"文本框中输入"6"，在"DX　（opt）X-offset in active"文本框中输入"2"，单击"OK"按钮，生成的结果如图 1-20 所示。

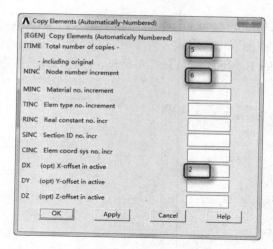

图 1-19 "Copy Elements（Automatically-Numbered）"对话框

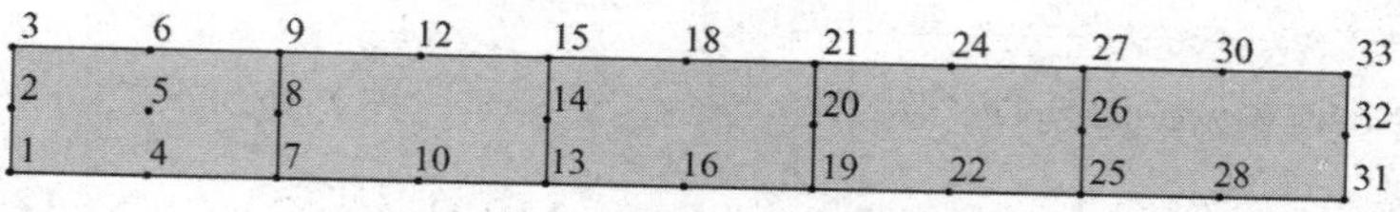

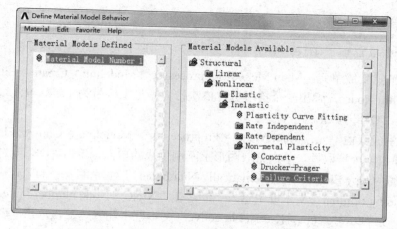

图 1-20 有限元模型显示

⑬ 保存有限元模型：File > Save as，弹出一个对话框，在"Save database to"文本框中输入"beamfea.db"，单击"OK"按钮。

02 设置破坏准则

Main Menu > Solution > Load Step Opts > Other > Change Mat Props > Material Models，弹出如图 1-21 所示的"Define Material Model Behavior"对话框，单击选择"Material Models Available"下的"Failure Criteria"选项，弹出如图 1-22 所示的"Failure Criteria Table for Material Number 1"对话框，在"Criteria 3"下拉列表框中选中"Tsai-Wu"选项，在"Temps"文本框输入"0"，在 xTenStrs、yTenStrs、zTenStrs 和 xyShStrs 文本框中分别输入"25000""3000""5000""500"，然后单击"OK"按钮。

图 1-21 "Define Material Model Behavior"对话框

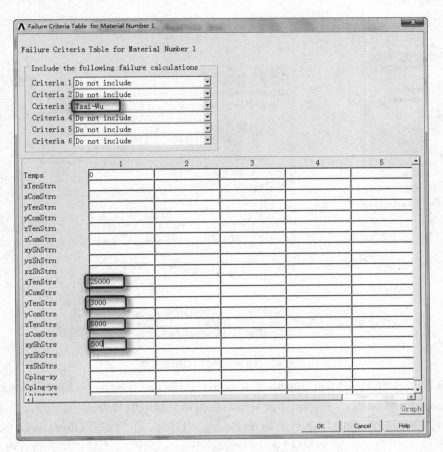

图 1-22 "Failure Criteria Table for Material Number 1"对话框

03 施加载荷

❶ 选择固定端的节点：Utility Menu > Select > Entities，弹出如图 1-23 所示的"Select Entities"对话框，单击选择第二个下拉列表框中的"By Location"选项，在"Min, Max"文本框中输入"0"，单击"OK"按钮。

❷ 施加位移约束：Main Menu > Solution > Define Loads > Apply > Structural > Displacement > On Nodes，弹出一个拾取框，单击"Pick All"按钮，又弹出如图 1-24 所示的"Apply U, ROT on Nodes"对话框，在"Lab2 DOFs to be constrained"下拉列表框中选中"All DOF"选项，单击"OK"按钮，结果如图 1-25 所示。

❸ 选择自由端的节点：Utility Menu > Select > Entities，弹出如图 1-23 所示的"Select Entities"对话框，单击选择第二个下拉列表框中的"By Location"选项，在"Min, Max"文本框中输入"10"，单击"OK"按钮。

❹ 定义自由端节点的耦合程度：Main Menu > Preprocessor > Coupling / Ceqn > Couple DOFs，弹出一个拾取框，单击"Pick All"按钮，又弹出如图 1-26 所示的"Define Coupled DOFs"对话框，在"NSET Set reference number"后的文本框中输入"1"，在"Lab Degree of freedom label"下拉列表框中选中"UZ"，单击"OK"按钮。

图 1-23 "Select Entities"对话框

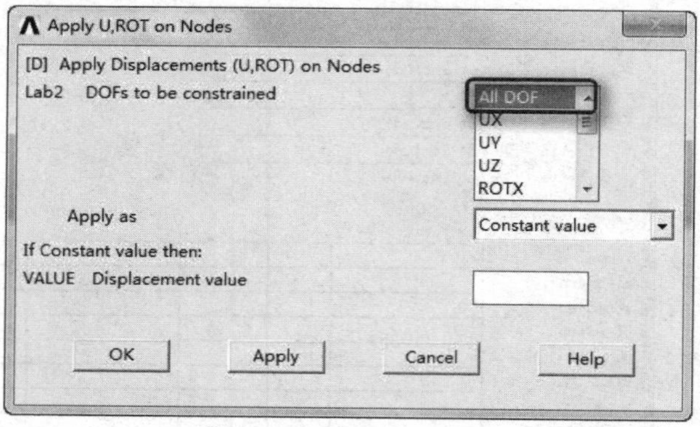

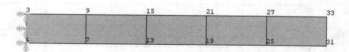

图 1-24 "Apply U，ROT on Nodes"对话框

图 1-25 施加位移约束图形显示

❺ 施加集中载荷：Main Menu > Solution > Define Loads > Apply > Structural > Force/Moment > On Nodes，弹出一个拾取框，在图形上拾取编号为 31 的节点，单击"OK"按钮，弹出如图 1-27 所示的"Apply F/M on Nodes"对话框，在"Lab　Direction of force/mom"下拉列表框中选中"FZ"，在"VALUE　Force/moment value"文本框中输入"10000"，然后单击"OK"按钮。

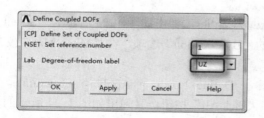

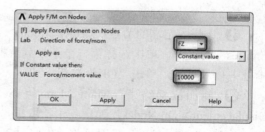

图 1-26 "Define Coupled DOFs"对话框　　　　图 1-27 "Apply F/M on Nodes"对话框

❻ 选择所有节点：Utility Menu > Select > Everything。
❼ 保存数据：单击菜单栏中的"SAVE_DB"按钮。

04 求解

❶ 设置分析类型：Main Menu > Solution > Analysis Type > New Analysis，弹出如图 1-28 所示的"New Analysis"对话框，单击"Static"单选按钮，单击"OK"按钮。

❷ 求解：Main Menu > Solution > Solve > Current LS，弹出一个信息提示框和对话框，浏览完毕后执行 File > Close 菜单命令，单击对话框中的"OK"按钮，开始求解运算，当出现一个"Solution is done"的信息框时，单击"Close"按钮，完成求解运算。

第1章 ANSYS 18.0概述

05 检查结果

❶ 定义最大切应力表格参数：Main Menu > General Postproc > Element Table > Define Table，弹出如图 1-29 所示的"Element Table Data"对话框，单击"Add"按钮，又弹出如图 1-30 所示的"Define Additional Element Table Items"对话框，在"Lab　User label for item"文本框中输入"ILSXZ"，单击选择"Item，Comp　Results data item"后面的"By sequence num"和"SMISC"，在文本框中输入"SMISC, 68"，单击"Apply"按钮。

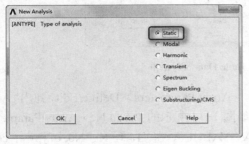

图 1-28　"New Analysis"对话框

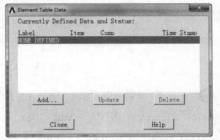

图 1-29　"Element Table Data"对话框

❷ 定义其他表格参数：在如图 1-30 所示的"Define Additional Element Table Items"对话框中，重复上述过程定义"SXZ"和"ILMX"这些参数。单击"OK"按钮，结果如图 1-31 所示。

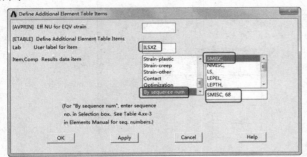

图 1-30　"Define Additional Element Table Items"对话框

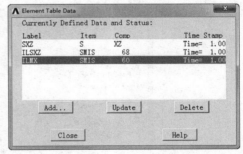

图 1-31　"Element Table Data"对话框

❸ 获取定义的 SXZ 表格参数：Utility Menu > Parameters > Get Scalar Data，弹出如图 1-32 所示的"Get Scalar Data"对话框，在列表框中分别选择"Results data"和"Elem table data"，单击"OK"按钮，弹出如图 1-33 所示的"Get Element Table Data"对话框，在"Name of parameter to be defined"文本框中输入"SIGXZ1"，在"Element number N"文本框中输入"4"，在"Elem table data to be retrieved"下拉列表框中选中"SXZ"选项，单击"Apply"按钮。

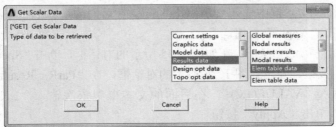

图 1-32　"Get Scalar Data"对话框

❹ 获取其他定义表格参数：在如图 1-32 和图 1-33 所示的对话框中，重复第❸步，获取 ILSXZ 和 ILMX 定义的表格参数。

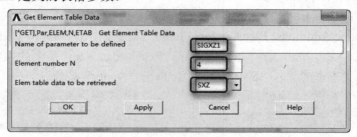

图 1-33 "Get Element Table Data" 对话框

❺ 定义参数数组：Utility Menu > Parameters > Array Parameters > Define/Edit，弹出 "Array Parameter" 对话框，单击 "Add" 按钮，又弹出如图 1-34 所示的 "Add New Array Parameter" 对话框，在 "Par Parameter name" 文本框中输入 "VALUE"，在 "I, J, K No. of rows, cols, planes" 文本框中分别输入 "4" "3" "0"。单击 "OK" 按钮，单击 "Close" 按钮。

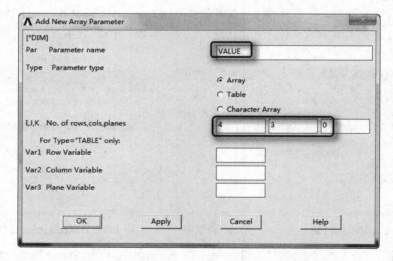

图 1-34 "Add New Array Parameter" 对话框

❻ 对定义数组的第一列赋值：Utility Menu > Parameters > Array Parameters > Fill，弹出如图 1-35 所示的 "Fill Array Parameter" 对话框，单击 "Specified values" 单选按钮，单击 "OK" 按钮，弹出如图 1-36 所示的 "Fill Array Parameter with Specified Values" 对话框，在 "ParR Result array parameter" 文本框中输入 "VALUE(1,1)"，在后面的文本框中依次输入 "0" "5625" "7500" "225"，单击 "Apply" 按钮。

❼ 对定义数组的第二列赋值：在如图 1-35 所示的对话框，单击 "Specified values" 单选按钮，单击 "OK" 按钮，弹出如图 1-36 所示的对话框，在 "ParR Result array parameter" 后面的输入栏中输入 "VALUE(1,2)"，在后面的文本框中依次输入 "SIGXZ1" "SIGXZ2" "SIGXZ3" "FC3"，单击 "Apply" 按钮。

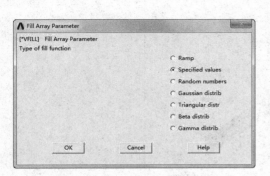 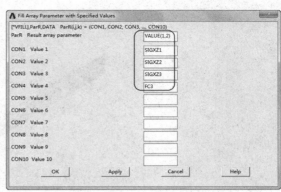

图 1-35 "Fill Array Parameter"对话框　　图 1-36 "Fill Array Parameter with Specified Values"对话框

❽ 对定义数组的第三列赋值：在如图 1-35 所示的对话框，单击"Specified values"单选按钮，单击"OK"按钮，弹出如图 1-36 所示的对话框，在"ParR　Result array parameter"文本框中输入"VALUE(1,3)"，在后面的文本框中依次输入"0""ABS(SIGXZ2/5625)""ABS(SIGXZ3/7500)""ABS(FC3/225)"，单击"OK"按钮。

❾ 结果输出到文件：Utility Menu > File > Switch Output to > File，在文本框中输入"beam.vrt"，单击"OK"按钮。

❿ von Mises 应力云图显示：Main Menu > General Postproc > Plot Results > Contour Plot > Element Solu，弹出如图 1-37 所示的"Contour Nodal Solution Data"对话框，在"Item to be contoured"列表框中依次选中 Stress > von Mises stress，然后单击"OK"按钮，结果如图 1-38 所示。

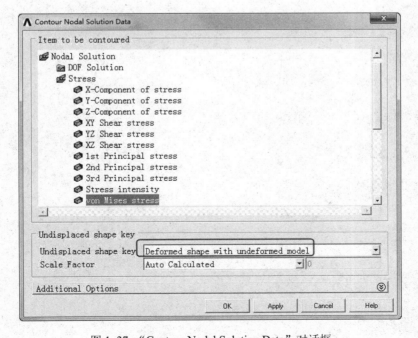

图 1-37 "Contour Nodal Solution Data"对话框

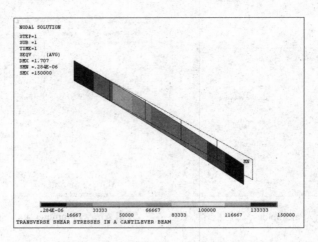

图 1-38 "von Mises" 应力云图显示

06 退出 ANSYS

单击工具条中的 "QUIT" 按钮，在出现的对话框中选择 "Quit-No Save！" 单选按钮，单击 "OK" 按钮，退出 ANSYS。

1.5.3 命令流方式

略，见网盘资料中的电子文档。

第 2 章

几 何 建 模

有限元分析是针对特定的模型进行的，因此，用户必须建立一个准确的模型。通过几何建模，可以描述模型的几何边界，为之后的网格划分和施加载荷建立模型基础，因此它是全部有限元分析的基础。

- ☑ 几何建模概论
- ☑ 自顶向下创建几何模型（体素）
- ☑ 自底向上创建几何模型
- ☑ 工作平面的使用
- ☑ 坐标系简介
- ☑ 使用布尔操作来修正几何模型
- ☑ 移动、复制和缩放几何模型
- ☑ 从 IGES 文件中将几何模型导入 ANSYS
- ☑ 实例——输入 IGES 单一实体
- ☑ 实例——对输入模型修改
- ☑ 实例——旋转外轮的实体建模

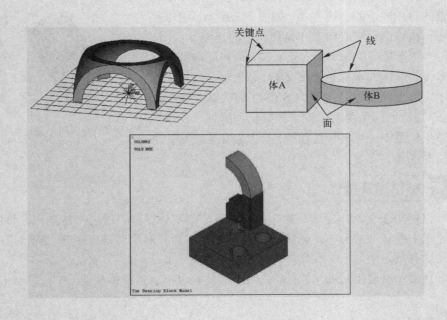

2.1 几何建模概论

有限元分析的最终目的是还原一个实际工程系统的数学行为特征，换句话说，分析必须是针对一个物理原型的准确的数学模型。由节点和单元构成的有限元模型与结构系统的几何外形是基本一致的，从广义上讲，模型包括所有的节点、单元、材料属性、实常数、边界条件，以及用来表现这个物理系统的特征。所有这些特征都反映在有限元网格及其设定上面。在 ANSYS 中，有限元模型的建立分为直接法和间接法。直接法是直接根据结构的几何外形建立节点和单元得到有限元模型的，它一般只适用于简单的结构系统；间接法是利用点、线、面和体等基本图元，先建立几何外形，再对该模型进行实体网格划分，以完成有限元模型的建立，因此它适用于节点及单元数目较多的复杂几何外形的结构系统。下面对间接法建立几何模型进行简单介绍。

2.1.1 自底向上创建几何模型

所谓的自底向上创建几何模型，顾名思义，就是由建立模型的最低单元的点到最高单元的体来构造实体模型，即首先定义关键点（keypoint），然后利用这些关键点定义较高级的实体图元，如线（line）、面（area）和体（volume），如图 2-1 所示。一定要牢记，自底向上构造的有限元模型是在当前激活的坐标系内定义的。

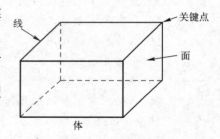

图 2-1 自底向上创建几何模型

2.1.2 自顶向下创建几何模型

ANSYS 软件允许通过汇集线、面、体等几何体素的方法构造模型。当生成一种体素时，ANSYS 程序会自动生成所有从属于该体素的较低级图元。这种一开始就从较高级的实体图元构造模型的方法就是所谓的自顶向下的建模方法，如图 2-2 所示。可以根据需要自由地组合自底向上和自顶向下的建模技术。注意，几何体素是在工作平面内建立的，而自底向上的建模技术是在激活的坐标系上定义的。如果混合使用这两种技术，那么应该考虑使用"CSYS，WP"或"CSYS，4"命令强迫坐标系跟随工作平面变化。另外，建议不要在环坐标系中进行实体建模操作，因为会生成其他不想要的面或体。

图 2-2 自顶向下创建几何模型（几何体素）

2.1.3 布尔运算操作

可以使用求交、相减或其他布尔操作来雕刻实体模型。通过布尔操作，可以直接用较高级的图元生成复杂的形体，如图 2-3 所示。布尔运算对于通过自底向上或自顶向下方法生成的图元均有效。

创建模型时要用到布尔操作，ANSYS 具有以下布尔操作功能。

- 加：把相同的几个体素（点、线、面、体）合在一起形成一个体素。
- 减：从相同的几个体素（点、线、面、体）中去掉相同的另外几个体素。
- 粘接：将两个图元连接到一起，并保留各自边界，如图 2-4 所示。考虑到网格划分，由于网格划分器划分几个小部件比划分一个大部件更加方便，因此粘接常常比"加"操作更加适合。

图 2-3　使用布尔运算生成的复杂形体

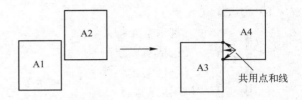

图 2-4　粘接操作

- 叠分：操作与粘接功能基本相同，不同的是，叠分操作输入的图元具有重叠的区域。
- 分解：将一个图元分解为两个图元，但两者之间保持连接。可用于将一个复杂体修剪剖切为多个规则体，为网格划分带来方便。分解操作的"剖切工具"可以是工作平面、面或线。
- 相交：把相重叠的图元形成一个新的图元。

2.1.4　拖拉和旋转

布尔运算尽管使用起来很方便，但一般须耗费较多的计算时间，因此，在构造模型时，可以采用拖拉或者旋转的方法建模，如图 2-5 所示。这样往往可以节省很多计算时间，提高效率。

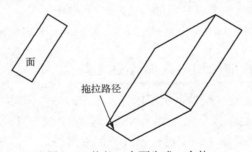

图 2-5　拖拉一个面生成一个体

2.1.5　移动和复制

一个复杂的面或体在模型中重复出现时仅需构造一次，之后可以移动、旋转或者复制到所需的地方，如图 2-6 所示。读者会发现在方便之处生成几何体素再将其移动到所需之处，往往比直接改变工作平面生成所需体素更方便。图 2-6 中黑色区域表示原始图元，其余都是复制生成的。

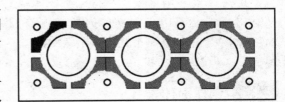

图 2-6　复制一个面

2.1.6 修改模型（清除和删除）

在修改模型时，需要知道实体模型和有限元模型中图元的层次关系，不能删除依附于较高级图元上的低级图元。例如，不能删除已划分网格的体，也不能删除依附于面上的线等。若一个实体已经加了载荷，那么删除或修改该实体时附加在该实体上的载荷也将从数据库中删除。图元中的层次关系如下：

☑ 高级图元

　　单元（包括单元载荷）
　　节点（包括节点载荷）
　　实体（包括实体载荷）
　　面（包括面载荷）
　　线（包括线载荷）
　　关键点（包括点载荷）

☑ 低级图元

在修改已划分网格的实体模型时，首先必须清楚该实体模型上所有的节点和单元，然后可以自顶而下地删除或者重新定义图元，以达到修改模型的目的，如图 2-7 所示。

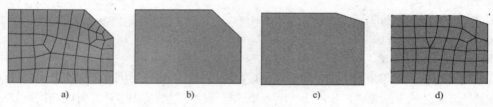

图 2-7　修改已划分网格的模型
a) 待修改网格　b) 清除网格　c) 正几何模型　d) 重新划分网格

2.1.7 从 IGES 文件几何模型导入到 ANSYS

可以在 ANSYS 里直接建立模型，也可以先在 CAD 系统里建立实体模型，然后把模型存为 IGES 文件格式，再把这个模型输入到 ANSYS 系统中。一旦模型成功输入，就可以像在 ANSYS 中创建的模型那样对这个模型进行修改和划分网格。

2.2　自顶向下创建几何模型（体素）

几何体素是用单个 ANSYS 命令创建常用实体模型（如球、正棱柱等）。因为体素是高级图元，不用先定义任何关键点而形成，所以称利用体素进行建模的方法为自顶向下建模。当生成一个体素时，ANSYS 程序会自动生成所有属于该体素的必要的低级图元。

2.2.1 创建面体素

创建面体素的命令及 GUI 菜单路径如表 2-1 所示。

第2章 几何建模

表 2-1 创建面体素

用法	命令	GUI菜单路径
在工作平面上创建矩形面	RECTNG	Main Menu > Preprocessor > Modeling > Create > Areas > Rectangle > By Dimensions
通过角点生成矩形面	BLC4	Main Menu > Preprocessor > Modeling > Create > Areas > Rectangle > By 2 Corners
通过中心和角点生成矩形面	BLC5	Main Menu > Preprocessor > Modeling > Create > Areas > Rectangle > By Centr & Cornr
在工作平面上生成以其原点为圆心的环形面	PCIRC	Main Menu > Preprocessor > Modeling > Create > Circle > By Dimensions
在工作平面上生成环形面	CYL4	Main Menu > Preprocessor > Modeling > Create > Circle > Annulus or > Partial Annulus or > Solid Circle
通过端点生成环形面	CYL5	Main Menu > Preprocessor > Modeling > Create > Circle > By End Points
以工作平面原点为中心创建正多边形	RPOLY	Main Menu > Preprocessor > Modeling > Create > Polygon > By Circumscr Rad or > By Inscribed Rad or > By Side Length
在工作平面的任意位置创建正多边形	RPR4	Main Menu > Preprocessor > Modeling > Create > Polygon > Hexagon or > Octagon or > Pentagon or > Septagon or > Square or > Triangle
基于工作平面坐标对生成任意多边形	POLY	该命令没有相应GUI路径

2.2.2 创建实体体素

创建实体体素的命令及 GUI 菜单路径如表 2-2 所示。

表 2-2 创建实体体素

用法	命令	GUI菜单路径
在工作平面上创建长方体	BLOCK	Main Menu > Preprocessor > Modeling > Create > Volumes > Block > By Dimensions
通过角点生成长方体	BLC4	Main Menu > Preprocessor > Modeling > Create > Volumes > Block > By 2 Corners & Z
通过中心和角点生成长方体	BLC5	Main Menu > Preprocessor > Modeling > Create > Volumes > Block > By Centr, Cornr,Z
以工作平面原点为圆心生成圆柱体	CYLIND	Main Menu > Preprocessor > Modeling > Create > Volumes > Cylinder > By Dimensions
在工作平面的任意位置创建圆柱体	CYL4	Main Menu > Preprocessor > Modeling > Create > Volumes > Cylinder > Hollow Cylinder or > Partial Cylinder or > Solid Cylinder
通过端点创建圆柱体	CYL5	Main Menu > Preprocessor > Modeling > Create > Volumes > Cylinder > By End Pts & Z
以工作平面的原点为中心创建正棱柱体	RPRISM	Main Menu > Preprocessor > Modeling > Create > Volumes > Prism > By Circumscr Rad or > By Inscribed Rad or > By Side Length
在工作平面的任意位置创建正棱柱体	RPR4	Main Menu > Preprocessor > Modeling > Create > Volumes > Prism > Hexagonal or > Octagonal or > Pentagonal or > Septagonal or > Square or > Triangular
基于工作平面坐标对创建任意多棱柱体	PRISM	该命令没有相应GUI路径
以工作平面原点为中心创建球体	SPHERE	Main Menu > Preprocessor > Modeling > Create > Volumes > Sphere > By Dimensions
在工作平面的任意位置创建球体	SPH4	Main Menu > Preprocessor > Modeling > Create > Volumes > Sphere > Hollow Sphere or > Solid Sphere
通过直径的端点生成球体	SPH5	Main Menu > Preprocessor > Modeling > Create > Volumes > Sphere > By End Points
以工作平面原点为中心生成圆锥体	CONE	Main Menu > Preprocessor > Modeling > Create > Volumes > Cone > By Dimensions
在工作平面的任意位置创建圆锥体	CON4	Main Menu > Preprocessor > Modeling > Create > Volumes > Cone > By Picking
生成环体	TORUS	Main Menu > Preprocessor > Modeling > Create > Volumes > Torus

图 2-8 所示是环形体素和环形扇区体素。

图 2-8　环形体素和环形扇区体素

a) 环形体素　b) 环形扇区体素

如图 2-9 所示是空心圆球体素和圆台体素。

图 2-9　空心圆球体素和圆台体素

a) 空心圆球体素　b) 圆台体素

2.3　自底向上创建几何模型

无论是使用自底向上还是使用自顶向下的方法构造的实体模型，均由关键点、线、面和体组成，如图 2-10 所示。

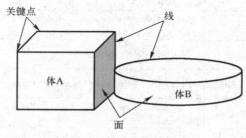

图 2-10　基本实体模型图元

顶点为关键点，边为线，表面为面，而整个物体内部为体。这些图元的层次关系：最高级的体图元以次高级的面图元为边界，面图元又以线图元为边界，线图元则以关键点图元为端点。

2.3.1 关键点

利用自底向上的方法构造模型时，首先定义最低级的图元：关键点。关键点是在当前激活的坐标系内定义的。注意，不必总是按从低级到高级的办法定义所有的图元来生成高级图元，可以直接在它们的顶点由关键点来直接定义面和体。中间的图元需要时可自动生成。例如，定义一个长方体可用 8 个角的关键点来定义，ANSYS 程序会自动地生成该长方形中所有的面和线。可以直接定义关键点，也可以从已有的关键点生成新的关键点，定义好关键点后，可以对它进行查看、选择和删除等操作。

1．定义关键点

定义关键点的命令及 GUI 菜单路径如表 2-3 所示。

表 2-3　定义关键点

位置	命令	GUI路径
在当前坐标系下	K	Main Menu > Preprocessor > Modeling > Create > Keypoints > In Active CS Main Menu > Preprocessor > Modeling > Create > Keypoints > On Working Plane
在线上的指定位置	KL	Main Menu > Preprocessor > Modeling > Create > Keypoints > On Line Main Menu > Preprocessor > Modeling > Create > Keypoints > On Line w/Ratio

2．从已有的关键点生成关键点

从已有的关键点生成关键点的命令及 GUI 菜单路径如表 2-4 所示。

表 2-4　从已有的关键点生成关键点

位置	命令	GUI菜单路径
在两个关键点之间创建一个新的关键点	KBETW	Main Menu > Preprocessor > Modeling > Create > Keypoints > KP between KPs
在两个关键点之间填充多个关键点	KFILL	Main Menu > Preprocessor > Modeling > Create > Keypoints > Fill between KPs
在三点定义的圆弧中心定义关键点	KCENTER	Main Menu > Preprocessor > Modeling > Create > Keypoints > KP at Center
由一种模式的关键点生成另外的关键点	KGEN	Main Menu > Preprocessor > Modeling > Copy > Keypoints
从已给定模型的关键点生成一定比例的关键点	KSCALE	该命令没有菜单模式
通过映像产生关键点	KSYMM	Main Menu > Preprocessor > Modeling > Reflect > Keypoints
将一种模式的关键点转到另外一个坐标系中	KTRAN	Main Menu > Preprocessor > Modeling > Move/Modify > Transfer Coord > Keypoints
给未定义的关键点定义一个默认位置	SOURCE	该命令没有菜单模式
计算并移动一个关键点到一个交点上	KMOVE	Main Menu > Preprocessor > Modeling > Move/Modify > Keypoint > To Intersect
在已有节点处定义一个关键点	KNODE	Main Menu > Preprocessor > Modeling > Create > Keypoints > On Node
计算两关键点之间的距离	KDIST	Main Menu > Preprocessor > Modeling > Check Geom > KP distances
修改关键点的坐标系	KMODIF	MainMenu > Preprocessor > Modeling > Move/Modify > Keypoints > Set of KPs MainMenu > Preprocessor > Modeling > Move/Modify > Keypoints > Single KP
将一种模式的关键点转到另外一个坐标系中	KTRAN	Main Menu > Preprocessor > Modeling > Move/Modify > Transfer Coord > Keypoints

3. 查看、选择和删除关键点

查看、选择和删除关键点的命令及 GUI 菜单路径如表 2-5 所示。

表 2-5 查看、选择和删除关键点

用途	命令	GUI菜单路径
列表显示关键点	KLIST	Utility Menu > List > Keypoint > Coordinates +Attributes Utility Menu > List > Keypoint > Coordinates only Utility Menu > List > Keypoint > Hard Points
选择关键点	KSEL	Utility Menu > Select > Entities
屏幕显示关键点	KPLOT	Utility Menu > Plot > Keypoints > Keypoints Utility Menu > Plot > Specified Entities > Keypoints
删除关键点	KDELE	Main Menu > Preprocessor > Modeling > Delete > Keypoints

2.3.2 硬点

硬点实际上是一种特殊的关键点,它表示网格必须通过的点。硬点不会改变模型的几何形状和拓扑结构,大多数关键点命令如 FK、KLIST 和 KSEL 等都适用于硬点,而且它还有自己的命令集和 GUI 路径。

如果发出更新图元几何形状的命令,如布尔操作或者简化命令,任何与图元相连的硬点都将自动删除;不能用复制、移动或修改关键点的命令操作硬点;当使用硬点时,不支持映射网格划分。

1. 定义硬点

定义硬点的命令及 GUI 菜单路径如表 2-6 所示。

表 2-6 定义硬点

位置	命令	GUI菜单路径
在线上定义硬点	HPTCREATE LINE	Main Menu > Preprocessor > Modeling > Create > Keypoints > Hard PT on line > Hard PT by ratio Main Menu > Preprocessor > Modeling > Create > Keypoints > Hard PT on line > Hard PT by coordinates Main Menu > Preprocessor > Modeling > Create > Keypoints > Hard PT on line > Hard PT by picking
在面上定义硬点	HPTCREATE AREA	Main Menu > Preprocessor > Modeling > Create > Keypoints > Hard PT on area > Hard PT by coordinates Main Menu > Preprocessor > Modeling > Create > Keypoints > Hard PT on area > Hard PT by picking

2. 选择硬点

选择硬点的命令及 GUI 菜单路径如表 2-7 所示。

表 2-7 选择硬点

位置	命令	GUI菜单路径
硬点	KSEL	Utility Menu > Select > Entities
附在线上的硬点	LSEL	Utility Menu > Select > Entities
附在面上的硬点	ASEL	Utility Menu > Select > Entities

3. 查看和删除硬点

查看和删除硬点的命令及 GUI 菜单路径如表 2-8 所示。

表 2-8 查看和删除硬点

用途	命令	GUI菜单路径
列表显示硬点	KLIST	Utility Menu > List > Keypoint > Hard Points
列表显示线及附属的硬点	LLIST	该命令没有相应GUI路径
列表显示面及附属的硬点	ALIST	该命令没有相应GUI路径
屏幕显示硬点	KPLOT	Utility Menu > Plot > Keypoints > Hard Points
删除硬点	HPTDELETE	Main Menu > Preprocessor > Modeling > Delete > Hard Points

2.3.3 线

线主要用于表示实体的边。像关键点一样，线是在当前激活的坐标系内定义的。并不总是需要明确地定义所有的线，因为 ANSYS 程序在定义面和体时，会自动生成相关的线。只有在生成线单元（如梁）或想通过线来定义面时，才需要专门定义线。

1. 定义线

定义线的命令及 GUI 菜单路径如表 2-9 所示。

表 2-9 定义线

用法	命令	GUI菜单路径
在指定的关键点之间创建直线（与坐标系有关）	L	Main Menu > Preprocessor > Modeling > Create > Lines > Lines > In Active Coord
通过3个关键点创建弧线（或者通过两个关键点和指定半径创建弧线）	LARC	Main Menu > Preprocessor > Modeling > Create > Lines > Arcs > By End KPs & Rad Main Menu > Preprocessor > Modeling > Create > Lines > Arcs > Through 3 KPs
创建多义线	BSPLIN	Main Menu > Preprocessor > Modeling > Create > Lines > Splines > Spline thru KPs Main Menu > Preprocessor > Modeling > Create > Lines > Splines > Spline thru Locs Main Menu > Preprocessor > Modeling > Create > Lines > Splines > With Options > Spline thru KPs Main Menu > Preprocessor > Modeling > Create > Lines > Splines > With Options > Spline thru Locs
创建圆弧线	CIRCLE	Main Menu > Preprocessor > Modeling > Create > Lines > Arcs > By Cent & Radius Main Menu > Preprocessor > Modeling > Create > Lines > Arcs > Full Circle

（续）

用法	命令	GUI菜单路径
创建分段式多义线	SPLINE	Main Menu > Preprocessor > Modeling > Create > Lines > Splines > Segmented Spline Main Menu > Preprocessor > Modeling > Create > Lines > Splines > With Options > Segmented Spline
创建与另一条直线成一定角度的直线	LANG	Main Menu > Preprocessor > Modeling > Create > Lines > Lines > At Angle to Line Main Menu > Preprocessor > Modeling > Create > Lines > Lines > Normal to Line
创建与另外两条直线成一定角度的直线	L2ANG	Main Menu > Preprocessor > Modeling > Create > Lines > Lines > Angle to 2 Lines Main Menu > Preprocessor > Modeling > Create > Lines > Lines > Norm to 2 Lines
创建一条与已有线共终点且相切的线	LTAN	Main Menu > Preprocessor > Modeling > Create > Lines > Lines > Tan to 2 Lines
生成一条与两条线相切的线	L2TAN	Main Menu > Preprocessor > Modeling > Create > Lines > Lines > Tan to 2 Lines
生成一个面上两个关键点之间最短的线	LAREA	Main Menu > Preprocessor > Modeling > Create > Lines > Lines > Overlaid on Area
通过一个关键点按一定路径延伸成线	LDRAG	Main Menu > Preprocessor > Modeling > Operate > Extrude > Lines > Along Lines
使一个关键点按一条轴旋转生成线	LROTAT	Main Menu > Preprocessor > Modeling > Operate > Extrude > Lines > About Axis
在两相交线之间生成倒角线	LFILLT	Main Menu > Preprocessor > Modeling > Create > Lines > Line Fillet
生成与激活坐标系无关的直线	LSTR	Main Menu > Preprocessor > Create > Lines > Lines > Straight Line

2. 从已有线生成新线

从已有线生成新线的命令及 GUI 菜单路径如表 2-10 所示。

表 2-10 从已有线生成新线

用法	命令	GUI菜单路径
通过已有线生成新线	LGEN	Main Menu > Preprocessor > Modeling > Copy > Lines Main Menu > Preprocessor > Modeling > Move/Modify > Lines
从已有线对称映像生成新线	LSYMM	Main Menu > Preprocessor > Modeling > Reflect > Lines
将已有线转到另一个坐标系	LTRAN	Main Menu > Preprocessor > Modeling > Move/Modify > Transfer Coord > Lines

3. 修改线

修改线的命令及 GUI 菜单路径如表 2-11 所示。

表 2-11 修改线

用法	命令	GUI菜单路径
将一条线分成更小的线段	LDIV	Main Menu > Preprocessor > Modeling > Operate > Booleans > Divide > Line into 2 Ln's Main Menu > Preprocessor > Modeling > Operate > Booleans > Divide > Line into N Ln's Main Menu > Preprocessor > Modeling > Operate > Booleans > Divide > Lines w/ Options
将一条线与另一条线合并	LCOMB	Main Menu > Preprocessor > Modeling > Operate > Booleans > Add > Lines
将线的一端延长	LEXTND	Main Menu > Preprocessor > Modeling > Operate > Extend Line

4. 查看和删除线

查看和删除线的命令及 GUI 菜单路径如表 2-12 所示。

第2章 几何建模

表2-12 查看和删除线

用法	命令	GUI菜单路径
列表显示线	LLIST	Utility Menu > List > Lines Utility Menu > List > Picked Entities > Lines
屏幕显示线	LPLOT	Utility Menu > Plot > Lines Utility Menu > Plot > Specified Entities > Lines
选择线	LSEL	Utility Menu > Select > Entities
删除线	LDELE	Main Menu > Preprocessor > Modeling > Delete > Line and Below Main Menu > Preprocessor > Modeling > Delete > Lines Only

2.3.4 面

平面可以表示二维实体（如平板和轴对称实体）。曲面和平面都可以表示三维的面，如壳、三维实体的面等。与线类似，只有用到面单元或者由面生成体时，才需要专门定义面。生成面的命令将自动生成依附于该面的线和关键点，同样，面也可以在定义体时自动生成。

1. 定义面

定义面的命令及GUI菜单路径如表2-13所示。

表2-13 定义面

用法	命令	GUI菜单路径
通过顶点定义一个面（即通过关键点）	A	Main Menu > Preprocessor > Modeling > Create > Areas > Arbitrary > Through KPs
通过其边界线定义一个面	AL	Main Menu > Preprocessor > Modeling > Create > Areas > Arbitrary > By Lines
沿一条路径拖动一条线生成面	ADRAG	Main Menu > Preprocessor > Modeling > Operate > Extrude > Along Lines
沿一轴线旋转一条线生成面	AROTAT	Main Menu > Preprocessor > Modeling > Operate > Extrude > About Axis
在两面之间生成倒角面	AFILLT	Main Menu > Preprocessor > Modeling > Create > Areas > Area Fillet
通过引导线生成光滑曲面	ASKIN	Main Menu > Preprocessor > Modeling > Create > Areas > Arbitrary > By Skinning
通过偏移一个面生成新的面	AOFFST	Main Menu > Preprocessor > Modeling > Create > Areas > Arbitrary > By Offset

2. 通过已有面生成新的面

通过已有面生成新的面的命令及GUI菜单路径如表2-14所示。

表2-14 通过已有面生成新的面

用法	命令	GUI菜单路径
通过已有面生成另外的面	AGEN	Main Menu > Preprocessor > Modeling > Copy > Areas Main Menu > Preprocessor > Modeling > Move/Modify > Areas > Areas
通过对称映像生成面	ARSYM	Main Menu > Preprocessor > Modeling > Reflect > Areas
将面转到另外的坐标系下	ATRAN	Main Menu > Preprocessor > Modeling > Move/Modify > Transfer Coord > Areas
复制一个面的部分	ASUB	Main Menu > Preprocessor > Modeling > Create > Areas > Arbitrary > Overlaid on Area

3. 查看、选择和删除面

查看、选择和删除面的命令及GUI菜单路径如表2-15所示。

表 2-15 查看、选择和删除面

用法	命令	GUI菜单路径
列表显示面	ALIST	Utility Menu > List > Areas Utility Menu > List > Picked Entities > Areas
屏幕显示面	APLOT	Utility Menu > Plot > Areas Utility Menu > Plot > Specified Entities > Areas
选择面	ASEL	Utility Menu > Select > Entities
删除面	ADELE	Main Menu > Preprocessor > Modeling > Delete > Area and Below Main Menu > Preprocessor > Modeling > Delete > Areas Only

2.3.5 体

体用于描述三维实体，仅当需要用体单元时才必须建立体，生成体的命令将自动生成低级的图元。

1. 定义体

定义体的命令及 GUI 菜单路径如表 2-16 所示。

表 2-16 定义体

用法	命令	GUI菜单路径
通过顶点定义体（即通过关键点）	V	Main Menu > Preprocessor > Modeling > Create > Volumes > Arbitrary > Through KPs
通过边界定义体（即用一系列的面来定义）	VA	Main Menu > Preprocessor > Modeling > Create > Volumes > Arbitrary > By Areas
将面沿某个路径拖拉生成体	VDRAG	Main Menu > Preprocessor > Operate > Extrude > Along Lines
将面沿某根轴旋转生成体	VROTAT	Main Menu > Preprocessor > Modeling > Operate > Extrude > About Axis
将面沿其法向偏移生成体	VOFFST	Main Menu > Preprocessor > Modeling > Operate > Extrude > Areas > Along Normal
在当前坐标系下对面进行拖拉和缩放生成体	VEXT	Main Menu > Preprocessor > Modeling > Operate > Extrude > Areas > By XYZ Offset

其中，VOFFST 和 VEXT 操作示意图如图 2-11 所示。

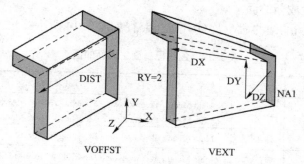

图 2-11 VOFFST 和 VEXT 操作示意图

2. 通过已有的体生成新的体

通过已有的体生成新的体的命令及 GUI 菜单路径如表 2-17 所示。

第2章 几何建模

表 2-17 通过已有的体生成新的体

用法	命令	GUI菜单路径
由一种模式的体生成另外的体	VGEN	Main Menu > Preprocessor > Modeling > Copy > Volumes Main Menu > Preprocessor > Modeling > Move/Modify > Volumes
通过对称映像生成体	VSYMM	Main Menu > Preprocessor > Modeling > Reflect > Volumes
将体转到另外的坐标系	VTRAN	Main Menu > Preprocessor > Modeling > Move/Modify > Transfer Coord > Volumes

3．查看、选择和删除体

查看、选择和删除体的命令及 GUI 菜单路径如表 2-18 所示。

表 2-18 查看、选择和删除体

用法	命令	GUI菜单路径
列表显示体	VLIST	Utility Menu > List > Picked Entities > Volumes Utility Menu > List > Volumes
屏幕显示体	VPLOT	Utility Menu > Plot > Specified Entities > Volumes Utility Menu > Plot > Volumes
选择体	VSEL	Utility Menu > Select > Entities
删除体	VDELE	Main Menu > Preprocessor > Modeling > Delete > Volume and Below Main Menu > Preprocessor > Modeling > Delete > Volumes Only

2.4　工作平面的使用

尽管光标在屏幕上只表现为一个点，但它实际上代表的是空间中垂直于屏幕的一条线。为了能用光标拾取一个点，首先必须定义一个假想的平面，当该平面与光标所代表的垂线相交时，能唯一地确定空间中的一个点，这个假想的平面就是工作平面。从另一种角度想象光标与工作平面的关系，光标就像一个点在工作平面上来回游荡，工作平面因此就如同在上面写字的平板一样，工作平面可以不平行于显示屏，如图 2-12 所示。

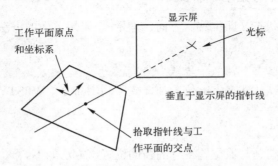

图 2-12　显示屏、光标、工作平面及拾取点之间的关系

工作平面是一个无限平面，有原点、二维坐标系、捕捉增量和显示栅格。在同一时刻只能定义一个工作平面（当定义一个新的工作平面时就会删除已有的工作平面）。工作

平面是与坐标系独立使用的。例如，工作平面与激活的坐标系可以有不同的原点和旋转方向。

进入 ANSYS 程序时，有一个默认的工作平面，即总体笛卡儿坐标系的 X-Y 平面。工作平面的 X、Y 轴分别取为总体笛卡儿坐标系的 X 轴和 Y 轴。

2.4.1 定义一个新的工作平面

可以用下列方法定义一个新的工作平面。

（1）由 3 点定义一个工作平面：

命令：WPLANE。

GUI：Utility Menu > WorkPlane > Align WP with > XYZ Locations。

（2）由 3 个节点定义一个工作平面：

命令：NWPLAN。

GUI： Utility Menu > WorkPlane > Align WP with > Nodes。

（3）由 3 个关键点定义一个工作平面：

命令：KWPLAN。

GUI：Utility Menu > WorkPlane > Align WP with > Keypoints。

（4）通过一指定线上的点的垂直于该直线的平面定义为工作平面：

命令：LWPLAN。

GUI：Utility Menu > WorkPlane > Align WP with > Plane Normal to Line。

（5）通过现有坐标系的 X-Y（或 R-θ）平面定义工作平面：

命令：WPCSYS。

GUI：Utility Menu > WorkPlane > Align WP with > Active Coord Sys

　　　Utility Menu > WorkPlane > Align WP with > Global Cartesian

　　　Utility Menu > WorkPlane > Align WP with > Specified Coord Sys。

2.4.2 控制工作平面的显示和样式

为获得工作平面的状态（即位置、方向、增量），可用下面的方法。

命令：WPSTYL,STAT。

GUI：Utility Menu > List > Status > Working Plane。

将工作平面重置为默认状态下的位置和样式，利用命令"WPSTYL，DEFA"。

2.4.3 移动工作平面

可以将工作平面移动到与原位置平行的新的位置，方法如下。

（1）将工作平面的原点移动到关键点：

命令：KWPAVE。

GUI：Utility Menu > WorkPlane > Offset WP to > Keypoints。

第2章 几何建模

(2) 将工作平面的原点移动到节点：

命令：NWPAVE。

GUI：Utility Menu > WorkPlane > Offset WP to > Nodes。

(3) 将工作平面的原点移动到指定点：

命令：WPAVE。

GUI：Utility Menu > WorkPlane > Offset WP to > Global Origin

　　　Utility Menu > WorkPlane > Offset WP to > Origin of Active CS

　　　Utility Menu > WorkPlane > Offset WP to > XYZ Locations。

(4) 偏移工作平面：

命令：WPOFFS。

GUI：Utility Menu > WorkPlane > Offset WP by Increments。

2.4.4 旋转工作平面

可以将工作平面旋转到一个新的方向，可以在工作平面内旋转 X-Y 轴，也可以使整个工作平面都旋转到一个新的位置。如果不清楚旋转角度，可以利用前面的方法很容易地在正确的方向上创建一个新的工作平面。旋转工作平面的方法如下：

命令：WPROTA。

GUI：Utility Menu > WorkPlane > Offset WP by Increments。

2.4.5 还原一个已定义的工作平面

尽管实际上不能存储一个工作平面，但可以在工作平面的原点创建一个局部坐标系，然后利用这个局部坐标系还原一个已定义的工作平面。

在工作平面的原点创建局部坐标系的方法如下：

命令：CSWPLA。

GUI：Utility Menu > WorkPlane > Local Coordinate Systems > Create Local CS > At WP Origin。

利用局部坐标系还原一个已定义的工作平面的方法如下：

命令：WPCSYS。

GUI：Utility Menu > WorkPlane > Align WP with > Active Coord Sys

　　　Utility Menu > WorkPlane > Align WP with > Global Cartesian

　　　Utility Menu > WorkPlane > Align WP with > Specified Coord Sys。

2.4.6 工作平面的高级用途

用 WPSTYL 命令或前面讨论的 GUI 方法可以增强工作平面的功能，使其具有捕捉增量、显示栅格、恢复容差和选择坐标类型的功能。然后，就可以迫使坐标系随工作平面的移动而移动，方法如下：

命令：CSYS。

GUI：Utility Menu > WorkPlane > Change Active CS to > Global Cartesian

Utility Menu > WorkPlane > Change Active CS to > Global Cylindrical

Utility Menu > WorkPlane > Change Active CS to > Global Spherical

Utility Menu > WorkPlane > Change Active CS to > Specified Coordinate Sys

Utility Menu > WorkPlane > Change Active CS to > Working Plane

Utility Menu > WorkPlane > Offset WP to > Global Origin

1. 捕捉增量

如果没有捕捉增量功能，在工作平面上将光标定位到已定义的点上将是一件非常困难的事情。为了能精确地拾取，可以用 WPSTYL 命令或相应的 GUI 建立捕捉增量功能。一旦建立了捕捉增量（snap increment），拾取点（picked location）将定位在工作平面上最近的点，数学表示如下，当光标在区域（assigned location）：

$N*SNAP - SNAP/2 \leq X < N*SNAP + SNAP/2$

对任意整数 N，拾取点的 X 坐标为：$XP = N*SNAP$。

在工作平面坐标系中的 X、Y 坐标均可建立捕捉增量，捕捉增量也可以看成一个方框，拾取到方框的点将定位于方框的中心，如图 2-13 所示。

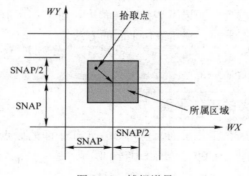

图 2-13 捕捉增量

2. 显示栅格

可以在屏幕上建立栅格以帮助用户观察工作平面上的位置。栅格的间距、状况和边界可由 WPSTYL 命令来设定（栅格与捕捉点无任何关系）。发出不带参量的 WPSTYL 命令控制栅格在屏幕上的打开和关闭。

3. 恢复容差

需拾取的图元可能不在工作平面上，而在工作平面的附近，这时，通过 WPSTYL 命令和 GUI 路径指定恢复容差，在此容差内的图元将认为是在工作平面上的。这种容差就如同在恢复拾取时给了工作平面一个厚度。

4. 坐标系类型

ANSYS 系统有两种可选的工作平面：笛卡儿坐标系工作平面和极坐标系工作平面。我们通常采用笛卡儿坐标系工作平面，但当几何体容易在极坐标系（r, θ）中表述时，可能用到极坐标系工作平面。图 2-14 所示为用 WPSTYL 命令激活的极坐标系工作平面的栅格。在极坐标系工作平面中的拾取操作与在笛卡儿坐标系工作平面中的拾取操作是一致的。对捕捉参数进行定位的栅格点的标定是通过指定待捕捉点之间的径向距离（SNAP ON WPSTYL）和角度（SNAPANG）来实现的。

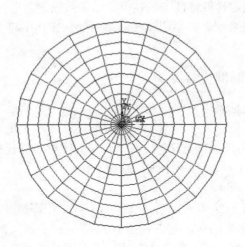

图 2-14　极坐标系工作平面栅格

5．工作平面的轨迹

如果用与坐标系合在一起的工作平面定义几何体，可能会发现工作平面是与坐标系完全分离的。例如，当改变或移动工作平面时，坐标系并不作出反映新工作平面类型或位置的变化。这可能使用户结合使用拾取（依靠工作平面）和键盘输入体（如关键点）变得无效。例如，将工作平面从默认位置移开，然后想在新的工作平面的原点用键盘输入定义一个关键点（即 K, 1205, 0, 0），会发现关键点落在坐标系的原点而不是工作平面的原点。

如果想强迫激活的坐标系在建模时跟着工作平面一起移动，可以在用 CSYS 命令或相应的 GUI 路径时利用一个选项来自动完成。命令：CSYS, WP 或 CSYS4，或者 GUI 菜单路径：Utility Menu > WorkPlane > Change Active CS to > Working Plane，将迫使激活的坐标系与工作平面有相同的类型（如笛卡儿）和相同的位置。那么，尽管用户离开了激活的坐标系 WP 或 CSYS4，在移动工作平面时，坐标系将随其一起移动。如果改变所用工作平面的类型，坐标系也将相应更新。例如，当将工作平面从笛卡儿转为极坐标系时，激活的坐标系也将从笛卡儿坐标系转到极坐标系。

如果重新来看上面的例子，假如想在移动工作平面之后将一个关键点放置在工作平面的原点，但这次在移动工作平面之前激活跟踪工作平面，命令：CSYS, WP, 或得 GUI 菜单路径：Utility Menu > WorkPlane > Change Active CS to > Working Plane，然后像前面一样移动工作平面，现在，当使用键盘定义关键点（即 K, 1205, 0, 0），这个关键点将被放在工作平面的原点，因为坐标系与工作平面的方位一致。

2.5　坐标系简介

ANSYS 有以下多种坐标系可供选择。

（1）总体坐标系和局部坐标系：用来定位几何形状参数（节点、关键点等）和空间位置。

（2）显示坐标系：用于几何形状参数的列表和显示。

（3）节点坐标系：定义每个节点的自由度和节点结果数据的方向。

（4）单元坐标系：确定材料特性主轴和单元结果数据的方向。

（5）结果坐标系：用来列表、显示或在通用后处理操作中将节点和单元结果转换到一个特定的坐标系中。

2.5.1 总体坐标系和局部坐标系

总体坐标系和局部坐标系用来定位几何体。当定义一个节点或关键点时，其坐标系默认为总体笛卡儿坐标系。可是对有些模型，定义为不是总体笛卡儿坐标系的其他坐标系可能更方便。ANSYS 程序允许用任意预定义的 3 种（总体）坐标系的任意一种来输入几何数据，或者在任何其他定义的（局部）坐标系中进行此项工作。

1. 总体坐标系

总体坐标系被认为是一个绝对的参考系。ANSYS 程序提供了 3 种总体坐标系：笛卡儿坐标系、柱坐标系和球坐标系。这 3 种坐标系都是右手系，而且有共同的原点。

图 2-15a 表示笛卡儿坐标系；图 2-15b 表示一种圆柱坐标系（其 Z 轴同笛卡儿坐标系的 Z 轴一致），坐标系统标号是 1；图 2-15c 表示球坐标系，坐标系统标号是 2；图 2-15d 表示另一种圆柱坐标系（其 Z 轴与笛卡儿坐标系的 Y 轴一致），坐标系统标号是 3。

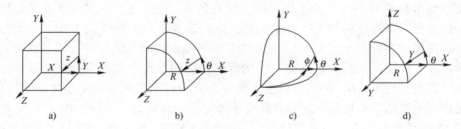

图 2-15　总体坐标系

2. 局部坐标系

在许多情况下，用户必须建立自己的坐标系。局部坐标系的原点与总体坐标系的原点偏移一定距离，或其方位不同于先前定义的总体坐标系。图 2-16 展示了一个局部坐标系的示例，它是通过用于局部、节点或工作平面坐标系旋转的欧拉旋转角来定义的。可以按以下方式定义局部坐标系。

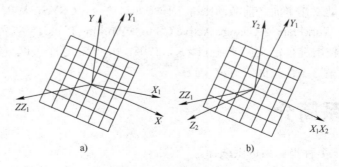

图 2-16　局部坐标系

第2章 几何建模

(1) 按总体笛卡儿坐标定义局部坐标系:

命令: LOCAL。

GUI: Utility Menu > WorkPlane > Local Coordinate Systems > Create Local CS > At Specified Loc +。

(2) 通过已有节点定义局部坐标系:

命令: CS。

GUI: Utility Menu > WorkPlane > Local Coordinate Systems > Create Local CS > By 3 Nodes +。

(3) 通过已有关键点定义局部坐标系:

命令: CSKP。

GUI: Utility Menu > WorkPlane > Local Coordinate Systems > Create Local CS > By 3 Keypoints +。

(4) 在当前定义的工作平面的原点为中心定义局部坐标系:

命令: CSWPLA。

GUI: Utility Menu > WorkPlane > Local Coordinate Systems > Create Local CS > At WP Origin。

图 2-16 中, X, Y, Z 表示总体坐标系,然后通过旋转该总体坐标系来建立局部坐标系。图 2-16a 表示将总体坐标系绕 Z 轴旋转一个角度得到 X_1, Y_1, $Z(Z_1)$; 图 2-16b 表示将 X_1, Y_1, $Z(Z_1)$ 绕 X_1 轴旋转一个角度得到 $X_1(X_2)$, Y_2, Z_2。

当定义了一个局部坐标系后,它就会被激活。当创建了局部坐标系后,分配给它一个坐标系号(必须是 11 或更大)。可以在 ANSYS 程序中的任何阶段建立或删除局部坐标系。若要删除一个局部坐标系,可以利用下面的方法:

命令: CSDELE。

GUI: Utility Menu > WorkPlane > Local Coordinate Systems > Delete Local CS。

若要查看所有的总体坐标系和局部坐标系,可以使用下面的方法:

命令: CSLIST。

GUI: Utility Menu > List > Other > Local Coord Sys。

与 3 个预定义的总体坐标系类似,局部坐标系可以是笛卡儿坐标系、柱坐标系或球坐标系。局部坐标系可以是圆的,也可以是椭圆的,另外,还可以建立环形局部坐标系,如图 2-17 所示。

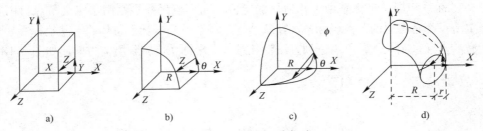

图 2-17 局部坐标系类型

图 2-17a 表示局部笛卡儿坐标系; 图 2-17b 表示局部圆柱坐标系; 图 2-17c 表示局部球坐标系; 图 2-17d 表示局部环坐标系。

3. 坐标系的激活

可以定义多个坐标系,但某一时刻只能有一个坐标系被激活。激活坐标系的方法如下: 首先自动激活总体笛卡儿坐标系,当定义一个新的局部坐标系时,这个新的坐标系就会自动被激活。如果要激活一个与总体坐标系或以前定义的坐标系，可用下列方法：

命令：CSYS。
GUI：Utility Menu > WorkPlane > Change Active CS to > Global Cartesian
　　　Utility Menu > WorkPlane > Change Active CS to > Global Cylindrical
　　　Utility Menu > WorkPlane > Change Active CS to > Global Spherical
　　　Utility Menu > WorkPlane > Change Active CS to > Specified Coord Sys
　　　Utility Menu > WorkPlane > Change Active CS to > Working Plane。

在 ANSYS 程序运行的任何阶段都可以激活某个坐标系，若没有明确地改变激活的坐标系，当前激活的坐标系将一直保持不变。

在定义节点或关键点时，无论哪个坐标系是激活的，程序都将坐标标为 X、Y 和 Z，如果激活的不是笛卡儿坐标系，应将 X、Y 和 Z 理解为柱坐标中的 R、θ、Z 或球坐标系中的 R、θ、φ。

2.5.2 显示坐标系

在默认情况下，即使是在坐标系中定义的节点和关键点，其列表都显示它们在总体笛卡儿坐标。可以用下列方法改变显示坐标系：

命令：DSYS。
GUI：Utility Menu > WorkPlane > Change Display CS to > Global Cartesian
　　　Utility Menu > WorkPlane > Change Display CS to > Global Cylindrical
　　　Utility Menu > WorkPlane > Change Display CS to > Global Spherical
　　　Utility Menu > WorkPlane > Change Display CS to > Specified Coord Sys。

改变显示坐标系也会影响图形显示。除非有特殊的需要，一般在用诸如"NPLOT，EPLOT"命令显示图形时，应将显示坐标系重置为总体笛卡儿坐标系。DSYS 命令对 LPLOT，APLOT 和 VPLOT 命令无影响。

2.5.3 节点坐标系

总体坐标系和局部坐标系用于几何体的定位，而节点坐标系则用于定义节点自由度的方向。每个节点都有自己的节点坐标系，默认情况下，它总是平行于总体笛卡儿坐标系（与定义节点的激活坐标系无关）。可用下列方法将任意节点坐标系旋转到所需方向，如图 2-18 所示。

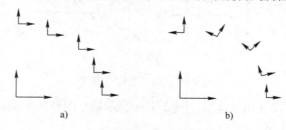

图 2-18　节点坐标系
a）原始节点坐标系　b）旋转到圆柱坐标系

（1）将节点坐标系旋转到激活坐标系的方向，即节点坐标系的 X 轴转成平行于激活坐标系的 X 轴或 R 轴，节点坐标系的 Y 轴旋转到平行于激活坐标系的 Y 或 θ 轴，节点坐标系的 Z 轴转成平行于激活坐标系的 Z 或 φ 轴。

命令：NROTAT。
GUI：Main Menu > Preprocessor > Modeling > Create > Nodes > Rotate Node CS > To Active CS
Main Menu > Preprocessor > Modeling > Move/Modify > Rotate Node CS > To Active CS。

（2）按给定的旋转角旋转节点坐标系（因为通常不易得到旋转角，因此 NROTAT 命令可能更有用），在生成节点时可以定义旋转角，或对已有节点制定旋转角（NMODIF 命令）。

命令：N。
GUI：Main Menu > Preprocessor > Modeling > Create > Nodes > In Active CS。
命令：NMODIF。
GUI：Main Menu > Preprocessor > Modeling > Create > Nodes > Rotate Node CS > By Angles
Main Menu > Preprocessor > Modeling > Move/Modify > Rotate Node CS > By Angles。

可以用下列方法列出节点坐标系相对于总体笛卡儿坐标系旋转的角度。

命令：NANG。
GUI：Main Menu > Preprocessor > Modeling > Create > Nodes > Rotate Node CS > By Vectors
Main Menu > Preprocessor > Modeling > Move/Modify > Rotate Node CS > By Vectors。

命令：NLIST。
GUI：Utility Menu > List > Nodes
Utility Menu > List > Picked Entities > Nodes。

2.5.4 单元坐标系

每个单元都有自己的坐标系，单元坐标系用于规定正交材料特性的方向，施加压力和显示结果（如应力、应变）的输出方向。所有的单元坐标都是正交右手系。

大多数单元坐标系的默认方向都遵循以下规则：

（1）线单元的 X 轴通常从该单元的 I 节点指向 J 节点。

（2）壳单元的 X 轴通常也取 I 节点到 J 节点的方向，Z 轴过 I 点且与壳面垂直，其正方向由单元的 I、J 和 K 节点按右手法则确定，Y 轴垂直于 X 轴和 Z 轴。

（3）对二维和三维实体单元的单元坐标系总是平行于总体笛卡儿坐标系。

并非所有的单元坐标系都符合上述规则，对于特定单元坐标系的默认方向可参考 ANSYS 帮助文档单元说明部分。许多单元类型都有选项（KEYOPTS，在 DT 或 KEYOPT 命令中输入），这些选项用于修改单元坐标系的默认方向。对面单元和体单元而言，可用下列命令将单元坐标的方向调整到已定义的局部坐标系上。

命令：ESYS。
GUI：Main Menu > Preprocessor > Meshing > Mesh Attributes > Default Attribs
Main Menu > Preprocessor > Modeling > Create > Elements > Elem Attributes。

如果既用了 KEYOPT 命令又用了 ESYS 命令，则 KEYOPT 命令的定义有效。对某些单元而言，通过输入角度可相对先前的方向进行进一步旋转，如 SHELL63 单元中的实常数 THETA。

2.5.5 结果坐标系

在求解过程中，计算的结果数据有位移（UX、UY、ROTS 等）、梯度（TGX、TGY 等）、应力（SX、SY、SZ 等）和应变（EPPLX、EPPLXY 等）等。这些数据存储在数据库和结果文件中，要么是在节点坐标系（初始或节点数据），要么是在单元坐标系（导出或单元数据）。但是，结果数据通常是旋转到激活的坐标系（默认为总体坐标系）中来进行云图显示、列表显示和单元数据存储（ETABLE 命令）等操作。

可以将活动的结果坐标系转到另一个坐标系（如总体坐标系或一个局部坐标系），或转到在求解时所用的坐标系下（例如，节点和单元坐标系）。如果列表、显示或操作这些结果数据，则它们将首先被旋转到结果坐标系下。利用下列方法可改变结果坐标系。

命令：RSYS。
GUI：Main Menu > General Postproc > Options for Output
Utility Menu > List > Results > Options。

2.6　使用布尔操作修正几何模型

在布尔运算中，对一组数据可用诸如交、并、减等逻辑运算处理，ANSYS 程序也允许对实体模型进行同样的操作，这样修改实体模型就更加容易。

无论是自顶向下还是自底向上构造的实体模型，都可以对它进行布尔运算操作。需注意的是，凡是通过连接生成的图元对布尔运算无效，对退化的图元也不能进行某些布尔运算。通常，完成布尔运算之后，紧接着就是实体模型的加载和单元属性的定义，如果用布尔运算修改了已有的模型，需注意重新进行单元属性和加载的定义。

2.6.1 布尔运算的设置

对两个或多个图元进行布尔运算时，用户可以通过以下的方式确定是否保留原始图元，如图 2-19 所示。

命令：BOPTN。
GUI：Main Menu > Preprocessor > Modeling > Operate > Booleans > Settings。

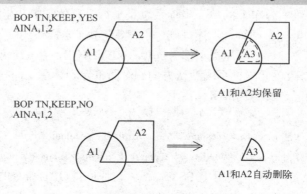

图 2-19　布尔运算的保留操作示例

第2章 几何建模

一般来说，对依附于高级图元的低级图元进行布尔运算是允许的，但不能对已划分网格的图元进行布尔操作，必须在执行布尔操作之前将网格清除。

2.6.2 布尔运算之后的图元编号

ANSYS 的编号程序会对布尔运算输出的图元依据其拓扑结构和几何形状进行编号。例如，面的拓扑信息包括定义的边数、组成面的线数（即三边形面或四边形面）、面中的任何原始线（在布尔操作之前存在的线）的线号和任意原始关键点的关键点号等。面的几何信息包括形心的坐标、端点和其他相对于一些任意的参考坐标系的控制点。控制点是由 NURBS 定义的描述模型的参数。

编号程序首先给输出图元分配按其拓扑结构唯一识别的编号（以下一个有效数字开始），任何剩余图元按几何编号。但需注意的是，按几何编号的图元顺序可能会与优化设计的顺序不一致，特别是在多重循环中几何位置发生改变的情况下。

2.6.3 交运算

布尔交运算的命令及 GUI 菜单路径如表 2-19 所示。

表 2-19 交运算

用法	命令	GUI菜单路径
线相交	LINL	Main Menu > Preprocessor > Modeling > Operate > Booleans > Intersect > Common > Lines
面相交	AINA	Main Menu > Preprocessor > Modeling > Operate > Booleans > Intersect > Common > Areas
体相交	VINV	Main Menu > Preprocessor > Modeling > Operate > Booleans > Intersect > Common > Volumes
线和面相交	LINA	Main Menu > Preprocessor > Modeling > Operate > Booleans > Intersect > Line with Area
面和体相交	AINV	Main Menu > Preprocessor > Modeling > Operate > Booleans > Intersect > Area with Volume
线和体相交	LINV	Main Menu > Preprocessor > Modeling > Operate > Booleans > Intersect > Line with Volume

图 2-20～图 2-24 所示为一些图元相交的实例。

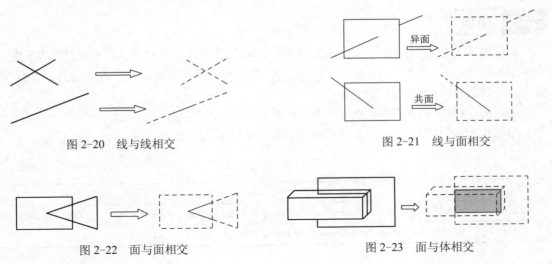

图 2-20 线与线相交   图 2-21 线与面相交

图 2-22 面与面相交   图 2-23 面与体相交

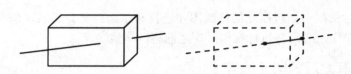

图 2-24 线与体相交

2.6.4 两两相交

两两相交是由图元集叠加而形成的一个新的图元集。也就是说，两两相交表示至少任意两个原图元的相交区域。例如，线集的两两相交可能是一个关键点（或关键点的集合），或是一条线（或线的集合）。

布尔两两相交运算的命令及 GUI 菜单路径如表 2-20 所示。

表 2-20 两两相交

用法	命令	GUI菜单路径
线两两相交	LINP	Main Menu > Preprocessor > Modeling > Operate > Booleans > Intersect > Pairwise > Lines
面两两相交	AINP	Main Menu > Preprocessor > Modeling > Operate > Booleans > Intersect > Pairwise > Areas
体两两相交	VINP	Main Menu > Preprocessor > Modeling > Operate > Booleans > Intersect > Pairwise > Volumes

图 2-25 和图 2-26 所示为一些两两相交的实例。

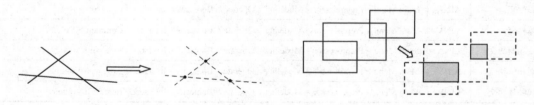

图 2-25 线的两两相交　　　　图 2-26 面的两两相交

2.6.5 相加

加运算的结果是得到一个包含各个原始图元所有部分的新图元，这样形成的新图元是一个单一的整体，没有接缝。在 ANSYS 程序中，只能对三维实体或二维共面的面进行加操作，面相加可以包含有面内的孔即内环。

加运算形成的图元在网格划分时通常不如搭接形成的图元。

布尔相加运算的命令及 GUI 菜单路径如表 2-21 所示。

表 2-21 相加运算

用法	命令	GUI菜单路径
面相加	AADD	Main Menu > Preprocessor > Modeling > Operate > Booleans > Add > Areas
体相加	VADD	Main Menu > Preprocessor > Modeling > Operate > Booleans > Add > Volumes

2.6.6 相减

如果从某个图元（E1）减去另一个图元（E2），其结果可能有两种情况：一种情况是生成一个新图元 E3（E1-E2=E3），E3 和 E1 有同样的维数，且与 E2 无搭接部分；另一种情况是 E1 与 E2 的搭接部分是个低维的实体，其结果是将 E1 分成两个或多个新的实体(E1-E2=E3，E4)。布尔相减运算的命令及 GUI 菜单路径如表 2-22 所示。

表 2-22 相减运算

用法	命令	GUI菜单路径
线减去线	LSBL	Main Menu > Preprocessor > Modeling > Operate > Booleans > Subtract > Lines Main Menu > Preprocessor > Modeling > Operate > Booleans > Subtract > With Options > Lines Main Menu > Preprocessor > Modeling > Operate > Booleans > Divide > Line by Line Main Menu > Preprocessor > Modeling > Operate > Booleans > Divide > With Options > Line by Line
面减去面	ASBA	Main Menu > Preprocessor > Modeling > Operate > Booleans > Subtract > Areas Main Menu > Preprocessor > Modeling > Operate > Booleans > Subtract > With Options > Areas Main Menu > Preprocessor > Modeling > Operate > Booleans > Divide > Area by Area Main Menu > Preprocessor > Modeling > Operate > Booleans > Divide > With Options > Area by Area
体减去体	VSBV	Main Menu > Preprocessor > Modeling > Operate > Booleans > Subtract > Volumes Main Menu > Preprocessor > Modeling > Operate > Booleans > Subtract > With Options > Volumes
面减去线	ASBL	Main Menu > Preprocessor > Modeling > Operate > Booleans > Divide > Area by Line Main Menu > Preprocessor > Modeling > Operate > Booleans > Divide > With Options > Area by Line
体减去面	VSBA	Main Menu > Preprocessor > Modeling > Operate > Booleans > Divide > Volume by Area Main Menu > Preprocessor > Modeling > Operate > Booleans > Divide > With Options > Volume by Area
线减去面	LSBA	Main Menu > Preprocessor > Modeling > Operate > Booleans > Divide > Line by Area Main Menu > Preprocessor > Modeling > Operate > Booleans > Divide > With Options > Line by Area
线减去体	LSBV	Main Menu > Preprocessor > Modeling > Operate > Booleans > Divide > Line by Volume Main Menu > Preprocessor > Modeling > Operate > Booleans > Divide > With Options > Line by Volume
体减去面	ASBV	Main Menu > Preprocessor > Modeling > Operate > Booleans > Divide > Area by Volume Main Menu > Preprocessor > Modeling > Operate > Booleans > Divide > With Options > Area by Volume

图 2-27 和图 2-28 所示为一些相减的实例。

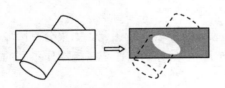

图 2-27 ASBV（面减去体）

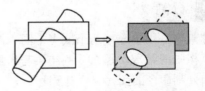

图 2-28 ASBV（多个面减去一个体）

2.6.7 利用工作平面进行减运算

工作平面可以用来进行减运算，将一个图元分成两个或多个图元。可以将线、面或体利用命令或相应的 GUI 路径用工作平面去减。对于以下的每个减命令，SEPO 用来确定生成的图元有公共边界或者独立但恰好重合的边界，KEEP 用来确定保留或者删除图元，而不管 BOPTN 命令（GUI：Main Menu > Preprocessor > Modeling > Operate > Booleans > Settings）的设置如何。

利用工作平面进行减运算的命令及 GUI 菜单路径如表 2-23 所示。

表 2-23 减运算

用法	命令	GUI菜单路径
利用工作平面减去线	LSBW	Main Menu > Preprocessor > Modeling > Operate > Booleans > Divide > Line by WrkPlane Main Menu > Preprocessor > Modeling > Operate > Booleans > Divide > With Options > Line by WrkPlane
利用工作平面减去面	ASBW	Main Menu > Preprocessor > Operate > Divide > Area by WrkPlane Main Menu > Preprocessor > Modeling > Operate > Booleans > Divide > With Options > Area by WrkPlane
利用工作平面减去体	VSBW	Main Menu > Preprocessor > Modeling > Operate > Booleans > Divide > Volu by WrkPlane Main Menu > Preprocessor > Modeling > Operate > Booleans > Divide > With Options > Volu by WrkPlane

2.6.8 搭接

搭接命令用于连接两个或多个图元，以生成 3 个或更多新的图元的集合。搭接命令除了在搭接域周围生成了多个边界外，与加运算非常类似。也就是说，搭接操作生成的是多个相对简单的区域，加运算生成一个相对复杂的区域。因此，搭接生成的图元比加运算生成的图元更容易划分网格。

搭接区域必须与原始图元有相同的维数。

布尔搭接运算的命令及 GUI 菜单路径如表 2-24 所示。

表 2-24 搭接运算

用法	命令	GUI菜单路径
线的搭接	LOVLAP	Main Menu > Preprocessor > Modeling > Operate > Booleans > Overlap > Lines
面的搭接	AOVLAP	Main Menu > Preprocessor > Modeling > Operate > Booleans > Overlap > Areas
体的搭接	VOVLAP	Main Menu > Preprocessor > Modeling > Operate > Booleans > Overlap > Volumes

2.6.9 分割

分割命令用于连接两个或多个图元，以生成 3 个或更多的新图元。如果分割区域与原始图元有相同的维数，那么分割结果与搭接结果相同。但是分割操作与搭接操作不同的是，没有参加分割命令的图元将不被删除。

布尔分割运算的命令及 GUI 菜单路径如表 2-25 所示。

表 2-25 分割运算

用法	命令	GUI菜单路径
线分割	LPTN	Main Menu > Preprocessor > Modeling > Operate > Booleans > Partition > Lines
面分割	APTN	Main Menu > Preprocessor > Modeling > Operate > Booleans > Partition > Areas
体分割	VPTN	Main Menu > Preprocessor > Modeling > Operate > Booleans > Partition > Volumes

2.6.10 粘接（或合并）

粘接命令与搭接命令类似，只是图元之间仅在公共边界处相关，且公共边界的维数低于原始图元的维数。这些图元之间在执行粘接操作后仍然相互独立，只是在边界上连接。

布尔粘接运算的命令及 GUI 菜单路径如表 2-26 所示。

表 2-26 粘接运算

用法	命令	GUI菜单路径
线的粘接	LGLUE	Main Menu > Preprocessor > Modeling > Operate > Booleans > Glue > Lines
面的粘接	AGLUE	Main Menu > Preprocessor > Modeling > Operate > Booleans > Glue > Areas
体的粘接	VGLUE	Main Menu > Preprocessor > Modeling > Operate > Booleans > Glue > Volumes

2.7 移动、复制和缩放几何模型

如果模型中的相对复杂的图元重复出现，则仅需对重复部分构造一次，然后在所需的位置按所需的方位复制生成。例如，在一个平板上开几个细长的孔，只需生成一个孔，然后再复制该孔即可完成，如图 2-29 所示。

生成几何体素时，其位置和方向由当前工作平面决定。因为对生成的每一个新体素都重新定义工作平面很不方便，所以允许体素在错误的位置生成，然后将该体素移动到正确的位置，这样可能使操作更简便。当然，这种操作并不局限于几何体素，任何实体模型图元都可以复制或移动。

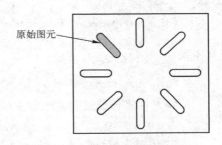

图 2-29 复制面示意图

对实体图元进行移动和复制的命令：xGEN、xSYM（M）和 xTRAN（相应的有 GUI 路径）。其中 xGEN 和 xTRAN 命令对图元的复制进行移动和旋转可能最为有用。另外需注意，复制一个高级图元将会自动把它所有附带的低级图元都一起复制，而且，如果复制图元的单元（NOELEM=0 或相应的 GUI 路径），则所有的单元及其附属的低级图元都将被复制。在 xGEN、xSYM（M）和 xTRAN 命令中，设置 IMOVE=1 即可实现移动操作。

2.7.1 按照样本生成图元

（1）从关键点的样本生成另外的关键点：

命令：KGEN。

GUI：Main Menu > Preprocessor > Modeling > Copy > Keypoints。

（2）从线的样本生成另外的线：

命令：LGEN。

GUI：Main Menu > Preprocessor > Modeling > Copy > Lines

Main Menu > Preprocessor > Modeling > Move/Modify > Lines。

(3) 从面的样本生成另外的面：

命令：AGEN。

GUI：Main Menu > Preprocessor > Modeling > Copy > Areas

Main Menu > Preprocessor > Modeling > Move/Modify > Areas > Areas。

(4) 从体的样本生成另外的体：

命令：VGEN。

GUI：Main Menu > Preprocessor > Modeling > Copy > Volumes

Main Menu > Preprocessor > Modeling > Move/Modify > Volumes。

2.7.2 由对称映像生成图元

(1) 生成关键点的映像集：

命令：KSYMM。

GUI：Main Menu > Preprocessor > Modeling > Reflect > Keypoints。

(2) 样本线通过对称映像生成线：

命令：LSYMM。

GUI：Main Menu > Preprocessor > Modeling > Reflect > Lines。

(3) 样本面通过对称映像生成面：

命令：ARSYM。

GUI：Main Menu > Preprocessor > Modeling > Reflect > Areas。

(4) 样本体通过对称映像生成体：

命令：VSYMM。

GUI：Main Menu > Preprocessor > Modeling > Reflect > Volumes。

2.7.3 将样本图元转换坐标系

(1) 将样本关键点转到另外一个坐标系：

命令：KTRAN。

GUI：Main Menu > Preprocessor > Modeling > Move/Modify > Transfer Coord > Keypoints。

(2) 将样本线转到另外一个坐标系：

命令：LTRAN。

GUI：Main Menu > Preprocessor > Modeling > Move/Modify > Transfer Coord > Lines。

(3) 将样本面转到另外一个坐标系：

命令：ATRAN。

GUI：Main Menu > Preprocessor > Modeling > Move/Modify > Transfer Coord > Areas。

(4) 将样本体转到另外一个坐标系：

命令：VTRAN。

GUI：Main Menu > Preprocessor > Modeling > Move/Modify > Transfer Coord > Volumes。

2.7.4 实体模型图元的缩放

已定义的图元可以进行放大或缩小。xSCALE 命令族可用来将激活的坐标系下的单个或多个图元进行比例缩放，如图2-30所示。

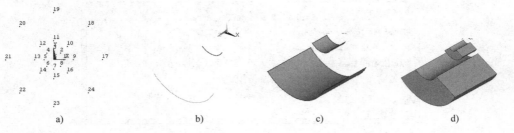

图 2-30 给图元定比例缩放
a) KPSCALE b) LSSCALE c) ARSCALE d) VLSCALE

4个定比例命令每个都是将比例因子用到关键点坐标 X、Y、Z 上。如果是柱坐标系，X、Y 和 Z 分别代表 R、θ 和 Z，其中 θ 是偏转角；如果是球坐标系，X、Y 和 Z 分别表示 R、θ 和 ϕ，其中 θ 和 ϕ 都是偏转角。

（1）从样本关键点（也划分网格）生成一定比例的关键点：

命令：KPSCALE。
GUI： Main Menu > Preprocessor > Modeling > Operate > Scale > Keypoints。

（2）从样本线生成一定比例的线：

命令：LSSCALE。
GUI： Main Menu > Preprocessor > Modeling > Operate > Scale > Lines。

（3）从样本面生成一定比例的面：

命令：ARSCALE。
GUI： Main Menu > Preprocessor > Modeling > Operate > Scale > Areas。

（4）从样本体生成一定比例的体：

命令：VLSCALE。
GUI： Main Menu > Preprocessor > Modeling > Operate > Scale > Volumes。

2.8 从 IGES 文件中将几何模型导入 ANSYS

用户可以在 ANSYS 中直接建立模型，也可以先在 CAD 系统中建立实体模型，把模型保存为 IGES 文件格式，再把这个模型输入到 ANSYS 系统中。一旦模型成功地输入，就可以像在 ANSYS 中创建的模型那样对这个模型进行修改和划分网格。

IGES（Initial Graphics Exchange Specification）是一种被广泛接受的中间标准格式，用来在不同的 CAD 和 CAE 系统之间交换几何模型。因为该过滤器可以输入部分文件，所以用户至少可以通过它来输入模型的一部分从而减少建模工作量。用户也可以输入多个文件至同一个模型，但必须设定相同的输入选项。

1. 设定输入 IGES 文件的选项

命令：IOPTN。
GUI： Utility Menu > File > Import > IGES。

执行以上命令后,弹出"Import IGES File"对话框,如图 2-31 所示,单击"OK"按钮。

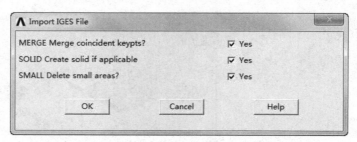

图 2-31 "Import IGES File"对话框

2. 选择 IGES 文件

命令:IGESIN。

在执行上述命令之后,会弹出如图 2-32 所示的"Import IGES File"对话框,输入适当的文件名,单击"OK"按钮,在弹出的询问对话框中单击"Yes"按钮执行 IGES 文件输入操作。

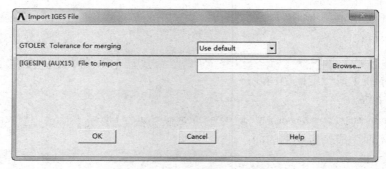

图 2-32 "Import IGES File"对话框

2.9 实例——输入 IGES 单一实体

01 清除 ANSYS 的数据库

❶ 在实用菜单中选择 Utility Menu>File > Clear & Start New...命令。

❷ 在打开的"Clear Database and Start New"对话框中,单击"Read file"单选按钮,然后单击"OK"按钮,如图 2-33 所示。

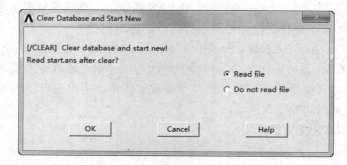

图 2-33 建立新的文件

❸ 打开"Verify"对话框,单击"Yes"按钮,如图 2-34 所示。

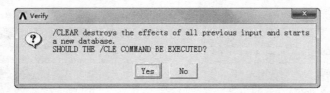

图 2-34 建立新文件的确认对话框

02 改作业名为"actuator"

❶ 在实用菜单中选择 Utility Menu>File > Change Jobname…命令。

❷ 打开"Change Jobname"对话框,在文本框中输入"actuator"作为新的作业名,然后单击"OK"按钮,如图 2-35 所示。

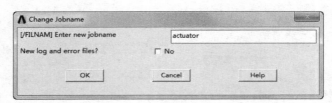

图 2-35 设置新的工作名

03 用默认的设置输入"actuator.iges" IGES 文件

❶ 在实用菜单中选择 Utility Menu>File > Import > Iges…命令。

❷ 在打开的"Import IGES File"对话框中,选择导入的参数,然后单击"OK"按钮,如图 2-36 所示。

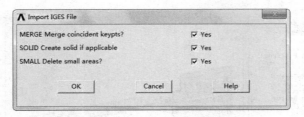

图 2-36 选择导入参数

❸ 在弹出的新界面中,单击"Browse"按钮,如图 2-37 所示。

图 2-37 单击"Browse"按钮

❹ 在弹出的浏览对话框中,选择"actuator.iges",然后单击"打开"按钮,如图 2-38 所示。

图 2-38 选择 actuator.iges

❺ 这样会得到输入模型后的结果,如图 2-39 所示。

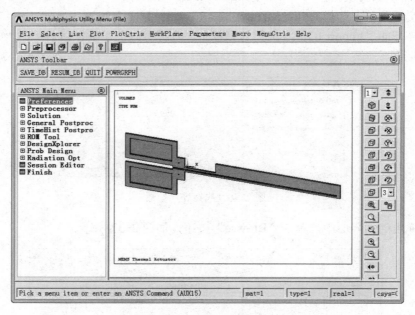

图 2-39 输入 IGES 文件后的结果

04 保存数据库,即在工具条上单击"SAVE_DB"按钮。

本例操作的命令流如下:

```
/CLEAR
! 清除ANSYS的数据库
/FILNAME,actuator,0
! 改作业名为"actuator"
/AUX15
!进入导入"IGES"模式
IGESIN,'actuator','iges',' '
!假设该模型位置在ANSYS的默认目录。
VPLOT
SAVE
! 保存数据库
FINISH
```

2.10 实例——对输入模型进行修改

本节的内容是通过实例来介绍如何对输入的实体进行修改,这一操作是非常重要的。首先按照上节介绍的方法输入 IGES 文件: h_latch.iges, 并用 "h_latch" 作为作业名。

01 偏移工作平面到给定位置

❶ 从实用菜单中选择 Utility Menu>WorkPlane > Offset WP to > Keypoints +命令。

❷ 在 ANSYS 输入窗口中选择底板的右边的内角点,单击"OK"按钮,如图 2-40 所示。

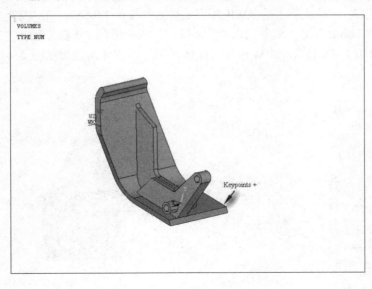

图 2-40 平移工作平面

02 旋转工作平面

❶ 从实用菜单中选择 Utility Menu>WorkPlane > Offset WP by Increments 命令。

❷ 在旋转对话框中,在"XY, YZ, ZX Angles"文本框中输入"0, 90, 0",单击"OK"按钮,如图 2-41 所示,结果如图 2-42 所示。

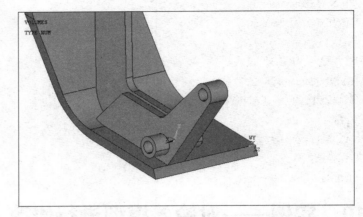

图 2-41 旋转工作平面　　　　　图 2-42 旋转工作平面的结果

03 将激活的坐标系设置为工作平面坐标系

从实用菜单中选择 Utility Menu>WorkPlane > Change Active CS to > Working Plane 命令。

04 创建圆柱体

❶ 从主菜单中选择 Main Menu>Preprocessor > Modeling > Create > Volumes > Cylinder > Solid Cylinder 命令。

❷ 在创建圆柱体对话中，在"WP X"文本框中输入"0.55"，在"WP Y"文本框中输入"0.55"，在"Radius"文本框中输入"0.15"，在"Depth"文本框中输入"0.3"，然后单击"OK"按钮，如图 2-43 所示，生成一个圆柱体。创建圆柱体的结果如图 2-44 所示。

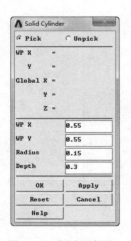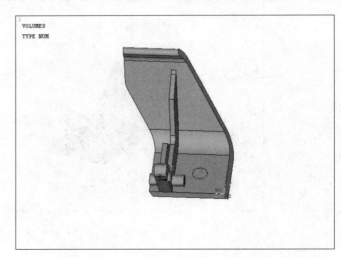

图 2-43 创建圆柱体　　　　　图 2-44 创建圆柱体的结果

05 从总体中"减"去圆柱体形成轴孔

❶ 从主菜单中选择 Main Menu>Preprocessor > Modeling > Operate > Booleans >

Subtract > Volumes 命令。

❷ 在图形窗口中拾取总体，作为布尔"减"操作的母体，单击"Apply"按钮。

❸ 拾取刚刚建立的圆柱体作为"减"去的对象，单击"OK"按钮，结果如图 2-45 所示。

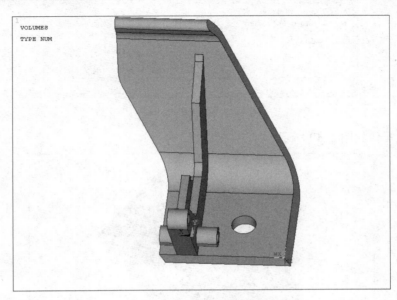

图 2-45 体相减的结果

06 创建倒角面

❶ 从主菜单中选择 Main Menu>Preprocessor > Modeling > Create > Areas > Area Fillet 命令。

❷ 打开图形选择对话框，如图 2-46 所示。

❸ 在图形窗口中，选取如图 2-47 所示加强肋的两个面，单击"OK"按钮。

图 2-46 选择创建倒角的面

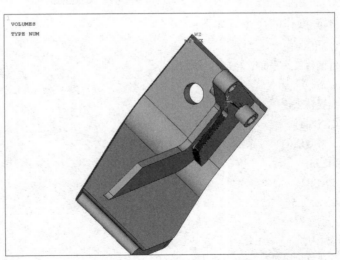

图 2-47 要选择的创建倒角的面

❹ 在倒角设置对话框的"RAD　Fillet radius"文本框中输入"0.1",单击"OK"按钮,如图 2-48 所示。

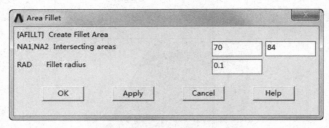

图 2-48　输入倒角半径

修改后的实体如图 2-49 所示。

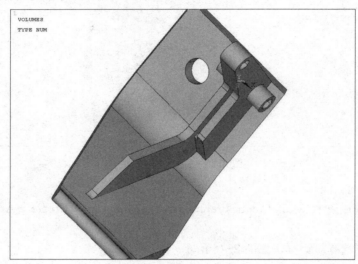

图 2-49　创建的倒角

本例操作的命令流如下:

```
KWPAVE,        247
! 偏移工作平面到247点
wprot,0,90,0
! 旋转工作平面
CSYS,4
! 将激活的坐标系设置为工作平面坐标系
FINISH
/PREP7
CYL4,0.55,0.55,0.15, , , ,0.3
! 创建圆柱体
VSBV,          1,        2
! 从总体中"减"去圆柱体形成轴孔
AFILLT,84,70,0.1,
! 创建倒角面
```

2.11 实例——旋转外轮的实体建模

如图 2-50 所示的旋转外轮，一方面高速旋转，角速度为 62.8 rad/s，另一方面在边缘受到压力的作用，压力的大小为 1e6 Pa。轮的内径为 5，外径为 8，具体的尺寸可以参见下文建立模型部分。

本例将按照建立几何模型、划分网格、加载、求解及后处理查看结果的顺序在本章和以后的几章中依次介绍，以使读者对 ANSYS 的分析过程有一个初步的认识和了解，本章只介绍建立几何模型部分。

图 2-50 旋转外轮示意图

📢 **注意**：本例作为参考例子，没有给出尺寸单位，读者在自己建立模型时，务必要选择好尺寸单位。

2.11.1 GUI 方式

01 定义工作文件名和工作标题

❶ 定义工作文件名。执行实用菜单中的 Utility Menu > File > Change Jobname 命令，在弹出的 "Change Jobname" 对话框中输入 "roter" 并选中 "New log and error files" 后面的复选框，然后单击 "OK" 按钮，如图 2-51 所示。

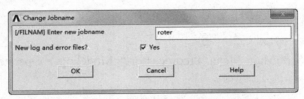

图 2-51 "Change Jobname" 对话框

❷ 定义工作标题。执行实用菜单中的 Utility Menu > File > Change Title 命令，在弹出的 "Change Title" 对话框中输入 "static analysis of a roter"，单击 "OK" 按钮，如图 2-52 所示。

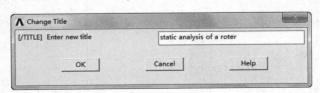

图 2-52 "Change Title" 对话框

❸ 重新显示。执行实用菜单中的 Utility Menu > Plot > Replot 命令。

❹ 从主菜单中选择 Main Menu>Preference 命令，将打开 "Preference of GUI Filtering"（菜单过滤参数选择）对话框，选中 "Structural" 复选框，单击 "OK" 按钮。

02 建立轮的截面

在使用 PLANE 系列单元时，要求模型必须位于全局 XY 平面内。由于默认的工作平面即在全局 XY 平面内，因此可以直接在默认的工作平面内创建轮的截面。其具体步骤如下。

❶ 建立3个矩形面。

（1）从主菜单中选择 Main Menu>Preprocessor > Modeling > Create > Areas > Rectangle > By Dimensions 命令，弹出如图 2-53 所示的"Create Rectangle by Dimensions"对话框。

（2）依次输入 X1=5、X2=5.5、Y1=0、Y2=5，然后单击"Apply"按钮。

（3）输入 X1=5.5、X2=7.5、Y1=1.5、Y2=2.25，然后单击"Apply"按钮。

（4）输入 X1=7.5、X2=8.0、Y1=0.5、Y2=3.75，然后单击"OK"按钮。

❷ 建立一个圆面。

（1）从主菜单中选择 Main Menu>Preprocessor > Modeling > Create > Areas > Circle > Solid Circle 命令。

（2）输入 X=8、Y=1.875、Radius=0.5，然后单击"OK"按钮，如图 2-54 所示。

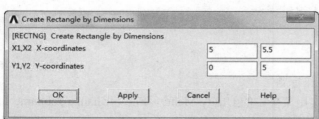

图 2-53　建立矩形　　　　　　　　　图 2-54　建立圆面

（3）所得的结果如图 2-55 所示。

❸ 将 3 个矩形和一个圆加在一起。

（1）从主菜单中选择 Main Menu>Preprocessor > Modeling > Operate > Booleans > Add > Areas 命令。

（2）出现"Add Areas"对话框，要求选择进行相加的面，单击"Pick All"按钮，如图 2-56 所示。

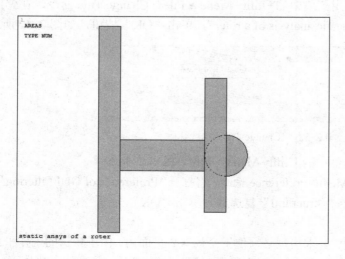

图 2-55　绘制矩形和圆的结果　　　　　图 2-56　选择相加的面

第2章 几何建模

❹ 打开线编号。

（1）从实用菜单中选择 Utility Menu>PlotCtrls > Numbering 命令。

（2）将线编号（LINE　Line numbers）设为"ON"，并使"/NUM　Numbering shown with"设为"Colors & numbers"，然后单击"OK"按钮，如图 2-57 所示。

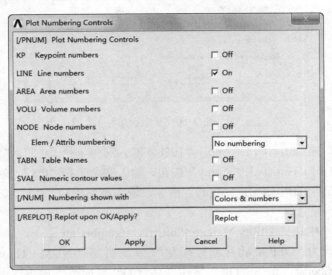

图 2-57　打开线编号

（3）打开线编号显示的结果如图 2-58 所示。

❺ 分别对线 L18 与 L7，L7 与 L20，L5 与 L17，L5 与 L19 进行倒角，倒角半径为 0.5。

（1）从主菜单中选择 Main Menu > Preprocessor > Modeling > Create > Lines > Line Fillet 命令。

（2）出现"Line Fillet"对话框，要求选择进行倒角的线，如图 2-59 所示。

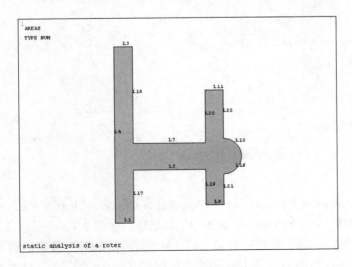 

图 2-58　打开线编号的结果　　　　图 2-59　选择需倒角的线

（3）拾取线 L18 与 L7，单击"Apply"按钮，输入圆角半径"0.5"，单击"Apply"按钮，如图 2-60 所示。

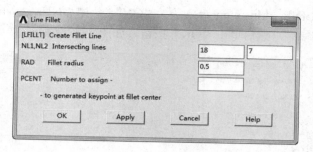

图 2-60　建立倒角

（4）拾取线 L7 与 L20，单击"Apply"按钮，输入圆角半径"0.5"，单击"Apply"按钮。
（5）拾取线 L5 与 L17，单击"Apply"按钮，输入圆角半径"0.5"，单击"Apply"按钮。
（6）拾取线 L5 与 L19，单击"Apply"按钮，输入圆角半径"0.5"，单击"OK"按钮。

❻ 打开关键点编号。

（1）从实用菜单中选择 Utility Menu > PlotCtrls > Numbering 命令。
（2）将线编号设为"OFF"，将点编号设为"ON"，并将"/NUM　Numbering shown with"设为"Colors & numbers"，单击"OK"按钮，显示的结果如图 2-61 所示。

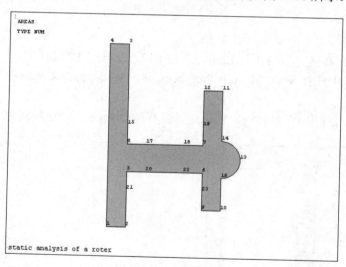

图 2-61　打开关键点编号结果

❼ 通过三点画圆弧。

（1）从主菜单中选择 Main Menu > Preprocessor > Modeling > Create > Lines > Arcs > By End KPs & Rad 命令，这时会出现"Arc by End KPs & Rad"对话框，如图 2-62 所示。
（2）拾取点 12 及 11，单击"Apply"按钮；再拾取点 10，单击"Apply"按钮；输入圆弧半径为 0.4，单击"Apply"按钮；拾取点 9 及 10，单击"Apply"按钮；再拾取点 11，单击"Apply"按钮；输入圆弧半径"0.4"，单击"OK"按钮，如图 2-63 所示。

 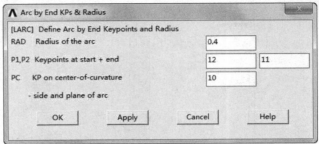

图 2-62 选择点画弧线　　　　　图 2-63 输入半径等参数

(3) 生成的圆弧如图 2-64 所示。

❽ 打开线编号。

(1) 从实用菜单中选择 Utility Menu > PlotCtrls > Numbering 命令。

(2) 将线编号设为"ON",将点编号设为"OFF",并将"/NUM　Numbering shown with"设为"Colors & numbers",单击"OK"按钮。

❾ 由曲线生成面。

(1) 从主菜单中选择 Main Menu > Preprocessor > Modeling > Create > Areas > Arbitrary > By Lines 命令。

(2) 这时会出现"Create Area by Lines"对话框,如图 2-65 所示。

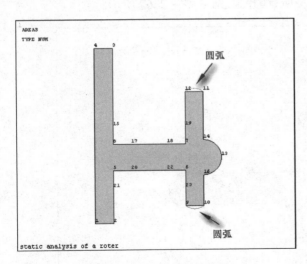 

图 2-64 生成圆弧的结果　　　　　图 2-65 选择线创建面

(3) 拾取线 L6、L8、L2,然后单击"Apply"按钮。

(4) 拾取线 L25、L26、L27,然后单击"Apply"按钮。

（5）拾取线 L15、L23、L24，然后单击"Apply"按钮。
（6）拾取线 L10、L12、L14，然后单击"Apply"按钮。
（7）拾取线 L11、L28，然后单击"Apply"按钮。
（8）拾取线 L9、L29，然后单击"OK"按钮，生成的结果如图 2-66 所示。

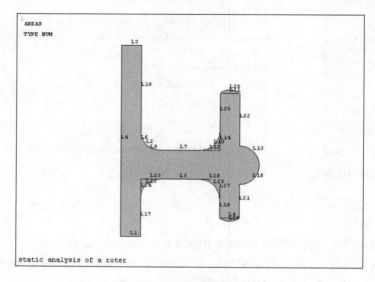

图 2-66　由线生成面的结果

❿ 将所有的面加在一起。

（1）从主菜单中选择 Main Menu > Preprocessor > Modeling > Operate > Booleans > Add > Areas 命令。

（2）单击"Pick All"按钮，选择所有的面，结果如图 2-67 所示。

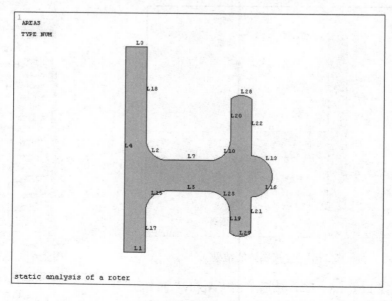

图 2-67　面加在一起的结果

❶ 保存几何模型

单击工具条中的"SAVE_DB"按钮,保存文件。

2.11.2 命令流方式

```
/FILNAME, roter
/TITLE, static ansys of a roter
/PREP7
RECTNG,5,5.5,0,5,
RECTNG,5.5,7.5,1.5,2.25,
RECTNG,7.5,8.0,0.5,3.75,
! 建立三个矩形面
CYL4,8,1.875,0.5
! 建立一个圆面
FLST,2,4,5,ORDE,2
FITEM,2,1
FITEM,2,-4
AADD,P51X
! 将三个矩形和一个圆加在一起
! /PNUM,KP,0
! /PNUM,LINE,1
! /PNUM,AREA,0
! /PNUM,VOLU,0
! /PNUM,NODE,0
! /PNUM,TABN,0
! /PNUM,SVAL,0
! /NUMBER,0
! 打开线编号
!*
! /PNUM,ELEM,0
! /REPLOT
!*
!*
LFILLT,18,7,0.5, ,
!*
LFILLT,7,20,0.5, ,
!*
LFILLT,17,5,0.5, ,
!*
LFILLT,5,19,0.5, ,
! 分别对线L18与L7,L7与L20,L5与L17,L5与L19进行倒角,倒角半径为0.5
```

! /PNUM,KP,1
! /PNUM,LINE,1
! /PNUM,AREA,0
! /PNUM,VOLU,0
! /PNUM,NODE,0
! /PNUM,TABN,0
! /PNUM,SVAL,0
! /NUMBER,0
!*
! 打开关键点编号
! /PNUM,ELEM,0
! /REPLOT
!*
!*
LARC,12,11,10,0.4,
!*
LARC,9,10,11,0.4,
! 通过三点画圆弧
FLST,2,3,4
FITEM,2,6
FITEM,2,8
FITEM,2,2
AL,P51X
FLST,2,3,4
FITEM,2,12
FITEM,2,14
FITEM,2,10
AL,P51X
FLST,2,3,4
FITEM,2,23
FITEM,2,24
FITEM,2,15
AL,P51X
FLST,2,3,4
FITEM,2,25
FITEM,2,26
FITEM,2,27
AL,P51X
FLST,2,2,4
FITEM,2,11

```
FITEM,2,28
AL,P51X
FLST,2,2,4
FITEM,2,9
FITEM,2,29
AL,P51X
！由曲线生成面
FLST,2,7,5,ORDE,2
FITEM,2,1
FITEM,2,-7
AADD,P51X
！将所有的面加在一起
SAVE
```

第 3 章

划 分 网 格

划分网格是进行有限元分析的基础,由于网格划分的影响因素较多,工作量较大,所划分的网格形式对计算精度和计算规模会产生直接影响,因此我们需要学习正确、合理的网格划分方法。

- ☑ 有限元网格概论
- ☑ 设定单元属性
- ☑ 网格划分的控制
- ☑ 自由网格划分和映射网格划分控制
- ☑ 延伸和扫掠生成有限元模型
- ☑ 修正有限元模型
- ☑ 直接通过节点和单元生成有限元模型
- ☑ 编号控制
- ☑ 实例——旋转外轮的网格划分

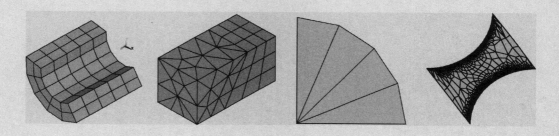

3.1 有限元网格概论

生成节点和单元的网格划分过程包括以下 3 个步骤。
（1）定义单元属性。
（2）定义网格生成控制（非必需），ANSYS 程序提供了大量的网格生成控制，用户可按需要选择。
（3）生成网格。

📢 注意：第（2）步的定义网格控制不是必需的，因为默认的网格生成控制对多数模型生成都是合适的。如果没有指定网格生成控制，程序会用 DSIZE 命令使用默认设置生成网格。当然，用户也可以手动控制生成质量更好的自由网格。

在对模型进行网格划分之前，甚至在建立模型之前，用户要明确是采用自由网格还是采用映射网格来分析。自由网格对单元形状无限制，并且没有特定的准则，而映射网格则对包含的单元形状有限制，而且必须满足特定的规则。如图 3-1 所示，映射面网格只包含四边形或三角形单元，映射体网格只包含六面体单元。另外，映射网格具有规则的排列形状，如果想要这种网格类型，所生成的几何模型必须具有一系列相当规则的体或面。

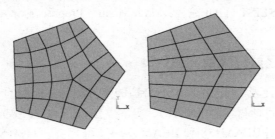

图 3-1　自由网格和映射网格示意图

用户可用 MSHKEY 命令或相应的 GUI 路径选择自由网格或映射网格。注意，所用网格控制将随自由网格或映射网格划分而不同。

3.2 设定单元属性

在生成节点和单元网格之前，必须定义合适的单元属性，包括如下几项。
- ☑ 单元类型。
- ☑ 实常数（如厚度和横截面积）。
- ☑ 材料性质（如杨氏模量、热传导系数等）。
- ☑ 单元坐标系。
- ☑ 截面号（只对 BEAM161、BEAM188 和 BEAM189 等单元有效）。

📢 注意：对于梁单元网格的划分，用户有时需要指定方向关键点。

3.2.1 生成单元属性表

为了定义单元属性,首先必须建立一些单元属性表。典型的单元属性包括单元类型(命令 ET 或者 GUI 路径:Main Menu > Preprocessor > Element Type > Add/Edit/Delete)、实常数(命令 R 或者 GUI 路径:Main Menu > Preprocessor > Real Constants)和材料性质(命令 MP 和 TB 或者 GUI 路径:Main Menu > Preprocessor > Material Props > Material Option)。

利用 LOCAL、CLOCAL 等命令可以组建坐标系表(GUI 路径:Utility Menu > Work Plane > Local Coordinate Systems > Create Local CS > Option)。该表用来给单元分配单元坐标系。

◁)) 注意:并非所有的单元类型都可用这种方式来分配单元坐标系。

对于用 BEAM188、BEAM189 单元划分的梁网格,可利用命令 SECTYPE 和 SECDATA(GUI 路径:Main Menu > Preprocessor > Sections)创建截面号表格。

◁)) 注意:方向关键点是线的属性而不是单元的属性,用户不能创建方向关键点表格。

用户可以用命令 ETLIST 来显示单元类型,用命令 RLIST 来显示实常数,用命令 MPLIST 来显示材料属性。上述操作对应的 GUI 路径:Utility Menu > List > Properties > Property Type。另外,用户还可以用命令 CSLIST(GUI 路径:Utility Menu > List > Other > Local Coord Sys)来显示坐标系,用命令 SLIST(GUI 路径:Main Menu > Preprocessor > Sections > List Sections)来显示截面号。

3.2.2 在划分网格之前分配单元属性

一旦建立了单元属性表,通过指向表中合适的条目即可对模型的不同部分分配单元属性。指针就是参考号码集,包括材料号(MAT)、实常数号(TEAL)、单元类型号(TYPE)、坐标系号(ESYS),以及使用 BEAM188 和 BEAM189 单元时的截面号(SECNUM)。可以直接给所选的实体模型图元分配单元属性,或者定义默认的属性在生成单元的网格划分中使用。

◁)) 注意:如前面所提到的,在给梁划分网格时给线分配的方向关键点是线的属性而不是单元属性,因此,必须是直接分配给所选线,而不能定义默认的方向关键点以备后面划分网格时直接使用。

1. 直接给实体模型图元分配单元属性

给实体模型分配单元属性时,允许对模型的每个区域预置单元属性,从而避免在网格划分过程中重置单元属性。清除实体模型的节点和单元不会删除直接分配给图元的属性。

利用下列命令和相应的 GUI 菜单路径可直接给实体模型分配单元属性。

(1)给关键点分配属性。

命令:KATT。
GUI:Main Menu > Preprocessor > Meshing > Mesh Attributes > All Keypoints
　　　Main Menu > Preprocessor > Meshing > Mesh Attributes > Picked KPs。

(2)给线分配属性。

命令:LATT。

GUI：Main Menu > Preprocessor > Meshing > Mesh Attributes > All Lines
　　　Main Menu > Preprocessor > Meshing > Mesh Attributes > Picked Lines。

（3）给面分配属性。

命令：AATT。

GUI：Main Menu > Preprocessor > Meshing > Mesh Attributes > All Areas
　　　Main Menu > Preprocessor > Meshing > Mesh Attributes > Picked Areas。

（4）给体分配属性。

命令：VATT。

GUI：Main Menu > Preprocessor > Meshing > Mesh Attributes > All Volumes
　　　Main Menu > Preprocessor > Meshing > Mesh Attributes > Picked Volumes。

2．分配默认属性

用户可以通过指向属性表的不同条目来分配默认的属性，在开始划分网格时，ANSYS 程序会自动将默认属性分配给模型。直接分配给模型的单元属性将取代上述默认属性，而且，当清除实体模型图元的节点和单元时，其默认的单元属性也将被删除。

用户可利用如下方式分配默认的单元属性。

命令：TYPE, REAL, MAT, ESYS, SECNUM。

GUI：Main Menu > Preprocessor > Meshing > Mesh Attributes > Default Attribs
　　　Main Menu > Preprocessor > Modeling > Create > Elements > Elem Attributes。

3．自动选择维数正确的单元类型

有些情况下，ANSYS 程序能对网格划分或拖拉操作选择正确的单元类型，当选择明显正确时，用户不必人为地转换单元类型。

特殊的情况是，当未将单元属性（xATT）直接分配给实体模型时，或者默认的单元属性（TYPE）对于要执行的操作维数不对时，而且已定义的单元属性表中只有一个维数正确的单元，ANSYS 程序会自动利用该种单元类型执行这个操作。

受此影响的网格划分和拖拉操作命令有 KMESH、LMESH、AMESH、VMESH、FVMESH、VOFFST、VEXT、VDRAG、VROTAT 和 VSWEEP。

4．在节点处定义不同的厚度

用户可以利用下列方式对壳单元在节点处定义不同的厚度。

命令：RTHICK。

GUI：Main Menu > Preprocessor > Real Constants > Thickness Func。

壳单元可以模拟复杂的厚度分布，以 SHELL181 为例，允许给每个单元的 4 个角点指定不同的厚度，单元内部的厚度假定是在 4 个角点厚度之间光滑变化。给一组单元指定复杂的厚度变化是有一定难度的，特别是每一个单元都需要单独指定其角点厚度时，在这种情况下，利用 RTHICK 命令能大大简化模型定义。

下面用一个实例来详细说明该过程，该实例的模型为 10×10 的矩形板，用 0.5×0.5 的方形 SHELL181 单元划分网格。在 ANSYS 程序中输入如下命令流。

/TITLE, RTHICK Example
/PREP7
ET,1,181,,,2

```
RECT,,10,,10
ESHAPE,2
ESIZE,,20
AMESH,1
EPLO
```

得到初始的网格图如图 3-2 所示。

假定板厚按 $h = 0.5 + 0.2x + 0.02y^2$ 公式变化，为了模拟该厚度变化，创建一组参数给节点设定相应的厚度值。换句话说，数组里的第 N 个数对应于第 N 个节点的厚度，命令流如下。

```
MXNODE = NDINQR(0,14)
*DIM,THICK,,MXNODE
*DO,NODE,1,MXNODE
    *IF,NSEL(NODE),EQ,1,THEN
        THICK(node) = 0.5 + 0.2*NX(NODE) + 0.02*NY(NODE)**2
    *ENDIF
*ENDDO
NODE = $MXNODE
```

最后，利用 RTHICK 函数将这组表示厚度的参数分配到单元上，结果如图 3-3 所示。

```
RTHICK,THICK(1),1,2,3,4
/ESHAPE,1.0    $ /USER,1    $ /DIST,1,7
/VIEW,1,-0.75,-0.28,0.6    $ /ANG,1,-1
/FOC,1,5.3,5.3,0.27    $ EPLO
```

图 3-2　初始的网格图　　　　　　图 3-3　不同厚度的壳单元

3.3　网格划分的控制

网格划分控制能建立用在实体模型划分网格的因素，如单元形状、中间节点位置、单元大小等。此步骤是整个分析中最重要的步骤之一，因为此阶段得到的有限元网格将对分析的准确性和经济性起决定作用。

3.3.1　ANSYS 网格划分工具（MeshTool）

ANSYS 网格划分工具（GUI 路径：Main Menu > Preprocessor > Meshing > MeshTool）提供了最常用的网格划分控制和最常用的网格划分操作的便捷途径。其功能主要包括以下方面。

- ☑ 控制 SmartSizing 水平。
- ☑ 设置单元尺寸控制。
- ☑ 指定单元形状。
- ☑ 指定网格划分类型（自由或映射）。
- ☑ 对实体模型图元划分网格。
- ☑ 清除网格。
- ☑ 细化网格。

3.3.2 单元形状

ANSYS 程序允许在同一个划分区域出现多种单元形状，如同一区域的面单元可以是四边形也可以是三角形，但建议尽量不要在同一个模型中混用六面体和四面体单元。

下面简单介绍单元形状的退化，如图 3-4 所示，用户在划分网格时，应该尽量避免使用退化单元。

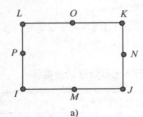 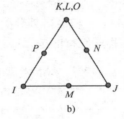

图 3-4　四边形单元形状的退化
a) 四边形网格（默认）　b) 三角形网格

用下列方法指定单元形状。

命令：MSHAPE,KEY,Dimension。
GUI：Main Menu > Preprocessor > Meshing > MeshTool
　　　Main Menu > Preprocessor > Meshing > Mesher Opts
　　　Main Menu > Preprocessor > Meshing > Mesh > Volumes > Mapped > 4 to 6 sided。

如果正在使用 MSHAPE 命令，维数（二维或三维）的值表明待划分的网格模型的维数，KEY 值（0 或 1）表示划分网格的形状。

- ☑ KEY=0，如果 Dimension=2D，ANSYS 将用四边形单元划分网格，如果 Dimension=3D，ANSYS 将用六面体单元划分网格。
- ☑ KEY=1，如果 Dimension=2D，ANSYS 将用三角形单元划分网格，如果 Dimension=3D，ANSYS 将用四面体单元划分网格。

有些情况下，MSHAPE 命令及合适的网格划分命令（AMESH、YMESH 或相应的 GUI 路径：Main Menu > Preprocessor > Meshing > Mesh > Meshing Option）就是对模型划分网格的全部所需。每个单元的大小由指定的默认单元大小（AMRTSIZE 或 DSIZE）确定。例如，图 3-5 左边的模型用 VMESH 命令生成右边的网格。

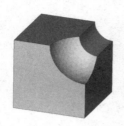 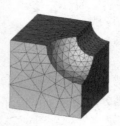

图 3-5 默认单元尺寸

3.3.3 选择自由网格或映射网格划分

除了指定单元形状之外，还须指定对模型进行网格划分的类型（自由划分或映射划分），方法如下。

命令：MSHKEY。

GUI：Main Menu > Preprocessor > Meshing > MeshTool

　　　Main Menu > Preprocessor > Meshing > Mesher Opts。

单元形状（MSHAPE）和网格划分类型（MSHKEY）的设置共同影响网格的生成。如表 3-1 所示为 ANSYS 程序支持的单元形状和网格划分类型。

表 3-1　ANSYS 支持的单元形状和网格划分类型

单元形状	自由划分	映射划分	既可以映射划分又可以自由划分
四边形	是	是	是
三角形	是	是	是
六面体	否	是	否
四面体	是	否	否

3.3.4 控制单元边中节点的位置

当使用二次单元划分网格时，可以控制中间节点的位置，有以下两种选择。

- ☑ 边界区域单元在中间节点沿着边界线或者面的弯曲方向，这是默认设置。
- ☑ 设置所有单元的中间节点和单元边是直的，此选项允许沿曲线进行粗糙的网格划分，但是模型的弯曲并不与之相配。

可用如下方法控制中间节点的位置。

命令：MSHMID。

GUI：Main Menu > Preprocessor > Meshing > Mesher Opts。

3.3.5 划分自由网格时的单元尺寸控制（SmartSizing）

默认情况下，DESIZE 命令方法控制单元大小在自由网格划分中的使用，但一般推荐使用 SmartSizing，为打开 SmartSizing，只要在 SMRTSIZE 命令中指定单元大小即可。

ANSYS 中有两种 SmartSizing 控制，即基本的控制和高级的控制。

（1）基本的控制。

利用基本的控制，可以简单地指定网格划分的粗细程度，从 1（粗网格）到 10（细网格），程序会自动设置一系列独立的控制值用来生成想要的网格大小，方法如下。

命令：SMRTSIZE，SIZLVL。

GUI：Main Menu > Preprocessor > Meshing > MeshTool。

如图 3-6 所示为利用几个不同的 SmartSizing 设置所生成的网格。

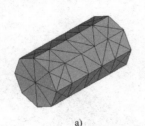 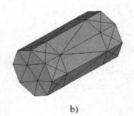 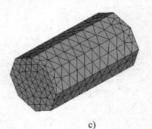

图 3-6　对同一模型面 SmartSizing 的划分结果

a) Level=6（默认）　b) Level=0（粗糙）　c) Level=10（精细）

（2）高级的控制。

ANSYS 还允许用户使用高级方法进行专门设置来人工控制网格质量，方法如下。

命令：SMRTSIZE 和 ESIZE。

GUI：Main Menu > Preprocessor > Meshing > Size Cntrls > SmartSize > Adv Opts。

3.3.6　映射网格划分中单元的默认尺寸

DESIZE 命令（GUI 路径：Main Menu > Preprocessor > Meshing > Size Cntrls >Global > Other）常用来控制映射网格划分的单元尺寸，同时也可用在自由网格划分的默认设置，但是对于自由网格划分，建议使用 SmartSizing（SMRTSIZE）。

对于较大的模型，通过 DESIZE 命令查看默认的网格尺寸是明智的，可通过显示线的分割来观察将要划分的网格情况。预查看网格划分的步骤如下。

（1）建立实体模型。

（2）选择单元类型。

（3）选择允许的单元形状（MSHAPE）。

（4）选择网格划分类型，即自由或映射（MSHKEY）。

（5）输入 LESIZE、ALL（通过 DESIZE 规定调整线的分割数）。

（6）显示线（LPLOT）。

下面结合图 3-7 所示的实例来说明。

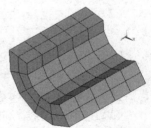

图 3-7　粗糙的网格

如果觉得网格太粗糙，可通过改变单元尺寸或者线上的单元份数来加密网格，方法如下。

GUI：Main Menu > Preprocessor > Meshing > Size Cntrls >Layers > Picked Lines。

弹出"Elements Sizes on Picked Lines"拾取菜单，用鼠标单击拾取屏幕上的相应线段，单击"OK"按钮，弹出"Area Layer-Mesh Controls on Picked Lines"对话框，如图 3-8 所示，在"SIZE　Element edge length"文本框中输入具体数值（即单元的尺寸），或者在"NDIV　No. of line divisions"文本框中输入正整数（即所选择的线段上的单元份数），单击"OK"按钮。然后重新划分网格，效果如图 3-9 所示。

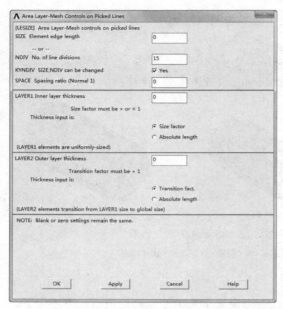

图 3-8 "Area Layer-Mesh Controls on Picked Lines" 对话框 图 3-9 预览改进的网格

3.3.7 局部网格划分控制

在许多情况下，对结构的物理性质而言，用默认单元尺寸生成的网格不合适，如有应力集中或奇异的模型。在这个情况下，需要将网格局部细化，详细说明如下。

（1）通过表面的边界所用的单元尺寸控制总体的单元尺寸，或者控制每条线划分的单元数。

命令：ESIZE。

GUI：Main Menu > Preprocessor > Meshing > Size Cntrls >Global > Size。

（2）控制关键点附近的单元尺寸。

命令：KESIZE。

GUI：Main Menu > Preprocessor > Meshing > Size Cntrls >Keypoints > All KPs

　　　Main Menu > Preprocessor > Meshing > Size Cntrls >Keypoints > Picked KPs

　　　Main Menu > Preprocessor > Meshing > Size Cntrls >Keypoints > Clr Size。

（3）控制给定线上的单元数。

命令：LESIZE。

GUI：Main Menu > Preprocessor > Meshing > Size Cntrls >Lines > All Lines

　　　Main Menu > Preprocessor > Meshing > Size Cntrls >Lines > Picked Lines

　　　Main Menu > Preprocessor > Meshing > Size Cntrls >Lines > Clr Size。

以上叙述的所有定义尺寸的方法都可以一起使用，但须遵循一定的优先级别，具体说明如下。

- ☑ 用 DESIZE 定义单元尺寸时，对任何给定线，沿线定义的单元尺寸优先级是用 LESIZE 指定的为最高级，KESIZE 次之，ESIZE 再次之，DESIZE 为最低级。
- ☑ 用 SMRTSIZE 定义单元尺寸时，优先级是 LESIZE 为最高级，KESIZE 次之，SMRTSIZE 为最低级。

3.3.8 内部网格划分控制

前面关于网格尺寸的讨论集中在实体模型边界的外部单元尺寸的定义（LESIZE 和 ESIZE 等），然而也可以在面的内部（即非边界处）没有可以引导网格划分的尺寸线处控制网格划分，方法如下。

命令：MOPT。
GUI：Main Menu > Preprocessor > Meshing > Size Cntrls >Global > Area Cntrls。

1．控制网格的扩展

MOPT 命令中的 Lab=EXPND 选项可以用来引导在一个面的边界处将网格划分较细，而内部则较粗，如图 3-10 所示。

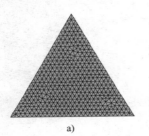 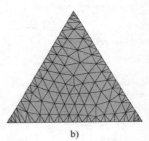

a) b)

图 3-10 网格扩展示意图
a) 没有扩展网格 b) 扩展网格（MOPT，EXPND，2.5）

在图 3-10 中，左边网格是由 ESIZE 命令（GUI 路径：Main Menu > Preprocessor > Meshing > Size Cntrls >Global > Size）对面进行设置生成的，右边网格是利用 MOPT 命令的扩展功能（Lab=EXPND）生成的，其区别显而易见。

2．控制网格过渡

图 3-10b 中的网格还可以进一步改善，MOPT 命令中的 Lab=TRANS 项可以用来控制网格从细到粗的过渡，如图 3-11 所示。

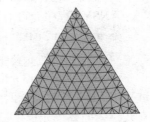

图 3-11 控制网格的过渡
（MOPT，EXPND，1.5）

3．控制 ANSYS 的网格划分器

可用 MOPT 命令控制表面网格划分器（三角形和四边形）和四面体网格划分器，使 ANSYS 执行网格划分操作（AMESH 和 VMESH）。

命令：MOPT。
GUI：Main Menu > Preprocessor > Meshing > Mesher Opts。

执行上述命令后弹出的"Mesher Options"对话框如图 3-12 所示。在该对话框中，"AMESH Triangle Mesher"下拉列表中的选项对应三角形表面网格划分，包括"Program chooses"（默认）、"main"、"Alternate"和"Alternate2"共 4 个选项。"QMESH Quad Mesher"下拉列表中的选项对应四边形表面网格划分，包括"Program chooses"（默认）、"main"和"Alternate"共 3 个选项。其中，main 又称为 Q-Morph（quad-morphing）网格划分器，多数情况下能得到高质量的单元，如图 3-13 所示。另外，Q-Morph 网格划分器要求面的边界线的分割总数是偶数，否则将产生三角形单元。"VMESH Tet Mesher"下拉列表中的选项对应四面体网格划分，包括"Program chooses"（默认）、"Alternate"和"main"这3个选项。

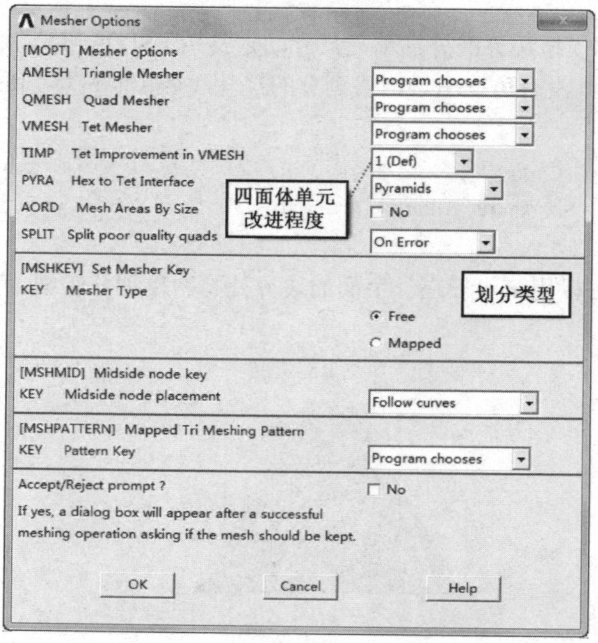

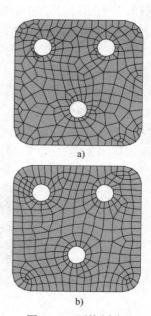

图3-12 网格化选项对话框

图3-13 网格划分器
a) Alternate 网格划分器 b) Q-Morph 网格划分器

4. 控制四面体单元的改进

ANSYS 程序允许对四面体单元做进一步改进，方法如下。

命令：MOPT，TIMP，Value。

GUI：Main Menu > Preprocessor > Meshing > Mesher Opts。

弹出的"Mesher Options"对话框如图3-12所示，在该对话框中，"TIMP Tet Improvement in VMESH"数值表示四面体单元改进的程度，范围为1~6，1表示提供最小的改进，5表示对线性四面体单元提供最大的改进，6表示对二次四面体单元提供最大的改进。

3.3.9 生成过渡棱锥单元

ANSYS 程序在下列情况下会生成过渡的棱锥单元。

- ☑ 用户准备对体用四面体单元划分网格，待划分的体直接与已用六面体单元划分网格的体相连。
- ☑ 用户准备用四面体单元划分网格，而目标体上至少有一个面已经用四边形网格划分。

图3-14 所示为一个过渡网格的示例。

当对体用四面体单元进行网格划分时，为生成过渡棱锥单元，应事先满足以下条件。

- ☑ 设定单元属性时，需确定给体分配的单元类型可以退化为棱锥形状。
- ☑ 设置网格划分时，激活过渡单元表面让三维单元退化。

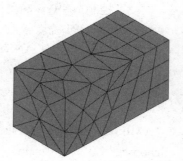

图3-14 过渡网格示例

激活过渡单元（默认）的方法如下。

命令：MOPT，PYRA，ON。

GUI：Main Menu > Preprocessor > Meshing > Mesher Opts。

生成退化三维单元的方法如下。

命令：MSHAPE，1，3D。

GUI：Main Menu > Preprocessor > Meshing > Mesher Opts。

3.3.10 将退化的四面体单元转化为非退化的形式

在模型中生成过渡的棱锥单元之后，可以将模型中的 20 节点退化四面体单元转化成相应的 10 节点非退化单元，方法如下。

命令：TCHG，ELEM1，ELEM2，ETYPE2。

GUI：Main Menu > Preprocessor > Meshing > Modify Mesh > Change Tets。

无论是使用命令还是使用 GUI 路径，用户都应按表 3-2 转换合并的单元。

表 3-2 允许 ELEM1 和 ELEM2 单元合并

物理特性	ELEM1	ELEM2
结构	SOLID186或186	SOLID187或187
热学	SOLID90或90	SOLID87或87
静电学	SOLID122或122	SOLID123或123

执行单元转化的好处在于节省内存空间，加快求解速度。

3.3.11 执行层网格划分

ANSYS 程序的层网格划分功能（当前只能对二维面）能生成线性梯度的自由网格：

（1）沿线只有均匀的单元尺寸（或适当的变化）。

（2）垂直于线的方向单元尺寸和数量有急剧过渡。

这样的网格适于模拟 CFD 边界层的影响及电磁表面层的影响等。

用户可以通过 ANSYS GUI 也可以通过命令对选定的线设置层网格划分控制。如果用 GUI 路径，则选择主菜单中的 Main Menu > Preprocessor > Meshing > Mesh Tool 命令，显示网格划分工具，单击 Layer 相邻的设置按钮，打开选择线对话框，选择完毕后打开 "Area Layer Mesh Controls on Picked Lines" 对话框，可在其上指定单元尺寸（SIZE）和线分割数（NDIV）、线间距比率（SPACE）、内部网格的厚度（LAYER1）和外部网格的厚度（LAYER2）。

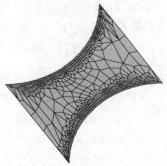

注意：LAYER1 的单元是均匀尺寸的，等于在线上给定的单元尺寸；LAYER2 的单元尺寸会从 LAYER1 的尺寸缓慢增加到总体单元的尺寸。另外，LAYER1 的厚度可以用数值指定，也可以利用尺寸系数（表示网格层数）指定。如果用数值指定，则数值应该大于或等于给定线的单元尺寸，如果用尺寸系数指定，则尺寸系数应该大于 1。如图 3-15 所示为层网格的示例。

图 3-15 层网格示例

如果想删除选定线上的层网格划分控制，单击网格划分工具控制器上包含 Layer 的清除按钮即可。

用户也可以用 LESIZE 命令定义层网格划分控制和其他单元特性，在此不再赘述。

用下列方法可查看层网格划分尺寸规格。

> 命令：LLIST。
> GUI：Utility Menu > List > Lines。

3.4 自由网格划分和映射网格划分控制

前面主要讲述可用的不同网格划分控制，现在集中讨论适合于自由网格划分和映射网格划分的控制。

3.4.1 自由网格划分

自由网格划分操作，对实体模型无特殊要求。任何几何模型，尽管有些是不规则的，但也可以进行自由网格划分。所用单元形状依赖于是对面还是对体进行网格划分。对面划分时，自由网格可以是四边形也可以是三角形，或两者混合；对体划分时，自由网格一般是四面体单元，棱锥单元作为过渡单元也可以加入到四面体网格中。

如果选择的单元类型被严格地限定为三角形或四面体，程序划分网格时只用这种单元。但是，如果选择的单元类型允许多于一种形状（如 PLANE183 和 SOLID186），可通过下列方法指定用哪一种（或几种）形状。

> 命令：MSHAPE。
> GUI：Main Menu > Preprocessor > Meshing > Mesher Opts。

另外，还必须指定对模型用自由网格划分：

> 命令：MSHKEY，0。
> GUI：Main Menu > Preprocessor > Meshing > Mesher Opts。

对于支持多于一种形状的单元，默认会生成混合形状（通常是四边形单元占多数）。可用 "MSHAPE，1，2D" 和 "MSHKEY，0" 来要求全部生成三角形网格。

📢 注意：可能会遇到全部网格都必须为四边形网格这种情况。当面边界上总的线分割数为偶数时，面的自由网格划分会全部生成四边形网格，并且四边形单元质量还比较好。通过打开 SmartSizing 项并让它来决定合适的单元数，可以增加面边界线的分割总数为偶数的概率（而不是通过 LESIZE 命令人为地设置任何边界划分的单元数）。应保证四边形分裂项关闭 "MOPT，SPLIT，OFF"，以使 ANSYS 不会将形状较差的四边形单元分裂成三角形。

使体生成一种自由网格，应当选择只允许一种四面体形状的单元类型，或利用支持多种形状的单元类型并设置四面体一种形状功能 "MSHAPE，1，3D" 和 "MSHKEY，0"。

对自由网格划分操作，生成的单元尺寸依赖于 DESIZE、ESIZE、KESIZE 和 LESIZE 的当前设置。如果 SmartSizing 打开，单元尺寸将由 AMRTSIZE 及 ESZIE、DESIZE 和 LESIZE 决定，对自由网格划分推荐使用 SmartSizing。

另外，ANSYS 程序有一种扇形网格划分的特殊自由网格划分，适于涉及 TARGE170 单元对三边面进行网格划分的特殊接触分析。当 3 条边中有两条边只有一个单元分割数，另外一边有任意单元分割数时，其结果为扇形网格，如图 3-16 所示。

📢 注意：使用扇形网格必须满足下列条件。

（1）对三边面进行网格划分，其中两边必须只分一个网格，第三边分任何数目。

（2）必须使用 TARGE170 单元进行网格划分。

（3）必须使用自由网格划分。

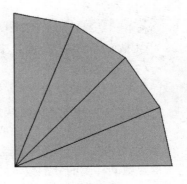

图 3-16　扇形网格划分示例

3.4.2 映射网格划分

映射网格划分要求面或体有一定的形状规则，它可以指定程序全部用四边形面单元、三角形面单元或者六面体单元生成网格模型。

对映射网格划分时，生成的单元尺寸依赖于 DESIZE、ESIZE、KESIZE、LESIZE 和 AESIZE 的设置（或相应 GUI 路径：Main Menu > Preprocessor > Meshing > Size Cntrls > option）。

📢 注意：SmartSizing（SMRTSIZE）不能用于映射网格划分。另外，硬点不支持映射网格划分。

1．面映射网格划分

面映射网格分为两种情形：全部是四边形单元或者全部是三角形单元。面映射网格必须满足以下条件。

☑ 该面必须是 3 条边或者 4 条边（有无连接均可）。

☑ 如果是 4 条边，则面的对边必须划分为相同数目的单元，或者是划分一个过渡型网格。

如果是 3 条边，则线分割总数必须为偶数且每条边的分割数相同。

☑ 网格划分必须设置为映射网格。

如图 3-17 所示为面映射网格的示例。

如果一个面多于 4 条边，则不能直接用映射网格划分，但可以将某些线合并或者连接总线数减少到 4 条之后再用映射网格划分，示例图如图 3-18 所示，方法如下。

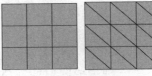

图 3-17　面映射网格示例

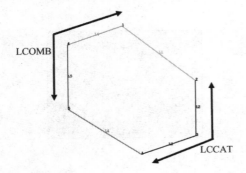

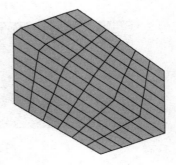

图 3-18　合并和连接线进行映射网格划分

（1）连接线。

命令：LCCAT。

GUI：Main Menu > Preprocessor > Meshing > Mesh > Areas > Mapped > Concatenate > Lines。

（2）合并线。

命令：LCOMB。

GUI：Main Menu > Preprocessor > Modeling > Operate > Booleans > Add > Lines。

需要指出的是，线、面或体上的关键点将生成节点，因此，一条连接线至少有线上已定义的关键点数同样多的分割数，而且指定的总体单元尺寸（ESIZE）是针对原始线而不是针对连接线，如图 3-19 所示。用户不能直接给连接线指定线分割数，但可以对合并线（LCOMB）指定分割数，通常来说，合并线比连接线更有优势。

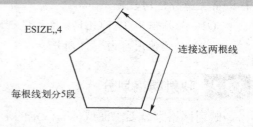

图 3-19　ESIZE 针对原始线而不是连接线示意图

命令 AMAP（GUI：Main Menu > Preprocessor > Meshing > Mesh > Areas > Mapped > By Corners）提供了获得映射网格划分的便捷途径，它使用指定的关键点作为角点并连接关键点之间的所有线，面自动地全部用三角形单元或四边形单元进行网格划分。

考察前面连接的例子，现利用 AMAP 方法进行网格划分。注意到在已选定的几个关键点之间有多条线，在选定面之后，已按任意顺序拾取关键点 1、3、4 和 6，则得到的映射网格如图 3-20 所示。

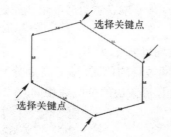 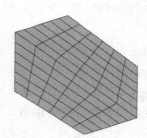

图 3-20　AMAP 方法得到映射网格

另一种生成映射面网格的途径是指定面的对边的分割数，以生成过渡映射四边形网格，如图 3-21 所示。需要指出的是，指定的线分割数必须与图 3-22 和图 3-23 所示的模型相对应。

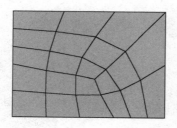 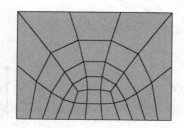

图 3-21　过渡映射网格

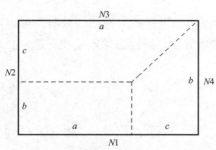 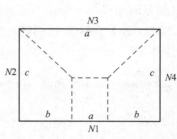

图 3-22　过渡四边形映射网格的线分割模型（1）　　图 3-23　过渡四边形映射网格的线分割模型（2）

除了过渡映射四边形网格之外，还可以生成过渡映射三角形网格。为生成过渡映射三角形网格，必须使用支持三角形的单元类型，且必须设置为映射划分（MSHKEY，1），并指定形状生成为三角形（MSHAPE，1，2D）。实际上，过渡映射三角形网格的划分是在过渡映射四边形网格划分的基础上自动将四边形网格分割成三角形，如图 3-24 所示，因此，各边的线分割数目依然必须满足图 3-22 和图 3-23 所示的模型。

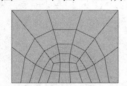 

图 3-24　过渡映射三角形网格示意图

2．体映射网格划分

要将体全部划分为六面体单元，必须满足以下条件。

☑ 该体的外形应为块状（6 个面）、楔形或棱柱（5 个面）、四面体（4 个面）。

☑ 对边上必须划分相同的单元数，或分割符合过渡网格形式适合六面体网格划分。

☑ 如果是棱柱或者四面体，三角形面上的单元分割数必须是偶数，如图 3-25 所示。

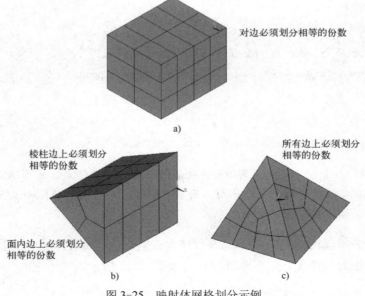

图 3-25　映射体网格划分示例

与面网格划分的连接线一样,当需要减少围成体的面数以进行映射网格划分时,可以对面进行加(AADD)或者连接(ACCAT)。如果连接面有边界线,线也必须连接在一起,必须线连接面,再连接线,举例如下(命令流格式)。

! first, concatenate areas for mapped volume meshing:
ACCAT,...
! next, concatenate lines for mapped meshing of bounding areas:
LCCAT,...
LCCAT,...
VMESH,...

📢 注意:一般来说,AADD(面为平面或者共面时)的连接效果优于ACCAT。

如上所述,在连接面(ACCAT)之后一般需要连接线(LCCAT),但是,如果相连接的两个面都是由4条线组成(无连接线),则连接线操作会自动进行,如图3-26所示。另外必须注意,删除连接面并不会自动删除相关的连接线。

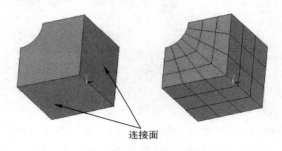

图3-26 连接线操作自动进行

连接面的方法如下。

命令:ACCAT。
GUI:Main Menu > Preprocessor > Meshing > Concatenate > Areas
　　　Main Menu > Preprocessor > Meshing > Mesh > Areas > Mapped。

将面相加的方法如下。

命令:AADD。
GUI:Main Menu > Preprocessor > Modeling > Operate > Booleans > Add > Areas。

📢 注意:ACCAT命令不支持用IGES功能输入的模型,但是,可用ARMERGE命令合并由CAD文件输入模型的两个或更多面。而且,当以此方法使用ARMERGE命令时,在合并线之间删除了关键点的位置不会有节点。

与生成过渡映射面网格类似,ANSYS程序允许生成过渡映射体网格。过渡映射体网格的划分只适合于6个面的体(有无连接面均可),如图3-27所示。

  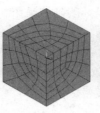 

图 3-27 过渡映射体网格示例

3.5 延伸和扫掠生成有限元模型

下面介绍一些相对前面方法而言更为简便的划分网格模式——延伸和扫掠生成有限元网格模型。其中，延伸方法主要用于利用二维模型和二维单元生成三维模型和三维单元，如果不指定单元，那么只会生成三维几何模型，有时它可以成为布尔操作的替代方法，而且通常更简便。扫掠方法是利用二维单元在已有的三维几何模型上生成三维单元，该方法对于从 CAD 中输入的实体模型通常特别有用。延伸方法与扫掠方法的主要区别在于，前者能在二维几何模型的基础上生成新的三维模型同时划分好网格，而后者必须是在完整的几何模型基础上划分网格。

3.5.1 延伸（Extrude）生成网格

先用下面方法指定延伸（Extrude）的单元属性，如果不指定，后面的延伸操作都只会产生相应的几何模型而不会划分网格。另外值得注意的是，如果想生成网格模型，在源面（或者线）上必须划分相应的面网格（或者线网格）。

命令：EXTOPT。
GUI：Main Menu > Preprocessor > Modeling > Operate > Extrude > Elem Ext Opts。

执行上述命令后，弹出"Element Extrusion Options"对话框，如图 3-38 所示，指定想要生成的单元类型（TYPE）、材料号（MAT）、实常数（REAL）、单元坐标系（ESYS）、单元数（VAL1）、单元比率（VAL2），以及指定是否要删除源面（ACLEAR）。

图 3-28 "Element Extrusion Options" 对话框

用以下命令可以执行具体的延伸操作。

（1）面沿指定轴线旋转生成体。

命令：VROTATE。

GUI：Main Menu > Preprocessor > Modeling > Operate > Extrude > Areas > About Axis。

（2）面沿指定方向延伸生成体。

命令：VEXT。

GUI：Main Menu > Preprocessor > Modeling > Operate > Extrude > Areas > By XYZ Offset。

（3）面沿其法线生成体。

命令：VOFFST。

GUI：Main Menu > Preprocessor > Modeling > Operate > Extrude > Areas > Along Normal。

注意：当使用 VEXT 或者相应的 GUI 时，弹出"Extrude Areas by XYZ Offset"对话框，如图 3-29 所示，其中 DX、DY、DZ 表示延伸的方向和长度，而 RX、RY、RZ 表示延伸时的放大倍数。将网格面延伸生成网格体的示例如图 3-30 所示。

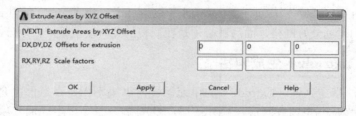

图 3-29 "Extrude Areas by XYZ Offset"对话框

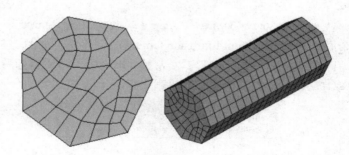

图 3-30 将网格面延伸生成网格体

（4）面沿指定路径延伸生成体。

命令：VDRAG。

GUI：Main Menu > Preprocessor > Modeling > Operate > Extrude > Areas > Along Lines。

（5）线沿指定轴线旋转生成面。

命令：AROTATE。

GUI：Main Menu > Preprocessor > Modeling > Operate > Extrude > Lines > About Axis。

（6）线沿指定路径延伸生成面。

命令：ADRAG。

第3章 划分网格

GUI：Main Menu > Preprocessor > Modeling > Operate > Extrude > Lines > Along Lines。

（7）关键点沿指定轴线旋转生成线。

命令：LROTATE。

GUI：Main Menu > Preprocessor > Modeling > Operate > Extrude > Keypoints > About Axis。

（8）关键点沿指定路径延伸生成线。

命令：LDRAG。

GUI：Main Menu > Preprocessor > Modeling > Operate > Extrude > Keypoints > Along Lines。

如果不在 EXTOPT 中指定单元属性，那么上述方法只会生成相应的几何模型。有时可以将它们作为布尔操作的替代方法，如图 3-31 所示，可以将空心球截面绕直径旋转一定角度直接生成。

3.5.2 扫掠（VSWEEP）生成网格

在激活体扫掠之前按以下步骤进行。

（1）确定体的拓扑模型能够进行扫掠。如果是下列情况之一，则不能扫掠：体的一个或多个侧面包含多于一个环；体包含多于一个壳；体的拓扑源面与目标面不是相对的。

图 3-31　用延伸方法生成空心圆球

（2）确定已定义合适的二维和三维单元类型。例如，如果对源面进行预网格划分，并想扫掠成包含二次六面体的单元，应当先用二次二维面单元对源面划分网格。

（3）确定在扫掠操作中如何控制生成单元层数，即沿扫掠方向生成的单元数。可用如下方法控制。

命令：EXTOPT, ESIZE, Val1, Val2。

GUI：Main Menu > Preprocessor > Meshing > Mesh > Volume Sweep > Sweep Opts。

执行上述命令后，弹出"Sweep Options"对话框，如图 3-32 所示。该对话框中各选项的含义依次如下：是否清除源面的面网格；在无法扫掠处是否用四面体单元划分网格；是否自动选择源面和目标面；在扫掠方向生成的单元数；在扫掠方向生成的单元尺寸比率。其中源面、目标面、扫掠方向和生成单元数的示意图如图 3-33 所示。

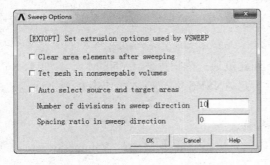

图 3-32　"Sweep Options"对话框

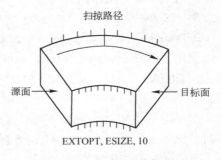

图 3-33　扫掠示意图

（4）确定体的源面和目标面。ANSYS 在源面上使用的是面单元模式（三角形或者四边形），用六面体或者楔形单元填充体。目标面是仅与源面相对的面。

（5）有选择地对源面、目标面和边界面划分网格。

体扫掠操作的结果会因在扫掠前是否对模型的任何面（源面、目标面和边界面）划分网格而不同。典型情况是用户在扫掠之前对源面划分网格，如果不划分，则 ANSYS 程序会自动生成临时面单元，在确定了体扫掠模式之后就会自动清除。

在扫掠前确定是否预划分网格应当考虑以下因素。

- ☑ 如果想让源面用四边形或者三角形映射网格划分，那么应当预划分网格。
- ☑ 如果想让源面用初始单元尺寸划分网格，那么应当预划分。
- ☑ 如果不预划分网格，ANSYS 通常用自由网格划分。
- ☑ 如果不预划分网格，ANSYS 可以用由 MSHAPE 设置的单元形状来确定对源面的网格划分。"MSHAPE, 0, 2D"生成四边形单元, "MSHAPE, 1, 2D"生成三角形单元。
- ☑ 如果与体关联的面或者线上出现硬点，则扫掠操作失败，除非对包含硬点的面或者线预划分网格。
- ☑ 如果源面和目标面都进行预划分网格，那么面网格必须相匹配。不过，源面和目标面并不要求一定都划分成映射网格。
- ☑ 在扫掠之前，体的所有侧面（可以有连接线）必须是映射网格划分或者四边形网格划分，如果侧面为划分网格，则必须有一条线在源面上，还有一条线在目标面上。
- ☑ 有时尽管源面和目标面的拓扑结构不同，但扫掠操作依然可以成功，只需采用适当的方法即可。如图 3-34 所示，将模型分解成两个模型，分别从不同方向扫掠即可生成合适的网格。

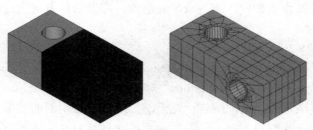

图 3-34 扫掠相邻体

用户可用如下方法激活体扫掠。

命令：VSWEEP, VNUM, SRCA, TRGA, LSMO。

GUI：Main Menu > Preprocessor > Meshing > Mesh > Volume Sweep > Sweep。

如果用 VSWEEP 命令扫掠体，须指定下列变量值：待扫掠体（VNUM）、源面（SRCA）、目标面（TRGA）。另外，可选用 LSMO 变量指定 ANSYS 在扫掠体操作中是否执行线的光滑处理。

如果采用 GUI 途径，则按下列步骤进行操作。

（1）选择主菜单中的 Main Menu > Preprocessor > Meshing > Mesh > Volume Sweep > Sweep 命令，弹出体扫掠选择框。

（2）选择待扫掠的体并单击"Apply"按钮。

（3）选择源面并单击"Apply"按钮。

（4）选择目标面，单击"OK"按钮。

图 3-35 所示为一个体扫掠网格的示例，图 3-35a、图 3-35c 表示没有预网格直接执行体扫掠的结果，图 3-35b、图 3-35d 表示在源面上划分映射预网格然后执行体扫掠的结果，如果用户对这两种网格结果都不满意，则可以考虑图 3-35e～图 3-35g 所示的形式，步骤如下。

（1）清除网格（VCLEAR）。

（2）通过在想要分割的位置创建关键点对源面的线和目标面的线进行分割（LDIV），如图 3-35e 所示。

（3）按图 3-35e 将源面上增线的线分割复制到目标面的相应新增线上（新增线是步骤（2）产生的）。该步骤可以通过网格划分工具实现，可选择主菜单中的 Main Menu > Preprocessor > Meshing > MeshTool 命令。

（4）对步骤（2）修改过的边界面手动划分映射网格，如图 3-35f 所示。

（5）重新激活和执行体扫掠，结果如图 3-35g 所示。

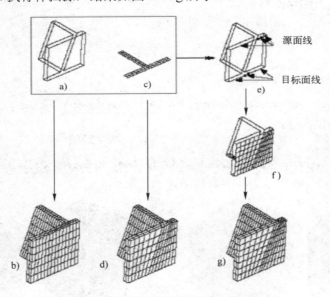

图 3-35 体扫掠示意图

3.6 修正有限元模型

本节主要叙述一些常用的修改有限元模型的方法，包括局部细化网格，移动和复制节点及单元，控制线、面和单元的法向，以及修改单元属性。

3.6.1 局部细化网格

通常，碰到下面两种情况时，用户需要考虑对局部区域进行网格细化。
- ☑ 用户已经将一个模型划分了网格，但想在模型的指定区域内得到更好的网格。
- ☑ 用户已经完成分析，同时根据结果想在感兴趣的区域得到更精确的解。

🔊 注意：对于由四面体组成的体网格，ANSYS 程序允许用户在指定的节点、单元、关键点、线或者面的周围进行局部细化网格，但非四面体单元（如六面体、楔形、棱锥等）不能进行局部细化网格。

下面具体介绍利用命令或者相应 GUI 菜单路径进行网格细化并设置细化控制。

（1）围绕节点细化网格。

命令：NREFINE。

GUI：Main Menu > Preprocessor > Meshing > Modify Mesh > Refine At > Nodes。

（2）围绕单元细化网格。

命令：EREFINE。

GUI：Main Menu > Preprocessor > Meshing > Modify Mesh > Refine At > Elements

　　　Main Menu > Preprocessor > Meshing > Modify Mesh > Refine At > All。

（3）围绕关键点细化网格。

命令：KREFINE。

GUI：Main Menu > Preprocessor > Meshing > Modify Mesh > Refine At > Keypoints。

（4）围绕线细化网格。

命令：LREFINE。

GUI：Main Menu > Preprocessor > Meshing > Modify Mesh > Refine At > Lines。

（5）围绕面细化网格。

命令：AREFINE。

GUI：Main Menu > Preprocessor > Meshing > Modify Mesh > Refine At > Areas。

如图 3-36～图 3-39 所示为一些网格细化的范例。

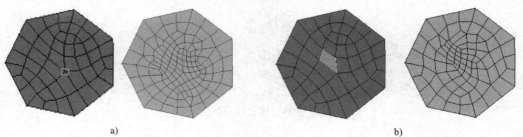

a)　　　　　　　　　　　　　　　　　　　b)

图 3-36　网格细化范例（1）

a) 在节点处细化网格（NREFINE）　b) 在单元处细化网格（EREFINE）

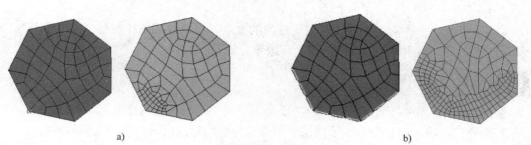

a) 　　　　　　　　　　　　　　　　　　b)

图 3-37　网格细化范例（2）

a) 在关键点处细化网格（KREFINE）　b) 在线附近细化网格（LREFINE）

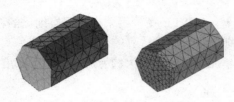

图 3-38　网格细化范例（3）

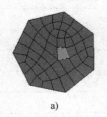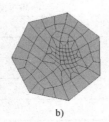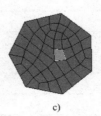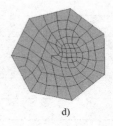

　　　　a)　　　　　　　　　　b)　　　　　　　　　　c)　　　　　　　　　　d)

图 3-39　网格细化范例（4）

a) 原始网格　b) 细化（不清除）（POST=OFF）　c) 原始网格　d) 细化（清除）（POST=CLEAN）

从图 3-36～图 3-39 中可以看出，控制网格细化时常用的 3 个变量为 LEVEL、DEPTH 和 POST。下面对 3 个变量分别进行介绍，在此之前，先介绍在何处定义这 3 个变量值。

以用菜单路径围绕节点细化网格为例。

GUI：Main Menu > Preprocessor > Meshing > Modify Mesh > Refine At > Nodes。

弹出拾取节点对话框，在模型上拾取相应节点，弹出"Refine Mesh at Node"对话框，如图 3-40 所示，在"LEVEL　Level of refinement"下拉列表框中选择合适的数值作为 LEVEL 值，选中"Advanced optionss"后面的"Yes"复选框，单击"OK"按钮，弹出"Refine mesh at nodes advanced options"对话框，如图 3-41 所示，在"DEPTH　Depth of refinement"文本框中输入相应数值，在"POST　Postprocessing"下拉列表框中选择相应选项，其余选项保持默认，单击"OK"按钮即可执行网格细化操作。

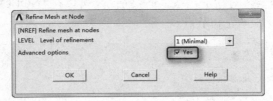

图 3-40　"Refine Mesh at Node"对话框

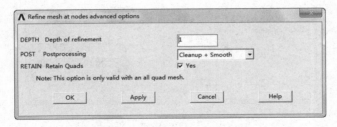

图 3-41　"Refine mesh at nodes advanced options"对话框

下面对 3 个变量分别解释。LEVEL 变量用来指定网格细化的程度，必须是 1~5 的整数，1 表示最小程度的细化，其细化区域单元边界的长度大约为原单元边界长度的 1/2；5 表示最大程度的细化，其细化区域单元边界的长度大约为原单元边界长度的 1/9，其余值的细化程度如表 3-3 所示。

表 3-3 细化程度

LEVEL值	细化后单元与原单元边长的比值
1	1/2
2	1/3
3	1/4
4	1/8
5	1/9

DEPTH 变量表示网格细化的范围，默认 DEPTH=0，表示只细化选择点（或者单元、线、面等）处一层网格。当然，DEPTH=0 时也可能细化一层之外的网格，那是由网格过渡的要求所致。

POST 变量表示是否对网格细化区域进行光滑和清理处理。光滑处理表示调整细化区域的节点位置以改善单元形状，清理处理表示 ANSYS 程序对那些细化区域或者直接与细化区域相连的单元执行清理命令，通常可以改善单元质量。默认情况是进行光滑和清理处理。

另外，图 3-41 中的 RETAIN 变量通常设置为 "Yes"（默认形式），这样可以防止四边形网格裂变成三角形。

3.6.2 移动和复制节点及单元

当一个已经划分了网格的实体模型图元被复制时，用户可以选择是否连同单元和节点一起复制。以复制面为例，选择主菜单中的 Main Menu > Preprocessor > Modeling > Copy > Areas 命令之后，弹出 "Copy Areas" 对话框，如图 3-42 所示，可以在 "NOELEM Items to be copied" 下拉列表框中选择是否复制单元和节点。

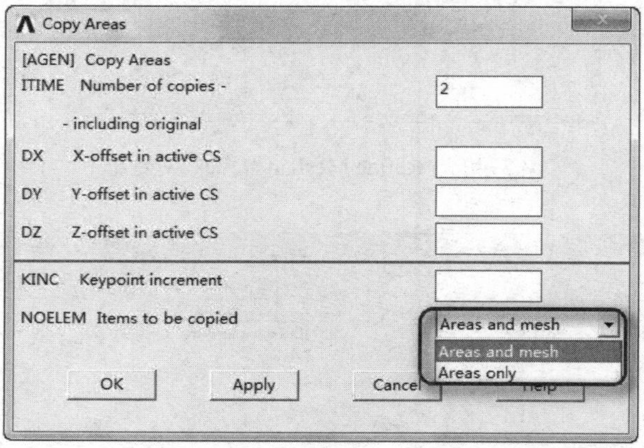

图 3-42 "Copy Areas" 对话框

(1)移动和复制面。

命令：AGEN。

GUI：Main Menu > Preprocessor > Modeling > Copy > Areas

Main Menu > Preprocessor > Modeling > Move/Modify > Areas > Areas。

(2)移动和复制体。

命令：VGEN。

GUI：Main Menu > Preprocessor > Modeling > Copy > Volumes

Main Menu > Preprocessor > Modeling > Move/Modify > Volumes。

(3)对称映像生成面。

命令：ARSYM。

GUI：Main Menu > Preprocessor > Modeling > Reflect > Areas。

(4)对称映像生成体。

命令：VSYMM。

GUI：Main Menu > Preprocessor > Modeling > Reflect > Volumes。

(5)转换面的坐标系。

命令：ATRAN。

GUI：Main Menu > Preprocessor > Modeling > Move/Modify > Transfer Coord > Areas。

(6)转换体的坐标系。

命令：VTRAN。

GUI：Main Menu > Preprocessor > Modeling > Move/Modify > Transfer Coord > Volumes。

3.6.3 控制线、面和单元的法向

如果模型中包含壳单元，并且加的是面载荷，那么用户就需要了解单元面以便能对载荷定义正确的方向。通常，壳的表面载荷将加在单元的某一个面上，并根据右手法则（I、J、K、L 节点序号方向，见图 3-43）确定正向。如果用户是用实体模型面进行网格划分的方法生成壳单元的，那么单元的正方向将与面的正方向一致。

有以下几种方法进行图形检查。

- ☑ 执行/NORMAL 命令（GUI：Utility Menu > PlotCtrls > Style > Shell Normals），接着执行 EPLOT 命令（GUI：Utility Menu > Plot > Elements），该方法可以对壳单元的正法线方向进行一次快速的图形检查。
- ☑ 利用命令"GRAPHICS, POWER"（GUI：Utility Menu > PlotCtrls > Style > Hidden-Line Options，见图 3-44）打开 PowerGraphics 选项（该选项通常默认是打开的），PowerGraphics 将用不同颜色来显示壳单元的底面和顶面。
- ☑ 用假定正确的表面载荷加到模型上，然后在执行 EPLOT 命令之前先打开显示表面载荷符号的选项[/PSF, Item, Comp, 2]（相应 GUI：Utility Menu > PlotCtrls > Symbols）以检验方向的正确性。

有时用户需要修改或者控制线、面和单元的法向，ANSYS 程序提供了如下方法。

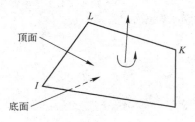

图 3-43 面的正方向

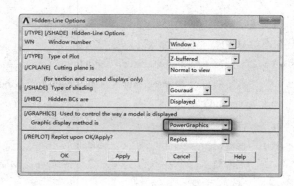

图 3-44 打开"PowerGraphics"选项

（1）重新设定壳单元的法向。

命令：ENORM。

GUI：Main Menu > Preprocessor > Modeling > Move/Modify > Elements > Shell Normals。

（2）重新设定面的法向。

命令：ANORM。

GUI：Main Menu > Preprocessor > Modeling > Move/Modify > Areas > Area Normals。

（3）将壳单元的法向反向。

命令：ENSYM。

GUI：Main Menu > Preprocessor > Modeling > Move/Modify > Reverse Normals > of Shell Elems。

（4）将线的法向反向。

命令：LREVERSE。

GUI：Main Menu > Preprocessor > Modeling > Move/Modify > Reverse Normals > of Lines。

（5）将面的法向反向。

命令：AREVERSE。

GUI：Main Menu > Preprocessor > Modeling > Move/Modify > Reverse Normals > of Areas。

3.6.4 修改单元属性

通常，要修改单元属性时，用户可以直接删除单元，重新设定单元属性后再执行网格划分操作。这个方法最直观，但也最费时、最不方便。下面提供另外一种不必删除网格的简便方法。

命令：EMODIFY。

GUI：Main Menu > Preprocessor > Modeling > Move/Modify > Elements > Modify Attrib。

执行上述命令后弹出拾取单元对话框，用鼠标在模型上拾取相应单元之后即弹出"Modify Elem Attributes"对话框，如图 3-45 所示，在"STLOC Attribute to change"下拉列表框中选择适当选项（如单元类型、材料号和实常数等），然后在"I1 New attribute number"文本框中输入新的序号（表示修改后的单元类型号、材料号或者实常数等）。

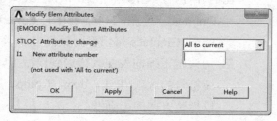

图 3-45 "Modify Elem Attributes"对话框

3.7 直接通过节点和单元生成有限元模型

如前面所述,ANSYS 程序已经提供了许多方便的命令用于通过几何模型生成有限元网格模型,以及对节点和单元的复制、移动等操作,但同时,ANSYS 还提供了直接通过节点和单元生成有限元模型的方法,有时,这种直接方法更加便捷、有效。

由直接生成法生成的模型严格按节点和单元的顺序定义,单元必须在相应节点全部生成之后才能定义。

3.7.1 节点

本节讲述的内容主要包括以下几方面。
- ☑ 定义节点。
- ☑ 从已有节点生成其他的节点。
- ☑ 查看和删除节点。
- ☑ 移动节点。
- ☑ 读写包含节点数据的文本文件。
- ☑ 旋转节点的坐标系。

用户可以按表 3-4～表 3-9 提供的方法执行上述操作。

表 3-4 定义节点

用 法	命 令	GUI菜单路径
在激活的坐标系中定义单个节点	N	Main Menu > Preprocessor > Modeling > Create > Nodes > In Active CS or > On Working Plane
在关键点上生成节点	NKPT	Main Menu > Preprocessor > Modeling > Create > Nodes > On Keypoint

表 3-5 从已有节点生成其他的节点

用 法	命 令	GUI菜单路径
在两节点连线上生成节点	FILL	Main Menu > Preprocessor > Modeling > Create > Nodes > Fill between Nds
由一种模式的节点生成其他的节点	NGEN	Main Menu > Preprocessor > Modeling > Copy > Nodes > Copy
由一种模式的节点生成缩放的节点	NSCALE	Main Menu > Preprocessor > Modeling > Copy > Nodes > Scale & Copy or > Scale & Move Main Menu > Preprocessor > Modeling > Operate > Scale > Nodes > Scale & Copy or > Scale Move
在三节点的二次线上生成节点	QUAD	Main Menu > Preprocessor > Modeling > Create > Nodes > Quadratic Fill
生成镜像映射节点	NSYM	Main Menu > Preprocessor > Modeling > Reflect > Nodes
将一种模式的节点转换坐标系	TRANSFER	Main Menu > Preprocessor > Modeling > Move/Modify > Transfer Coord > Nodes
在曲线的曲率中心定义节点	CENTER	Main Menu > Preprocessor > Modeling > Create > Nodes > At Curvature Ctr

表 3-6 查看和删除节点

用 法	命 令	GUI菜单路径
列表显示节点	NLIST	Utility Menu > List > Nodes Utility Menu > List > Picked Entities > Nodes
屏幕显示节点	NPLOT	Utility Menu > Plot > Nodes
删除节点	NDELE	Main Menu > Preprocessor > Modeling > Delete > Nodes

表 3-7 移动节点

用 法	命 令	GUI菜单路径
通过编辑节点坐标来移动节点	NMODIF	Main Menu > Modeling > Preprocessor > Create > Nodes > Rotate Node CS > By Angles Main Menu > Preprocessor > Modeling > Move/Modify > Rotate Node CS > By Angles or > Set of Nodes or > Single Node
移动节点到坐标面的交点	MOVE	Main Menu > Preprocessor > Modeling > Move/Modify > Nodes > To Intersect

表 3-8 旋转节点的坐标系

用 法	命 令	GUI菜单路径
旋转到当前激活的坐标系	NROTAT	Main Menu > Preprocessor > Modeling > Create > Nodes > Rotate Node CS > To Active CS Main Menu > Preprocessor > Modeling > Move/Modify > Rotate Node CS > To Active CS
通过方向余弦来旋转节点坐标系	NANG	Main Menu > Preprocessor > Modeling > Create > Nodes > Rotate Node CS > By Vectors Main Menu > Preprocessor > Modeling > Move/Modify > Rotate Node CS > By Vectors
通过角度来旋转节点坐标系	N; NMODIF	Main Menu > Preprocessor > Modeling > Create > Nodes > In Active CS or > On Working Plane Main Menu > Modeling > Preprocessor > Create > Nodes > Rotate Node CS > By Angles Main Menu > Preprocessor > Modeling > Move/Modify > Rotate Node CS > By Angles or > Set of Nodes or > Single Node

表 3-9 读写包含节点数据的文本文件

用 法	命 令	GUI菜单路径
从文件中读取一部分节点	NRRANG	Main Menu > Preprocessor > Modeling > Create > Nodes > Read Node File
从文件中读取节点	NREAD	Main Menu > Preprocessor > Modeling > Create > Nodes > Read Node File
将节点写入文件	NWRITE	Main Menu > Preprocessor > Modeling > Create > Nodes > Write Node File

3.7.2 单元

本节讲述的内容主要包括以下几个方面。

- ☑ 组集单元表。
- ☑ 指向单元表中的项。
- ☑ 查看单元列表。
- ☑ 定义单元。
- ☑ 查看和删除单元。
- ☑ 从已有单元生成另外的单元。
- ☑ 利用特殊方法生成单元。

第3章 划分网格

☑ 读写包含单元数据的文本文件。

📢 **注意**：定义单元的前提条件为用户已经定义了该单元所需的最少节点并且已指定了合适的单元属性。

可以按照表 3-10～表 3-17 提供的方法执行上述操作。

表 3-10 组集单元表

用 法	命 令	GUI菜单路径
定义单元类型	ET	Main Menu > Preprocessor > Element Type > Add/Edit/Delete
定义实常数	R	Main Menu > Preprocessor > Real Constants
定义线性材料属性	MP; MPDATA; MPTEMP	Main Menu > Preprocessor > Material Props > Material Models > analysis type

表 3-11 指向单元属性

用 法	命 令	GUI菜单路径
指定单元类型	TYPE	Main Menu > Preprocessor > Modeling > Create > Elements > Elem Attributes
指定实常数	REAL	Main Menu > Preprocessor > Modeling > Create > Elements > Elem Attributes
指定材料号	MAT	Main Menu > Preprocessor > Modeling > Create > Elements > Elem Attributes
指定单元坐标系	ESYS	Main Menu > Preprocessor > Modeling > Create > Elements > Elem Attributes

表 3-12 查看单元列表

用 法	命 令	GUI菜单路径
列表显示单元类型	ETLIST	Utility Menu > List > Properties > Element Types
列表显示实常数的设置	RLIST	Utility Menu > List > Properties > All Real Constants or > Specified Real Constants
列表显示线性材料属性	MPLIST	Utility Menu > List > Properties > All Materials or > All Matls, All Temps or > All Matls, Specified Temp or > Specified Matl, All Temps
列表显示数据表	TBLIST	Main Menu > Preprocessor > Material Props > Material Models Utility Menu > List > Properties > Data Tables
列表显示坐标系	CSLIST	Utility Menu > List > Other > Local Coord Sys

表 3-13 定义单元

用 法	命 令	GUI菜单路径
定义单元	E	Main Menu > Preprocessor > Modeling > Create > Elements > Auto Numbered > Thru Nodes Main Menu > Preprocessor > Modeling > Create > Elements > User Numbered > Thru Nodes

表 3-14 查看和删除单元

用 法	命 令	GUI菜单路径
列表显示单元	ELIST	Utility Menu > List > Elements Utility Menu > List > Picked Entities > Elements
屏幕显示单元	EPLOT	Utility Menu > Plot > Elements
删除单元	EDELE	Main Menu > Preprocessor > Modeling > Delete > Elements

表 3-15 从已有单元生成其他的单元

用 法	命 令	GUI菜单路径
从已有模式的单元生成其他的单元	EGEN	Main Menu > Preprocessor > Modeling > Copy > Elements > Auto Numbered
手工控制编号从已有模式的单元生成其他的单元	ENGEN	Main Menu > Preprocessor > Modeling > Copy > Elements > User Numbered
镜像映射生成单元	ESYM	Main Menu > Preprocessor > Modeling > Reflect > Elements > Auto Numbered
手工控制编号镜像映射生成单元	ENSYM	Main Menu > Preprocessor > Modeling > Reflect > Elements > User Numbered Main Menu > Preprocessor > Modeling > Move/Modify > Reverse Normals > of Shell Elements

表 3-16 利用特殊方法生成单元

用 法	命 令	GUI菜单路径
在已有单元的外表面生成表面单元（SURF151和SURF152）	ESURF	Main Menu > Preprocessor > Modeling > Create > Elements > Surf/Contact > option
用表面单元覆盖于平面单元的边界上并分配额外节点作为最近的流体单元节点（SURF151）	LFSURF	Main Menu > Preprocessor > Modeling > Create > Elements > Surf/Contact > Surface Effect > Attach to Fluid > Line to Fluid
用表面单元覆盖于实体单元的表面上并分配额外的节点作为最近的流体单元的节点（SURF152）	AFSURF	Main Menu > Preprocessor > Modeling > Create > Elements > Surf/Contact > Surf Effect > Attach to Fluid > Area to Fluid
用表面单元覆盖于已有单元的表面并指定额外的节点作为最近的流体单元的节点（SURF151和SURF152）	NDSURF	Main Menu > Preprocessor > Modeling > Create > Elements > Surf/Contact > Surf Effect > Attach to Fluid > Node to Fluid
在重合位置处产生两节点单元	EINTF	Main Menu > Preprocessor > Modeling > Create > Elements > Auto Numbered > At Coincid Nd
产生接触单元	GCGEN	Main Menu > Preprocessor > Modeling > Create > Elements > Surf/Contact > Node to Surf

表 3-17 读写包含单元数据的文本文件

用 法	命 令	GUI菜单路径
从单元文件中读取部分单元	ERRANG	Main Menu > Preprocessor > Modeling > Create > Elements > Read Elem File
从文件中读取单元	EREAD	Main Menu > Preprocessor > Modeling > Create > Elements > Read Elem File
将单元写入文件	EWRITE	Main Menu > Preprocessor > Modeling > Create > Elements > Write Elem File

3.8 编号控制

本节主要讲述用于编号控制（包括关键点、线、面、体、单元、节点、单元类型、实常数、材料号、耦合自由度、约束方程、坐标系等）的命令和 GUI 菜单路径。这种编号控制对于将模型的各个独立部分组合起来是非常有用且必要的。

🔊 注意：布尔运算输出图元的编号并非完全可以预估，在不同的计算机系统中，执行同样的布尔运算，生成图元的编号可能会不同。

3.8.1 合并重复项

如果两个独立的图元在相同或者非常相近的位置，可用下列方法将它们合并成一个图元。

命令：NUMMRG。

GUI：Main Menu > Preprocessor > Numbering Ctrls > Merge Items。

执行上述命令后弹出"Merge Coincident or Equivalently Defined Items"对话框，如图 3-46 所示。在"Label　Type of item to be merge"下拉列表框中选择合适的选项（如关键点、线、面、体、单元、节点、单元类型、实常数、材料号等）；在"TOLER　Range of coincidence"文本框中输入的值表示条件公差（相对公差）；在"GTOLER　Solidmodel tolerance"文本框中的输入的值表示总体公差（绝对公差），通常采用默认值（即不输入具体数值），如图 3-47 和图 3-48 所示为两个合并的示例；"ACTION　Merge items or select"变量表示是直接合并选择项还是先提示用户然后合并（默认是直接合并）；"SWITCH　Retain lowest/highest?"变量表示是保留合并图元中较高的编号还是较低的编号（默认保留较低的编号）。

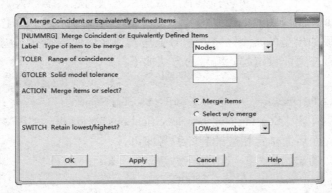

图 3-46　"Merge Coincident or Equivalently Defined Items"对话框

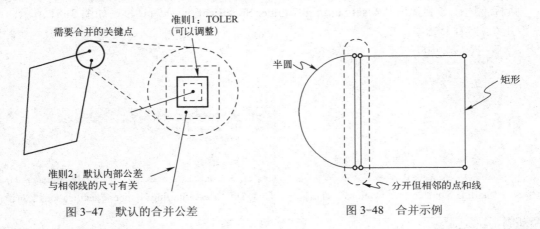

图 3-47　默认的合并公差　　　　　图 3-48　合并示例

3.8.2 编号压缩

在构造模型时，由于删除、清除、合并或者其他操作可能在编号中产生许多空号，因此可采用如下方法清除空号并且保证编号的连续性。

命令：NUMCMP。

GUI：Main Menu > Preprocessor > Numbering Ctrls > Compress Numbers。

执行上述命令后弹出"Compress Numbers"对话框，如图3-49所示，在"Label Item to be compressed"下拉列表框中选择适当的选项（如关键点、线、面、体、单元、节点、单元类型、实常数、材料号等）即可执行编号压缩操作。

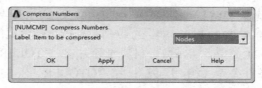

图3-49 "Compress Numbers"对话框

3.8.3 设定起始编号

在生成新的编号项时，用户可以控制新生成的系列项的起始编号大于已有图元的最大编号。这样做可以保证新生成图元的连续编号不会占用已有编号序列中的空号。这样做的另一个理由是可以使生成的模型的某个区域在编号上与其他区域保持独立，从而避免将这些区域连接到一块造成编号冲突。设定起始编号的方法如下。

命令：NUMSTR。

GUI：Main Menu > Preprocessor > Numbering Ctrls > Set Start Number。

执行上述命令后弹出"Starting Number Specifications"对话框，如图3-50所示，在节点、单元、关键点、线、面后面指定相应的起始编号即可。

如果想恢复默认的起始编号，可用如下方法。

命令：NUMSTR, DEFA。

GUI：Main Menu > Preprocessor > Numbering Ctrls > Reset Start Number。

执行上述命令后弹出"Reset Starting Number Specifications"对话框，如图3-51所示，单击"OK"按钮即可。

图3-50 "Starting Number Specifications"对话框

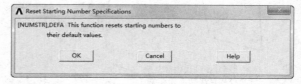

图3-51 "Reset Starting Number Specifications"对话框

3.8.4 编号偏差

在连接模型中两个独立的区域时，为避免编号冲突，可对当前已选取的编号加一个偏差值来重新编号，方法如下。

命令：NUMOFF。

GUI：Main Menu > Preprocessor > Numbering Ctrls > Add Num Offset。

执行上述命令后弹出"Add an Offset to Item Numbers"对话框，如图3-52所示，在"Label Type of item to offset"下拉列表框中选择想要执行编号偏差的选项（如关键点、线、面、体、单元、节点、单元类型、实常数、材料号等），在"VALUE Offset Value"文本框中输入具体数值即可。

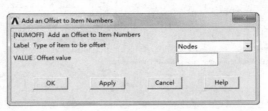

图3-52 "Add an Offset to Item Numbers"对话框

3.9 实例——旋转外轮的网格划分

本节将继续对第2章中建立的旋转外轮进行网格划分，生成有限元模型。

3.9.1 GUI 方式

01 打开旋转外轮几何模型 roter.db 文件

02 定义单元类型

在进行有限元分析时，首先应根据分析问题的几何结构、分析类型和所分析的问题精度要求等，选定适合具体分析的单元类型。本例中选用四节点四边形板单元 PLANE182。PLANE182 不仅可用于计算平面应力问题，还可以用于分析平面应变和轴对称问题。

图3-53 "Element Types"对话框

❶ 从主菜单中选择 Main Menu > Preprocessor > Element Type > Add/Edit/ Delete 命令将打开"Element Types"（单元类型）对话框，如图3-53所示。

❷ 单击"Add"按钮，将打开"Library of Element Types"（单元类型库）对话框，如图3-54所示。

❸ 在左侧列表框中选择"Solid"选项，即选择实体单元类型。

❹ 在右侧列表框中选择"Quad 4 node 182"选项，选择四节点四边形板单元 PLANE182。

❺ 单击"OK"按钮，将 PLANE182 单元添加，并关闭单元类型库对话框，同时返回到第❶步打开的单元类型对话框，如图3-55所示。

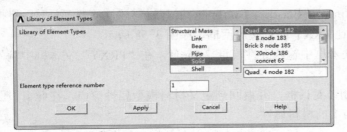

图3-54 单元类型库对话框

图3-55 选择单元类型后

❻ 单击"Options"按钮，打开如图 3-56 所示的"PLANE182 element type options"（单元选项设置）对话框，对 PLANE182 单元进行设置，使其可用于计算平面应力问题。

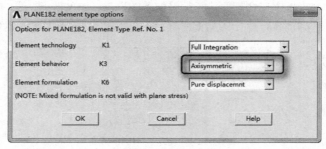

图 3-56　单元选项设置对话框

❼ 在"Element behavior　K3"（单元行为方式）下拉列表框中选择"Axisymmetric"（轴对称）选项。

❽ 单击"OK"按钮，接受选项，关闭单元选项设置对话框，返回单元类型对话框。

❾ 单击"Close"按钮，关闭单元类型对话框，结束单元类型的添加。

03 定义材料属性

本例中选用的单元类型不需要定义实常数，故略过定义实常数这一步而直接定义材料属性。惯性力的静力分析中必须定义材料的弹性模量和密度，具体步骤如下。

❶ 从主菜单中选择 Main Menu > Preprocessor > Material Props > Material Model 命令，将打开"Define Material Model Behavior"（定义材料模型属性）窗口，如图 3-57 所示。

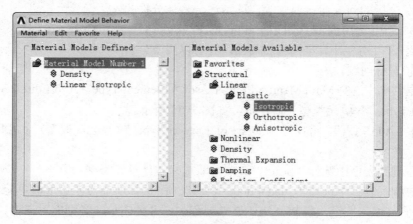

图 3-57　定义材料模型属性窗口

❷ 依次单击 Structural > Linear > Elastic > Isotropic，展开材料属性的树形结构，将打开 1 号材料的弹性模量 EX 和泊松比 PRXY 的定义对话框，如图 3-58 所示。

❸ 在该对话框的"EX"文本框中输入弹性模量 2.06e11，在"PRXY"文本框中输入泊松比 0.3。

❹ 单击"OK"按钮，关闭该对话框，并返回到定义材料模型属性窗口，在此窗口的左边一栏出现刚刚定义的参考号为 1 的材料属性。

❺ 依次单击 Structural > Density，打开定义材料密度对话框，如图 3-59 所示。

第3章 划分网格

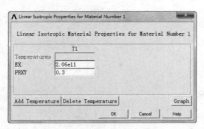
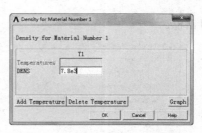

图 3-58　线性各向同性材料的弹性模量和泊松比　　图 3-59　定义材料密度对话框

❻ 在"DENS"文本框中输入密度数值"7.8e3"。

❼ 单击"OK"按钮,关闭该对话框,并返回到定义材料模型属性窗口,在此窗口的左边一栏参考号为 1 的材料属性下方出现密度项。

❽ 在定义材料模型属性窗口中,从菜单中选择 Material > Exit 命令,或者单击右上角的"×"(关闭)按钮,退出定义材料模型属性窗口,完成对材料模型属性的定义。

❾ 定义两个关键点。

(1) 从主菜单中选择 Main Menu > Preprocessor > Modeling > Create > Keypoints > In Active CS 命令。

(2) 在"NPT　Keypoint number"文本框中输入"50",单击"Apply"按钮,再次在"NPT Keypoint number"文本框中输入"51",在"Y"对应文本框中输入"6",单击"OK"按钮,如图 3-60 所示。

图 3-60　定义两个关键点

04 对轮的截面进行网格划分

本节选用 PLANE182 单元划分网格。

❶ 从实用菜单中选择 Main Menu > Plot > Area。

❷ 从主菜单中选择 Main Menu > Preprocessor > Meshing > MeshTool 命令,打开"Mesh Tool"(网格工具),如图 3-61 所示。

❸ 单击"Lines"中的"Set"按钮,打开线选对话框,要求选择定义单元划分数的线。在图上选择 L4,单击"Apply"按钮,出现如图 3-62 所示的对话框。

❹ 在"NDIV　No. of element divisions"文本框中输入"20",将 L4 线分成 20 份,单击"Apply"按钮。

❺ 在图上选择 L2、L7、L10、L20、L28,单击"OK"按钮,在"NDIV　No. of element divisions"文本框中输入"5",将它们分成 5 份,单击"OK"按钮。

❻ 在"Mesh"下拉列表框中选择"Areas"选项,在"Shape"选项组中选择"Free"单选按钮,单击"Mesh"按钮,出现如图 3-63 所

图 3-61　网格工具

示的对话框。

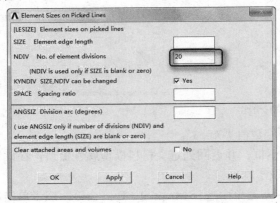 

图 3-62 控制线划分　　　　　　　图 3-63 选择要划分的面

❼ 在出现的对话框中单击"Pick All"按钮，ANSYS 将按照对线的控制进行网格划分，期间会出现如图 3-64 所示的警告信息，可以不用理会它。

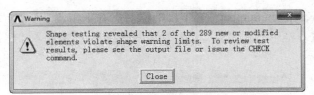

图 3-64 警告信息

❽ 划分面后的结果如图 3-65 所示。

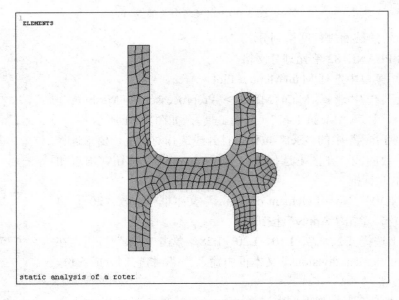

图 3-65 面划分的结果

第3章 划分网格

05 保存有限元模型

单击工具条中的"SAVE_DB"按钮，保存文件。

3.9.2 命令流方式

```
RESUME, roter,db,
/PREP7
ET,1,PLANE182
! 定义单元类型
KEYOPT,1,1,0
KEYOPT,1,2,0
KEYOPT,1,3,1
KEYOPT,1,5,0
KEYOPT,1,6,0
MPTEMP,,,,,,,,
MPTEMP,1,0
MPDATA,EX,1,,20.6e11
MPDATA,PRXY,1,,0.3
MPTEMP,,,,,,,,
MPTEMP,1,0
MPDATA,DENS,1,,7.8e3
! 定义材料属性
FLST,5,1,4,ORDE,1
FITEM,5,4
CM,_Y,LINE
LSEL, , , ,P51X
CM,_Y1,LINE
CMSEL,,_Y
LESIZE,_Y1, , ,20, , , , ,1
FLST,5,4,4,ORDE,4
FITEM,5,2
FITEM,5,7
FITEM,5,10
FITEM,5,28
CM,_Y,LINE
LSEL, , , ,P51X
CM,_Y1,LINE
CMSEL,,_Y
LESIZE,_Y1, , ,5, , , , ,1
MSHAPE,0,2D
MSHKEY,0
```

```
CM,_Y,AREA
ASEL, , ,      8
CM,_Y1,AREA
CHKMSH,'AREA'
CMSEL,S,_Y
AMESH,_Y1
CMDELE,_Y
CMDELE,_Y1
CMDELE,_Y2
FINISH
！对轮的截面进行网格划分
SAVE
```

第 4 章

施 加 载 荷

载荷是指加在有限单元模型（或实体模型，但最终要将载荷转化到有限元模型上）上的位移、力、温度、热、电磁等。建立有限元分析模型之后，就需要在模型上施加载荷以此来检查结构或构件对一定载荷条件的响应。

通过本章的学习，可以帮助用户对 ANSYS 中的载荷建立全新的认识，并全面了解施加载荷和载荷步选项。

- ☑ 载荷概论
- ☑ 施加载荷
- ☑ 设定载荷步选项
- ☑ 实例——旋转外轮的载荷和约束施加

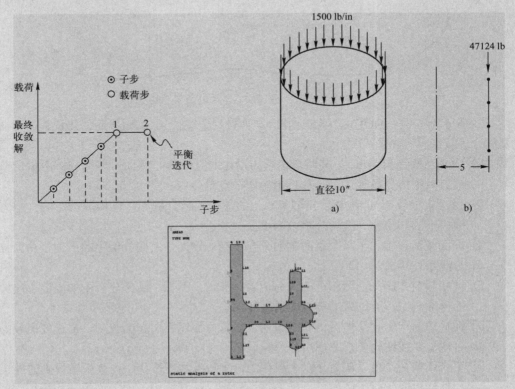

4.1 载荷概论

有限元分析的主要目的是检查结构或构件对一定载荷条件的响应。因此，在分析中指定合适的载荷条件是关键的一步。在 ANSYS 程序中，可以用各种方式对模型施加载荷，而且借助于载荷步选项，可以控制载荷在求解中如何使用。

4.1.1 载荷简介

在 ANSYS 术语中，载荷包括边界条件和外部或内部作用力函数，如图 4-1 所示。不同学科中的载荷实例如下。

- ☑ 结构分析：位移、力、压力、温度（热应力）和重力。
- ☑ 热力分析：温度、热流速率、对流、内部热生成、无限表面。
- ☑ 磁场分析：磁势、磁通量、磁场段、源流密度、无限表面。
- ☑ 电场分析：电势（电压）、电流、电荷、电荷密度、无限表面。
- ☑ 流体分析：速度、压力。

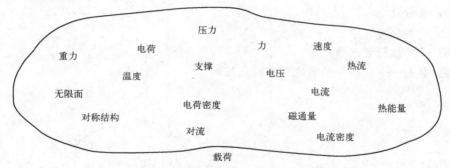

图 4-1 "载荷"包括边界条件以及其他类型的载荷

载荷分为 6 类：DOF（约束自由度）、力（集中载荷）、表面载荷、体积载荷、惯性载荷及耦合场载荷。

- ☑ DOF（约束自由度）：某些自由度为给定的已知值。例如，结构分析中指定节点位移或者对称边界条件等，热分析中指定节点温度等。
- ☑ 力（集中载荷）：施加于模型节点上的集中载荷。例如，结构分析中的力和力矩、热分析中的热流率、磁场分析中的电流。
- ☑ 表面载荷：施加于某个表面上的分布载荷。例如，结构分析中的压力、热力分析中的对流量和热通量。
- ☑ 体积载荷：施加在体积上的载荷或者场载荷。例如，结构分析中的温度、热力分析中的内部热源密度、磁场分析中的磁场通量。
- ☑ 惯性载荷：由物体惯性引起的载荷，如重力加速度引起的重力、角速度引起的离心力等，主要在结构分析中使用。
- ☑ 耦合场载荷：可以认为是以上载荷的一种特殊情况，从一种分析中得到的结果用作另一种分析的载荷。例如，可施加磁场分析中计算所得的磁力作为结构分析中的载荷，也可以将热分析中的温度结果作为结构分析的载荷。

第4章 施加载荷

4.1.2 载荷步、子步和平衡迭代

载荷步仅仅是为了获得解答的载荷配置。在线性静态或稳态分析中，可以使用不同的载荷步施加不同的载荷组合：在第1个载荷步中施加风载荷，在第2个载荷步中施加重力载荷，在第3个载荷步中施加风和重力载荷以及一个不同的支承条件等。在瞬态分析中，多个载荷步加到载荷历程曲线的不同区段。

ANSYS程序将为第一个载荷步选择的单元组用于随后的载荷步，而不论用户为随后的载荷步指定哪个单元组。要选择一个单元组，可使用下列两种方法之一。

GUI：Utility Menu > Select > Entities。
命令：ESEL。

图4-2所示为一个需要3个载荷步的载荷历程曲线：第1个载荷步用于线性载荷，第2个载荷步用于不变载荷部分，第3个载荷步用于卸载。

子步为执行求解载荷步中的点。由于不同的原因，需要使用子步。

- ☑ 在非线性静态或稳态分析中，使用子步逐渐施加载荷以便能获得精确解。
- ☑ 在线性或非线性瞬态分析中，使用子步满足瞬态时间累积法则（为获得精确解，通常规定一个最小累积时间步长）。
- ☑ 在谐波分析中，使用子步获得谐波频率范围内多个频率处的解。

平衡迭代是在给定子步下为了收敛而计算的附加解。仅用于收敛起重要作用的非线性分析中的迭代修正。例如，对二维非线性静态磁场分析，为获得精确解，通常使用两个载荷步（见图4-3）。

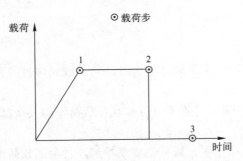
图4-2 使用多个载荷步表示瞬态载荷历程

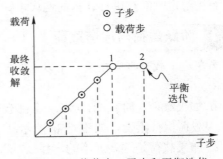
图4-3 载荷步、子步和平衡迭代

- ☑ 第1个载荷步，将载荷逐渐加到5~10个子步以上，每个子步仅用一个平衡迭代。
- ☑ 第2个载荷步，得到最终收敛解，且仅有一个使用15~25次平衡迭代的子步。

4.1.3 时间参数

在所有静态和瞬态分析中，ANSYS使用时间作为跟踪参数，而不论分析是否依赖于时间。其好处：在所有情况下可以使用一个不变的"计数器"或"跟踪器"，不需要依赖于分析的术语。此外，时间总是单调增加的，且自然界中大多数事情的发生都会经历一段时间，不论该时间多么短暂。

显然，在瞬态分析或与速率有关的静态分析（蠕变或者粘塑性）中，时间代表实际的、按年月顺序的时间，用秒、分钟或小时表示。在指定载荷历程曲线的同时（使用TIME命令），

在每个载荷步的结束点赋予时间值。使用如下方法之一赋予时间值。

GUI：Main Menu > Preprocessor > Load > Time/Frequenc > Time and Substps。
GUI：Main Menu > Preprocessor > Loads > Time/Frequec > Time-Time Step。
GUI：Main Menu > Solution > Time/Frequec > Time and Substps。
GUI：Main Menu > Solution > Time/Frequec > Time-Time Step。
命令：TIME。

然而，在不依赖于速率的分析中，时间仅为一个识别载荷步和子步的计数器。默认情况下，程序自动地对 time 赋值，在载荷步 1 结束时，赋 time＝1；在载荷步 2 结束时，赋 time=2；依此类推。载荷步中的任何子步将被赋给合适的、用线性插值得到的时间值。在这样的分析中，通过赋给自定义的时间值，就可建立自己的跟踪参数。例如，若要将 1000 个单位的载荷增加到一个载荷步上，可以在该载荷步的结束时将时间指定为 1000，以使载荷和时间值完全同步。

那么，在后处理器中，如果得到一个变形-时间关系图，其含义与变形-载荷关系相同。这种技术非常有用，例如，在大变形分析及屈曲分析中，其任务是跟踪结构载荷增加时结构的变形。

当求解中使用弧长方法时，时间还表示另一含义。在这种情况下，时间等于载荷步开始时的时间值加上弧长载荷系数（当前所施加载荷的放大系数）的数值。ALLF 不必单调增加（即它可以增加、减少甚至为负），且在每个载荷步的开始时被重新设置为 0。因此，在弧长求解中，时间不作为"计数器"。

载荷步为作用在给定时间间隔内的一系列载荷。子步为载荷步中的时间点，在这些时间点中求得中间解。两个连续的子步之间的时间差称为时间步长或时间增量。平衡迭代是为了收敛而在给定时间点进行计算的迭代求解。

4.1.4 阶跃载荷与坡道载荷

当在一个载荷步中指定一个以上的子步时，就出现了载荷应为阶跃载荷或是线性载荷的问题。

☑ 如果载荷是阶跃的，那么，全部载荷施加于第一个载荷子步，且在载荷步的其余部分，载荷保持不变，如图 4-4a 所示。

☑ 如果载荷是逐渐递增的，那么，在每个载荷子步，载荷值逐渐增加，且全部载荷出现在载荷步结束时，如图 4-4b 所示。

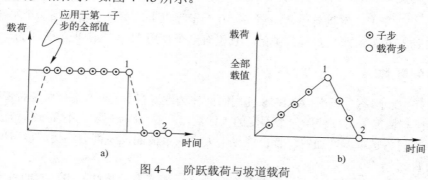

图 4-4 阶跃载荷与坡道载荷
a) 阶跃载荷　b) 坡道载荷

用户可以通过如下方法表示载荷为坡道载荷还是阶跃载荷。

GUI：Main Menu > Solution > Load Step Opts > Time/Frequenc > Freq & Substeps。
GUI：Main Menu > Solution > Load Step Opts > Time/Frequenc > Time and Substps。
GUI：Main Menu > Solution > Load Step Opts > Time/Frequenc > Time & Time Step。
命令：KBC。

KBC 为 0 表示载荷为坡道载荷；KBC 为 1 表示载荷为阶跃载荷。默认值取决于学科和分析类型，以及 SOLCONTROL 处于 ON 或 OFF 状态。

载荷步选项是用于表示控制载荷应用的各选项（如时间、子步数、时间步、载荷为阶跃或逐渐递增）的总称。其他类型的载荷步选项包括收敛公差（用于非线性分析）、结构分析中的阻尼规范，以及输出控制。

4.2 施加载荷

用户可以将大多数载荷施加于实体模型（如关键点、线和面）或有限元模型（节点和单元）上。用户施加于实体模型上的载荷称为实体模型载荷，而直接施加于有限元模型上的载荷称为有限单元载荷。例如，可在关键点或节点施加指定集中力。同样，可以在线和面或在节点和单元面上指定对流（和其他表面载荷）。无论如何指定载荷，求解器期望所有载荷应依据有限元模型。因此，如果将载荷施加于实体模型，在开始求解时，程序会自动将这些载荷转换到节点和单元上。

4.2.1 载荷分类

本节主要讨论如何施加 DOF 约束、集中力、表面载荷、体积载荷、惯性载荷和耦合场载荷。

1. DOF 约束

表 4-1 为每个学科中可被约束的自由度和相应的 ANSYS 标识符。标识符（如 UX、ROTZ、AY 等）所包含的任何方向都在节点坐标系中。

表 4-1 每个学科中可用的 DOF 约束

学　　科	自　由　度	ANSYS标识符
结构分析	平移	UX、UY、UZ
	旋转	ROTX、ROTY、ROTZ
热力分析	温度	TEMP
磁场分析	矢量势	AX、AY、AZ
	标量势	MAG
电场分析	电压	VOLT
流体分析	速度	VX、VY、VZ
	压力	PRES
	紊流动能	ENKE
	紊流扩散速率	ENDS

表 4-2 为施加、列表显示和删除 DOF 约束的命令。需要注意的是，可以将约束施加于节

点、关键点、线和面上。

表 4-2 DOF 约束的命令

位 置	基 本 命 令	附 加 命 令
节点	D、DLIST、DDELE	DSYM、DSCALE、DCUM
关键点	DK、DKLIST、DKDELE	无
线	DL、DLLIST、DLDELE	无
面	DA、DALIST、DADELE	无
转换	SBCTRAN	DTRAN

下面是一些可用于施加 DOF 约束的 GUI 路径的例子。

GUI：Main Menu > Preprocessor > Loads > Apply > load type > On Nodes。
GUI：Utility Menu > List > Loads > DOF Constraints > On Keypoints。
GUI：Main Menu > Solution > Apply > load type > On Lines。

2．集中力

表 4-3 为每个学科中可用的集中力载荷和相应的 ANSYS 标识符。标识符（如 FX、MZ 和 CSGY 等）所包含的任何方向都在节点坐标系中。

表 4-3 每个学科中的集中力

学 科	力	ANSYS标识符
结构分析	力	FX、FY、FZ
	力矩	MX、MY、MZ
热力分析	热流速率	HEAT
磁场分析	Current Segments	CSGX、CSGY、CSGZ
	磁通量	FLUX
电场分析	电流	AMPS
	电荷	CHRG
流体分析	流体流动速率	FLOW

如表 4-4 所示为施加、列表显示和删除集中力载荷的命令。需要注意的是，可以将集中力载荷施加于节点和关键点上。

表 4-4 用于施加集中力载荷的命令

位 置	基 本 命 令	附 加 命 令
节点	F、FLIST、FDELE	FSCALE、FCUM
关键点	FK、FKLIST、FKDELE	无
转换	SBCTRAN	FTRAN

下面是一些用于施加集中力载荷的 GUI 路径的例子。

GUI：Main Menu > Preprocessor > Loads > Apply > load type > On Nodes。
GUI：Utility Menu > List > Loads > Forces > On Keypoints。

GUI：Main Menu > Solution > Apply > load type > On Lines。

3．表面载荷

表 4-5 为每个学科中可用的表面载荷和相应的 ANSYS 标识符。

表 4-5 每个学科中可用的表面载荷

学 科	表 面 载 荷	ANSYS标识符
结构分析	压力	PRES
热力分析	对流	CONV
	热流量	HFLUX
	无限表面	INF
磁场分析	麦克斯韦表面	MXWF
	无限表面	INF
电场分析	麦克斯韦表面	A MXWF
	表面电荷密度	CHRGS
	无限表面	INF
流体分析	流体结构界面	FSI
	阻抗	IMPD
所有学科	超级单元载荷矢量	SELV

表 4-6 为施加、列表显示和删除表面载荷的命令。需要注意的是，不仅可以将表面载荷施加在线和面上，还可以将其施加于节点和单元上。

表 4-6 用于施加表面载荷的命令

位 置	基 本 命 令	附 加 命 令
节点	SF、SFLIST、SFDELE	SFSCALE、SFCUM、SFFUN
单元	SFE、SFELIST、SFEDELE	SEBEAM、SFFUN、SFGRAD
线	SFL、SFLLIST、SFLDELE	SFGRAD
面	SFA、SFALIST、SFADELE	SFGRAD
转换	SFTRAN	无

下面是一些用于施加表面载荷的 GUI 路径的例子。

GUI：Main Menu > Preprocessor > Loads > Apply > load type > On Nodes。
GUI：Utility Menu > List > Loads > Surface Loads > On Elements。
GUI：Main Menu > Solution > Loads > Apply > load type > On Lines。

📢 注意：ANSYS 程序根据单元和单元面存储在节点上指定面的载荷。因此，如果对同一表面使用节点面载荷命令和单元面载荷命令，则使用帮助文件中 ANSYS Commands Reference 的规定。

4．体积载荷

表 4-7 为每个学科中可用的体积载荷和相应的 ANSYS 标识符。

表 4-7 每个学科中可用的体积载荷

学 科	体 积 载 荷	ANSYS标识符
结构分析	温度	TEMP
	热流量	FLUE
热力分析	热生成速率	HGEN
磁场分析	温度	TEMP
	磁场密度	JS
	虚位移	MVDI
	电压降	VLTG
电场分析	温度	TEMP
	体积电荷密度	CHRGD
流体分析	热生成速率	HGEN
	力速率	FORC

如表 4-8 所示为施加、列表显示和删除体积载荷的命令。需要注意的是，可以将体积载荷施加在节点、单元、关键点、线、面和体上。

表 4-8 用于施加体积载荷的命令

位 置	基 本 命 令	附 加 命 令
节点	BF、BFLIST、BFDELE	BFSCALE、BFCUM、BFUNIF
单元	BFE、BFELIST、BFEDELE	BFESCAL、BFECUM
关键点	BFK、BFKLIST、BFKDELE	无
线	BFL、BFLLIST、BFLDELE	无
面	BFA、BFALIST、BFADELE	无
体	BFV、BFVLIST、BFVDELE	无
转换	BFTRAN	无

下面是一些用于施加体积载荷的 GUI 路径的例子。

GUI：Main Menu > Preprocessor > Loads > Apply > load type > On Nodes。
GUI：Utility Menu > List > Loads > Body Loads > On Picked Elems。
GUI：Main Menu > Solution > Loads > Apply > load type > On Keypoints。
GUI：Utility Menu > List > Load > Body Loads > On Picked Lines。
GUI：Main Menu > Solution > Load > Apply > load type > On Volumes。

◀)) 注意：在节点指定的体积载荷独立于单元上的载荷。对于给定的单元，ANSYS 程序按下列方法决定使用哪个载荷。

（1）ANSYS 程序检查用户是否对单元指定体积载荷。
（2）如果不是，则使用指定给节点的体积载荷。
（3）如果单元或节点上没有体积载荷，则通过 BFUNIF 命令指定的体积载荷生效。

5．惯性载荷

施加惯性载荷的命令如表 4-9 所示。

第4章　施加载荷

表 4-9　惯性载荷命令

命令	GUI菜单路径
ACEL	Main Menu > Preprocessor > FLOTRAN Set Up > Flow Environment > Gravity
	Main Menu > Preprocessor > Loads > Define Loads > Apply > Structural > Inertia > Gravity
	Main Menu > Preprocessor > Loads > Define Loads > Delete > Structural > Inertia > Gravity
	Main Menu > Solution > Define Loads > Apply > Structural > Inertia > Gravity
	Main Menu > Solution > Define Loads > Delete > Structural > Inertia > Gravity
CGLOC	Main Menu > Preprocessor > FLOTRAN Set Up > Flow Environment > Rotating Coords
	Main Menu > Preprocessor > Loads > Define Loads > Apply > Structural > Inertia > Coriolis Effects
	Main Menu > Preprocessor > Loads > Define Loads > Delete > Structural > Inertia > Coriolis Effects
	MainMenu > Preprocessor > LS-DYNAOptions > LoadingOptions > AccelerationCS > Delete Accel CS
	Main Menu > Preprocessor > LS-DYNA Options > Loading Options > AccelerationCS > Set Accel CS
	Main Menu > Solution > Define Loads > Apply > Structural > Inertia > Coriolis Effects
	Main Menu > Solution > Define Loads > Delete > Structural > Inertia > Coriolis Effects
	Main Menu > Solution > Loading Options > Acceleration CS > Delete Accel CS
	Main Menu > Solution > Loading Options > Acceleration CS > Set Accel CS
CGOMGA	Main Menu > Preprocessor > FLOTRAN Set Up > Flow Environment > Rotating Coords
	Main Menu > Preprocessor > Loads > Define Loads > Apply > Structural > Inertia > Coriolis Effects
	Main Menu > Preprocessor > Loads > Define Loads > Delete > Structural > Inertia > Coriolis Effects
	Main Menu > Solution > Define Loads > Apply > Structural > Inertia > Coriolis Effects
	Main Menu > Solution > Define Loads > Delete > Structural > Inertia > Coriolis Effects
DCGOMG	Main Menu > Preprocessor > Loads > Define Loads > Apply > Structural > Inertia > Coriolis Effects
	Main Menu > Preprocessor > Loads > Define Loads > Delete > Structural > Inertia > Coriolis Effects
	Main Menu > Solution > Define Loads > Apply > Structural > Inertia > Coriolis Effects
	Main Menu > Solution > Define Loads > Delete > Structural > Inertia > Coriolis Effects
DOMEGA	MainMenu > Preprocessor > Loads > DefineLoads > Apply > Structural > Inertia > AngularAccel > Global
	MainMenu > Preprocessor > Loads > DefineLoads > Delete > Structural > Inertia > AngularAccel > Global
	Main Menu > Solution > Define Loads > Apply > Structural > Inertia > Angular Accel > Global
	Main Menu > Solution > Define Loads > Delete > Structural > Inertia > Angular Accel > Global
IRLF	Main Menu > Preprocessor > Loads > Define Loads > Apply > Structural > Inertia > Inertia Relief
	Main Menu > Preprocessor > Loads > Load Step Opts > Output Ctrls > Incl Mass Summry
	Main Menu > Solution > Define Loads > Apply > Structural > Inertia > Inertia Relief
	Main Menu > Solution > Load Step Opts > Output Ctrls > Incl Mass Summry
OMEGA	MainMenu > Preprocessor > Loads > DefineLoads > Apply > Structural > Inertia > AngularVelocity > Global
	MainMenu > Preprocessor > Loads > DefineLoads > Delete > Structural > Inertia > AngularVeloc > Global
	Main Menu > Solution > Define Loads > Apply > Structural > Inertia > Angular Velocity > Global
	Main Menu > Solution > Define Loads > Delete > Structural > Inertia > Angular Veloc > Global

　　注意：没有用于列表显示或删除惯性载荷的专门命令。要想列表显示惯性载荷，可执行 "STAT, INRTIA" （GUI：Utility Menu > List > Status > Soluion > Inerti Loads）命令。要去除惯性载荷，只要将载荷值设置为 0。可以将惯性载荷设置为 0，但是不能删除惯性载荷。对逐步上升的载荷步，惯性载荷的斜率为 0。

　　ACEL、OMEGA 和 DOMEGA 命令分别用于指定在整体笛卡儿坐标系中的加速度、角速度和角加速度。

　　注意：ACEL 命令用于对物体施加加速场（非重力场）。因此，要施加作用于负 Y 方向的重力，应指定一个正 Y 方向的加速度。

使用 CGOMGA 和 DCGOMG 命令指定旋转物体的角速度和角加速度，该物体本身正相对于另一个参考坐标系旋转。CGLOC 命令用于指定参照系相对于整体笛卡儿坐标系的位置。例如，在静态分析中，为了考虑 Coriolis 效果，可以使用这些命令。

惯性载荷在模型具有质量时有效。惯性载荷通常是通过指定密度来施加的（还可以通过使用质量单元，如 MASS21 对模型施加质量，但通过密度的方法施加惯性载荷更常用、更有效）。对其他数据，ANSYS 程序要求质量为恒定单位。如果习惯于英制单位，为了方便起见，有时希望使用重量密度（lb/in^3）来代替质量密度（$lb\text{-}sec^2/in^4$）。

只有在下列情况下可以使用重量密度来代替质量密度。

☑ 模型仅用于静态分析。
☑ 没有施加角速度或角加速度。
☑ 重力加速度为单位值（g=1.0）。

为了能够以"方便的"重力密度形式或以"一致的"质量密度形式使用密度，指定密度的一种简便的方法是将重力加速度 g 定义为参数，如表 4-10 所示。

表 4-10 指定密度的方式

方 便 形 式	一 致 形 式	说　　明
g=1.0	g=386.0	参数定义
MP，DENS，1，0.283/g	MP，DENS，1，0.283/g	钢的密度
ACEL，，g	ACEL，，g	重力载荷

6. 耦合场载荷

在耦合场分析中，通常包含将一个分析中的结果数据施加于第二个分析中作为第二个分析的载荷。例如，可以将热力分析中计算的节点温度施加于结构分析（热应力分析）中，作为体积载荷。同样，可以将磁场分析中计算的磁力施加于结构分析中，作为节点力。要施加这样的耦合场载荷，可使用下列方法之一。

GUI：Main Menu > Preprocessor > Loads > Define Loads > Apply > load type > From source。
GUI：Main Menu > Solution > Define Loads > Apply > load type > From source。
命令：LDREAD。

4.2.2 轴对称载荷与反作用力

对约束、表面载荷、体积载荷和 Y 方向加速度，可以像对任何非轴对称模型上定义载荷一样来精确地定义这些载荷。然而，对集中载荷的定义，过程有所不同。因为这些载荷大小，以及输入的力、力矩等数值是在 360°范围内进行的，即根据沿周边的总载荷输入载荷值。例如，如果 1500lb/in 沿周边的轴对称轴向载荷被施加到直径为 10in 的管上（见图 4-5），47124lb（1500×2π× 5=47124）的总载荷将按下列方法被施加到节点 N 上：F，N，FY，47124。

轴对称结果也按对应的输入载荷相同的方式解释，即输出的反作用力、力矩等按总载荷（360°）计。

轴对称协调单元要求其载荷表示成傅里叶级数形式来施加。对这些单元，要求用 MODE 命令（GUI：Main Menu > Preprocessor > Loads > Load Step Opts > Other > For Harmonic Ele 或 Main Menu > Solution > Load Step Opts > Other > For Harmonic Ele），以及其他载荷命令

第4章 施加载荷

（D、F、SF 等）。

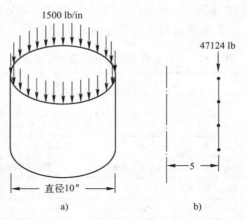

图 4-5　在 360°范围内定义集中轴对称载荷
a) 三维结构　b) 二维模型

📢 **注意**：一定要指定足够数量的约束以防止产生不期望的刚体运动、不连续或奇异性。例如，对实心杆这样的实体结构的轴对称模型，缺少沿对称轴的 UX 约束，在结构分析中，就可能形成虚位移（不真实的位移），如图 4-6 所示。

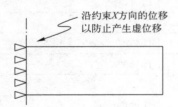 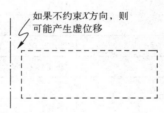

图 4-6　实体轴对称结构的中心约束

4.2.3　利用表格施加载荷

通过一定的命令和菜单路径，用户能够利用表格参数来施加载荷，即通过指定列表参数名来代替指定特殊载荷的实际值。然而，并不是所有的边界条件都支持这种制表载荷，因此，用户在使用表格施加载荷时一般先参考一定的文件来确定指定的载荷是否支持表格参数。

📢 **注意**：当用户使用命令来定义载荷时，必须使用"%表格名%"格式。例如，当确定描述对流值表格时，有如下命令表达式：

SF，all，conv，%sycnv%，tbulk

在施加载荷的同时，用户可以通过选择"new table"选项定义新的表格。同样，用户在施加载荷之前还可以通过如下方式之一来定义表格。

GUI：Utility Menu > Parameters > Array Parameters > Define/Edit。
命令：*DIM。

1. 定义初始变量

当用户定义一个列表参数表格时,根据不同的分析类型,可以定义各种各样的初始参数。表 4-11 为不同分析类型的边界条件、初始变量及对应的命令。

表 4-11 边界条件类型及其相应的初始变量

边界条件	初始变量	命 令
热分析		
固定温度	TIME, X, Y, Z	D,,(TEMP, TBOT, TE2, TE3, …, TTOP)
热流	TIME, X, Y, Z, TEMP	F,,(HEAT, HBOT, HE2, HE3, …, HTOP)
对流	TIME, X, Y, Z, TEMP, VELOCITY	SF,,CONV
体积温度	TIME, X, Y, Z	SF,,,TBULK
热通量	TIME, X, Y, Z, TEMP	SF,,HFLU
热源	TIME, X, Y, Z, TEMP	BFE,,HGEN
结构分析		
位移	TIME, X, Y, Z, TEMP	D,(UX, UY, UZ, ROTX, ROTY, ROTZ)
力和力矩	TIME, X, Y, Z, TEMP, SECTOR	F,(FX, FY, FZ, MX, MY, MZ)
压力	TIME, X, Y, Z, TEMP, SECTOR	SF,,PRES
温度	TIME	BF,,TEMP
电场分析		
电压	TIME, X, Y, Z	D,,VOLT
电流	TIME, X, Y, Z	F,,AMPS
流体分析		
压力	TIME, X, Y, Z	D,,PRES
流速	TIME, X, Y, Z	F,,FLOW

单元 SURF151、SURF152 和单元 FLUID116 的实常数与初始变量相关联,如表 4-12 所示。

表 4-12 实常数与相应的初始变量

实 常 数	初始变量
SURF151、SURF152	
旋转速率	TIME, X, Y, Z
FLUID116	
旋转速率	TIME, X, Y, Z
滑动因子	TIME, X, Y, Z

2. 定义独立变量

当用户需要指定不同于列表显示的初始变量时,可以定义一个独立的参数变量。当用户指定独立参数变量的同时,定义了一个附加表格来表示独立参数,这个表格必须与独立参数变量同名,并且同时是一个初始变量或者另外一个独立参数变量的函数。用户能够定义许多必需的独立参数,但是所有的独立参数必须与初始变量有一定的关系。

例如，考虑一对流系数（HF），其变化为旋转速率（RPM）和温度（TEMP）的函数。此时，初始变量为 TEMP，独立参数变量为 RPM，而 RPM 是随着时间的变化而变化。因此，用户需要两个表格，一个关联 RPM 与 TIME，另一个关联 HF 与 RPM 和 TEMP，其命令流如下：

```
*DIM,SYCNV,TABLE,3,3,,RPM,TEMP
SYCNV(1,0)=0.0,20.0,40.0
SYCNV(0,1)=0.0,10.0,20.0,40.0
SYCNV(0,2)=0.5,15.0,30.0,60.0
SYCNV(0,3)=1.0,20.0,40.0,80.0
*DIM,RPM,TABLE,4,1,1,TIME
RPM(1,0)=0.0,10.0,40.0,60.0
RPM(1,1)=0.0,5.0,20.0,30.0
SF,ALL,CONV,%SYCNV%
```

3．表格参数操作

用户可以通过如下方式对表格进行一定的数学运算，如加法、减法或乘法。

GUI：Utility Menu > Parameters > Array Operations > Table Operations。

命令：*TOPER

注意：两个参与运算的表格必须具有相同的尺寸，每行、每列的变量名必须相同等。

4．确定边界条件

当用户利用列表参数来定义边界条件时，可以通过如下 5 种方式检验其是否正确。

- ☑ 检查输出窗口。当用户使用制表边界条件于有限单元或实体模型时，在输出窗口显示的是表格名称而不是一定的数值。
- ☑ 列表显示边界条件。当用户在前处理过程中列表显示边界条件时，列表显示表格名称；而当用户在求解或后处理过程中列表显示边界条件时，显示的却是位置或时间。
- ☑ 检查图形显示。在制表边界条件运用的地方，用户可以通过标准的 ANSYS 图形显示功能（/PBC、/PSF 等）显示出表格名称和一些符号（箭头），当然前提是表格编号显示处于工作状态（/PNUM, TABNAM, ON）。
- ☑ 在通用后处理中检查表格的代替数值。
- ☑ 通过命令*STATUS 或者 GUI 菜单路径（Utility Menu > List > Other > Parameters）可以重新获得任意变量结合的表格参数值。

4.2.4 利用函数施加载荷和边界条件

用户可以通过一些函数工具对模型施加复杂的边界条件。函数工具包括两部分，一部分是函数编辑器，用于创建任意的方程或者多重函数；另一部分是函数装载器，用于获取创建的函数并制成表格。用户可以分别通过以下两种方式进入函数编辑器和函数装载器。

GUI：Utility Menu > Parameters > Functions > Define/Edit，或者 GUI：Main Menu > Solution > Define Loads > Apply > Functions > Define/Edit。

GUI：Utility Menu > Parameters > Functions > Read from file，或者 GUI：Main Menu > Solution > Define Loads > Apply > Functions > Read file。

当然，在使用函数边界条件之前，用户应该了解以下一些要点。
- ☑ 当用户的数据能够方便地用表格表示时，推荐用户使用表格边界条件。
- ☑ 在表格中，函数呈现等式的形式而不是一系列的离散数值。
- ☑ 用户不能通过函数边界条件来避免一些限制性边界条件，并且这些函数对应的初始变量是被表格边界条件支持的。

同样，当使用函数工具时，用户还必须熟悉如下几个特定的情况。
- ☑ 函数：一系列方程定义了高级边界条件。
- ☑ 初始变量：在求解过程中被使用和评估的独立变量。
- ☑ 域：以单一的域变量为特征的操作范围或设计空间的一部分。域变量在整个域中是连续的，每个域包含一个唯一的方程来评估函数。
- ☑ 域变量：支配方程用于函数的评估而定义的变量。
- ☑ 方程变量：在方程中用户指定的一个变量，此变量在函数装载过程中被赋值。

1. 函数编辑器的使用

函数编辑器定义了域和方程。用户通过一系列的初始变量、方程变量和数学函数来建立方程。用户能够创建一个单一的等式，也可以创建包含一系列方程等式的函数，而这些方程等式对应于不同的域。

使用函数编辑器的步骤如下。

（1）打开函数编辑器。GUI: Utiltity Menu > Parameters > Functions > Define/Edit 或者 Main Menu > Solution > Define Loads > Apply > Functions > Define/Edit。

（2）选择函数类型。选择单一方程或者一个复合函数。如果用户选择后者，则必须输入域变量的名称。当用户选择复合函数时，6个域标签被激活。

（3）选择 degrees 或者 radians。这个选择仅仅决定了方程如何被评估，对命令*AFUN 没有任何影响。

（4）定义结果方程或者使用初始变量和方程变量来描述域变量的方程。如果用户定义一个单一方程的函数，则跳到第（10）步。

（5）选择第一个域标签，输入域变量的最小值和最大值。

（6）在此域中定义方程。

（7）选择第二个域标签（注意，第二个域变量的最小值已被赋值了，且不能被改变，这样就保证了整个域的连续性）输入域变量的最大值。

（8）在此域中定义方程。

（9）重复前面步骤直到最后一个域。

（10）对函数进行注释。选择编辑器菜单栏中的 Editor > Comment，输入用户对函数的注释。

（11）保存函数。选择编辑器菜单栏中的 Editor > Save，输入文件名，文件名必须以.func 为扩展名。

一旦函数被定义且保存了，用户可以在任何一个 ANSYS 分析中使用这些函数。为了使用这些函数，用户必须装载它们并对方程变量进行赋值，同时赋予其表格参数名称是为了在特定的分析中使用它们。

2. 函数装载器的使用

当用户在分析中准备对方程变量进行赋值、对表格参数指定名称和使用函数时，需要把函数装入函数装载器中，其步骤如下。

（1）打开函数装载器，GUI：Utility Menu > Parameters > Functions > Read from file。
（2）打开用户保存函数的目录，选择正确的文件并打开。
（3）在函数装载对话框中，输入表格参数名。
（4）在该对话框的底部，用户将看到一个函数标签和构成函数的所有域标签，以及每个指定方程变量的数据输入区，在其中输入合适的数值。

注意：在函数装载对话框中，仅数值数据可以作为常数值，而字符数据和表达式不能作为常数值。

（5）重复每个域的过程。
（6）单击保存。直到用户已经为函数中每个域中的所有变量赋值后，才能以表格参数的形式来保存。

注意：函数作为一个代码方程被制成表格，在 ANSYS 中，当表格被评估时，这种代码方程才起作用。

3．图形或列表显示边界条件函数

用户可以图形显示定义的函数，可视化当前的边界条件函数，还可以列表显示方程的结果。通过这种方式，可以检验用户定义的方程是否和用户所期待的一样。无论图形显示还是列表显示，用户都需要先选择一个要图形显示其结果的变量，并且必须设置其 X 轴的范围和图形显示点的数量。

4.3 设定载荷步选项

载荷步选项（Load Step Options）是各选项的总称，这些选项用于在求解选项中及其他选项（如输出控制、阻尼特性和响应频谱数据）中控制如何使用载荷。载荷步选项随载荷步的不同而异。有以下 6 种类型的载荷步选项。

- ☑ 通用选项。
- ☑ 动力学分析选项。
- ☑ 非线性选项。
- ☑ 输出控制。
- ☑ Biot-Savart 选项。
- ☑ 谱分析选项。

4.3.1 通用选项

通用选项包括瞬态或静态分析中载荷步结束的时间，子步数或时间步大小，载荷阶跃或递增，以及热应力计算的参考温度。以下是对每个选项的简要说明。

1．时间选项

TIME 命令用于指定在瞬态或静态分析中载荷步结束的时间。在瞬态或其他与速率有关的分析中，TIME 命令指定实际的、按年月顺序的时间，且要求指定时间值。在与速率无关的分析中，时间作为跟踪参数。在 ANSYS 分析中，绝不能将时间设置为 0。如果执行"TIME，0"或"TIME，<空>"命令，或者根本就没有发出 TIME 命令，ANSYS 使用默认时间值；第一个载荷步为 1.0，其他载荷步为 1.0 加前一个时间。要在 0 时间开始分析，如在瞬态分析中，应指定一个非常小的值，如"TIME，1E-6"。

2. 子步数与时间步大小

对于非线性或瞬态分析，要指定一个载荷步中需要的子步数。指定子步的方法如下。

GUI：Main Menu > Preprocessor > Loads > Load Step Opts > Time/Frequenc > Time & Time Step。

GUI：Main Menu > Solution > Load Step Opts > Sol'n Control。

GUI：Main Menu > Solution > Load Step Opts > Time/Frequenc > Time & Time Step。

命令：DELTIM。

GUI：Main Menu > Preprocessor > Loads > Load Step Opts > Time/Frequenc > Freq & Substeps。

GUI：Main Menu > Solution > Load Step Opts > Sol'n Control。

GUI：Main Menu > Solution > Load Step Opts > Time/Frequenc > Freq & Substeps。

GUI：Main Menu > Solution > Unabridged Menu > Time/Frequenc > Freq & Substeps。

命令：NSUBST。

NSUBST 命令指定子步数，DELTIM 命令指定时间步的大小。在默认情况下，ANSYS 程序在每个载荷步中使用一个子步。

3. 时间步自动阶跃

AUTOTS 命令激活时间步自动阶跃。等价的 GUI 路径如下。

GUI：Main Menu > Preprocessor > Loads > Load Step Opts > Time/Frequenc > Time & Time Step。

GUI：Main Menu > Solution > Load Step Opts > Sol'n Control。

GUI：Main Menu > Solution > Load Step Opts > Time/Frequenc > Time & Time Step。

在时间步自动阶跃时，根据结构或构件对施加载荷的响应，程序计算每个子步结束时最优的时间步。在非线性静态或稳态分析中使用时，AUTOTS 命令确定了子步之间载荷增量的大小。

4. 阶跃或递增载荷

在一个载荷步中指定多个子步时，需要指明载荷是逐渐递增还是阶跃形式。KBC 命令用于此目的："KBC，0"指明载荷是逐渐递增；"KBC，1"指明载荷是阶跃载荷。默认值取决于分析的学科和分析类型（与 KBC 命令等价的 GUI 路径和与 DELTIM 及 NSUBST 命令等价的 GUI 路径相同）。

关于阶跃载荷和逐渐递增载荷的几点说明如下。

（1）如果指定阶跃载荷，程序按相同的方式处理所有载荷（约束、集中载荷、表面载荷、体积载荷和惯性载荷）。根据情况，阶跃施加、阶跃改变或阶跃移去这些载荷。

（2）如果指定逐渐递增载荷，那么：

☑ 在第一个载荷步施加的所有载荷，除了薄膜系数外，都是逐渐递增的（根据载荷的类型，从 0 或者从 BFUNIF 命令或其等价的 GUI 路径所指定的值逐渐变化，参见表 4-13）。薄膜系数是阶跃施加的。

🔊 注意：阶跃与线性加载不适用于温度相关的薄膜系数（在对流命令中，作为 N 输入），总是以温度函数所确定的值大小施加温度相关的薄膜系数。

☑ 在随后的载荷步中,所有载荷的变化都是从先前的值开始逐渐变化。

📢 **注意**:在全谐波(ANTYPE,HARM 和 HROPT,FULL)分析中,表面载荷和体积载荷的逐渐变化与在第一个载荷步中的变化相同,且不是从先前的值开始逐渐变化的,但是 PLANE2、SOLID45、SOLID92 和 SOLID95 是从之前的值开始逐渐变化的。

☑ 在随后的载荷步中新引入的所有载荷是逐渐变化的(根据载荷的类型,从 0 或从 BFUNIF 命令所指定的值逐渐递增,参见表 4-13)。

☑ 在随后的载荷步中被删除的所有载荷,除了体积载荷和惯性载荷外,都是阶跃移去的。体积载荷逐渐递增到 BFUNIF 命令所指定的值,不能被删除而只能被设置为 0 的惯性载荷,则逐渐变化到 0。

☑ 在相同的载荷步中,不应删除或重新指定载荷。在这种情况下,逐渐变化不会按用户所期望的方式发挥作用。

表 4-13 不同条件下逐渐变化载荷(KBC=0)的处理

载 荷 类 型	施加于第一个载荷步	输入随后的载荷步
DOF(约束自由度)		
温度	从 TUNIF[②] 逐渐变化	从 TUNIF 逐渐变化
其他	从 0 逐渐变化	从 0 逐渐变化
力	从 0 逐渐变化	从 0 逐渐变化
表面载荷		
TBULK	从 TUNIF 逐渐变化	从 TUNIF 逐渐变化
HCOEF	阶跃变化	从 0 逐渐变化[④]
其他	从 0 逐渐变化	从 0 逐渐变化
体积载荷		
温度	从 TUNIF 逐渐变化	从 TUNIF 逐渐变化
其他	从 BFUNIF[⑤] 逐渐变化	从 BFUNIF 逐渐变化
惯性载荷[①]	从 0 逐渐变化	从 0 逐渐变化

注意:

① 对惯性载荷,其本身是线性变化的,因此,产生的力在该载荷步上是二次变化的。

② TUNIF 命令在所有节点指定一均布温度。

③ 在这种情况下,使用的 TUNIF 或 BFUNIF 值是之前载荷步的值,而不是当前值。

④ 总是以温度函数所确定的值的大小施加温度相关的膜层散热系数,而不论 KBC 的设置如何。

⑤ BFUNIF 命令仅是 TUNIF 命令的一个同类形式,用于在所有节点指定一均布体积载荷。

5. 其他通用选项

还可以指定下列通用选项。

(1)热应力计算的参考温度,其默认值为 0°。指定该温度的方法如下。

GUI:Main Menu > Preprocessor > Loads > Load Step Opts > Other > Reference Temp。

GUI: Main Menu > Preprocessor > Loads > Define Loads > Settings > Reference Temp。
GUI: Main Menu > Solution > Load Step Opts > Other > Reference Temp。
GUI: Main Menu > Solution > Define Loads > Settings > Reference Temp。

命令：TREF。

（2）对每个解（即每个平衡迭代）是否需要一个新的三角矩阵，仅在静态（稳态）分析或瞬态分析中，使用下列方法之一，可用一个新的三角矩阵。

GUI: Main Menu > Preprocessor > Loads > Load Step Opts > Other > Reuse Tri Matrix。
GUI: Main Menu > Solution > Load Step Opts > Other > Reuse Tri Matrix。

命令：KUSE。

默认情况下，程序根据 DOF 约束的变化、温度相关材料的特性，以及 New-Raphson 选项确定是否需要一个新的三角矩阵。如果 KUSE 设置为 1，程序再次使用之前的三角矩阵。在重新开始过程中，该设置非常有用：对附加的载荷步，如果要重新进行分析，而且知道所存在的三角矩阵（在文件 Jobname.TRI 中），可再次使用，通过将 KUSE 设置为 1，可节省大量的计算时间。"KUSE，-1"命令迫使在每个平衡迭代中三角矩阵再次用公式表示。在分析中很少使用它，主要用于调试中。

（3）模式数（沿周边谐波数）和谐波分量是关于全局 X 坐标轴对称还是反对称。当使用反对称协调单元（反对称单元采用非反对称加载）时，载荷被指定为一系列谐波分量（傅里叶级数）。要指定模式数，使用下列方法之一。

GUI: Main Menu > Preprocessor > Loads > Load Step Opts > Other > For Harmonic Ele。
GUI: Main Menu > Solution > Load Step Opts > Other > For Harmonic Ele Main Menu > Solution > Load Step Opts > Other > For Harmonic Ele。

命令：MODE。

（4）在四维磁场分析中所使用的标量磁势公式的类型，通过下列方法之一指定。

GUI: Main Menu > Preprocessor > Loads > Load Step Opts > Magnetics > potential formulation method。
GUI: Main Menu > Solution > Load Step Opts > Magnetics > potential formulation method。

命令：MAGOPT。

（5）在缩减分析的扩展过程中，扩展的求解类型通过下列方法之一指定。

GUI: Main Menu > Preprocessor > Loads > Load Step Opts > ExpansionPass > Single Expand > Range of Solu's。
GUI: Main Menu > Solution > Load Step Opts > ExpansionPass > Single Expand > Range of Solu's。
GUI: Main Menu > Preprocessor > Loads > Load Step Opts > ExpansionPass > Single Expand > By Load Step。
GUI: Main Menu > Preprocessor > Loads > Load Step Opts > ExpansionPass > Single Expand > By Time/Freq。
GUI: Main Menu > Solution > Load Step Opts > ExpansionPass > Single Expand > By Load Step。
GUI: Main Menu > Solution > Load Step Opts > ExpansionPass > Single Expand > By Time/Freq。

命令：NUMEXP，EXPSOL。

4.3.2 动力学分析选项

动力学分析选项主要用于动态和其他瞬态分析的选项，如表 4-14 所示。

第4章 施加载荷

表 4-14 动态和其他瞬态分析命令

命令	GUI 菜单路径	用途
TIMINT	MainMenu > Preprocessor > Loads > LoadStepOpts > Time/Frequenc > Time Integration Main Menu > Solution > Load Step Opts > Sol'n Control MainMenu > Solution > LoadStepOpts > Time/Frequenc > Time Integration MainMenu > Solution > UnabridgedMenu > Time/Frequenc > Time Integration	激活或取消时间积分
HARFRQ	Main Menu > Preprocessor > Loads > Load Step Opts > Time/Frequenc > Freq & Substeps Main Menu > Solution > Load Step Opts > Time/Frequenc > Freq & Substeps	在谐波响应分析中指定载荷的频率范围
ALPHAD	Main Menu > Preprocessor > Loads > Load Step Opts > Time/Frequenc > Damping Main Menu > Solution > Load Step Opts > Sol'n Control Main Menu > Solution > Load Step Opts > Time/Frequenc > Damping Main Menu > Solution > Unabridged Menu > Time/Frequenc > Damping	指定结构动态分析的阻尼
BETAD	Main Menu > Preprocessor > Loads > Load Step Opts > Time/Frequenc > Damping Main Menu > Solution > Load Step Opts > Sol'n Control Main Menu > Solution > Load Step Opts > Time/Frequenc > Damping Main Menu > Solution > Unabridged Menu > Time/Frequenc > Damping	指定结构动态分析的阻尼
DMPRAT	Main Menu > Preprocessor > Loads > Load Step Opts > Time/Frequenc > Damping Main Menu > Solution > Time/Frequenc > Damping	指定结构动态分析的阻尼
MDAMP	Main Menu > Preprocessor > Loads > Load Step Opts > Time/Frequenc > Damping Main Menu > Solution > Load Step Opts > Time/Frequenc > Damping	指定结构动态分析的阻尼

4.3.3 非线性选项

非线性选项主要是用于非线性分析的选项，如表 4-15 所示。

表 4-15 非线性分析命令

命令	GUI菜单路径	用途
NEQIT	Main Menu > Preprocessor > Loads > Load Step Opts > Nonlinear > Equilibrium Iter Main Menu > Solution > Load Step Opts > Sol'n Control Main Menu > Solution > Load Step Opts > Nonlinear > Equilibrium Iter Main Menu > Solution > Unabridged Menu > Nonlinear > Equilibrium Iter	指定每个子步最大平衡迭代的次数（默认=25）
CNVTOL	Main Menu > Preprocessor > Loads > Load Step Opts > Nonlinear > Convergence Crit Main Menu > Solution > Load Step Opts > Sol'n Control Main Menu > Solution > Load Step Opts > Nonlinear > Convergence Crit Main Menu > Solution > Unabridged Menu > Nonlinear > Convergence Crit	指定收敛公差
NCNV	Main Menu > Preprocessor > Loads > Load Step Opts > Nonlinear > Criteria to Stop Main Menu > Solution > Sol'n Control Main Menu > Solution > Load Step Opts > Nonlinear > Criteria to Stop Main Menu > Solution > Unabridged Menu > Nonlinear > Criteria to Stop	为终止分析提供选项

4.3.4 输出控制

输出控制用于控制分析输出的数量和特性，有两个基本输出控制命令，如表 4-16 所示。

表 4-16 输出控制命令

命令	GUI菜单路径	用途
OUTRES	Main Menu > Preprocessor > Loads > Load Step Opts > Output Ctrls > DB/Results File Main Menu > Solution > Load Step Opts > Sol'n Control Main Menu > Solution > Load Step Opts > Output Ctrls > DB/Results File	控制ANSYS写入数据库和结果文件的内容，以及写入的频率
OUTPR	Main Menu > Preprocessor > Loads > Load Step Opts > Output Ctrls > Solu Printout Main Menu > Solution > Load Step Opts > Output Ctrls > Solu Printout	控制打印（写入解输出文件Jobname.OUT）的内容及写入的频率

下面说明了 OUTRES 和 OUTPR 命令的使用方法。

OUTRES,ALL,5   !写入所有数据：每到第5子步写入数据
OUTPR,NSOL,LAST !仅打印最后子步的节点解

可以发出一系列 OUTPR 和 OUTRES 命令（达 50 个命令组合）以精确控制解的输出。但必须注意命令发出的顺序，这很重要。例如，以下命令把每到第 10 子步的所有数据和每到第 5 子步的节点解数据写入数据库和结果文件中。

OUTRES,ALL,10
OUTRES,NSOL,5

如果颠倒命令的顺序（如下所示），那么第二个命令优先于第一个命令，使每到第 10 子步的所有数据被写入数据库和结果文件中，而每到第 5 子步的节点解数据则未被写入数据库和结果文件中。

OUTRES,NSOL,5
OUTRES,ALL,10

📢 注意：程序在默认情况下输出的单元解数据取决于分析类型。要限制输出的解数据，使用 OUTRES 有选择地抑制（FREQ = NONE）解数据的输出，或首先抑制所有解数据（OUTRES、ALL、NONE）的输出，然后通过随后的 OUTRES 命令有选择地打开数据的输出。

第三个输出控制命令 ERESX 允许用户在后处理中观察单元积分点的值。

GUI：Main Menu > Preprocessor > Loads > Load Step Opts > Output Ctrls > Integration Pt.
GUI：Main Menu > Solution > Load Step Opts > Output Ctrls > Integration Pt.
命令：ERESX。

默认情况下，对材料非线性（例如，非 0 塑性变形）以外的所有单元，ANSYS 程序使用外推法并根据积分点的数值计算在后处理中观察的节点结果。通过执行"ERESX, NO"命令，可以关闭外推法，相反，将积分点的值复制到节点，使这些值在后处理中可用。另一个选项"ERESX, YES"，迫使所有单元都使用外推法，而不论单元是否具有材料非线性。

4.3.5 Biot-Savart 选项

用于 Biot-Savart（磁场分析）的选项有两个命令，如表 4-17 所示。

表 4-17 Biot-Savart 命令

命令	GUI菜单路径	用途
BIOT	Main Menu > Preprocessor > Loads > Load Step Opts > Magnetics > Options Only > Biot-Savart Main Menu > Solution > Load Step Opts > Magnetics > Options Only > Biot-Savart	计算由于所选择的源电流场引起的磁场密度
EMSYM	Main Menu > Preprocessor > Loads > Load Step Opts > Magnetics > Options Only > Copy Sources Main Menu > Solution > Load Step Opts > Magnetics > Options Only > Copy Sources	复制呈周向对称的源电流场

4.3.6 谱分析选项

这类选项中有许多命令，所有命令都用于指定响应谱数据和功率谱密度（PSD）数据。在频谱分析中，使用这些命令时可参见帮助文件中的 ANSYS Structural Analysis Guide 说明。

4.3.7 创建多载荷步文件

所有载荷和载荷步选项一起构成了一个载荷步，程序用其计算该载荷步的解。如果有多个载荷步，可将每个载荷步存入一个文件，调入该载荷步文件，并从文件中读取数据求解。

LSWRITE 命令写载荷步文件（每个载荷步一个文件，以 Jobname.S01、Jobname.S02 和 Jobname.S03 等识别），使用以下方法之一。

GUI：Main Menu > Preprocessor > Loads > Load Step Opts > Write LS File。
GUI：Main Menu > Solution > Load Step Opts > Write LS File。
命令：LSWRITE。

所有载荷步文件写入后，可以使用命令在文件中顺序读取数据，并求得每个载荷步的解。下面所示的命令组定义多个载荷步。

```
/SOLU              !输入Solution
0
! 载荷步1：
D, ...             !载荷
SF, ...
...
NSUBST, ...        !载荷步选项
KBC, ...
OUTRES, ...
OUTPR, ...
...
LSWRITE            !写入载荷步文件Jobname.S01
!
! 载荷步2：
D, ...             !载荷
SF, ...
...
```

```
NSUBST, ...              !载荷步选项
KBC, ...
OUTRES, ...
OUTPR, ...
...
LSWRITE                  !写入载荷步文件Jobname.S02
...
```

关于载荷步文件的几点说明如下。

- ☑ 载荷步数据根据 ANSYS 命令被写入文件。
- ☑ LSWRITE 命令不捕捉实常数（R）或材料特性（MP）的变化。
- ☑ LSWRITE 命令自动地将实体模型载荷转换到有限元模型，因此所有载荷按有限元载荷命令的形式写入文件。特殊的是，表面载荷总是按 SFE（或 SFBEAM）命令的形式写入文件，而不论载荷是如何施加的。
- ☑ 要修改载荷步文件序号为 N 的数据，执行命令 "LSREAD, n" 以在文件中读取数据，进行所需的改动，然后执行 "LSWRITE, n" 命令（将覆盖序号为 N 的旧文件）。还可以使用系统编辑器直接编辑载荷步文件，但这种方法一般不推荐使用。与 LSREAD 命令等价的 GUI 菜单路径如下。

GUI：Main Menu > Preprocessor > Loads > Load Step Opts > Read LS File。
GUI：Main Menu > Solution > Load Step Opts > Read LS File。

- ☑ LSDELE 命令允许用户从 ANSYS 程序中删除载荷步文件。与 LSDELE 命令等价的 GUI 菜单路径如下。

GUI：Main Menu > Preprocessor > Loads > Define Loads > Operate > Delete LS Files。
GUI：Main Menu > Solution > Define Loads > Operate > Delete LS Files。

- ☑ 与载荷步相关的另一个有用的命令是 LSCLEAR，该命令允许用户删除所有载荷，并将所有载荷步选项重新设置为其默认值。例如，在读取载荷步文件进行修改前，可以使用它"清除"所有载荷步数据。与 LSCLEAR 命令等价的 GUI 菜单路径如下。

GUI：Main Menu > Preprocessor > Loads > Define Loads > Delete > All Load Data > Data Type。
GUI：Main Menu > Preprocessor > Loads > Reset Options。
GUI：Main Menu > Preprocessor > Loads > Define Loads > Settings > Replace vs Add。
GUI：Main Menu > Solution > Reset Options。
GUI：Main Menu > Solution > Define Loads > Settings > Replace vs Add > Reset Factors。

4.4 实例——旋转外轮的载荷和约束施加

前面章节对旋转外轮模型进行了网格划分，生成了可用于计算分析的有限元模型。接下来需要对有限元模型施加载荷和约束，以考察其对于载荷作用的响应。

4.4.1 GUI 方式

01 打开上次保存的旋转外轮几何模型 roter.db 文件。

第4章 施加载荷

02 加轴对称的位移

❶ 从主菜单中选择 Main Menu > Preprocessor > Solution > Define Load > Apply > Structural > Displacement > Symmetry B.C. > On lines 命令。

❷ 出现"Apply SYMM on Lines"对话框，选择内径上的线 L4，单击"OK"按钮，如图 4-7 所示。

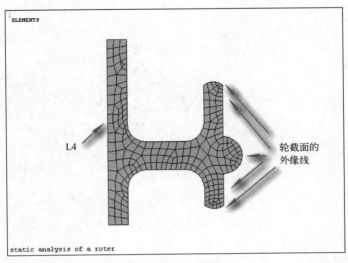

图 4-7 选择轴对称线

03 施加固定位移

❶ 从主菜单中选择 Main Menu > Preprocessor > Solution > Define Load > Apply > Structural > Displacement > On lines 命令。

❷ 这时会出现线选择对话框，选择内径上的线 L4，单击"OK"按钮，这时出现"Apply U, ROT on Lines"对话框，选择"All DOF"选项，单击"OK"按钮，如图 4-8 所示。

04 施加压力载荷

❶ 从主菜单中选择 Main Menu > Solution > Define Load > Apply > Structural > Pressure > On lines 命令，打开选择线对话框，选择轮截面的外缘，单击"OK"按钮。然后打开"Apply PRES on lines"对话框，在"VALUE Load PRES value"文本框中输入"1e6"，单击"OK"按钮，施加压力，如图 4-9 所示。

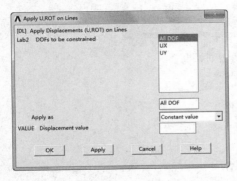

图 4-8 施加固定位移

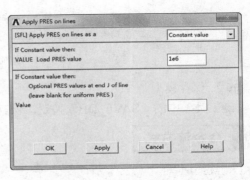

图 4-9 施加压力

❷ 施加的压力如图 4-10 所示。

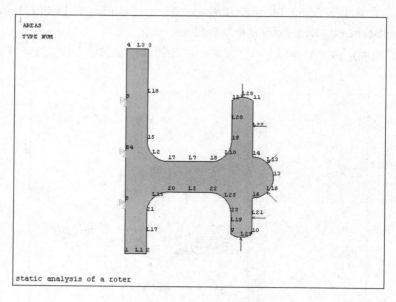

图 4-10 施加压力的结果

05 施加速度载荷

❶ 从主菜单中选择 Main Menu > Solution > Define Load > Apply > Structural > Inertia > Angular Veloc > Global 命令，打开"Apply Angular Velocity"（施加角速度）对话框，如图 4-11 所示。

❷ 在"OMEGZ　Global Cartesian Z-comp"（总体 Z 轴角速度分量）文本框中输入"62.8"。需要注意的是，转速是相对于总体笛卡儿坐标系施加的，单位是 rad/s（弧度/秒）。单击"OK"按钮，施加转速引起的惯性载荷。

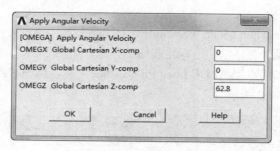

图 4-11 施加角速度对话框

06 保存模型

单击工具条中的"SAVE_DB"按钮，保存文件。

4.4.2 命令流方式

RESUME, roter,db,
/PREP7

```
/SOL
DL,     4, ,SYMM
！加轴对称的位移
FLST,2,1,4,ORDE,1
FITEM,2,4
/GO
DL,P51X, ,ALL,
！施加固定位移
FLST,2,6,4,ORDE,6
FITEM,2,13
FITEM,2,16
FITEM,2,21
FITEM,2,-22
FITEM,2,28
FITEM,2,-29
/GO
SFL,P51X,PRES,1e6,
！施加压力载荷
OMEGA,0,0,62.8,0
！施加速度载荷
SAVE
```

第 5 章

求　　解

　　求解与求解控制是 ANSYS 分析中的重要步骤，正确地控制求解过程将直接影响求解的精度和计算时间。

　　本章将着重讨论求解基本参数的设定、求解过程监控，以及进行求解失败的一些原因分析。

- ☑ 求解概论
- ☑ 利用特定的求解控制器指定求解类型
- ☑ 多载荷步求解
- ☑ 实例——旋转外轮模型求解

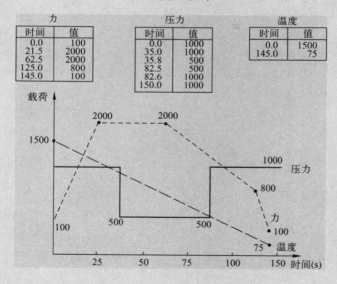

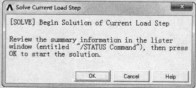

第5章 求 解

5.1 求解概论

ANSYS 能够求解由有限元方法建立的联立方程,求解的结果为:
(1) 节点的自由度值,为基本解。
(2) 原始解的导出值,为单元解。

单元解通常是在单元的公共点上计算出来的,ANSYS 程序将结果写入数据库和结果文件(Jobname.RST、RTH、RMG 或 RFL)中。

ANSYS 程序中有几种解联立方程的方法:直接解法、稀疏矩阵直接解法、雅克比共轭梯度法(JCG)、不完全分解共轭梯度法(ICCG)、预条件共轭梯度法(PCG)、自动迭代法(ITER)和分块解法(DDS)。默认为直接解法,用户可用以下方法选择求解器。

GUI:Main Menu > Preprocessor > Loads > Analysis Type > Analysis Options。
GUI:Main Menu > Solution > Load Step Options > Sol'n Control。
GUI:Main Menu > Solution > Analysis Options。
命令:EQSLV。

注意:如果没有"Analysis Options"选项,则需要调出完整的菜单选项。调出完整的菜单选项的 GUI 菜单路径:Main Menu > Solution > Unabridged Menu。

如表 5-1 所示的一般准则有助于用户针对给定的问题选择合适的求解器。

表 5-1 求解器选择准则

解 法	典型应用场合	模型尺寸	内存使用	硬盘使用
直接解法	要求稳定性(非线性分析)或内存受限时	低于50000自由度	低	高
稀疏矩阵直接解法	要求稳定性和求解速度(非线性分析);线性分析时迭代收敛很慢时(尤其对"病态"矩阵,如形状不好的单元)	自由度为10000~500000	中	高
雅克比共轭梯度法	在单场问题(如热、磁、声,多物理问题)中求解速度很重要时	自由度为50000~1000000	中	低
不完全分解共轭梯度法	在多物理模型应用中求解速度很重要时,处理其他迭代法很难收敛的模型(几乎是无穷矩阵)	自由度为50000~1000000	高	低
预条件共轭梯度法	当求解速度很重要时(大型模型的线性分析),尤其适合实体单元的大型模型	自由度为50000~1000000	高	低
自动迭代法	类似于预条件共轭梯度法(PCG),不同的是,它支持8台处理器并行计算	自由度为50000~1000000	高	低
分块解法	该解法支持数十台处理器通过网络连接来完成并行计算	自由度为1000000~10000000	高	低

5.1.1 使用直接求解法

ANSYS 直接求解法不组集整个矩阵,而是在求解器处理每个单元时,同时进行整体矩阵的组集和求解,其方法如下。
(1) 每个单元矩阵计算出后,求解器读入第一个单元的自由度信息。
(2) 程序通过写入一个方程到 TRI 文件,消去任何可以由其他自由度表达的自由度,该过程对所有单元重复进行，直到所有的自由度都被消去，只剩下一个三角矩阵在 TRIN 文件中。

（3）程序通过回代法计算节点的自由度解，用单元矩阵计算单元解。

在直接求解法中经常提到"波前"这个术语，它是在三角化过程中因不能从求解器消去而保留的自由度数。随着求解器处理每个单元及其自由度，波前就会膨胀和收缩，最后，当所有的自由度都处理过以后，波前变为 0。波前的最高值称为最大波前，而平均的、均方根值称为 RMS 波前。

一个模型的 RMS 波前值直接影响求解时间，其值越小，CPU 所用的时间越少，因此在求解前希望能重新排列单元号以获得最小的波前值。ANSYS 程序在开始求解时会自动进行单元排序，除非已对模型重新排列过或者已经选择了不需要重新排列。最大波前值直接影响内存的需求，尤其是临时数据申请的内存量。

5.1.2 使用其他求解器

其他求解器包括稀疏矩阵直接解法、雅克比共轭梯度法求解器、不完全分解共轭梯度法求解器、预条件共轭梯度法求解器、自动迭代解法选项等，使用方法与直接求解法类似，这里不再赘述。

5.1.3 获得解答

开始求解，进行以下操作。

GUI：Main Menu > Solution > Current LS or Run FLOTRAN。

命令：SOLVE。

因为求解阶段与其他阶段相比，一般需要更多的计算机资源，所以批处理（后台）模式要比交互式模式更合适。

求解器将输出写入输出文件（Jobname.OUT）和结果文件中，如果用户以交互模式运行求解，则输出文件就是屏幕。在执行 SOLVE 命令前使用下述操作，可以将输出送入一个文件而不是屏幕。

GUI：Utility Menu > File > Switch Output to > File or Output Window。

命令：/OUTPUT。

写入输出文件的数据由如下内容组成。

- ☑ 载荷概要信息。
- ☑ 模型的质量及惯性矩。
- ☑ 求解概要信息。
- ☑ 最后的结束标题，给出总的 CPU 时间和各过程所用的时间。
- ☑ 由 OUTPR 命令指定的输出内容及绘制云纹图所需的数据。

在交互模式中，大多数输出是被压缩的，结果文件（RST、RTH、RMG 或 RFL）包含所有的二进制方式的文件，可在后处理程序中进行浏览。

在求解过程中产生的另一有用文件是 Jobname.STAT 文件，它给出了解答情况。程序运行时可用该文件来监视分析过程，对非线性和瞬态分析的迭代分析尤其有用。

SOLVE 命令还能对当前数据库中的载荷步数据进行计算求解。

第5章 求 解

5.2 利用特定的求解控制器指定求解类型

当用户在求解某些结构分析类型时，可以利用如下两种特定的求解工具。
- ☑ "Abridged Solution"菜单命令：只适用于静态、全瞬态、模态和屈曲分析类型。
- ☑ "Solution Controls"（求解控制）对话框：只适用于静态和全瞬态分析类型。

5.2.1 使用"Abridged Solution"菜单命令

当用户使用图形界面方式进行结构静态、瞬态、模态或者屈曲分析时，将选择是否使用"Abridged Solution"或者"Unabridged Solution"菜单命令。

（1）"Unabridged Solution"菜单命令列出了用户在当前分析中可能使用的所有求解选项，无论是被推荐的还是可能的（如果是用户在当前分析中不会使用的选项，将呈现灰色）。

（2）"Abridged Solution"菜单命令较为简易，仅仅列出了分析类型所必需的求解选项。例如，当用户进行静态分析时，"Modal Cyclic Sym"将不会出现在"Abridged Solution"菜单命令中，只有那些有效且被推荐的求解选项才出现。

在结构分析中，当用户进入 SOLUTION 模块（GUI 菜单路径：Main Menu > Solution）时，"Abridged Solution"菜单命令为默认值。

当进行的分析类型是静态或全瞬态时，用户可以通过这种菜单完成求解选项的设置。然而，如果用户选择了不同的一个分析类型，"Abridged Solution"菜单命令的默认值将被其他菜单命令所代替，而新的菜单命令将符合用户新选择的分析类型。

当用户进行分析后又选择一个新的分析类型时，用户将（默认地）得到和第一次分析相同的菜单命令类型。例如，当用户选择使用"Unabridged Solution"菜单命令进行静态分析后，又选择进行新的屈曲分析，此时用户将得到（默认）适用于屈曲分析的"Unabridged Solution"菜单命令。但是，在分析求解阶段的任何时候，通过选择合适的菜单命令，用户都可以在"Unabridged Solution"和"Abridged Solution"菜单命令之间切换（GUI 菜单路径：Main Menu > Solution > Unabridged Menu 或 Main Menu > Solution > Abridged Menu）。

5.2.2 使用求解控制对话框

当用户进行结构静态或全瞬态分析时，可以使用求解控制对话框来设置分析选项。求解控制对话框包括 5 个选项，每个选项包含一系列的求解控制。对于指定多载荷步分析中每个载荷步的设置，求解控制对话框是非常有用的。

只要用户进行结构静态或全瞬态分析，求解菜单就必然包含求解控制对话框选项。当用户选择"Sol'n Control"菜单命令时，弹出如图 5-1 所示的求解控制对话框。该对话框为用户提供了简单的图形界面来设置分析和载荷步选项。

一旦用户打开求解控制对话框，"Basic"标签即被激活，如图 5-1 所示。5 个标签从左到右依次是 Basic、Transient、Sol'n Options、Nonlinear、Advanced NL。

一个标签页对应一种控制逻辑，最基本的控制在第一个标签中，而后续的标签提供了更高级的求解控制选项。"Transient"标签包含瞬态分析求解控制，仅当分析类型为瞬态分析时才可用，否则将呈现灰色。

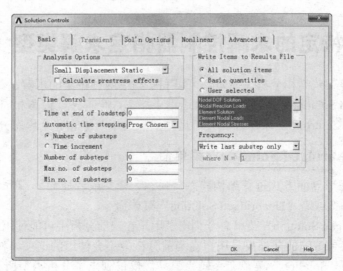

图 5-1 求解控制对话框

求解控制对话框中的每个选都对应一个 ANSYS 命令，如表 5-2 所示。

表 5-2 求解控制对话框

求解控制对话框标签	用　途	对应的命令
Basic	指定分析类型 控制时间设置 指定写入ANSYS数据库中的结果数据	ANTYPE，NLGEOM，TIME，AUTOTS，NSUBST，DELTIM，OUTRES
Transient	指定瞬态选项 指定阻尼选项 定义积分参数	TIMINT，KBC，ALPHAD，BETAD，TINTP
Sol'n Options	指定方程求解类型 指定重新多个分析的参数	EQSLV，RESCONTROL
Nonlinear	控制非线性选项 指定每个子步迭代的最大次数 指明用户是否在分析中进行蠕变计算 控制二分法 设置收敛准则	LNSRCH，PRED，NEQIT，RATE，CUTCONTROL，CNVTOL
Advanced NL	指定分析终止准则 控制弧长法的激活与中止	NCNV，ARCLEN，ARCTRM

　　如果用户对"Basic"标签的设置满意，那么就不需要对其余的选项进行处理，除非用户想要改变某些高级设置。

　　◁)) 注意：无论用户是设置一个标签还是设置多个标签，在单击"OK"按钮关闭该对话框后，这些改变才被写入 ANSYS 数据库。

5.3 多载荷步求解

　　定义和求解多载荷步有 3 种办法。

　　☑ 多重求解法

- ☑ 载荷步文件法。
- ☑ 数组参数法（矩阵参数法）。

5.3.1 多重求解法

多重求解法是最直接的方法，即在每个载荷步定义好后执行 SOLVE 命令。但它的主要缺点是在交互使用时必须等到每一步求解结束后才能定义下一个载荷步。典型的多重求解法命令流如下。

```
/SOLU                    !进入SOLUTION模块
...
! Load step 1:           !载荷步1
D,...
SF,...
0
SOLVE                    !求解载荷步1
! Load step 2            !载荷步2
F,...
SF,...
...
SOLVE                    !求解载荷步2
Etc.
```

5.3.2 使用载荷步文件法

当想求解问题而又远离终端或计算机时，可以使用载荷步文件法。该方法为写入每一载荷步到载荷步文件中（通过 LSWRITE 命令或相应的 GUI 方式），通过一条命令就可以读入每个文件并获得解答（通过第 4 章可了解产生载荷步文件的详细内容）。

要求解多载荷步，有如下两种方式。

GUI：Main Menu > Solution > From Ls Files。

命令：LSSOLVE。

LSSOLVE 命令其实是一条宏指令，它按顺序读取载荷步文件，并进行每个载荷步的求解。载荷步文件法的示例命令输入如下。

```
/SOLU                    !进入求解模块
...
! Load Step 1:           !载荷步1
D,...                    !施加载荷
SF,...
...
NSUBST,...               !载荷步选项
KBC,...
OUTRES,...
OUTPR,...
...
```

```
LSWRITE                    !写载荷步文件：Jobname.S01
! Load Step 2:
D,...
SF,...
...
NSUBST,...                 !载荷步选项
KBC,...
OUTRES,...
OUTPR,...
...
LSWRITE                    !写载荷步文件：Jobname.S02
...
0
LSSOLVE,1,2                !开始求解载荷步文件1和2
```

5.3.3 使用数组参数法（矩阵参数法）

数组参数法主要用于瞬态或非线性静态（稳态）分析，但需要了解有关数组参数和 DO 循环的知识，这是 APDL（ANSYS 参数设计语言）中的部分内容，可以参考 ANSYS 帮助文件中的 APDL PROGRAMMER'S GUIDEUL 了解 APDL。数组参数法包括用此方法建立载荷-时间关系表，以下内容给出了最好的解释。

假定有一组随时间变化的载荷，如图 5-2 所示。因为有 3 个载荷函数，所以需要定义 3 个数组参数，所有的 3 个数组参数都必须是表格形式。力函数有 5 个点，所以需要一个 5×1 的数组。压力函数需要一个 6×1 的数组，而温度函数需要一个 2×1 的数组。注意，3 个数组都是一维的，载荷值放在第一列，时间值放在第 0 列（第 0 列、第 0 行，一般包含索引号，如果用户把数组参数定义为一张表格，则第 0 列、第 0 行必须改变，而且须填上单调递增的编号组）。

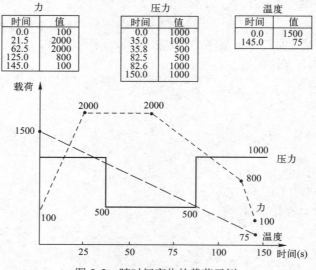

图 5-2 随时间变化的载荷示例

要定义 3 个数组参数，必须声明其类型和维数，要做到这一点，可以使用以下两种方式。

GUI：Utility Menu > Parameters > Array Parameters > Define/Edit。

命令：*DIM。

例如：

*DIM,FORCE,TABLE,5,1
*DIM,PRESSURE,TABLE,6,1
*DIM,TEMP,TABLE,2,1

可用数组参数编辑器（GUI：Utility Menu > Parameters > Array Parameters > Define/Edit）或者一系列 "=" 命令填充这些数组，后一种方法如下。

```
FORCE(1,1)=100,2000,2000,800,100        !第 1 列力的数值
FORCE(1,0)=0,21.5,50.9,98.7,112         !第 0 列对应的时间
FORCE(0,1)=1                            !第 0 行
PRESSURE(1,1)=1000,1000,500,500,1000,1000
PRESSURE(1,0)=0,35,35.8,74.4,76,112
PRESSURE(0,1)=1
TEMP(1,1)=800,75
TEMP(1,0)=0,112
TEMP(0,1)=1
```

现在已经定义了载荷历程，要加载并获得解答，需要构造一个如下所示的 DO 循环（通过使用命令*DO 和*ENDDO）。

```
TM_START=1E-6                           !开始时间（必须大于 0）
TM_END=112                              !瞬态结束时间
TM_INCR=1.5                             !时间增量
!从 TM_START 开始到 TM_END 结束，步长 TM_INCR
*DO,TM,TM_START,TM_END,TM_INCR
TIME,TM                                 !时间值
F,272,FY,FORCE(TM)                      !随时间变化的力（节点 272 处，方向 FY）
NSEL,...                                !在压力表面上选择节点
SF,ALL,PRES,PRESSURE(TM)                !随时间变化的压力
NSEL,ALL                                !激活全部节点
NSEL,...                                !选择有温度指定的节点
BF,ALL,TEMP,TEMP(TM)                    !随时间变化的温度
NSEL,ALL                                !激活全部节点
SOLVE                                   !开始求解
*ENDDO
```

用这种方法可以非常容易地改变时间增量（TM_INCR 参数），而用其他方法改变如此复杂的载荷历程的时间增量将会很麻烦。

5.4 实例——旋转外轮模型求解

在对旋转外轮模型施加完约束和载荷后，就可以进行求解计算。本节主要对求解选项进

行相关设置，并进行求解。

❶ 从主菜单中选择 Main Menu > Solution > Solve > Current LS 命令，打开一个确认对话框和状态列表，如图 5-3 所示，要求查看列出的求解选项。

❷ 查看列表中的信息确认无误后，单击"OK"按钮，开始求解。

❸ 求解完成后打开如图 5-4 所示的求解完成提示对话框。

❹ 单击"Close"按钮，关闭求解完成提示对话框。

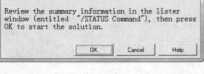

图 5-3 求解当前载荷步确认对话框

图 5-4 求解完成提示对话框

命令流：SOLVE。

第 6 章

后 处 理

后处理指检查 ANSYS 分析的结果，这是 ANSYS 分析中较重要的一个模块。本章将介绍 ANSYS 后处理的概念，并详细介绍 ANSYS 的通用后处理器（POST1）和时间历程后处理器（POST26）。通过本章的学习，用户对后处理的一般过程有更进一步的了解，配合实例操作，将能够熟练掌握 ANSYS 分析的后处理过程。

- ☑ 后处理概述
- ☑ 通用后处理器（POST1）
- ☑ 时间历程后处理器（POST26）
- ☑ 实例——旋转外轮计算结果后处理

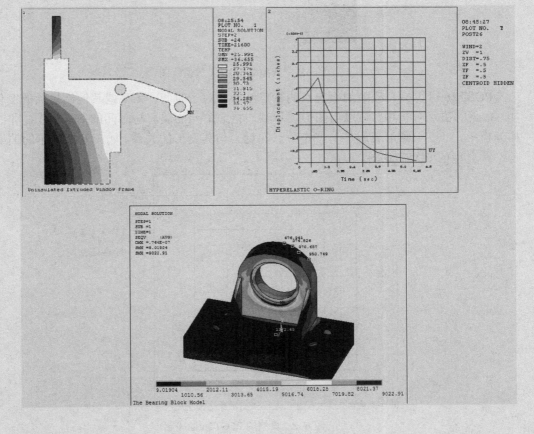

6.1 后处理概述

后处理是指检查分析的结果，这是 ANSYS 分析中重要的一环，因为用户通过它可以清楚作用载荷如何影响设计、单元划分好坏等情况。

检查分析结果可使用两个后处理器，即通用后处理器 POST1 和时间历程后处理器 POST26。POST1 允许检查整个模型在某一载荷步和子步（或者对某一特定时间点或频率）的结果。例如，在静态结构分析中，可显示载荷步 3 的应力分布；在热力分析中，可显示 time=100s 时的温度分布。如图 6-1 所示的等值线图即是一种典型的 POST1 图。

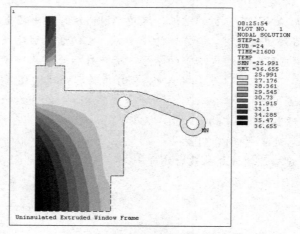

图 6-1　典型的 POST1 等值线图

POST26 可以检查模型的指定点的特定结果相对于时间、频率或其他结果项的变化。例如，在瞬态磁场分析中，可以用图形表示某一特定单元的涡流与时间的关系；或在非线性结构分析中，可以用图形表示某一特定节点的受力与其变形的关系。如图 6-2 所示的曲线图即是一种典型的 POST26 图。

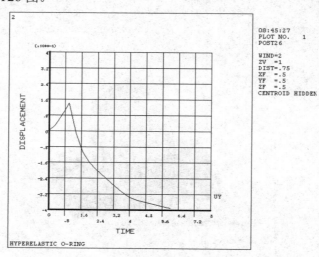

图 6-2　典型的 POST26 曲线图

第6章 后 处 理

注意：ANSYS 的后处理器仅仅是用于检查分析结果的工具，仍然需要使用用户的工程判断能力来分析、解释结果。例如，某等值线可能表明模型的最高应力为 37 800Pa，那么必须由用户来确定这一应力水平对设计是否匹配。

6.1.1 结果文件

在求解中，ANSYS 运算器将分析的结果写入结果文件中，结果文件的名称取决于分析类型。

- ☑ Jobname.RST：结果分析。
- ☑ Jobname.RTH：热力分析。
- ☑ Jobname.RMG：电磁场分析。
- ☑ Jobname.RFL：FLOTRAN 分析。

对于 FLOTRAN 分析，文件的扩展名为.RFL；对于其他一些流体分析，文件扩展名可能为.RST 或.RTH，主要取决于是否给出结构自由度。对不同的分析使用不同的文件标识，有助于在耦合场分析中使用一个分析的结果作为另一个分析的载荷。

6.1.2 后处理可用的数据类型

求解阶段计算两种类型结果数据。

（1）基本数据包含每个节点计算自由度解：结构分析的位移、热力分析的温度、磁场分析的磁势等（参见表 6-1），这些称为节点解数据。

（2）派生数据为由基本数据计算得到的数据，如结构分析中的应力和应变，热力分析中的热梯度和热流量，磁场分析中的磁通量等。派生数据又称为单元数据，它通常出现在单元节点、单元积分点及单元质心等位置。

表 6-1　不同分析的基本数据和派生数据

学 科	基 本 数 据	派 生 数 据
结果分析	位移	应力、应变、反作用力
热力分析	温度	热流量、热梯度等
磁场分析	磁势	磁通量、磁流密度等
电场分析	标量电势	电场、电流密度等
流体分析	速度、压力	压力梯度、热流量等

6.2 通用后处理器（POST1）

使用通用后处理器（POST1）可观察整个模型或模型的一部分在某个时间（或频率）上针对特定载荷组合时的结果。POST1 有许多功能，包括从简单的图像显示到针对更为复杂数据操作的列表，如载荷工况的组合。

要进入 ANSYS 通用后处理器，可输入/POST1 命令或 GUI 菜单路径：Main Menu > General Postproc。

6.2.1 将数据结果读入数据库

POST1 中第一步是将数据从结果文件读入数据库。要这样做,数据库中首先要有模型数据(节点和单元等)。若数据库中没有模型数据,可输入 RESUME 命令(或通过 GUI 菜单路径:Utility Menu > File > Resume Jobname.db)读入数据文件 Jobname.db。数据库包含的模型数据应该与计算模型相同,包括单元类型、节点、单元、单元实常数、材料特性和节点坐标系。

📢 注意:数据库中被选来进行计算的节点和单元应属同一组,否则会出现数据不匹配的情况。

一旦将模型数据读入数据库,输入 SET、SUBSET 和 APPEND 命令即可从结果文件中读入结果数据。

1. 读入结果数据

输入 SET 命令(Main Menu > General Postproc > Read Results),可在特定的载荷条件下将整个模型的结果数据从结果文件中读入数据库,覆盖数据库中以前存在的数据。边界条件信息(约束和集中力)也被读入,但仅在存在单元节点载荷和反作用力的情况下。详情可参见 OUTERS 命令。若不存在边界条件信息,则不列出或显示边界条件。加载条件依靠载荷步和子步或靠时间(或频率)来识别。命令或路径方式指定的命令可以识别读入数据库的数据。

例如,"SET,2,5" 读入结果,表示载荷步为 2、子步为 5。同理,"SET,3.89" 表示时间为 3.89 时的结果(或频率为 3.89,取决于所进行的分析类型)。若指定了尚无结果的时刻,程序将使用线性插值计算出该时刻的结果。

结果文件(Jobname.RST)中默认的最大子步数为 1000,超出该界限时,需要输入 "SET,Lstep,LAST" 引入第 1000 个载荷步,使用 /CONFIG 命令增加界限。

📢 注意:对于非线性分析,在时间点间进行插值常常会降低精度。因此,要使解答可用,务必在可求时间值处进行后处理。

对于 SET 命令,有一些便捷标号。
- ☑ "SET,FIRST" 读入第一子步,等价的 GUI 方式为 First Set。
- ☑ "SET,NEXT" 读入第二子步,等价的 GUI 方式为 NextSet。
- ☑ "SET,LAST" 读入最后一子步,等价的 GUI 方式为 LastSet。
- ☑ SET 命令中的 NSET 字段(等价的 GUI 方式为 SetNumber)可恢复对应于特定数据组号的数据,而不是载荷步号和子步号。当有载荷步和子步号相同的多组结果数据时,这对 FLOTRAN 的结果非常有用。因此,可用其特定的数据组号来恢复 FLOTRAN 的计算结果。
- ☑ SET 命令的 LIST(或 GUI 中的 List Results)选项列出了其对应的载荷步和子步数,可在接下来的 SET 命令的 NSET 字段输入该数据组号,以申请处理正确的一组结果。
- ☑ SET 命令中的 ANGLE 字段规定了谐调元的周边位置(结构分析——PLANE25、PLANE83 和 SHELL61;温度场分析——PLANE75 和 PLANE78)。

2. 其他恢复数据的选项

其他 GUI 菜单路径和命令也可以恢复结果数据。

（1）定义待恢复的数据。

POST1 中的命令 INRES（Main Menu > General Postproc > Data & File Opts）与 PREP7 和 SOLUTION 处理器中的 OUTRES 命令是"姐妹"命令，OUTRES 命令控制写入数据库和结果文件的数据，而 INRES 命令定义要从结果文件中恢复的数据类型，通过 SET、SUBSET 和 APPEND 等命令写入数据库。尽管不需要对数据进行后处理，但 INRES 命令限制了恢复写入数据库的数据量。因此，对数据进行后处理也许占用的时间更少。

（2）读入所选择的结果信息。

为了只将所选模型部分的一组数据从结果文件读入数据库，可用 SUBSET 命令（或 GUI 菜单路径：Main Menu > General Postproc > By characteristic）。结果文件中未用 INRES 命令指定恢复的数据，将以 0 值列出。

SUBSET 命令与 SET 命令大致相同，区别在于 SUBSET 只恢复所选模型部分的数据。用 SUBSET 命令可方便地看到模型的一部分结果数据。例如，若只对表层的结果感兴趣，可以选择外部节点和单元，然后用 SUBSET 命令恢复所选部分的结果数据即可。

（3）向数据库追加数据。

每次使用 SET、SUBSET 命令或等价的 GUI 方式时，ANSYS 就会在数据库中写入一组新数据并覆盖当前的数据。APPEND 命令（Main Menu > General Postproc > By characteristic）从结果文件中读入数据组并将与数据库中已有的数据合并（这只针对所选的模型而言）。当已有的数据库非 0（或全部重写时），允许将被查询的结果数据并入数据库。

可用 SET、SUBSET、APPEND 命令中的任一命令从结果文件将数据读入数据库。命令方式之间或路径方式之间的唯一区别是所要恢复的数据的数量及类型。追加数据时，要避免造成数据不匹配。例如，以下一组命令：

```
/POST1
INRES,NSOL              !节点DOF求解的标志数据
NSEL,S,NODE,,1,5        !选节点1～5
SUBSET,1                !从载荷步1开始将数据写入数据库
!此时载荷步1内节点1～5的数据就存在于数据库中了
NSEL,S,NODE,,6,10       !选节点6～10
APPEND,2                !将载荷步2的数据并入数据库中
NSEL,S,NODE,,1,10       !选节点1～10
PRNSOL,DOF              !打印节点DOF求解结果
```

数据库当前就包含有载荷步 1 和载荷步 2 的数据，这样数据就不匹配了。使用 PRNSOL 命令（或 GUI 菜单路径：Main Menu > General Postproc > List Results > Nodal Solution）时，程序将从第二个载荷步中取出数据，而实际上数据是从现存于数据库中的两个不同的载荷步中取得的，程序列出的是与最近一次存入的载荷步相对应的数据。若希望将不同载荷步的结果进行对比，将数据加入数据库中是很有用的。但若有目的地混合数据，则需要注意跟踪追加数据的来源。

在求解曾用不同单元组计算过的模型子集时，为避免出现数据不匹配情况，按下列方法进行。

☑ 不要重选解答在后处理中未被选中的单元。

☑ 从 ANSYS 数据库中删除以前的解答，可从求解中间退出 ANSYS 或在求解中间存储数据库。

若想清空数据库中以前的所有数据，可使用下列任一种方式：

GUI：Main Menu > General PostProc > Load Case > Zero Load Case。

命令：LCZERO。

上述两种方法均会将数据库中所有以前的数据置 0，因而可重新进行数据存储。若在向数据库追加数据之前将数据库置 0，其结果与使用 SUBSET 命令或等价的 GUI 路径是一样的（该处假设 SUBSET 和 APPEND 命令中的变元一致）。

注意：SET 命令可用的全部选项，对 SUBSET 命令和 APPEND 命令完全可用。

默认情况下，SET、SUBSET 和 APPEND 命令将寻找 Jobname.RST、Jobname.RTH、Jobname.RMG 和 Jobname.RFL 这些文件中的一个。在使用 SET、SUBSET 和 APPEND 命令之前，用 FILE 命令可指定其他文件名（GUI 菜单路径：Main Menu > General Postproc > Data & File Opts）。

3．创建单元表

ANSYS 程序中单元表有两个功能：第一，它是在结果数据中进行数学运算的工具；第二，它能够访问其他方法无法直接访问的单元结果，如从结构一维单元派生的数据（尽管 SET、SUBSET 和 APPEND 命令将所有申请的结果项读入数据库中，但并非所有的数据均可直接用 PRNSOL 和 PLESON 等命令访问）。

将单元表作为扩展表，每行代表一单元，每列则代表单元的特定数据项。例如，第一列可能包含单元的平均应力 SX，第二列代表单元的体积，第三列则包含各单元质心的 Y 坐标。

可使用下列任一命令创建或删除单元表。

GUI：Main Menu > General Postproc > Element Table > Define Table or Erase Table。

命令：ETABLE。

（1）填上按名字来识别变量的单元表。

为识别单元表的每列，在 GUI 方式下使用 Lab 字段或在 ETABLE 命令中使用 Lab 变元给每列分配一个标识，该标识将作为以后包括该变量的 POST1 命令的识别器。进入列中的数据依靠 Item 名和 Comp 名，以及 ETABLE 命令中的其他两个变元来识别。例如，对上面提及的 SX 应力，SX 是标识，S 将是 Item 变元，X 将是 Comp 变元。

有些项，如单元的体积，不需要 Comp 变元。在这种情况下，Item 为 VOLU，而 Comp 为空白。按 Item 和 Comp（必要时）识别数据项的方法称为填写单元表的"元件名"法。对于大多数单元类型而言，使用"元件名"法访问的数据通常是那些单元节点的结果数据。

ETABLE 命令的文档通常列出了所有的 Item 和 Comp 的组合情况。如想了解何种组合有效，可参见 ANSYS 单元参考手册中每种单元描述中的"单元输出定义"。

表 6-2 为关于 BEAM4 的列表示例，可在表中"名称"列中的冒号后面使用任意名字，通过"元件名"法填写单元表。冒号前面的名字部分应输入作为 ETABLE 命令的 Item 变元，冒号后的部分（如果有的话）应输入作为 ETABLE 命令的 Comp 变元，O 列与 R 列表示在 Jobname.OUT 文件（O）或结果文件（R）中该项是否可用，Y 表示该项总可用，数字（如 1、2）则表示有条件的可用（具体条件详见表后注释），而"—"则表示该项不可用。

表 6-2 三维 BEAM4 单元输出定义

名 称	定 义	O	R
EL	单元号	Y	Y
NODES	单元节点号	Y	Y
MAT	单元的材料号	Y	Y
VOLU	单元体积	-	Y
CENT：X，Y，Z	单元质心在整体坐标中的位置	-	Y
TEMP	积分点处的温度T1，T2，T3，T4，T5，T6，T7，T8	Y	Y
PRES	节点（I,J）处的压力P1，OFFST1，P2，OFFST2，P3，OFFST3，I处的压力P4，J处的压力P5	Y	Y
SDIR	轴向应力	1	1
SBYT	梁上单元的+Y侧弯曲应力	1	1
SBYB	梁上单元-Y侧弯曲应力	1	1
SBZT	梁上单元+Z侧弯曲应力	1	1
SBZB	梁上单元-Z侧弯曲应力	1	1
SMAX	最大应力（正应力+弯曲应力）	1	1
SMIN	最小应力（正应力-弯曲应力）	1	1
EPELDIR	端部轴向弹性应变	1	1
EPTHDIR	端部轴向热应变	1	1
EPINAXL	单元初始轴向应变	1	1
MFOR：（X，Y，Z）	单元坐标系X、Y、Z方向的力	2	Y
MMOM：（X，Y，Z）	单元坐标系X、Y、Z方向的力矩	2	Y

注：若单元表项目经单元I节点、中间节点及J节点重复进行；若KEYOPT（6）=1。

（2）填充按序号识别变量的单元表。

可对每个单元加上不平均的或非单值载荷，将其填入单元表中。该数据类型包括积分点的数据，从结构一维单元（如杆、梁、管单元等）和接触单元派生的数据，从一维温度单元派生的数据，从层状单元中派生的数据等。这些数据在 ANSYS 帮助文件中都有详细描述，这里不再赘述。如表 6-3 所示为 BEAM4 单元的示例。

表 6-3 BEM4 关于 ETABLE 和 ESOL 命令的项目和序号（KEYOPT（9）=0）

名 称	项 目	E	I	J
	KEYOPT（9）= 0			
SDIR	LS	–	1	6
SBYT	LS	–	2	7
SBYB	LS	–	3	8
SBZT	LS	–	4	9
SBZB	LS	–	5	10
EPELDIR	LEPEL	–	1	6

(续)

名称	项目	E	I	J
KEYOPT（9）= 0				
SMAX	NMISC	–	1	3
SMIN	NMISC	–	2	4
EPTHDIR	LEPTH	–	1	6
EPTHBYT	LEPTH	–	2	7
EPTHBYB	LEPTH	–	3	8
EPTHBZT	LEPTH	–	4	9
EPTHBZB	LEPTH	–	5	10
EPINAXL	LEPTH	11	–	–
MFORX	SMISC	–	1	7
MMOMX	SMISC	–	4	10
MMOMY	SMISC	–	5	11
MMOMZ	SMISC	–	6	12
P1	SMISC	–	13	14
OFFST1	SMISC	–	15	16
P2	SMISC	–	17	18
OFFST 2	SMISC	–	19	20
P3	SMISC	–	21	22
OFFST3	SMISC	–	23	24

表 6-3 中的数据被分成了项目组（如 LS、LEPEL、SMISC），项目组中每一项都有用于识别的序列号（表 6-3 中 E、I、J 对应的数字）。将项目组（如 LS、LEPEL、SMISC）作为 ETABLE 命令的 Item 变元，将序列号（如 1、2、3 等）作为 Comp 变元，将数据填入单元表中，称之为填写单元表的"序列号"法。

例如，BEAM4 单元的 J 点处的最大应力为 Item=NMISC 及 Comp=3，而单元（E）的初始轴向应变（EPINAXL）为 Item=LEPYH，Comp=11。

对于某些一维单元，如 BEAM4 单元，KEYOPT 设置控制了计算数据的量，这些设置可改变单元表项目对应的序号，因此针对不同的 KEYOPT 设置，存在不同的"单元项目和序号表格"。表 6-4 和表 6-3 一样显示了关于 BEAM4 的相同信息，但列出的为 KEYOPT（9）=3 时的序号（3 个中间计算点），而表 6-3 列出的是对应于 KEYOPT（9）=0 时的序号。

表 6-4 BEAM4 关于 ETABLE 命令和 ESOL 命令的项目名和序号（KEYOPT（9）=3）

名称	项目	E	I	IL1	IL2	IL3	J
KEYOPT（9）= 3							
SDIR	LS	–	1	6	11	16	21
SBYT	LS	–	2	7	12	17	22
SBYB	LS	–	3	8	13	18	23

(续)

名称	项目	E	I	IL1	IL2	IL3	J
KEYOPT（9）=3							
SBZT	LS	–	4	9	14	19	24
SBZB	LS	–	5	10	15	20	25
EPELDIR	LEPEL	–	1	6	11	16	21
EPELBYT	LEPEL	–	2	7	12	17	22
EPELBYB	LEPEL	–	3	8	13	18	23
EPELBZT	LEPEL	–	4	9	14	19	24
EPELBZB	LEPEL	–	5	10	15	20	25
EPINAXL	LEPTH	26	–	–	–	–	–
SMAX	NMISC	–	1	3	5	7	9
SMIN	NMISC	–	2	4	6	8	10
EPTHDIR	LEPTH	–	1	6	11	16	21
MFORX	SMISC	–	1	7	13	19	25
MMOMX	SMISC	–	4	10	16	22	28
MMOMY	SMISC	–	5	11	17	23	29
P1	SMISC	–	31	–	–	–	32
OFFST1	SMISC	–	33	–	–	–	34
P2	SMISC	–	35	–	–	–	36
OFFST2	SMISC	–	37	–	–	–	38
P3	SMISC	–	39	–	–	–	40
OFFST3	SMISC	–	41	–	–	–	42

例如，当 KEYOPT（9）=0 时，单元 J 端 Y 向的力矩（MMOMY）在表 6-3 中是序号 11（SMISC 项），而当 KEYOPT（9）=3 时，其序号（见表 6-4）为 29。

（3）定义单元表的注释。

- ☑ ETABLE 命令仅对选中的单元起作用，即只将所选单元的数据送入单元表中，在 ETABLE 命令中改变所选单元，可以有选择地填写单元表的行。
- ☑ 相同序号的组合表示对不同单元类型有不同的数据。例如，组合"SMISC，1"对梁单元表示 MFOR（X）（单元 X 向的力），对 SOLID45 单元表示 P1（面 1 上的压力），对 CONTACT48 单元表示 FNTOT（总的法向力）。因此，若模型中有几种单元类型的组合，务必在使用 ETABLE 命令前选择一种类型的单元（用 ESEL 命令或 GUI 菜单路径：Utility Menu > Select > Entities）。
- ☑ ANSYS 程序在读入不同组的结果（如对不同的载荷步）或在修改数据库中的结果（如在组合载荷工况）时，不能自动刷新单元表。例如，假定模型由提供的样本单元组成，在 POST1 中发出下列命令：

SET,1	!读入载荷步1结果
ETABLE,ABC,1S,6	!在以ABC开头的列下将J端KEYOPT（9）=0的SDIR移入单元表中
SET,2	!读入载荷步2结果

此时，单元表 ABC 列下仍含有载荷步 1 的数据。用载荷步 2 中的数据更新该列数据时，应用命令"ETABLE，KEFL"或通过 GUI 方式指定更新项。

- ☑ 可将单元表当作"工作表"，对结果数据进行计算。

- 使用 POST1 中的"SAVE，FNAME，EXT"命令或者"/EXIT，ALL"命令，在退出 ANSYS 程序时，可以对单元表进行存盘（若使用 GUI 方式，选择 Utility Menu > File > Save as 或 Utility > File > Exit 后按照对话框内的提示进行）。这样可将单元表及其余数据存到数据库文件中。
- 为从内存中删除整个单元表，可用"ETABLE，ERASE"命令（或 GUI 菜单路径：Main Menu > General Postproc > Element Table > Erase Table），或用"ETABLE，LAB，ERASE"命令删去单元表中的 Lab 列。用 RESET 命令（或 GUI 菜单路径：Main Menu > General Postproc > Reset）可自动删除 ANSYS 数据库中的单元表。

4．对主应力的专门研究

在 POST1 中，SHELL61 单元的主应力不能直接得到，默认情况下，可得到其他单元的主应力，以下两种情况除外。

- 在 SET 命令中要求进行时间插值或定义了某一角度。
- 执行了载荷工况操作。

在上述任意一种情况下，必须用 GUI 菜单路径：Main Menu > General Postproc > Load Case > Line Elem Stress 或执行"LCOPER，LPRIN"命令以计算主应力，然后通过 ETABLE 命令或用其他适当的打印或绘图命令访问该数据。

5．读入 FLOTRAN 的计算结果

使用命令 FLREAD（GUI 菜单路径：Main Menu > General Postproc > Read Results > FLOTRAN2.1A）可以将结果从 FLOTRAN 的剩余文件中读入数据库。FLOTRAN 的计算结果（Jobname.RFL）可以用普通的后处理函数或命令（如 SET 命令，相应的 GUI 菜单路径：Utility Menu > List > Results > Load Step Summary）读入。

6．数据库复位

RESET 命令（或 GUI 菜单路径：Main Menu > General Postproc > Reset）可在不脱离 POST1 的情况下初始化 POST1 命令的数据库默认部分，该命令在离开或重新进入 ANSYS 程序时的效果相同。

6.2.2　图像显示结果

一旦所需结果存入数据库，可通过图像显示和表格方式进行观察。另外，可映射沿某一路径的结果数据。图像显示可能是观察结果最有效的方法。POST1 可显示下列类型的图像。

- 梯度线显示。
- 变形后的形状显示。
- 矢量显示。
- 路径图。
- 反作用力显示。
- 粒子流和带电粒子轨迹。
- 破碎图。

1．梯度线显示

梯度线显示表现了结果项（如应力、温度、磁场磁通密度等）在模型上的变化。梯度线显示中有以下 4 个可用命令。

第6章 后处理

命令：PLNSOL。

GUI：Main Menu > General Postproc > Plot Results > Nodal Solu。

命令：PLESOL。

GUI：Main Menu > General Postproc > Plot Results > Element Solu。

命令：PLETAB。

GUI：Main Menu > General Postproc > Plot Results > Elem Table。

命令：PLLS。

GUI：Main Menu > General Postproc > Plot Results > Line Elem Res。

PLNSOL 命令生成连续的、经过整个模型的梯度线。该命令或 GUI 方式可用于原始解或派生解。对典型的单元间不连续的派生解，在节点处进行平均，以便可显示连续的梯度线。下面列举出了原始解（TEMP，见图 6-3）和派生解（TGX，见图 6-4）梯度显示的示例。

PLNSOL,TEMP   !原始解：自由度 TEMP

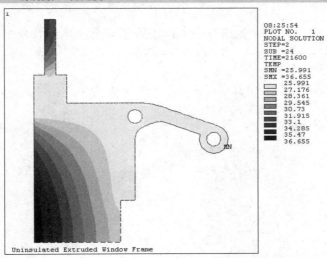

图 6-3　使用 PLNSOL 命令得到的原始解的梯度线

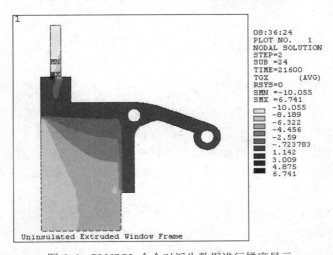

图 6-4　PLNSOL 命令对派生数据进行梯度显示

若有 PowerGraphics（性能优化的增强型 RISC 体系图形），可用下面任一命令对派生数据求平均值。

命令：AVRES。
GUI：Main Menu > General Postproc > Options for Outp。
GUI：Utility Menu > List > Results > Options。

上述任一命令均可确定在材料及（或）实常数不连续的单元边界上是否对结果进行平均。

注意：若 PowerGraphics 无效（对大多数单元类型而言，这是默认值），不能用 AVRES 命令去控制平均计算；平均算法则无论连接单元的节点属性如何，均会在所选单元上的所有节点处进行平均操作。这样对材料和几何形状不连续处是不合适的。因此，当对派生数据进行梯度线显示时（这些数据在节点处已做过平均），必须选择相同材料、相同厚度（对板单元）、相同坐标系等的单元。

```
PLNSOL,TG,X            !派生数据：温度梯度函数TGX
```

PLESOL 命令在单元边界上生成不连续的梯度线（见图 6-5），该命令用于派生的解数据。

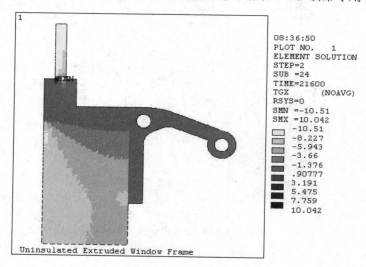

图 6-5 显示不连续梯度线的 PLESOL 图样

命令流示例如下。

```
PLESOL, TG, X
```

PLETAB 命令可以显示单元表中数据的梯度线图（也称云纹图或者云图）。在 PLETAB 命令中的 AVGLAB 字段，提供了是否对节点处数据进行平均的选择项（默认状态下对连续梯度线进行平均计算，对不连续梯度线不进行平均计算）。下例假设采用 SHELL99 单元（层状壳）模型，分别对结果进行平均和不平均计算，如图 6-6 和图 6-7 所示，相应的命令流如下。

```
ETABLE,SHEARXZ,SMISC,9    !在第二层底部存在层内剪切 （ILSXZ）
PLETAB,SHEARXZ,AVG        !SHEARXZ的平均梯度线图
PLETAB,SHEARXZ,NOAVG      !SHEARXZ的未平均（默认值）的梯度线
```

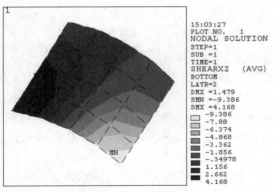 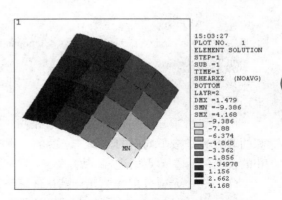

图 6-6 平均的 PLETAB 梯度线　　　　　　　图 6-7 未平均的 PLETAB 梯度线

PLLS 命令用梯度线的形式显示一维单元的结果，该命令也要求数据存储在单元表中，该命令常用于梁分析中显示剪力图和力矩图。下面给出一个梁模型（BEAM3 单元，KEYOPT（9）=1）的示例，结果显示如图 6-8 所示，命令流如下。

ETABLE,IMOMENT,SMISC,6	!I端的弯矩，命名为IMOMENT
ETABLE,JMOMENT,SMISC,18	!J端的弯矩，命名为JMOMENT
PLLS,IMOMENT,JMOMENT	!显示IMOMENT、JMOMENT结果

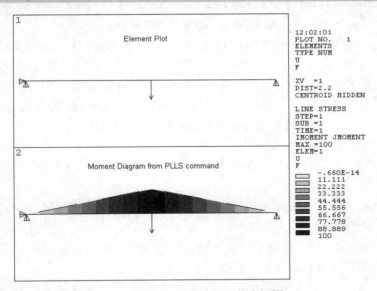

图 6-8 用 PLLS 命令显示的弯矩图

PLLS 命令将线性显示单元的结果，即用直线将单元 I 节点和 J 节点的结果数值连起来，而无论结果沿单元长度是否为线性变化。另外，可用负的比例因子将图形倒过来。

用户需要注意如下几个方面。

（1）可用/CTYPE 命令（GUI：Utility Menu > PlotCtrls > Style > Contours > Contour Style）首先设置 KEY 为 1 来生成等轴测的梯度线显示。

（2）平均主应力：默认情况下，各节点处的主应力根据平均分应力计算。也可反过来进行，首先计算每个单元的主应力，然后在各节点处平均。其命令和 GUI 路径如下。

命令：AVPRIN。

GUI：Main Menu > General Postproc > Options for Outp。

GUI：Utility Menu > List > Results > Options。

该方法不常用，但在特定情况下很有用。需要注意的是，在不同材料的结合面处不应采用平均算法。

（3）矢量求和：与主应力的做法相同。默认情况下，在每个节点处的矢量和的模（平方和的开方）是按平均后的分量来求解的。用 AVPRIN 命令可反过来计算，先计算每单元矢量和的模，然后在节点处进行平均。

（4）壳单元或分层壳单元：默认情况下，壳单元和分层壳单元得到的计算结果是单元上表面的结果。要显示上表面、中部或下表面的结果，用 SHELL 命令（GUI：Main Menu > General Postproc > Options for Outp）。对于分层单元，使用 LAYER 命令（GUI：Main Menu > General Postproc > Options for Outp）指明需显示的层号。

（5）Von Mises 当量应力（EQV）：使用命令 AVPRIN 可以改变用来计算当量应力的有效泊松比。

命令：AVPRIN。

GUI：Main Menu > General Postproc > Plot Results > -Contour Plot-Nodal Solu。

GUI：Main Menu > General Postproc > Plot Results > -Contour Plot-Element Solu。

GUI：Utility Menu > Plot > Results > Contour Plot > Elem Solution。

典型情况下，对弹性当量应变（EPEL，EQV），可将有效泊松比设为输入泊松比，对非弹性应变（EPPL，EQV 或 EPCR，EQV），则设为 0.5。对于整个当量应变（EPTOT，EQV），应在输入的泊松比和 0.5 之间选用一个有效泊松比。另一种方法是，用命令 ETABLE 存储当量弹性应变，使有效泊松比等于输入泊松比，在另一张表中用 0.5 作为有效泊松比存储当量塑性应变，然后用 SADD 命令将两张表合并，得到整个当量应变。

2. 变形后的形状显示

在结构分析中，可用这些显示命令观察结构在施加载荷后的变形情况。其命令及相应的 GUI 路径如下。

命令：PLDISP。

GUI：Utitity Menu > Plot > Results > Deformed Shape。

GUI：Main Menu > General Postproc > Plot Results > Deformed Shape。

例如，输入如下命令，界面显示如图 6-9 所示。

PLDISP,1   !变形后的形状与原始形状叠加在一起

另外，可用命令/DSCALE 来改变位移比例因子，对变形图进行缩小或放大显示。

需要注意的是，在用户进入 POST1 时，通常所有载荷符号都被自动关闭，以后再次进入 PREP7 或 SLUTION 处理器时仍不会见到这些载荷符号。若在 POST1 中打开所有载荷符号，那么将会在变形图上显示载荷。

3. 矢量显示

矢量显示是指用箭头显示模型中某个矢量大小和方向的变化，通常所说的矢量包括平移（U）、转动（ROT）、磁力矢量势（A）、磁通密度（B）、热通量（TF）、温度梯度（TG）、液流速度（V）和主应力（S）等。

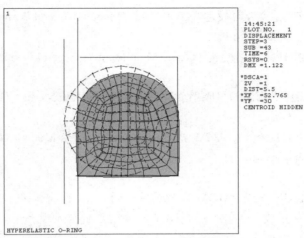

图 6-9 变形后的形状与原始形状一起显示

用下列方法可产生矢量显示。

命令：PLVECT。

GUI：Main Menu > General Postproc > Plot Results > Vector Plot > Predefined Or User-Defined。

可用下列方法改变矢量箭头长度比例。

命令：/VSCALE。

GUI：Utility Menu > PlotCtrls > Style > Vector Arrow Scaling。

例如，输入下列命令，图形界面将显示如图 6-10 所示的矢量图。

PLVECT,B   !磁通密度（B）的矢量显示

说明：在 PLVECT 命令中定义两个或两个以上分量，可生成自己所需的矢量值。

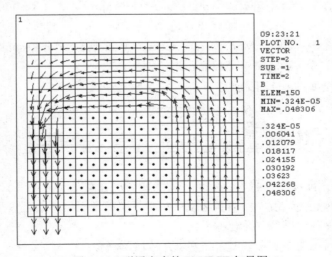

图 6-10　磁通密度的 PLVECT 矢量图

4．路径图

路径图是显示某个变量（如位移、应力、温度等）沿模型上指定路径的变化图。要产生路径图，需要执行下述步骤。

（1）执行命令 PATH 定义路径属性（GUI：Main Menu > General Postproc > Path Operations > Define Path > Path Status > Defined Paths）。

（2）执行命令 PPATH 定义路径点（GUI：Main Menu > General Postproc > Path Operations > Define Path）。

（3）执行命令 PDEF 将所需的量映射到路径上（GUI：Main Menu > General Postproc > Path Operations > Map Onto Path）。

（4）执行命令 PLPATH 和 PLPAGM 显示结果（GUI：Main Menu > General Postproc > Path Operations > Plot Path Items）。

5．反作用力显示

用命令 /PBC 下的 RFOR 或 RMOM 来激活反作用力显示。以后的任何显示（由 NPLOT、EPLOT 或 PLDISP 命令生成）将在定义了 DOF 约束的点处显示反作用力。约束方程中某一自由度节点力之和不应包含经过该节点的外力。

与反作用力一样，也可用命令 /PBC（GUI：Utility Menu > PlotCtrls > Symbols）中的 NFOR 或 NMOM 项显示节点力，这是单元在其节点上施加的外力。每一节点处这些力之和通常为 0，约束点处或加载点除外。

默认情况下，打印出的或显示出的力（或力矩）的数值代表合力（静力、阻尼力和惯性力的总和）。FORCE 命令（GUI：Main Menu > General Postproc > Options For Outp）可将合力分解成各分力。

6．粒子流和带电粒子轨迹

粒子流轨迹是一种特殊的图像显示形式，用于描述流动流体中粒子的运动情况。带电粒子轨迹是显示带电粒子在电、磁场中如何运动的图像。

粒子流或带电粒子轨迹显示常用的有以下两组命令及相应的 GUI 路径。

（1）TRPOIN 命令（GUI：Main Menu > General Postproc > Plot Results > Defi Trace Pt）。在路径轨迹上定义一个点（起点、终点或者两点中间的任意一点）。

（2）PLTRAC 命令（GUI：Main Menu > General Postproc > Plot Results > Plot Flow Tra）。在单元上显示流动轨迹，能同时定义和显示多达 50 个点。

粒子流轨迹示例如图 6-11 所示。

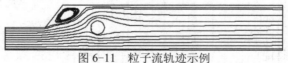

图 6-11　粒子流轨迹示例

PLTRAC 命令中的 item 字段和 comp 字段能使用户看到某一特定项的变化情况（如对于粒子流动而言，其轨迹为速度、压力和温度；对于带电粒子而言，其轨迹为电荷）。项目的变化情况用彩色的梯度线沿路径显示出来。

另外，与粒子流或带电粒子轨迹相关的还有如下命令。

- ☑ TRPLIS 命令（GUI：Main Menu > General Postproc > Plot Results > List Trace Pt），列出轨迹点。
- ☑ TRPDEL 命令（GUI：Main Menu > General Postproc > Plot Results > Dele Trace Pt），删除轨迹点。

第6章 后处理

- ☑ TRTIME 命令（GUI：Main Menu > General Postproc > Plot Results > Time Interval），定义流动轨迹时间间隔。
- ☑ ANFLOW 命令（GUI：Main Menu > General Postproc > Plot Results > Paticle Flow），生成粒子流的动画序列。

7. 破碎图

若在模型中有 SOLID65 单元，可用 PLCRACK 命令（GUI：Main Menu > General Postproc > Plot Results > Crack/Crash）确定哪些单元已断裂或碎开，以小圆圈标出已断裂，以八边形表示混凝土已碎开（见图 6-12）。在使用不隐藏矢量显示的模式下，可见断裂和压碎的符号，为指定这一设备，用命令"/DEVICE，VECTOR，ON"（GUI：Utility Menu > PlotCtrls > Device Options）。

图 6-12 具有裂缝的混凝土梁

6.2.3 列表显示结果

将结果存档的有效方法（如报告、呈文等）是在 POST1 中制表。列表选项对节点、单元、反作用力等求解数据可用。

1. 列出节点、单元求解数据

用下列方式可以列出指定的节点求解数据（原始解及派生解）。

命令：PRNSOL。
GUI：Main Menu > General Postproc > List Results > Nodal Solution。

用下列方式可以列出所选单元的指定结果。

命令：PRNSEL。
GUI：Main Menu > General Postproc > List Results > Element Solution。

要获得一维单元的求解输出，在 PRNSOL 命令中指定 ELEM 选项，程序将列出所选单元的所有可行的单元结果。

2. 列出反作用载荷及作用载荷

在 POST1 中有几个选项用于列出反作用载荷（反作用力）及作用载荷（外力）。PRRSOL 命令（GUI：Menu > General Postproc > List Results > Reaction Solu）列出了所选节点的反作用力。命令 FORCE 可以指定哪一种反作用载荷（包括合力（默认值）、静力、阻尼力或惯性力）数据被列出。PRNLD 命令（GUI：Main Menu > General Postproc > List > Nodal Loads）列出所选节点处的合力，值为 0 的除外。

另外几个常用的命令是 FSUM、NFORCE 和 SPOINT，下面分别说明。

FSUM 对所选的节点进行力、力矩求和运算及列表显示。

命令：FSUM。
GUI：Main Menu > General Postproc > Nodal Calcs > Total Force Sum。

下面给出一个关于命令 FSUM 的输出样本。

```
*** NOTE ***
Summations based on final geometry and will not agree with solution reactions.
***** SUMMATION OF TOTAL FORCES AND MOMENTS IN GLOBAL COORDINATES *****
FX=     .1147202
FY=     .7857315
FZ=     .0000000E+00
MX=     .0000000E+00
MY=     .0000000E+00
MZ=     39.82639
SUMMATION POINT=   .00000E+00   .00000E+00   .00000E+00
```

NFORCE 命令除了总体求和外，还对每一个所选的节点进行力、力矩求和。

命令：NFORCE。

GUI：Main Menu > General Postproc > Nodal Calcs > Sum @ Each Node。

SPOINT 命令定义在哪些点（除原点外）求力矩和。

GUI：Main Menu > General Postproc > Nodal Calcs > Summation Pt > At Node。

GUI：Main Menu > General Postproc > Nodal Calcs > Summation Pt > At XYZ Loc。

3．列出单元表数据

用下列命令可列出存储在单元表中的指定数据。

命令：PRETAB。

GUI：Main Menu > General Postproc > Element Table > List Elem Table。

GUI：Main Menu > General Postproc > List Results > Elem Table Data。

为列出单元表中每一列的和，可用命令 SSUM（GUI：Main Menu > General Postproc > Element Table > Sum of Each Item）。

4．其他列表

用下列命令可列出其他类型的结果。

- ☑ PREVECT 命令（GUI：Main Menu > General Postproc > List Results > Vector Data），列出所有被选单元指定的矢量大小及其方向余弦。
- ☑ PRPATH 命令（GUI：Main Menu > General Postproc > List Results > Path Items），计算并列出在模型中沿预先定义的几何路径的数据。注意，必须先定义路径并将数据映射到该路径上。
- ☑ PRSECT 命令（GUI：Main Menu > General Postproc > List Results > Linearized Strs），计算并列出沿预定的路径线性变化的应力。
- ☑ PRERR 命令（GUI：Main Menu > General Postproc > List Results > Percent Error），列出所选单元的能量级的百分比误差。
- ☑ PRITER 命令（GUI：Main Menu > General Postproc > List Results > Iteration Summry），列出迭代次数概要数据。

5．对单元、节点排序

默认情况下，所有列表通常按节点号或单元号的升序进行排序。可根据指定的结果项先

第6章 后处理

对节点、单元进行排序来改变它。NSORT 命令（GUI：Main Menu > General Postproc > List Results > Sorted Listing > Sort Nodes）基于指定的节点求解项进行节点排序，ESORT 命令（GUI：Main Menu > General Postproc > List Results > Sorted Listing > Sort Elems）基于单元表内存入的指定项进行单元排序。例如：

```
NSEL,…                !选节点
NSORT,S,X             !基于SX进行节点排序
PRNSOL,S,COMP         !列出排序后的应力分量
```

使用下述命令恢复到原来的节点或单元顺序。

命令：NUSORT。
GUI：Main Menu > General Postproc > List Results > Sorted Listing > Unsort Nodes。
命令：EUSORT。
GUI：Main Menu > General Postproc > List Results > Sorted Listing > Unsort Elems。

6. 用户化列表

有些场合下需要根据要求来定制结果列表。/STITLE 命令（无对应的 GUI 方式）可定义多达 4 个子标题，与主标题一起在输出列表中显示。输出用户可用的其他命令为/FORMAT、/HEADER 和/PAGA（同样无对应的 GUI 方式）。

这些命令控制下述事情：重要数字的编号、列表顶部的表头输出、打印页中的行数等。这些控制仅适用于 PRRSOL、PRNSOL、PRESOL、PRETAB 和 PRPATH 命令。

6.2.4 将结果旋转到不同坐标系中并显示

在求解计算中，计算结果数据包括位移（UX、UY、ROTX 等）、梯度（TGX、TGY 等）、应力（SX、SY、SZ 等）和应变（EPPLX、EPPLXY 等）等。这些数据以节点坐标系（基本数据或节点数据）或任意单元坐标系（派生数据或单元数据）的分量形式存入数据库和结果文件中。然而，结果数据通常需要转换到激活的结果坐标系（默认情况下为整体直角坐标系）中来显示、列表或进行单元表格数据存储操作，本节将介绍这方面的内容。

使用 RSYS 命令（GUI：Main Menu > General Postproc > Options for Outp），可以将激活的结果坐标系转换成整体柱坐标系（"RSYS，1"）、整体球坐标系（"RSYS，2"）、任何存在的局部坐标系（"RSYS，N"，这里 N 是局部坐标系序号）或求解中所使用的节点坐标系和单元坐标系（"RSYS，SOLU"）。若对结果数据进行列表、显示或操作，首先需将它们变换到结果坐标系。当然，也可将这些结果坐标系设置为整体坐标系（"RSYS，0"）。

图 6-13 所示为在几种不同的坐标系设置下，位移是如何被输出的。位移通常是根据节点坐标系（一般总是笛卡儿坐标系）给出，但用 RSYS 命令可使这些节点坐标系变换为指定的坐标系。例如，"RSYS，1"可使结果变换到与整体柱坐标系平行的坐标系，使 UX 代表径向位移，UY 代表切向位移。类似的，在磁场分析中的 AX 和 AY，以及在流场分析中的 VX 和 VY 也用"RSYS，1"变换的整体柱坐标系径向、切向值输出。

🔊 注意：某些单元结果数据总是以单元坐标系输出，而无论激活的结果坐标系为何种坐标系。这些仅用单元坐标系表述的结果项包括力、力矩、应力、梁、管和杆单元的应变，以及一些壳单元的分布力和分布力矩。

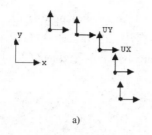 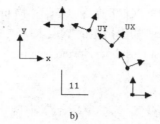 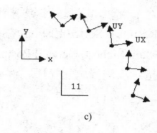

图 6-13 用 RSYS 的结果变换

a) 笛卡儿坐标系（C.S.0） b) 局部柱坐标（"RSYS, 11"） c) 整体柱坐标（"RSYS, 1"）

下面用圆柱壳模型来说明如何改变结果坐标系。在此模型中，用户可能会对切向应力结果感兴趣，因此，须转换结果坐标系，命令流如下。

```
PLNSOL,S,Y      !显示如图6-14所示，SY在整体笛卡儿坐标系中（默认值）
RSYS,1
PLNSOL,S,Y      !显示如图6-15所示，SY在整体柱坐标系中
```

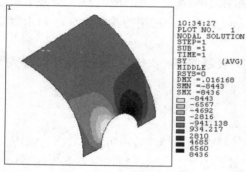 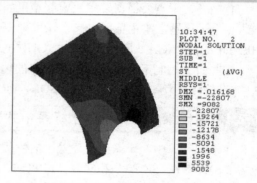

图 6-14 SY 在整体笛卡儿坐标系中　　　图 6-15 SY 在整体柱坐标系中

在大变形分析中（用命令 NLGEOM、ON 打开大变形选项，且单元支持大变形），单元坐标系首先按单元刚体转动量旋转，因此各应力、应变分量及其他派生出的单元数据包含有刚体旋转的效果。用于显示这些结果的坐标系是按刚体转动量旋转的特定结果坐标系。但 HYPER56、HYPER58、HYPER74、HYPER84、HYPER86 和 HYPER158 单元例外，这些单元总是在指定的结果坐标系中生成应力、应变，没有附加刚体转动。另外，在大变形分析中的原始解，如位移是并不包括刚体转动效果的，因为节点坐标系不会按刚体转动量旋转。

6.3　时间历程后处理器（POST26）

时间历程后处理器 POST26，可用于检查模型中指定点的分析结果与时间、频率等的函数关系。它有许多分析能力，如从简单的图形显示和列表到诸如微分和响应频谱生成的复杂操作。POST26 的一个典型用途是在瞬态分析中以图形表示结果项与时间的关系，或在非线性分析中以图形表示作用力与变形的关系。

使用下列方法之一进入 ANSYS 时间历程后处理器。

命令：POST26。

GUI：Main Menu > Time Hist Postpro。

6.3.1 定义和存储 POST26 变量

POST26 的所有操作都是对变量而言的，是结果项与时间（或频率）的简表。结果项可以是节点处的位移、单元的热流量、节点处产生的力、单元的应力、单元的磁通量等。用户对每个 POST26 变量任意指定大于或等于 2 的参考号，参考号 1 用于时间（或频率）。因此，POST26 的第一步是定义所需的变量，第二步是存储变量，这些内容将在下面讲述。

1．定义变量

可以使用下列命令定义 POST26 变量，这些命令与下列 GUI 路径等价。

GUI：Main Menu > Time Hist Postproc > Define Variables。
GUI：Main Menu > Time Hist Postproc > Elec&Mag > Circuit > Define Variables。

- ☑ FORCE 命令指定节点力（合力、分力、阻尼力或惯性力）。
- ☑ SHELL 命令指定壳单元（分层壳）中的位置（TOP、MID、BOT），ESOL 命令将定义该位置的结果输出（节点应力、应变等）。
- ☑ LAYERP26L 指定结果待存储的分层壳单元的层号，然后利用 SHELL 命令对该指定层进行操作。
- ☑ NSOL 命令定义节点解数据（仅对自由度结果）。
- ☑ ESOL 命令定义单元解数据（派生的单元结果）。
- ☑ RFORCER 命令定义节点反作用数据。
- ☑ GAPF 命令用于定义简化的瞬态分析中间隙条件中的间隙力。
- ☑ SOLU 命令定义解的总体数据（如时间步长、平衡迭代数和收敛值）。

例如，下列命令定义两个 POST26 变量。

NSOL,2,358,U,X
ESOL,3,219,47,EPEL,X

变量 2 为节点 358 的 UX 位移（针对第一条命令），变量 3 为 219 单元的 47 节点的弹性约束的 X 分力（针对于第二条命令）。对于这些结果项，系统将给它们分配参考号，如果用相同的参考号定义一个新的变量，则原有的变量将被替换。

2．存储变量

当定义了 POST26 变量和参数后，就相当于在结果文件中的相应数据建立了指针。存储变量就是将结果文件中的数据读入数据库。当发出显示命令或 POST26 数据操作命令（包括表 6-5 所列命令），或者选择与这些命令等价的 GUI 菜单路径时，程序自动存储数据。

表 6-5 存储变量的命令

命　　令	GUI菜单路径
PLVAR	Main Menu > Time Hist Postproc > Graph Variables
PRVAR	Main Menu > Time Hist Postproc > List Variable
ADD	Main Menu > Time Hist Postproc > Math Operations > Add
DERIV	Main Menu > Time Hist Postproc > Math Operations > Derivate
QUOT	Main Menu > Time Hist Postproc > Math Operations > Divde
VGET	Main Menu > Time Hist Postproc > Table Operations > Variable to Par
VPUT	Main Menu > Time Hist Postproc > Table Operations > Parameter to Var

在某些场合，需要使用 STORE 命令（GUI：Main Menu > Time Hist Postproc > Store Data）直接请求变量存储。这些情况将在下面的命令描述中解释。如果在发出 TIMERANGE 命令或 NSTORE 命令（这两个命令等价的 GUI 路径为 Main Menu > Time Hist Postpro > Settings > Data）之后使用 STORE 命令，那么默认情况为"STORE，NEW"。由于 TIMERANGE 命令和 NSTORE 命令为存储数据重新定义了时间或频率点，或者时间增量，因而需要改变命令的默认值。

可以使用下列命令操作存储数据。

- ☑ MERGE：将新定义的变量增加到先前的时间点变量中，即更多的数据列被加入数据库。在某些变量已经存储（默认）后，如果希望定义和存储新变量，则是十分有用的。
- ☑ NEW：替代先前存储的变量，删除之前计算的变量，并存储新定义的变量及其当前的参数。
- ☑ APPEND：添加数据到之前定义的变量中。如果将每个变量看作一个数据列，APPEND 操作就为每一列增加行数。当要将两个文件（如瞬态分析中两个独立的结果文件）中相同的变量集中在一起时，则是很有用的。使用 FILE 命令（GUI：Main Menu > Time Hist Postpro > Settings > File）指定结果文件名。
- ☑ ALLOC，N：为顺序存储操作分配 N 个点（N 行）空间，此时，如果存在之前定义的变量，那么将被自动清零。由于程序会根据结果文件自动确定所需的点数，因此正常情况下不需用该选项。

使用 STORE 命令的实例如下。

```
/POST26
NSOL,2,23,U,Y              !变量2=节点23处的UY值
SHELL,TOP                  !指定壳的顶面结果
ESOL,3,20,23,S,X           !变量3=单元20的节点23的顶部SX
PRVAR,2,3                  !存储并打印变量2和3
SHELL,BOT                  !指定壳的底面为结果
ESOL,4,20,23,S,X           !变量4=单元20的节点23的底部SX
STORE                      !使用命令默认选项，将变量4和变量2、变量3置于内存
PLESOL,2,3,4               !打印变量2、变量3、变量4
```

用户应该注意以下几个方面。

- ☑ 默认情况下，可以定义的变量数为 10 个。使用命令 NUMVAR（GUI: Main Menu > Time Hist Postpro > Settings > File）可增加该限值（最大值为 200）。
- ☑ 默认情况下，POST26 在结果文件寻找其中的一个文件。可使用 FILE 命令（GUI：Main Menu >Time Hist Postpro > Settings > File）指定不同的文件名（RST、RTH、RDSP 等）。
- ☑ 默认情况下，力（或力矩）值表示合力（静态力、阻尼力和惯性力的合力）。FORCE 命令允许对各个分力操作。
- ☑ 壳单元和分层壳单元的结果数据假定为壳或层的顶面。SHELL 命令允许指定是顶面、中面或底面。对于分层单元，可通过 LAYERP26 命令指定层号。

第6章 后处理

定义变量的其他有用命令如下。

- ☑ NSTORE（GUI：Main Menu > Time Hist Postpro > Settings > Data），定义待存储的时间点或频率点的数量。
- ☑ TIMERANGE（GUI：Main Menu > Time Hist Postpro > Settings > Data），定义待读取数据的时间或频率范围。
- ☑ TVAR（GUI：Main Menu > Time Hist Postpro > Settings > Data），将变量1（默认是表示时间）改变为表示累积迭代号。
- ☑ VARNAM（GUI：Main Menu > Time Hist Postpro > Settings > Graph 或 Main Menu > Time Hist Postpro > List），给变量赋名称。
- ☑ RESET（GUI：Main Menu > Time Hist Postpro > Reset Postproc），所有变量清零，并将所有参数重新设置为默认值。

使用 FINISH 命令（GUI：Main Menu > Finish）退出 POST26，删除 POST26 变量和参数。如 FILE、PRTIME、NPRINT 等，由于它们不是数据库的内容，因此不能存储，但这些命令均存储在 LOG 文件中。

6.3.2 检查变量

一旦定义了变量，可通过图形或列表的方式检查这些变量。

1．产生图形输出

PLVAR 命令（GUI：Main Menu > Time Hist Postpro > Graph Variables）可在一个图框中显示多达 9 个变量的图形。默认的横坐标（X 轴）为变量 1（静态或瞬态分析时表示时间，谐波分析时表示频率）。使用 XVAR 命令（GUI：Main Menu > Time Hist Postpro > Setting > Graph）可指定不同的变量号（如应力、变形等）作为横坐标。图 6-16 和图 6-17 所示为图形输出的两个实例。

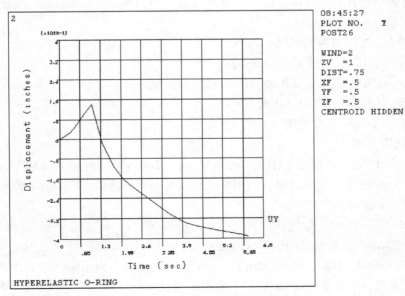

图 6-16　使用 XVAR=1（时间）作为横坐标的 POST26 输出

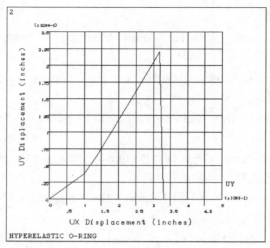

图 6-17 使用 "XVAR=0，1" 指定不同的变量号作为横坐标的 POST26 输出

如果横坐标不是时间，可显示三维图形（用时间或频率作为 Z 坐标），使用下列方法之一改变默认的 X-Y 视图。

命令：/VIEW。

GUI：Utility Menu > PlotCtrs > Pan，Zoom，Rotate。

GUI：Utility Menu > PlotCtrs > View Setting > Viewing Direction。

在非线性静态分析或稳态热力分析中，子步为时间，也可采用这种图形显示。

当变量包含由实部和虚部组成的复数数据时，默认情况下，PLVAR 命令显示的为幅值。使用 PLCPLX 命令（GUI：Main Menu > Time Hist Postpro > Setting > Graph）切换到显示相位、实部和虚部。

图形输出可使用许多图形格式参数。通过 GUI 菜单路径 Utility Menu > PlotCtrs > Style > Graphs 或下列命令实现该功能。

☑ 激活背景网格（/GRID 命令）。

☑ 曲线下面区域的填充颜色（/GROPT 命令）。

☑ 限定 X、Y 轴的范围（/XRANGE 及/YRANGE 命令）。

☑ 定义坐标轴标签（/AXLAB 命令）。

☑ 使用多个 Y 轴的刻度比例（/GRTYP 命令）。

2．计算结果列表

用户可以通过 PRVAR 命令（GUI：Main Menu > Time Hist Postpro > List Variables）在表格中列出多达 6 个变量，同时还可以获得某一时刻或频率处的结果项的值，也可以控制打印输出的时间或频率段，操作如下。

命令：NPRINT，PRTIME。

GUI：Main Menu > Time Hist Postpro > Settings > List。

通过 LINES 命令（GUI：Main Menu > Time Hist Postpro > Settings > List）可对列表输出的格式做微量调整。下面是 PRVAR 的一个输出示例。

***** ANSYS time-history VARIABLE LISTING *****

第6章 后处理

TIME	51 UX	30 UY
	UX	UY
.10000E-09	.000000E+00	.000000E+00
.32000	.106832	.371753E-01
.42667	.146785	.620728E-01
.74667	.263833	.144850
.87333	.310339	.178505
1.0000	.356938	.212601
1.3493	.352122	.473230E-01
1.6847	.349681	-.608717E-01

time-history SUMMARY OF VARIABLE EXTREME VALUES

VARI	TYPE	IDENTIFIERS	NAME	MINIMUM	AT TIME	MAXIMUM	AT TIME
1	TIME	1 TIME	TIME	.1000E-09	.1000E-09	6.000	6.000
2	NSOL	51 UX	UX	.0000E+00	.1000E-09	.3569	1.000
3	NSOL	30 UY	UY	-.3701	6.000	.2126	1.000

对于由实部和虚部组成的复变量，PRVAR 命令的默认列表是实部和虚部。可通过命令 PRCPLX 选择实部、虚部、幅值、相位中的任何一个。

另一个有用的列表命令是 EXTREM（GUI：Main Menu > Time Hist Postpro > List Extremes），可用于打印设定的 X 和 Y 范围内 Y 变量的最大值和最小值。也可通过命令*GET（GUI：Utility Menu > Parameters > Get Scalar Data）将极限值指定给参数。下面是 EXTREM 命令的一个输出示例。

Time-History SUMMARY OF VARIABLE EXTREME VALUES

VARI	TYPE	IDENTIFIERS	NAME	MINIMUM	AT TIME	MAXIMUM	AT TIME
1	TIME	1 TIME	TIME	.1000E-09	.1000E-09	6.000	6.000
2	NSOL	50 UX	UX	.0000E+00	.1000E-09	.4170	6.000
3	NSOL	30 UY	UY	-.3930	6.000	.2146	1.000

6.3.3 POST26 后处理器的其他功能

1. 进行变量运算

POST26 可对原先定义的变量进行数学运算，下面给出两个应用实例。

实例（1）：在瞬态分析时定义了位移变量，可让该位移变量对时间求导，得到速度和加速度，命令流如下。

```
NSOL,2,441,U,Y,UY441    !定义变量2为节点441的UY，名称=UY441
DERIV,3,2,1,,BEL441     !变量3为变量2对变量1（时间）的一阶导数，名称为BEL441
DERIV,4,3,1,,ACCL441    !变量4为变量3对变量1（时间）的一阶导数，名称为ACCL441
```

实例（2）：将谐响应分析中的复变量（$a+ib$）分成实部和虚部，再计算它的幅值（$\sqrt{a^2+b^2}$）和相位角，命令流如下。

```
REALVAR,3,2,,,REAL2     !变量3为变量2的实部，名称为REAL2
IMAGIN,4,2,,IMAG2       !变量4为变量2的虚部，名称为IMAG2
PROD,5,3,3              !变量5为变量3的平方
```

PROD,6,4,4	!变量6为变量4的平方
ADD,5,5,6	!变量5（重新使用）为变量5和变量6的和
SQRT,6,5,,,AMPL2	!变量6（重新使用）为幅值
QUOT,5,3,4	!变量5（重新使用）为（b／a）
ATAN,7,5,,,PHASE2	!变量7为相位角

可通过下列方法之一创建自己的POST26变量。

- ☑ FILLDATA 命令（GUI：Main Menu > Time Hist Postpro > Table Operations > Fill Data）：用多项式函数将数据填入变量。
- ☑ DATA 命令将数据从文件中读出。该命令无对应的GUI，被读文件必须在第一行中含有DATA命令，第二行括号内是格式说明，数据从接下去的几行读取。然后通过/INPUT命令（GUI：Utility Menu > File > Read input from）读入。

另一个创建POST26变量的方法是使用VPUT命令，它允许将数组参数移入变量内。逆操作命令为VGET，将POST26变量移入数组参数内。

2．产生响应谱

该方法允许在给定的时间历程中生成位移、速度、加速度响应谱，频谱分析中的响应谱可用于计算结构的整个响应。

POST26的RESP命令用来产生响应谱。

命令：RESP。

GUI：Main Menu > Time Hist Postpro > Generate Spectrm。

RESP命令需要先定义两个变量：一个含有响应谱的频率值（LFTAB字段）；另一个含有位移的时间历程（LDTAB字段）。LFTAB的频率值不仅代表响应谱曲线的横坐标，而且也是用于产生响应谱的单自由度激励的频率。可通过FILLDATA或DATA命令产生LFTAB变量。

LDTAB中的位移时间历程值常产生于单自由度系统的瞬态动力学分析。通过DATA命令（位移时间历程在文件中时）和NSOL命令（GUI：Main Menu > Time Hist Postpro > Define Variables）创建LDTAB变量。系统采用数据时间积分法计算响应谱。

6.4 实例——旋转外轮计算结果后处理

为了使读者对ANSYS的后处理操作有个比较清楚的认识，以下实例将对第5章的有限元计算结果进行后处理，以此分析旋转外轮在载荷作用下的受力情况，对其危险部位进行应力校核和评定。

6.4.1 GUI 方式

首先打开旋转外轮计算结果文件roter.db。

01 旋转结果坐标系

对于旋转件，在柱坐标系下查看结果会比较方便，因此在查看变形和应力分布之前，首先将结果坐标系旋转到柱坐标系下。

❶ 从主菜单中选择 Main Menu > General Postproc > Option for Outp 命令，打开"Options for Output"（结果输出选项）对话框，如图6-18所示。

❷ 在"Results coord system"(结果坐标系)下拉列表框中选择"Global cylindric"(总体柱坐标系)选项。

❸ 单击"OK"按钮,接受其他默认设定,关闭该对话框。

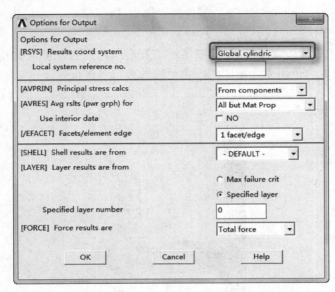

图 6-18　结果输出选项对话框

02 查看变形

关键的变形为径向变形。在高速旋转时,径向变形过大,可能导致边缘与齿轮壳发生摩擦。

❶ 从主菜单中选择 Main Menu > General Postproc > Plot Result > Contour Plot > Nodal Solu 命令,打开"Contour Nodal Solution Data"(等值线显示节点解数据)对话框,如图 6-19 所示。

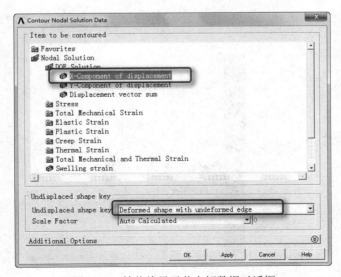

图 6-19　等值线显示节点解数据对话框

❷ 在"Item to be contoured"(等值线显示结果项)选项组中选择"DOF Solution"(自由

度解）选项。

❸ 选择"DOF Solution"下的"X-Component of displacement"（X向位移）选项，此时，结果坐标系为柱坐标系，X向位移即为径向位移。

❹ 在"Undisplaced shape key"的下拉列表框中选择"Deformed shape with undeformed edge"（变形后和未变形轮廓线）选项。

❺ 单击"OK"按钮，在图形窗口中显示出变形图，包含变形前的轮廓线，如图6-20所示。图6-20中下方的色谱表明不同的颜色对应的数值（带符号）。

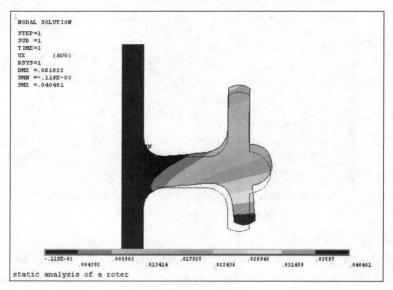

图 6-20　径向变形图

❻ 用同样的方法显示周向位移，如图6-21所示。

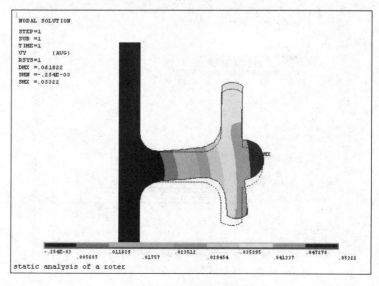

图 6-21　周向变形图

03 查看应力

齿轮高速旋转时的主要应力也是径向应力,有必要查看一下径向应力。

❶ 从主菜单中选择 Main Menu > General Postproc > Plot Results > Contour Plot > Nodal Solu 命令,打开"Contour Nodal Solution Data"(等值线显示节点解数据)对话框,如图6-22所示。

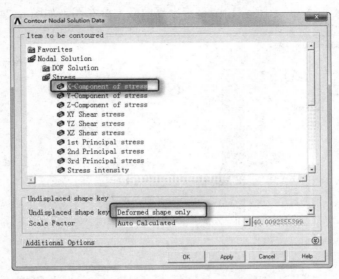

图 6-22　等值线显示节点解数据对话框

❷ 在"Item to be contoured"(等值线显示结果项)选项组中选择"Stress"(应力)选项。

❸ 选择"Stress"下的"X-Component of stress"(X方向应力)选项。

❹ 在"Undisplaced shape key"的下拉列表框中选择"Deformed shape only"(仅显示变形后模型)选项。

❺ 单击"OK"按钮,图形窗口中显示出 X 方向(径向)应力分布图,如图6-23所示。

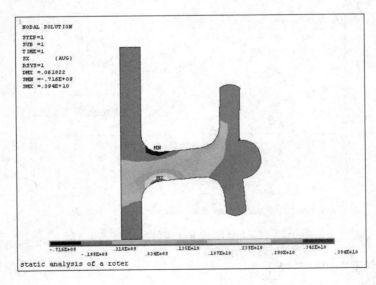

图 6-23　径向应力分布图

❻ 从主菜单中选择 Main Menu > General Postproc > Plot Results > Contour Plot > Nodal Solu 命令，打开"Contour Nodal Solution Data"对话框。

❼ 在"Item to be contoured"选项组中选择"Stress"选项。

❽ 选择"Stress"下的"Y-Component of stress"（Y方向应力）选项，即轴向应力。

❾ 单击"OK"按钮，图形窗口中显示出周向应力分布图，如图6-24所示。

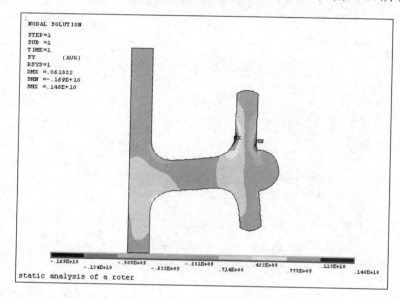

图 6-24　周向应力图

04 查看三维立体图

❶ 从实用菜单中选择 Utility Menu > PlotCtrls > Style > Symmetric Expansion > 2D Axi-Symmetric 命令，打开"2D Axi-Symmetric Expansion"对话框，如图6-25所示。

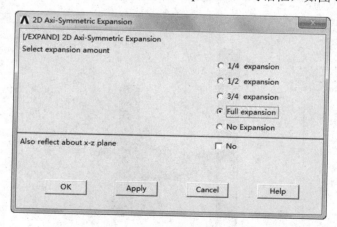

图 6-25　"2D Axi-Symmetric Expansion"对话框

❷ 在"Select expansion amount"选项组中选择"Full expansion"单选按钮。

❸ 单击"OK"按钮。

得到如图 6-26 所示的结果。

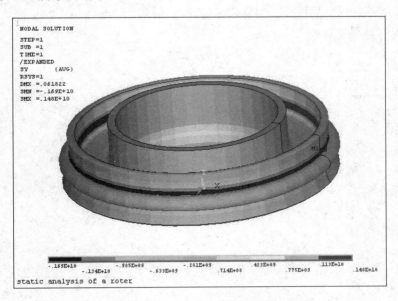

图 6-26 三维扩展的结果

❹ 从实用菜单中选择 Utility Menu > PlotCtrls > Style > Symmetric Expansion > 2D Axi-Symmetric 命令，打开"2D Axi-Symmetric Expansion"对话框。

❺ 在"Select expansion amount"选项组中选择"1/4 expansion"单选按钮。

❻ 单击"OK"按钮。

得到如图 6-27 所示的结果。

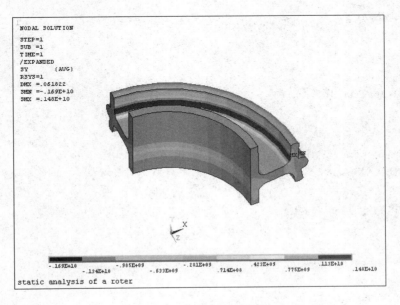

图 6-27 1/4 扩展后的结果

后处理中还有一些其他的功能，如路径操作、等值线显示等，在此就不一一介绍了，相信随着读者运用熟练程度的提高，会逐步掌握这些功能。

05 保存结果文件

单击工具条中的"SAVE_DB"按钮，保存文件。

6.4.2 命令流方式

```
/POST1
RSYS,1
AVPRIN,0,0
! AVRES,2
! /EFACET,1
LAYER,0
FORCE,TOTAL
! /EFACE,1
AVPRIN,0,0,
! PLNSOL,U,X,2,1
! 旋转结果坐标系
! /EFACE,1
AVPRIN,0,0,
! PLNSOL,U,Y,2,1
!查看变形
! /EFACE,1
AVPRIN,0,0,
! PLNSOL,S,X,0,1
! /EFACE,1
AVPRIN,0,0,
! PLNSOL,S,Y,0,1
! /EXPAND,36,AXIS,,,10
! 查看应力
! /REPLOT
! /USER, 1
! /EXPAND, 9,AXIS,,,10
! 查看三维立体图
! /REPLOT
! SAVE
```

第 2 篇

专题实例篇

- ☑ 第 7 章　结构静力分析
- ☑ 第 8 章　模态分析
- ☑ 第 9 章　谐响应分析
- ☑ 第 10 章　瞬态动力学分析
- ☑ 第 11 章　谱分析
- ☑ 第 12 章　非线性分析
- ☑ 第 13 章　结构屈曲分析
- ☑ 第 14 章　接触问题分析

第 7 章

结构静力分析

静力分析用于计算由那些不包括惯性和阻尼效应的载荷，作用于结构或部件上引起的位移、应力、应变和力。

本章将通过实例讲述静力分析的基本步骤和具体方法。

- ☑ 结构静力概论
- ☑ 实例——内六角扳手的静态分析
- ☑ 实例——钢桁架桥静力受力分析

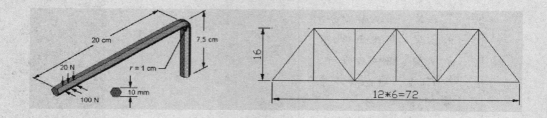

7.1 结构静力概论

静力分析计算在固定不变的载荷作用下结构的响应，它不考虑惯性和阻尼的影响，也不考虑载荷随时间的变化。但是，静力分析可以计算那些固定不变的惯性载荷对结构的影响（如重力和离心力），以及那些可以近似为等价静力作用的随时间变化的载荷（例如，通常在许多建筑规范中所定义的等价静力风载和地震载荷）。

固定不变的载荷和响应是一种假定，即假定载荷和结构的响应随时间的变化非常缓慢。静力分析所施加的载荷包括以下方面。

- ☑ 外部施加的作用力和压力。
- ☑ 稳态的惯性力（如重力和离心力）。
- ☑ 位移载荷。
- ☑ 温度载荷。
- ☑ 热膨胀中的流通量。

静力分析既可以是线性的也可以是非线性的。非线性静力分析包括所有的非线性类型，即大变形、塑性、蠕变、应力刚化、接触（间隙）单元、超弹性单元等。本章主要讨论线性静力分析。

📢 注意：要做好有限元的静力分析，必须要记住以下几点。

（1）单元类型必须指定为线性或非线性结构单元类型。

（2）材料属性可以是线性或非线性、各向同性或正交各向异性、常量，或者与温度相关的量等，但是用户必须定义杨氏模量和泊松比；对于像重力一样的惯性载荷，必须要定义能计算出质量的参数，如密度等；对热载荷，必须要定义热膨胀系数。

（3）对应力、应变感兴趣的区域，网格划分比仅对位移感兴趣的区域要密。

（4）如果分析中包含非线性因素，网格应划分到能捕捉非线性因素影响的程度。

7.2 实例——内六角扳手的静态分析

7.2.1 问题描述

本实例为一个内六角扳手的静态分析。内六角扳手也叫艾伦扳手，常见的英文名称有"Allen key"（或"Allen wrench"）和"Hex key"（或"Hexwrench"）。它通过扭矩施加对螺丝的作用力，大大降低了使用者的用力强度，是工业制造业中不可或缺的得力工具。我们要分析的样本规格为公制10mm。如图7-1所示，内六角扳手短端为7.5cm，长端为20cm，弯曲半径为1cm，在长端端部施加100N的扭曲力，端部顶面施加20N向下的压力。确定扳手在这两种加载条件下应力的强度。

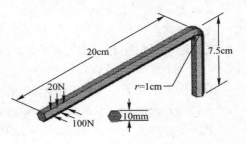

图7-1 内六角扳手示意图

扳手的主要尺寸及材料特性如下：

扳手规格 = 10 mm

配置 = 六角

柄脚长度 = 7.5 cm

手柄长度 = 20 cm

弯曲半径 = 1 cm

弹性模量 = 2.07×10^{11} Pa

施加扭转力 = 100 N

施加向下的力 = 20 N

7.2.2 建立模型

01 设置分析标题

❶ 定义工作文件名：Utility Menu > File > Change Jobname，弹出如图7-2所示的"Change Jobname"对话框，在"[/FILNAM]Enter new jobname"文本框中输入"Allen wrench"，并将"New log and error files？"复选框选为"Yes"复选框，单击"OK"按钮。

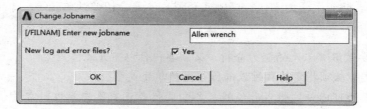

图7-2 "Change Jobname"对话框

❷ 定义工作标题：Utility Menu > File > Change Title，在出现的"Change Title"对话框中输入"Static Analysis of an Allen Wrench"，如图7-3所示，单击"OK"按钮。

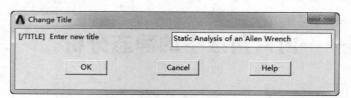

图7-3 "Change Title"对话框

02 设置单位系统

❶ 在输入窗口命令行中单击，激活命令行文字输入。

❷ 输入"/UNITS，SI"命令，然后按〈Enter〉键。在此输入的命令会存储在历史缓存区中，可通过单击输入窗口右侧的向下箭头访问。

❸ 从应用菜单中选择 Utility Menu > Parameters > Angular Units 命令，出现如图7-4所示的"Angular Units for Parametric Functions"对话框。

❹ 在角参数功能下拉列表框中选择单位为"Degrees DEG"，然后单击"OK"按钮。

第7章 结构静力分析

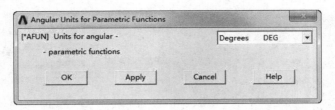

图 7-4 "Angular Units for Parametric Functions"对话框

03 定义参数

❶ 选择菜单栏中的 Parameters > Scalar Parameters 命令，打开"Scalar Parameters"对话框，如图 7-5 所示。在"Selection"文本框中依次输入以下参数：

EXX=2.07E11
W_HEX=0.01
W_FLAT=0.0058
L_SHANK=0.075
L_HANDLE=0.2
BENDRAD=0.01
L_ELEM=0.0075
NO_D_HEX=2
TOL=25E-6

❷ 单击"Close"按钮，关闭"Scalar Parameters"对话框。

❸ 单击工具条中的"SAVE_DB"按钮，保存数据文件。

04 定义单元类型

❶ 从主菜单中选择 Main Menu > Preprocessor > Element Type > Add/Edit/Delete 命令，打开"Element Types"对话框，如图 7-6 所示。

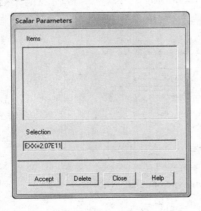

图 7-5 "Scalar Parameters"对话框　　图 7-6 单元类型对话框

❷ 单击"Add"按钮，打开"Library of Element Types"（单元类型列表）对话框，如图 7-7 所示。在"Library of Element Types"列表框中选择"Structural Solid"和"Brick 8 node 185"，在"Element type reference number"文本框中输入"1"，单击"OK"按钮关闭"Library of Element Types"对话框。

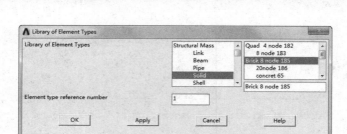

图 7-7 单元类型列表对话框

❸ 单击"Element Types"对话框中的"Options"按钮,打开"SOLID185 element type options"对话框,如图 7-8 所示。在"Element technology K2"下拉列表框中选择"Simple Enhanced Strn"选项,其余选项采用系统默认设置,单击"OK"按钮关闭该对话框。

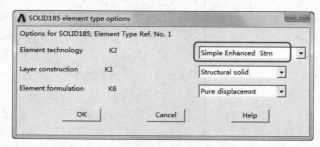

图 7-8 "SOLID185 element type options"对话框

❹ 单击"Add"按钮,打开"Library of Element Types"对话框。在"Library of Element Types"列表框中选择"Structural Solid"和"Quad 4 node 182",在"Element type reference number"文本框中输入"2",单击"OK"按钮关闭"Library of Element Types"对话框。

❺ 单击"Element Types"对话框中的"Options"按钮,打开"PLANE182 element type options"对话框,如图 7-9 所示。在"Element technology K1"下拉列表框中选择"Simple Enhanced Strn",其余选项采用系统默认设置,单击"OK"按钮关闭该对话框。

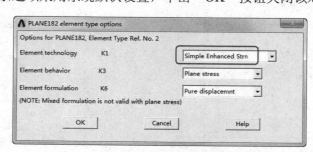

图 7-9 "PLANE182 element type options"对话框

❻ 单击"Close"按钮关闭"Element Types"对话框。

05 定义材料性能参数

❶ 从主菜单中选择 Main Menu > Preprocessor > Material Props > Material Models 命令,打开"Define Material Model Behavior"对话框。

❷ 在"Material Models Available"列表框中依次单击 Structural > Linear > Elastic > Isotropic,打开"Linear Isotropic Properties for Material Number 1"对话框,如图 7-10 所示。

在"EX"文本框中输入"EXX",在"PRXY"文本框中输入"0.3",然后单击"OK"按钮关闭该对话框。

❸ 在"Define Material Model Behavior"对话框中选择 Material > Exit 命令,关闭该对话框。

06 创建模型

❶ 从主菜单中选择 Main Menu > Preprocessor > Modeling > Create > Areas > Polygon > By Side Length 命令,打开"Polygon by Side Length"对话框,如图 7-11 所示。在"NSIDES Number of sides"文本框中输入"6",在"LSIDE Length of each side"文本框中输入"W_FLAT",单击"OK"按钮关闭该对话框。

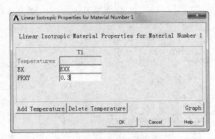

图 7-10 "Linear Isotropic Properties for Material Number"对话框

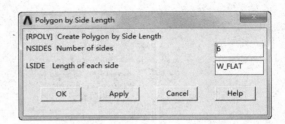

图 7-11 "Polygon by Side Length"对话框

❷ 从主菜单中选择 Main Menu > Preprocessor > Modeling > Create > Keypoints > In Active CS 命令,弹出"Create Keypoints in Active Coordinate System"对话框,如图 7-12 所示。

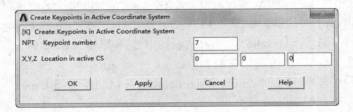

图 7-12 "Create Keypoints in Active Coordinate System"对话框

❸ 在"Create Keypoints in Active Coordinate System"对话框中,在"NPT Keypoint number"文本框中输入"7",在"X,Y,Z Location in active CS"文本框中依次输入"0,0,0"。

❹ 单击"Apply"按钮会再次弹出"Create Keypoints in Active Coordinate System"对话框,在"NPT Keypoint number"文本框中输入"8",在"X,Y,Z Location in active CS"文本框中依次输入"0,0,-L_SHANK"。

❺ 单击"Apply"按钮会再次弹出"Create Keypoints in Active Coordinate System"对话框,在"NPT Keypoint number"文本框中输入"9",在"X,Y,Z Location in active CS"文本框中依次输入"0,L_HANDLE,-L_SHANK"。单击"OK"按钮关按钮闭该对话框。

❻ 从应用菜单中选择 Utility Menu > PlotCtrls > Window Controls > Window Options 命令,打开"Window Options"对话框,如图 7-13 所示。

❼ 在"[/TRIAD] Location of triad"下拉列表框中选择"At top left",即在 ANSYS 窗口中,在左上方显示整体坐标系,单击"OK"按钮关闭该对话框。

❽ 从应用菜单中选择 Utility Menu > PlotCtrls > Pan, Zoom, Rotate 命令，弹出移动、缩放和旋转对话框，单击视角方向为"iso"，可以在（1，1，1）方向观察模型，单击"Close"按钮关闭该对话框。

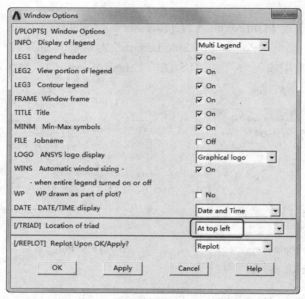

图 7-13 "Window Options" 对话框

❾ 从实用菜单中选择 Utility Menu > PlotCtrls > View Settings > Angle of Rotation 命令，打开"Angle of Rotation"对话框，如图 7-14 所示。在"THETA Angle in degrees"文本框中输入"90"，在"Axis Axis of rotation"下拉列表框中选择"Global Cartes X"，其余选项采用系统默认设置，单击"OK"按钮关闭该对话框。

❿ 从主菜单中选择 Main Menu > Preprocessor > Modeling > Create > Lines > Lines > Straight lines。

⓫ 连接点 4 和点 1，点 7 和点 8，点 8 和点 9，使它们成为 3 条直线，单击"OK"按钮，如图 7-15 所示。

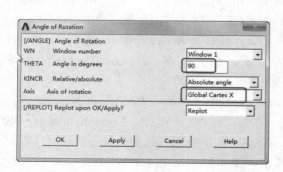

图 7-14 "Angle of Rotation" 对话框

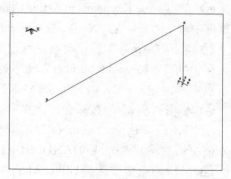

图 7-15 创建 3 条直线

⓬ 从主菜单中选择 Main Menu > Preprocessor > Modeling > Create > Lines > Line Fillet 命令，弹出线拾取对话框。

⑬ 拾取刚刚建立的8、9号线，然后单击"OK"按钮，弹出如图7-16所示的"Line Fillet"对话框。

⑭ 在"RAD Fillet radius"文本框中输入"BENDRAD"，单击"OK"按钮，完成倒角的操作。

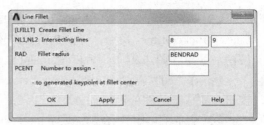

⑮ 从实用菜单中选择 Utility Menu > PlotCtrls > Numbering 命令，会弹出"Plot Numbering Controls"对话框，单击"LINE Line numbers"后的复选框，使其状态从Off变为On，其余选项采用默认设置，如图7-17所示，单击"OK"按钮关闭对话框。

图7-16 "Line Fillet"对话框

⑯ 从实用菜单中选择 Utility Menu > Plot > Areas。

⑰ 从主菜单中选择 Main Menu > Preprocessor > Modeling > Operate > Booleans > Divide > With Options > Area by Line 命令，弹出"Divide Area by Line"拾取对话框，拾取六边形面。然后单击"OK"按钮。

⑱ 从实用菜单中选择 Utility Menu > Plot > Lines。拾取7号线，单击"OK"按钮，弹出如图7-18所示的"Divide Area by Line with Options"对话框。

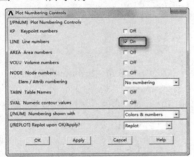

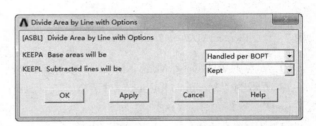

图7-17 "Plot Numbering Controls"对话框　　　图7-18 "Divide Area by Line with Options"对话框

⑲ 在"KEEPL Subtracted lines will be"下拉列表框中选择"Kept"，其余选项采用系统默认设置，单击"OK"按钮关闭该对话框。得到的结果如图7-19所示。

⑳ 从实用菜单中选择 Utility Menu > Select > Comp/Assembly > Create Component 命令，弹出如图7-20所示的"Create Component"对话框。在"Cname Component name"文本框中输入"BOTAREA"，在"Entity Component is made of"下拉列表框中选中"Areas"，单击"OK"按钮就完成了组件的创建。

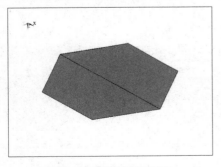

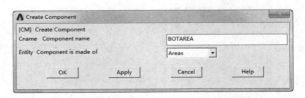

图7-19 利用线划分面　　　图7-20 "Create Component"对话框

07 设置网格

❶ 从主菜单中选择 Main Menu > Preprocessor > Meshing > Size Cntrls > ManualSize > Lines > Picked Lines 命令，弹出线拾取对话框，在文本框中输入"1，2，6"，然后单击"OK"按钮，弹出如图 7-21 所示的"Element Sizes on Picked Lines"对话框。

❷ 在"NDIV No. of element divisions"文本框中输入"NO_D_HEX"，然后单击"OK"按钮，完成 3 条线的网格划分。

❸ 从主菜单中选择 Main Menu > Preprocessor > Modeling > Create > Elements > Elem Attributes 命令，弹出如图 7-22 所示的"Element Attributes"对话框。在"[TYPE] Element type number"下拉列表框中选择"2 PLANE182"，其余采取默认设置，单击"OK"按钮。

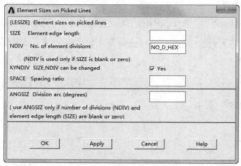

图 7-21 "Element Sizes on Picked Lines"对话框　　　　图 7-22 "Element Attributes"对话框

❹ 从主菜单中选择 Main Menu > Preprocessor > Meshing > Mesher Opts 命令，弹出如图 7-23 所示的"Mesher Options"对话框。在"KEY Mesher Type"区域，选择划分类型为"Mapped"，然后单击"OK"按钮。

❺ 系统弹出如图 7-24 所示的"Set Element Shape"对话框，采取默认的"Quad"网格形状，单击"OK"按钮。

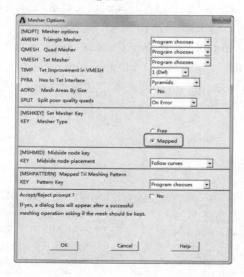

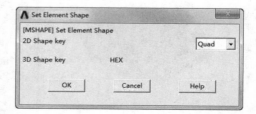

图 7-23 "Mesher Options"对话框　　　　图 7-24 "Set Element Shape"对话框

第7章 结构静力分析

❻ 从主菜单中选择 Main Menu > Preprocessor > Meshing > Mesh > Areas > Mapped > 3 or 4 sided 命令，弹出面拾取对话框，单击"Pick All"按钮，完成面网格的划分。

❼ 从主菜单中选择 Main Menu > Preprocessor > Modeling > Create > Elements > Elem Attributes 命令，弹出"Element Attributes"对话框。在"Element type number"下拉列表框中选择"1 SOLID185"，其余采取默认设置，单击"OK"按钮。

❽ 从主菜单中选择 Main Menu > Preprocessor > Meshing > Size Cntrls > Manual Size > Size Cntrls > Global > Size 命令，弹出如图 7-25 所示的"Global Element Sizes"对话框。

❾ 在"SIZE Element edge length"文本框中输入"L_ELEM"，然后单击"OK"按钮。

❿ 从实用菜单中选择 Utility Menu > PlotCtrls > Numbering 命令，会弹出"Plot Numbering Controls"对话框，单击"LINE Line numbers"后的复选框，使其状态从 Off 变为 On，其余选项采用默认设置，如图 7-26 所示，单击"OK"按钮关闭该对话框。

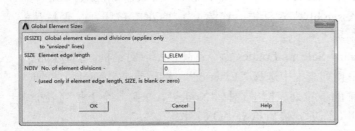
图 7-25 "Global Element Sizes"对话框

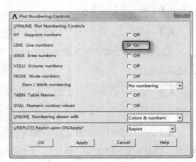
图 7-26 "Plot Numbering Controls"对话框

⓫ 从菜单栏中选择 Plot > Lines 命令，窗口会重新显示整体几何模型。

⓬ 从主菜单中选择 Main Menu > Preprocessor > Modeling > Operate > Extrude > Areas > Along Lines 命令，弹出线拾取对话框，单击"Pick All"按钮，然后依次拾取 8、10 和 9 号线，单击"OK"按钮。完成的模型如图 7-27 所示。

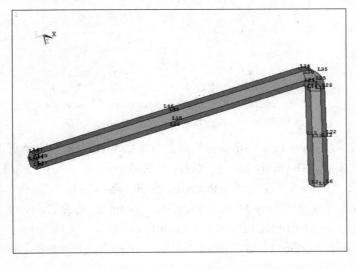
图 7-27 拉伸模型

⑬ 从实用菜单中选择 Utility Menu > Plot > Elements。

⑭ 单击工具条中的"SAVE_DB"按钮，保存数据文件。

⑮ 从实用菜单中选择 Utility Menu > Select > Comp/Assembly > Select Comp/Assembly 命令，会弹出"Select Component or Assembly"对话框，连续单击"OK"按钮，接受默认的 BOTAREA 组件。

⑯ 从主菜单中选择 Main Menu > Preprocessor > Meshing > Clear > Areas 命令，弹出面拾取对话框，单击"Pick All"按钮。

⑰ 从实用菜单中选择 Utility Menu > Select > Everything 命令。

⑱ 从实用菜单中选择 Utility Menu > Plot > Elements 命令。

7.2.3 定义边界条件并求解

01 施加载荷

❶ 从实用菜单中选择 Utility Menu > Select > Comp/Assembly > Select Comp/Assembly 命令，会弹出"Select Component or Assembly"对话框，连续单击"OK"按钮，接受默认的 BOTAREA 组件。

❷ 从实用菜单中选择 Utility Menu > Select > Entities 命令，弹出拾取对话框，在顶部的下拉列表框中选择"Lines"，在第二个下拉列表框中选择"Exterior"，然后单击"Apply"按钮。

❸ 再次弹出拾取对话框，在顶部的下拉列表框中选择"Nodes"，在第二个下拉列表框中选择"Attached to"，单击"Lines，all"选项，最后单击"OK"按钮。

❹ 从主菜单中选择 Main Menu > Solution > Define Loads > Apply > Structural > Displacement > On Nodes 命令，弹出节点拾取对话框，单击"Pick All"按钮，系统将弹出如图 7-28 所示的"Apply U，ROT on Nodes"对话框。

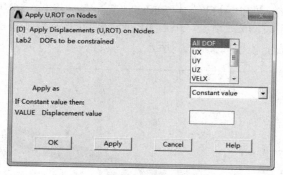

图 7-28 "Apply U，ROT on Nodes"对话框

❺ 在"Lab2 DOFs to be constrained"列表中选择"ALL DOF"，然后单击"OK"按钮。

❻ 从实用菜单中选择 Utility Menu > Select > Entities 命令，弹出拾取对话框，在顶部的下拉列表框中选择"Lines"，单击"Select All"按钮，然后单击"Cancel"按钮。

❼ 从实用菜单中选择 Utility Menu > PlotCtrls > Symbols 命令，会弹出如图 7-29 所示的"Symbols"对话框。单击"[/PBC] Boundary condition symbol"选项组中的"All Applied BCs"单选按钮，在"[/PSF] Surface Load Symbols"下拉列表框中选择"Pressures"，在"Show pres and convect as"下拉列表框中选择"Arrows"，然后单击"OK"按钮。

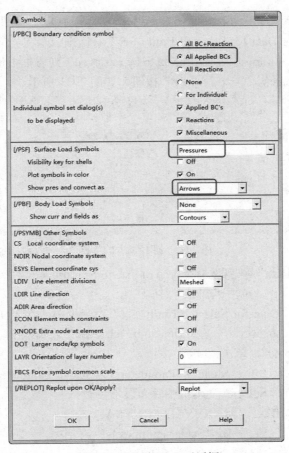

图 7-29 "Symbols"对话框

02 在手柄上施加压力

❶ 从实用菜单中选择 Utility Menu > Select > Entities 命令,弹出拾取对话框,在顶部的下拉列表框中选择"Areas",在第二个下拉列表框中选择"By Location",单击"Y coordinates"选项,在"Min,Max"栏中输入"BENDRAD,L_HANDLE",单击"Apply"按钮。

❷ 单击"X coordinates"选项和"Reselect"选项,在"Min,Max"栏中输入"W_FLAT/2,W_FLAT",单击"Apply"按钮。

❸ 在顶部的下拉列表框中选择"Nodes",在第二个下拉列表框中选择"Attached to",单击"Areas,all"选项和"From Full"选项,单击"Apply"按钮。

❹ 在第二个下拉列表框中选择"By Location",单击"Y coordinates"选项和"Reselect"选项,在"Min,Max"栏中输入"L_HANDLE+TOL,L_HANDLE-(3.0*L_ELEM)-TOL",单击"OK"按钮。

❺ 从实用菜单中选择 Utility Menu > Parameters > Get Scalar Data 命令,会弹出如图 7-30 所示的"Get Scalar Data"对话框。

❻ 在"Type of data to be retrieved"列

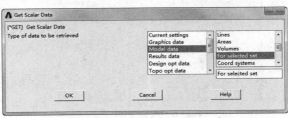

图 7-30 "Get Scalar Data"对话框

表框中依次选择"Model data"和"For selected set",单击"OK"按钮。

❼ 在打开的"Get Data for Selected Entity Set"对话框中,在"Name of parameter to be defined"文本框中输入"minyval",在"Data to be retrieved"列表框中依次选择"Current node set"和"Min Y coordinate",单击"Apply"按钮,如图7-31所示。

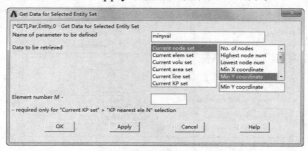

图7-31 选择读入的数据

弹出"Get Scalar Data"对话框,在"Type of data to be retrieved"列表框中依次选择"Model data"和"For selected set",单击"OK"按钮。

❽ 在打开的"Get Data for Selected Entity Set"对话框中,在"Name of parameter to be defined"文本框中输入"maxyval",在"Data to be retrieved"列表框中依次选择"Current node set"和"Max Y coordinate",单击"OK"按钮。

❾ 从用菜单中选择 Utility Menu > Parameters > Scalar Parameters 命令,打开"Scalar Parameters"对话框。在"Select"文本框中输入以下参数:

PTORQ=100/(W_HEX*(MAXYVAL-MINYVAL))

❿ 单击"Close"按钮,关闭"Scalar Parameters"对话框。

⓫ 从主菜单中选择 Main Menu > Solution > Define Loads > Apply > Structural > Pressure > On Nodes 命令,弹出拾取对话框,单击"Pick All"按钮,系统弹出如图7-32所示的"Apply PRES on nodes"对话框。

⓬ 在"VALUE Load PRES value"文本框中输入"PTORQ",然后单击"OK"按钮。

⓭ 从用菜单中选择 Utility Menu > Select > Everything 命令。

⓮ 从用菜单中选择 Utility Menu > Plot > Nodes 命令,显示模型的节点。

⓯ 单击工具条中的"SAVE_DB"按钮,保存数据文件。

⓰ 从主菜单中选择 Main Menu > Solution > Load Step Opts > Write LS File 命令,系统弹出如图7-33所示的"Write Load Step File"对话框。

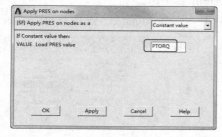

图7-32 "Apply PRES on nodes"对话框

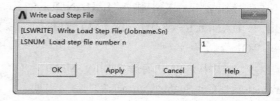

图7-33 "Write Load Step File"对话框

⑰ 在"LSNUM Load step file number n"文本框中输入"1",然后单击"OK"按钮。

03 定义向下的压力

❶ 从实用菜单中选择 Utility Menu > Parameters > Scalar Parameters 命令,打开"Scalar Parameters"对话框。在"Select"文本框中输入以下参数:
PDOWN=20/(W_FLAT*(MAXYVAL-MINYVAL))

❷ 单击"Close"按钮,关闭"Scalar Parameters"对话框。

❸ 从实用菜单中选择 Utility Menu > Select > Entities 命令,弹出拾取对话框,在顶部的下拉列表框中选择"Areas",在第二个下拉列表框中选择"By Location",单击"Z coordinates"选项和"From Full"选项,在"Min,Max"栏中输入"-(L_SHANK+(W_HEX/2))",单击"Apply"按钮。

❹ 在顶部的下拉列表框中选择"Nodes",在第二个下拉列表框中选择"Attached to",单击"Areas, all"选项,单击"Apply"按钮。

❺ 单击"X coordinates"选项和"From Full"选项,在"Min,Max"栏中输入"W_FLAT/2,W_FLAT",单击"Apply"按钮。

❻ 在第二个下拉列表框中选择"By Location",单击"Y coordinates"选项和"Reselect"选项,在"Min,Max"栏中输入"L_HANDLE+TOL, L_HANDLE-(3.0*L_ELEM)-TOL",单击"OK"按钮。

❼ 从主菜单中选择 Main Menu > Solution > Define Loads > Apply > Structural > Pressure > On nodes 命令,弹出拾取对话框,单击"Pick All"按钮,系统弹出"Apply PRES on nodes"对话框。

❽ 在"VALUE load PRES value"文本框中输入"PDOWN",然后单击"OK"按钮。

❾ 从实用菜单中选择 Utility Menu:Select > Everything 命令。

❿ 从实用菜单中选择 Utility Menu:Plot > Nodes 命令,显示模型的节点,结果如图 7-34 所示。

⓫ 单击工具条中的"SAVE_DB"按钮,保存数据文件。

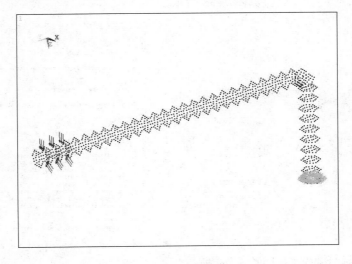

图 7-34 施加载荷

⑫ 从主菜单中选择 Main Menu > Solution > Load Step Opts > Write LS File 命令，系统弹出"Write Load Step File"对话框。

⑬ 在"LSNUM　Load step file number n"文本框中输入"2"，然后单击"OK"按钮。

⑭ 单击工具条中的"SAVE_DB"按钮，保存数据文件。

04　求解

❶ 从主菜单中选择 Main Menu > Solution > Solve > From LS Files 命令，系统将弹出如图 7-35 所示的"Solve Load Step Files"对话框。

❷ 在"LSMIN　Starting LS file number"文本框中输入"1"，在"LSMAX　Ending LS file number"文本框中输入"2"，然后单击"OK"按钮，开始求解。

❸ 求解完成后打开如图 7-36 所示的提示求解完成对话框。

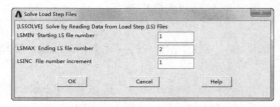

图 7-35　"Solve Load Step Files"对话框

图 7-36　提示求解完成

❹ 单击"Close"按钮，关闭提示求解完成对话框。

7.2.4　查看结果

01　读取第一个载荷步计算结果

❶ 从主菜单中选择 Main Menu > General Postproc > Read Results > First Set 命令，读取第一个载荷步计算结果。

❷ 从主菜单中选择 Main Menu > General Postproc > List Results > Reaction Solu 命令，系统弹出如图 7-37 所示的"List Reaction Solution"对话框。单击"OK"按钮接受默认的显示所有选项。列表显示的计算结果如图 7-38 所示。

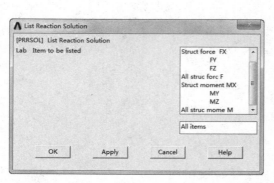

图 7-37　"List Reaction Solution"对话框

图 7-38　节点结果

❸ 从实用菜单中选择 Utility Menu > PlotCtrls > Symbols 命令，会弹出"Symbols"对话框。单击"Boundary condition symbol"栏中的"None"选项，然后单击"OK"按钮。

❹ 从实用菜单中选择 Utility Menu > PlotCtrls > Style > Edge Options 命令，会弹出如图 7-39 所示的"Edge Options"对话框。在"[/EDGE] Element outlines for non-contour/contour plots"下拉列表框中选择"Edge Only/All"选项，然后单击"OK"按钮。

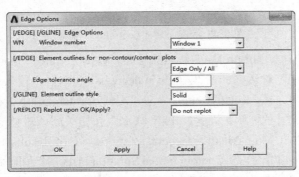

图 7-39 "Edge Options"对话框

❺ 从主菜单中选择 Main Menu > General Postproc > Plot Results > Deformed Shape 命令，弹出如图 7-40 所示的"Plot Deformed Shape"对话框，在"KUND Items to be plotted"选项组中选择"Def + undeformed"单选按钮，单击"OK"按钮。物体变形图如图 7-41 所示。

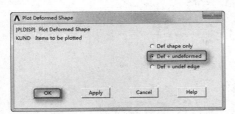

图 7-40 变形显示设置对话框

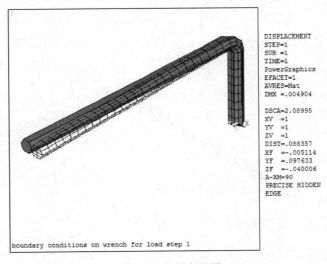

图 7-41 物体变形图

❻ 从实用菜单中选择 Utility Menu > PlotCtrls > Save Plot Ctrls 命令，会弹出如图 7-42 所示的"Save Plot Controls"对话框。在"[/GSAVE] Save plot ctrls on file"文本框中输入"pldisp.gsa"，然后单击"OK"按钮。

图 7-42　"Save Plot Controls"对话框

❼ 从实用菜单中选择 Utility Menu > PlotCtrls > View Settings > Angle of Rotation 命令，打开"Angle of Rotation"对话框。在"Angle in degrees"文本框中输入"120"，在"Relative/absolute"下拉列表框中选择"Relative angle"，在"Axis of rotation"下拉列表框中选择"Global Cartes Y"，其余选项采用系统默认设置，单击"OK"按钮关闭该对话框。

❽ 从主菜单中选择 Main Menu > General Postproc > Plot Results > Contour Plot > Nodal Solu 命令，打开如图 7-43 所示的"Contour Nodal Solution Data"对话框。选择"Stress"和"Stress intensity"，单击"OK"按钮。得到的应力强度分布云图如图 7-44 所示。

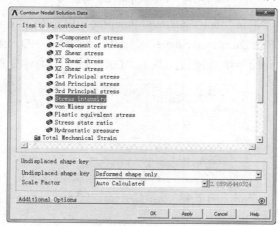

图 7-43　"Contour Nodal Solution Data"对话框

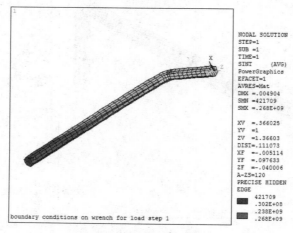

图 7-44　应力强度分布云图

❾ 从实用菜单中选择 Utility Menu > PlotCtrls > Save Plot Ctrls 命令，会弹出"Save Plot Controls"对话框。在"Selection box"文本框中输入"plnsol.gsa"，然后单击"OK"按钮。

02 读取第二载荷步计算结果

❶ 从主菜单中选择 Main Menu > General Postproc > Read Results > Next Set 命令，读取第二个载荷步计算结果。

❷ 从主菜单中选择 Main Menu > General Postproc > List Results > Reaction Solu 命令，系统弹出"List Reaction Solution"对话框。单击"OK"按钮接受默认的显示所有选项。列表显示的计算结果如图 7-45 所示。

图 7-45　节点结果

❸ 从实用菜单中选择 Utility Menu > PlotCtrls > Restore Plot Ctrls 命令，会弹出"Restore Plot Controls"对话框。在"Selection box"文本框中输入"plnsol.gsa"，然后单击"OK"按钮。物体变形图如图 7-46 所示。

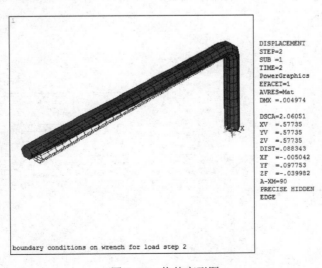

图 7-46　物体变形图

❹ 从主菜单中选择 Main Menu > General Postproc > Plot Results > Contour Plot > Nodal Solu 命令，打开"Contour Nodal Solution Data"对话框。选择"Stress"和"Stress intensity"，单击"OK"按钮。得到的应力强度分布云图如图 7-47 所示。

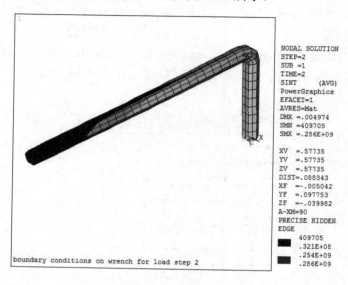

图 7-47　应力强度分布云图

03　放大横截面

❶ 从实用菜单中选择 Utility Menu > WorkPlane > Offset WP by Increments 命令，打开如图 7-48 所示的"Offset WP"对话框（移动工作平面）。

❷ 在移动栏中，在"X,Y,Z"文本框中输入"0，0，-0.067"，单击"OK"按钮。

❸ 从实用菜单中选择 Utility Menu > PlotCtrls > Style > Hidden Line Options 命令，打开如图 7-49 所示的"Hidden-Line Options"对话框。在"[/TYPE]　Type of Plot"下拉列表框中选择"Capped hidden"选项，在"[/CPLANE]　Cutting plane is"下拉列表框中选择"Working plane"选项，然后单击"OK"按钮。

图 7-48　移动工作平面

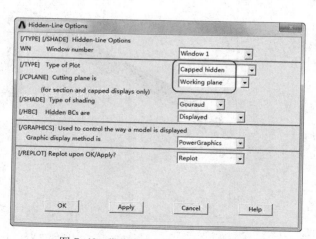

图 7-49　"Hidden-Line Options"对话框

❹ 从实用菜单中选择 Utility Menu > PlotCtrls > Pan-Zoom-Rotate 命令，打开如图 7-50 所示的"Pan-Zoom-Rotate"对话框。

❺ 单击"WP"按钮，拖动"Rate"滑动条到"10"，然后多次单击"大点"图标按钮，直到截面清晰显示。得到的结果如图 7-51 所示。

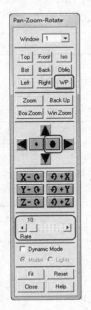
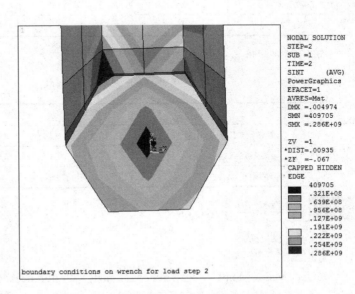

图 7-50 "Pan-Zoom-Rotate"对话框　　　　　图 7-51 放大截面云图

7.2.5 命令流执行方式

命令流执行方式这里不再详细介绍，读者可参见网盘资料中的电子文档。

7.3 实例——钢桁架桥静力受力分析

本节对一架钢桁架桥进行具体静力受力分析，分别采用 GUI 和命令流方式。

7.3.1 问题描述

如图 7-52 所示，已知下承式简支钢桁架桥桥长 72 m，每个节段 12m，桥宽 10m，高 16m。设桥面板为 0.3m 厚的混凝土板。桁架杆件规格有 3 种，见表 7-1。

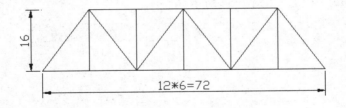

图 7-52 钢桁架桥简图

表 7-1 钢桁架桥杆件规格

杆件	截面号	形状	规格
端斜杆	1	工字形	400×400×16×16
上下弦	2	工字形	400×400×12×12
横向连接梁	2	工字形	400×400×12×12
其他腹杆	3	工字形	400×300×12×12

所用材料属性见表 7-2。

表 7-2 材料属性

参数	钢材	混凝土
弹性模量EX	2.1×10^{11}	3.5×10^{10}
泊松比PRXY	0.3	0.1667
密度DENS	7850	2500

7.3.2 建立模型

01 创建物理环境

❶ 过滤图形界面。

GUI：Main Menu > Preferences，弹出"Preferences for GUI Filtering"对话框，选中"Structural"来对后面的分析进行菜单及相应的图形界面过滤。

❷ 定义工作标题。

GUI：Utility Menu > File > Change Title，在弹出的"Change Title"对话框的"[/TITLE] Enter new title"文本框中输入"Truss Bridge Static Analysis"，单击"OK"按钮，如图 7-53 所示。

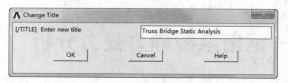

图 7-53 定义工作标题

❸ 指定工作名。

GUI：Utility Menu > File > Change Jobname，弹出"Change Jobname"对话框，在"[/FILNAM] Enter new jobname"文本框中输入"Structural"，勾选"New log and error files？"后的"Yes"复选框，单击"OK"按钮，如图 7-54 所示。

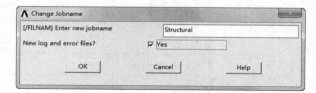

图 7-54 指定工作名

❹ 定义单元类型和选项。

GUI：Main Menu > Preprocessor > Element Type > Add/Edit/Delete，弹出"Element Types"（单元类型）对话框，单击"Add…"按钮，弹出"Library of Element Types"（单元类型库）对话框，在该对话框的"Library of Element Types"的左侧列表框中选择"Structural Beam"，在右侧的列表框中选择"2 node 188"，单击"OK"按钮，定义了"BEAM188"单元，如图 7-55 所示。

继续单击"Add"按钮，弹出"Library of Element Types"（单元类型库）对话框。在该对话框的"Library of Element Types"的左侧列表框中选择"Structural Shell"，在右侧列表框中选择"3D 4 node 181"，单击"OK"按钮，定义了"SHELL181"单元。在"Element Types"（单元类型）对话框中选择"BEAM188"单元，单击"Options"按钮打开"BEAM188 element type options"对话框，将其中的"K3"设置为"Cubic Form"，单击"OK"按钮。选择"SHELL181"单元，单击"Options"按钮打开"SHELL181 element type options"对话框，将其中的"K3"设置为"Full w/incompatible"，单击"OK"按钮。得到如图 7-56 所示的结果。最后单击"Close"按钮，关闭单元类型对话框。

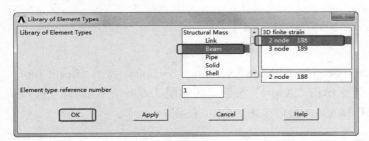

图 7-55　单元类型库对话框

图 7-56　单元类型对话框

❺ 定义材料属性。

GUI：Main Menu > Preprocessor > Material Props > Material Models，弹出"Define Material Model Behavior"对话框，在右侧的栏中连续单击"Structural > Linear > Elastic > Isotropic"后，弹出"Linear Isotropic Properties for Material Number 1"对话框，如图 7-57 所示，在该对话框中"EX"文本框中输入"2.1e11"，在"PRXY"文本框中输入"0.3"，单击"OK"按钮。

在"Define Material Model Behavior"对话框右侧的栏中连续单击"Structural > Density"，弹出"Density for Material Number 1"对话框，如图 7-58 所示，在该对话框中"DENS"文本框中输入"7850"，单击"OK"按钮。

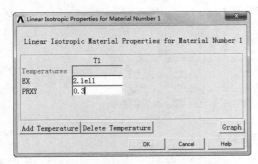

图 7-57　设置弹性模量和泊松比

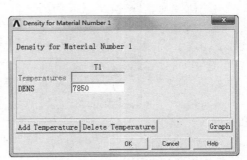

图 7-58　设置密度

设置好第一种钢材材料之后,还要设置第二种混凝土桥面板材料。在"Define Material Model Behavior"对话框的"Material"菜单中选择"New model"命令,按照默认的材料编号,单击"OK"按钮。这时"Define Material Model Behavior"对话框左侧出现"Material Model Number 2",如图 7-59 所示,同第一种材料的设置方法一样,在"Linear Isotropic"的"EX"文本框中输入"3.5e10",在"PRXY"文本框中输入"0.1667";在"DENS"文本框中输入"2500",单击"OK"按钮结束。最后关闭"Define Material Model Behavior"对话框。

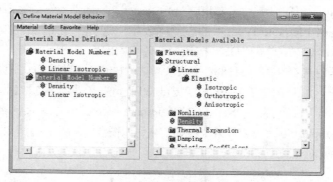

图 7-59 定义材料属性

❻ 定义梁单元截面。

GUI:Main Menu > Preprocessor > Sections > Beam > Common Sections,弹出"Beam Tool"对话框,按如图 7-60a 所示填写;然后单击"Apply"按钮,按如图 7-60b 所示填写;然后单击"Apply"按钮,按如图 7-60c 所示填写,最后单击"OK"按钮。

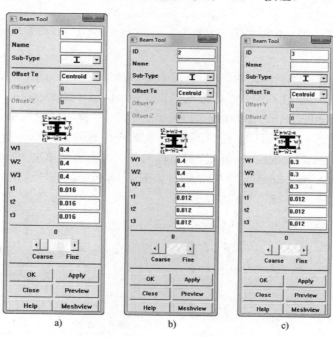

图 7-60 定义 3 种截面

每次定义好截面之后,单击"Preview"按钮可以观察截面特性。在本模型中,3 种工字钢截面特性如图 7-61 所示。

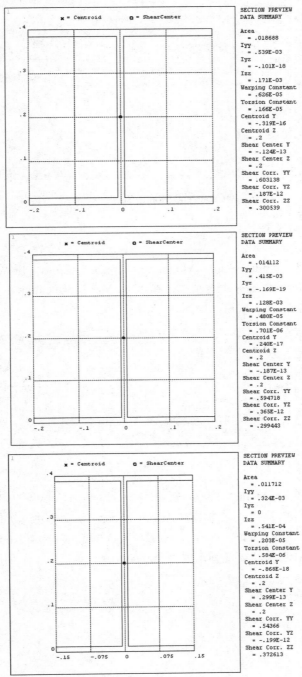

图 7-61　3 种截面图及截面特性

❼ 定义壳单元厚度。

GUI：Main Menu > Preprocessor > Sections > Shell > Lay-up > Add / Edit，弹出如图 7-62 所示的"Create and Modify Shell Sections"对话框，设置"Thickness"为 0.3，单击"OK"按钮。

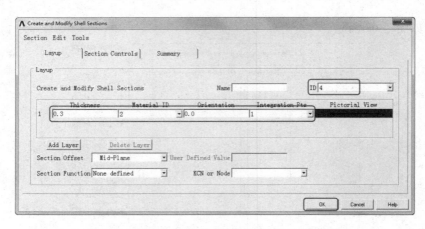

图 7-62 "Create and Modify Shell Sections" 对话框

02 建立有限元模型

❶ 生成半跨桥的节点。

GUI：Utility Menu > Preprocessor > Modeling > Create > Nodes > In Active CS，弹出 "Create Nodes in Active Coordinate System" 对话框，在 "X，Y，Z Location in activecs" 文本框中输入 "0，0，-5"，单击 "OK" 按钮，如图 7-63 所示。

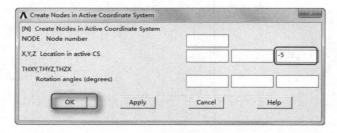

图 7-63 建立节点

继续执行 GUI：Utility Menu > Preprocessor > Modeling > Copy > Nodes > Copy，在弹出的对话框中单击 "Pick All" 按钮，在弹出的 "Copy nodes" 对话框中，如图 7-64 所示填写。

继续执行 GUI：Utility Menu > Preprocessor > Modeling > Copy > Nodes > Copy，在弹出的对话框中单击 "Pick All" 按钮，在弹出的 "Copy nodes" 对话框中，如图 7-65 所示填写。

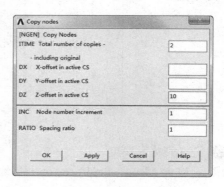

图 7-64 复制节点　　　　　　　　　　图 7-65 复制节点

继续执行 GUI：Utility Menu > Preprocessor > Modeling > Copy > Nodes > Copy，弹出"Copy nodes"对话框，在 ANSYS 主窗口中用箭头选择 2、6、10 号节点，单击"OK"按钮，在弹出的对话框中，在"ITIME"文本框中输入"2"，在"DY"文本框中输入"16"，在"INC"文本框中输入"1"，在"RATIO"文本框中输入"1"，其他项不填写。然后单击"OK"按钮。

继续执行 GUI：Utility Menu > Preprocessor > Modeling > Copy > Nodes > Copy，弹出"Copy nodes"对话框，在 ANSYS 主窗口拾取 3、7、11 号节点，单击"OK"按钮，在弹出的对话框中，在"ITIME"文本框中输入"2"，在"DZ"文本框中输入"-10"，在"INC"文本框中输入"1"，在"RATIO"文本框中输入"1"，其他项不填写。然后单击"OK"按钮。最终，ANSYS 主窗口中出现的画面如图 7-66 所示。

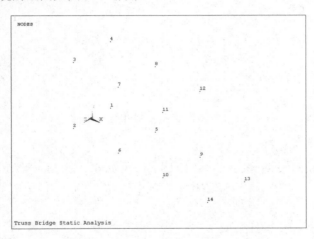

图 7-66 半桥模型的节点

❷ 生成半桥跨单元。选择第 1 种单元属性。

GUI：Utility Menu > Preprocessor > Modeling > Create > Elements > Elem Attributes，弹出"Element Attributes"对话框，如图 7-67 所示。单击"OK"按钮关闭该对话框。

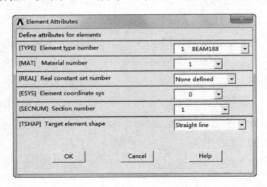

图 7-67 选择单元属性

❸ 建立端斜杆梁单元。

GUI：Utility Menu > Preprocessor > Modeling > Create > Elements > Auto Numbered > Thru Nodes，弹出"Elem from Nodes"（拾取节点）对话框，分别拾取 11 和 14 号节点，单击"Apply"

按钮。再选择 12 和 13 号节点。单击"OK"按钮，结果如图 7-68 所示。

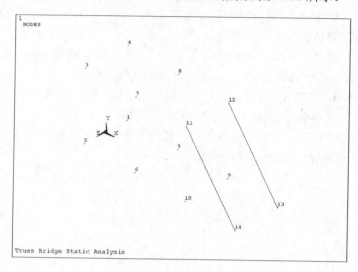

图 7-68 建立端斜杆梁单元

❹ 选择第 2 种单元属性。

GUI：Utility Menu > Preprocessor > Modeling > Create > Elements > Elem Attributes，弹出"Element Attributes"对话框，在"SECNUM"项中选择"2"，其他选项不变。单击"OK"按钮关闭该对话框。

❺ 建立上下弦杆和横梁杆梁单元。

GUI：Utility Menu > Preprocessor > Modeling > Create > Elements > Auto Numbered > Thru Nodes，弹出"Elem from Nodes"对话框，分别在 2 和 6 号节点、6 和 10 号节点、10 和 14 号节点、1 和 5 号节点、5 和 9 号节点、9 和 13 号节点、3 和 7 号节点、7 和 11 号节点、4 和 8 号节点、8 和 12 号节点、1 和 2 号节点、3 和 4 号节点、5 和 6 号节点、7 和 8 号节点、9 和 10 号节点、11 和 12 号节点、13 和 14 号节点建立单元。单击"OK"按钮关闭该对话框。

❻ 选择第 3 种单元属性。

GUI：Utility Menu > Preprocessor > Modeling > Create > Elements > Elem Attributes，弹出"Element Attributes"对话框，在"SECNUM"项中选择"3"，其他选项不变。单击"OK"按钮关闭该对话框。

建立上下弦杆和横梁杆梁单元：Utility Menu > Preprocessor > Modeling > Create > Elements > Auto Numbered > Thru Nodes，弹出"Elem from Nodes"对话框，分别在 3 和 6 号节点、6 和 11 号节点、4 和 5 号节点、5 和 12 号节点、2 和 3 号节点、1 和 4 号节点、6 和 7 号节点、5 和 8 号节点、10 和 11 号节点、9 和 12 号节点建立单元。单击"OK"按钮关闭该对话框。

❼ 选择第 4 种单元属性。

GUI：Utility Menu > Preprocessor > Modeling > Create > Elements > Elem Attributes，弹出"Element Attributes"对话框，在"TYPE"项中选择"2 SHELL181"，在"MAT"项中选择 2，在"SECNUM"项中选择 4，在"TSHAP"项中选择"4 node quad"，其他选项不变。单击"OK"按钮关闭该对话框。

❽ 建立桥面板单元。

GUI：Utility Menu > Preprocessor > Modeling > Create > Elements > Auto Numbered > Thru Nodes，弹出"Elem from Nodes"对话框，依次选择1、2、6、5号节点，5、6、10、9号节点，9、10、14、13号节点建立3个壳单元。单击"OK"按钮关闭该对话框，结果如图7-69所示。

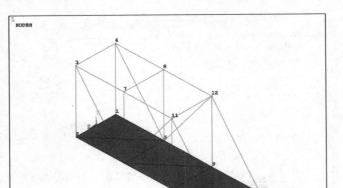

图7-69 半桥单元

❾ 生成全桥有限元模型。

（1）生成对称节点。

GUI：Main Menu > Preprocessor > Modeling > Reflect > Nodes，弹出"Reflect Nodes"对话框，单击"Pick All"按钮。在第二个对话框中，选择"Y-Z plane"，"INC"项填写"14"。单击"OK"按钮关闭该对话框。

（2）生成对称单元。

GUI：Main Menu > Preprocessor > Modeling > Reflect > Elements > Auto Numbered，弹出"Reflect Elems"对话框，单击"Pick All"。在第二个对话框中，"NINC"项填写"14"，单击"OK"按钮。最后得到的全桥单元如图7-70所示。

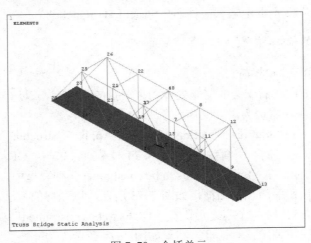

图7-70 全桥单元

❿ 合并重合节点、单元。

(1) GUI：Main Menu > Preprocessor > Numbering Ctrls > Merge Items，弹出"Merge Coincident or Equivalently Defined Items"对话框，在"Label Type of item to be merge"下拉列表框中选择"All"，单击"OK"按钮关闭该对话框，如图 7-71 所示。

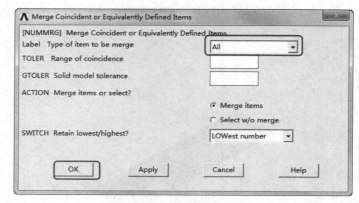

图 7-71　合并重合节点和单元

(2) 压缩编号。

GUI：Main Menu > Preprocessor > Numbering Ctrls > Compress Number，弹出"Compress Numbers"对话框，在"Label Item to be compressed"下拉列表框中选择"All"，单击"OK"按钮关闭该对话框，如图 7-72 所示。

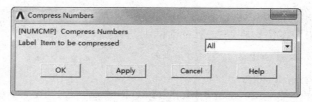

图 7-72　压缩编号

⓫ 保存模型文件。选择 Utility Menu > File > Save as，弹出一个"Save Database"对话框，在"Save Database to"文本框中输入文件名"Structural_model.db"，单击"OK"按钮。

7.3.3　定义边界条件并求解

01 施加边界条件和载荷

❶ 施加位移约束：在简支梁的支座处要约束节点的自由度，以达到模拟铰支座的目的。假定梁左端为固定支座，右边为滑动支座。

GUI：Main Menu > Solution > Define Losads > Apply > Structual > Displacement > On Nodes，弹出节点选取对话框，用箭头选择 23 和 24 号节点，单击"OK"按钮，弹出"Apply U, ROT Nodes"对话框，在"Lab2 DOFs to be constrained"列表框中，选择"UX"、"UY"、"UZ"，单击"OK"按钮关闭该对话框，如图 7-73 所示。以同样的方法，在 13 和 14 号节点施加位移约束。选择 13、14 号节点之后，在"DOFs to be constrained"列表框中选择"UY"、"UZ"，单击"OK"按钮关闭该对话框。结果如图 7-74 所示。

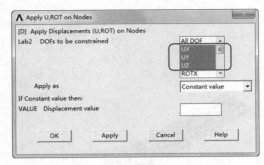

图 7-73 设置节点位移约束

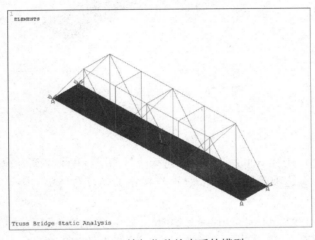

图 7-74 施加位移约束后的模型

❷ 施加集中力：在跨中两节点处施加集中力载荷。

GUI：Main Menu > Solution > Define Losads > Apply > Structural > Force/Moment > On Nodes，弹出节点选取对话框，用箭头选择 1 和 2 号节点，单击"OK"按钮将弹出"Apply F/M on Nodes"对话框，在"Lab Direction of force/mom"下拉列表框中选择"FY"，在"VALUE Force/moment value"文本框中输入"-100000"，如图 7-75 所示，单击"OK"按钮关闭该对话框。

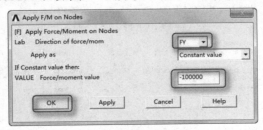

图 7-75 设置集中力载荷

❸ 施加重力。

GUI：Main Menu > Solution > Define Losads > Apply > Structural > Inertia > Gravity > Global，弹出"Apply Acceleration"对话框，在"ACELY"文本框中输入"10"，单击"OK"按钮。

施加所有载荷之后的模型如图 7-76 所示。

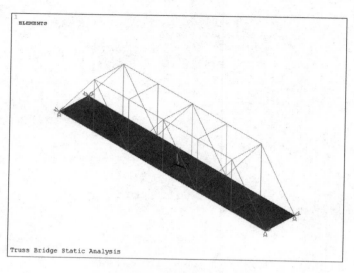

图 7-76 施加所有载荷后的模型

02 求解

❶ 选择分析类型。

GUI：Main Menu > Solution > Analysis Type > New Analysis，在弹出的"New Analysis"对话框中选择"static"选项，然后单击"OK"按钮关闭该对话框。

❷ 开始求解。

GUI：Main Menu > Solution > Solve > Current LS，弹出"/STATUS Command"对话框，如图 7-77 所示，检查无误后，单击关闭按钮。在弹出的另一个"Solve Current Load Step"对话框中单击"OK"按钮。求解结束后，关闭"Solution is done"对话框。

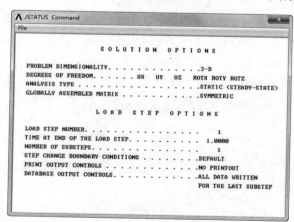

图 7-77 求解信息

7.3.4 查看结果

01 查看计算结果

❶ 查看结构变形图。

GUI：Main Menu > General Postproc > Plot Results > Deformed Shape，弹出如图 7-78 所示的对话框，单击"OK"按钮，结果显示如图 7-79 所示。

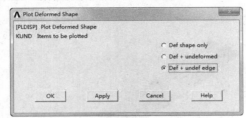

图 7-78　设置变形显示

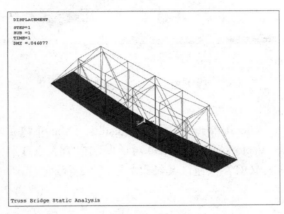

图 7-79　结构变形结果

❷ 云图显示位移。

GUI：Main Menu > General Postproc > Plot Results > Contour Plot > Nodal Solu，将弹出如图 7-80 所示的对话框，选择 Nodal Solution > DOF Solution 下面的选项，其中包括 X、Y、Z 各个方向的位移及总体位移，以及 X、Y、Z 各个方向的转角及总体转角。下面的两个下拉列表框分别表示：是否显示未变形的模型；变形比例。单击"OK"按钮显示云图。各节点总体位移结果云图如图 7-81 所示。

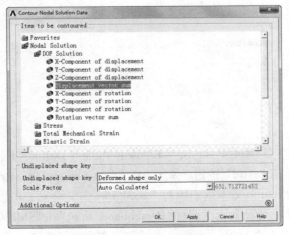

图 7-80　选择云图显示数据

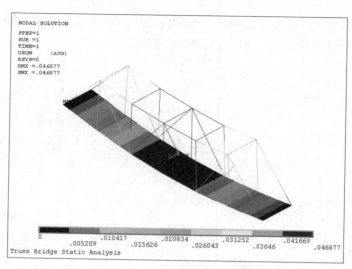

图 7-81　总位移云图显示

❸ 矢量显示节点位移。

GUI：Main Menu > General Postproc > Plot Results > Vector Plot > Predefined，弹出一个"Vector Plot of Predefined Vectors"（矢量画图）对话框，在"PLVECT"项中选取"DOF solution"和"Translation U"，单击"OK"按钮，其结果如图 7-82 所示。

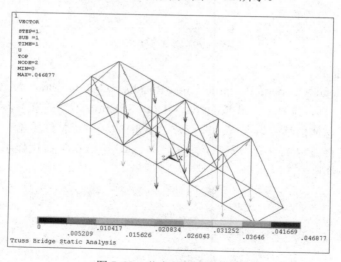

图 7-82　节点位移矢量显示

❹ 显示结构内力图。

（1）定义单元表。

GUI：Main Menu > General Postproc > Element Table > Define Table，弹出一个"Element Table Data"对话框，单击"Add"按钮，弹出"Define Additional Element Table Items"对话框，在"Lab　User label for item"文本框中填写"zhou_i"（定义单元 i 节点轴力名称），在"Item, Comp　Results data item"列表中依次选择"By sequence num"和"SMISC"，下边填写"SMISC, 1"，如图 7-83 所示。单击"Apply"按钮，继续定义单元 j 节点轴力，在"Lab　User label for item”文本框中填写“zhou_j”，下边填写“SMISC，7”。单击“Apply” 按钮，继续定义单元 *i* 节点剪力，在“Lab User label for item”文本框中填写“jian_i”，下边填写“SMISC，2”。单击“Apply”按钮，继续定义单元 *j* 节点剪力，在“Lab User label for item”文本框中填写“jian_j”，下边填写“SMISC，8”。单击“Apply”按钮，继续定义单元 *i* 节点弯矩，在“Lab User label for item”文本框中填写“wan_i”，下边填写“SMISC，6”。单击“Apply”按钮，继续定义单元 *j* 节点弯矩，在“Lab User label for item”文本框中填写“wan_j”，下边填写“SMISC，12”。单击“OK”按钮关闭该对话框。单击“Close”按钮关闭“Element Table Data”对话框。

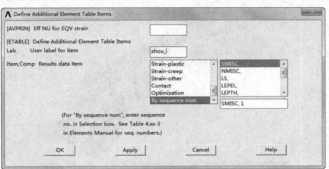

图 7-83 定义单元表

（2）列表单元表结果。

GUI：Main Menu > General Postproc > Element Table > List Elem Table，弹出一个“List Element Table Data”对话框，选择刚才定义的内力名称“ZHOU_I，ZHOU_J，JIAN_I，JIAN_J，WAN_I，WAN_J”，单击“OK”按钮，弹出文本列表“PRETAB Command”，显示每个单元的节点内力，如图 7-84 所示。

PRETAB Command

File

PRINT ELEMENT TABLE ITEMS PER ELEMENT

***** POST1 ELEMENT TABLE LISTING *****

STAT ELEM	CURRENT ZHOU_I	CURRENT ZHOU_J	CURRENT JIAN_I	CURRENT JIAN_J	CURRENT WAN_I	CURRENT WAN_J
1	-0.16402E+07	-0.41794E-03	4325.1	0.38241E-04	-10524.	-0.11823E-04
2	-0.16402E+07	-0.41794E-03	-4325.1	-0.38241E-04	-10524.	-0.11823E-04
3	95974.	0.32385E-04	-216.65	-0.24885E-05	-6666.8	-0.99163E-05
4	53183.	0.17946E-04	169.26	0.19441E-05	-5786.4	-0.86067E-05
5	52775.	0.17808E-04	-990.49	-0.11377E-04	-8540.2	-0.12703E-04
6	95974.	0.32385E-04	216.65	0.24885E-05	-6666.8	-0.99163E-05
7	53183.	0.17946E-04	-169.26	-0.19441E-05	-5786.4	-0.86067E-05
8	52775.	0.17808E-04	990.49	0.11377E-04	-8540.2	-0.12703E-04
9	-0.15905E+07	-0.53668E-03	97.367	0.11184E-05	-7189.1	-0.10693E-04
10	-0.15902E+07	-0.53658E-03	-324.96	-0.37325E-05	-5219.8	-0.77639E-05
11	-0.15905E+07	-0.53668E-03	-97.367	-0.11184E-05	-7189.1	-0.10693E-04
12	-0.15902E+07	-0.53658E-03	324.96	0.37325E-05	-5219.8	-0.77639E-05
13	-24584.	-0.82956E-05	-0.22640E-09	-0.26001E-17	-5539.0	-0.82180E-05

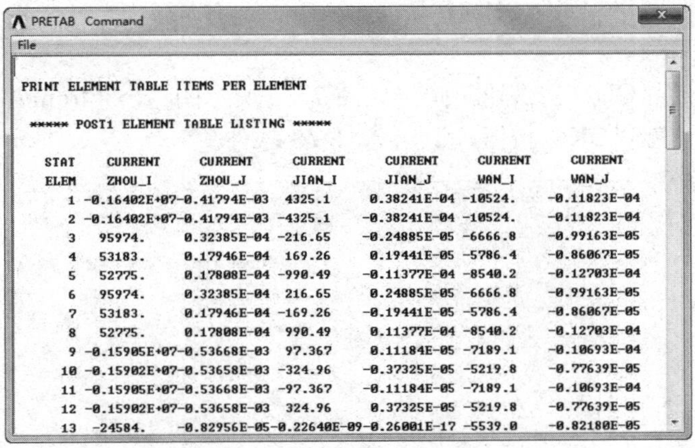

图 7-84 单元表数据

列表的最后还列出了每项最大值和最小值，以及它们所在的单元。

（3）显示线单元结果。

GUI：Main Menu > General Postproc > Plot Results > Contour Plot > Line Elem Res，弹出“Plot Line-Element Results”对话框，“LabI”“LabJ”项分别选择“ZHOU_I”和“ZHOU_J”，“Fact”项设置显示比例（默认值是 1），“KUND”项选择是否显示变形。单击“OK”按钮。

显示轴力图，如图 7-85 所示。重新执行显示线单元结果操作，"LabI""LabJ"项分别选择"JIAN_I"和"JIAN_J"，显示剪力图。重新执行显示线单元结果操作，"LabI""LabJ"项分别选择"WAN_I"和"WAN_J"，显示弯矩图。由于本例中的结构属于桁架杆系结构，杆件的剪力与弯矩很小，因此结果不做重点考虑。

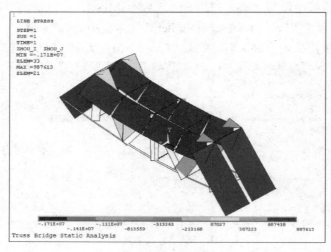

图 7-85　轴力图

❺ 列表节点结果。

GUI：Main Menu > General Postproc > List Results > Nodal Solution，弹出一个"List Nodal Solution"对话框，选择 Nodal Solution > DOF Solution > Displacement vector sum，单击"OK"按钮。弹出每个节点的位移列表文本，其中包括每个节点的 X、Y、Z 方向位移和总位移，最后还列有每项最大值及出现最大值的节点。

02　退出程序

单击工具条中的"QUIT"按钮，弹出如图 7-86 所示的"Exit from ANSYS"对话框，选取一种保存方式，单击"OK"按钮，退出 ANSYS 软件。

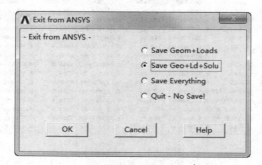

图 7-86　"Exit from ANSYS"对话框

7.3.5　命令流执行方式

命令流执行方式这里不再详细介绍，读者可参见网盘资料中的电子文档。

第 8 章

模态分析

固有频率和振型是承受动态载荷结构设计中的重要参数。用 ANSYS 模态分析可以确定一个结构的固有频率和振型。

本章将通过实例讲述模态分析的基本步骤和具体方法。

- ☑ 模态分析概论
- ☑ 实例——钢桁架桥模态分析
- ☑ 实例——压电变换器的自振频率分析

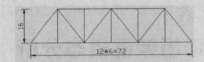

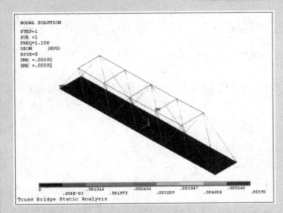

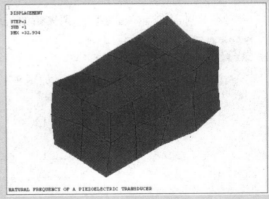

8.1 模态分析概论

用户使用 ANSYS 的模态分析来决定一个结构或者机器部件的振动频率(固有频率和振型)。模态分析也可以是另一个动力学分析的出发点,如瞬态动力学分析、谐响应分析或者谱分析等。

可以对有预应力的结构进行模态分析,如旋转的涡轮叶片。另一个分析功能是循环对称结构模态分析,该功能允许通过只对循环对称结构的一部分进行建模从而分析产生整个结构的振型。

ANSYS 产品家族的模态分析是线性分析。任何非线性特性,如塑性和接触(间隙)单元,即使定义了也将被忽略。

需要记住以下两个要点:

(1) 模态分析中只有线性行为是有效的,如果指定了非线性单元,它们将被当作是线性的。例如,如果分析中包含了接触单元,则系统取其初始状态的刚度值并且不再改变此刚度值。

(2) 必须指定杨氏弹性模量 EX(或某种形式的刚度)和密度 DENS(或某种形式的质量)。材料性质可以是线性的或非线性的、各向同性或正交各向异性的、恒定的或与温度有关的,非线性特性将被忽略。用户必须对某些指定的单元进行实常数的定义。

8.2 实例——钢桁架桥模态分析

本节对前面一章介绍的一架钢桁架桥进行模态分析,分别采用 GUI 方式和命令流方式。

8.2.1 问题描述

已知下承式简支钢桁架桥尺寸如图 8-1 所示。杆件规格及材料属性分别见表 8-1 和表 8-2。

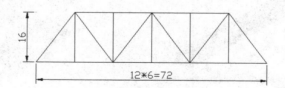

图 8-1 钢桁架桥简图

表 8-1 钢桁架桥杆件规格

杆件	截面号	形状	规格
端斜杆	1	工字形	400×400×16×16
上下弦	2	工字形	400×400×12×12
横向连接梁	2	工字形	400×400×12×12
其他腹杆	3	工字形	400×300×12×12

第8章 模态分析

表 8-2 材料属性

参数	钢材	混凝土
弹性模量EX	2.1×10^{11}	3.5×10^{10}
泊松比PRXY	0.3	0.1667
密度DENS	7850	2500

8.2.2 GUI 操作方法

建模过程与上一章的建模过程相同，施加的位移约束相同，但是不需要施加载荷（除了零位移约束之外的其他类型的载荷——力、压力、加速度等可以在模态分析中指定，但是在模态提取时将被忽略）。下面进行模态求解。

8.2.3 求解

01 选择分析类型

GUI：Main Menu > Solution > Analysis Type > New Analysis，在弹出的"New Analysis"对话框中选择"Modal"选项，单击"OK"按钮关闭该对话框。

设置分析选项：Main Menu > Solution > Analysis Type > Analysis Option，弹出"Modal Analysis"对话框，如图 8-2 所示填写，单击"OK"按钮。接着弹出"PCG Lanczos Modal Analysis"对话框，在"FREQE End Frequency"文本框中填写"100"，如图 8-3 所示。

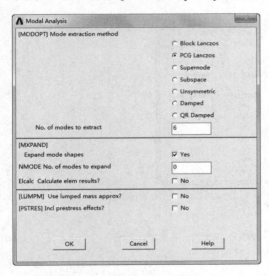

图 8-2 选择模态求解方式

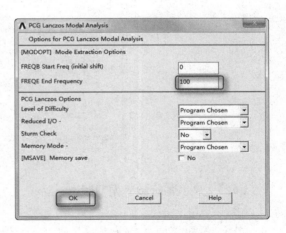

图 8-3 设置子空间求解法

02 开始求解

GUI：Main Menu > Solution > Solve > Current LS，弹出"/STATUS Command"对话框，如图 8-4 所示，检查无误后，单击关闭按钮。在弹出的另一个"Solve Current Load Step"对话框中，单击"OK"按钮开始求解。求解结束后，关闭"Solution is done"对话框。

```
/STATUS Command
File

                    S O L U T I O N   O P T I O N S

PROBLEM DIMENSIONALITY. . . . . . . . . . . . .3-D
DEGREES OF FREEDOM. . . . . . UX   UY   UZ   ROTX ROTY ROTZ
ANALYSIS TYPE . . . . . . . . . . . . . . . . .MODAL
   EXTRACTION METHOD. . . . . . . . . . . . . .PCG LANCZOS
EQUATION SOLVER OPTION. . . . . . . . . . . . .PCG
   TOLERANCE. . . . . . . . . . . . . . . . . . 1.00000E-08
NUMBER OF MODES TO EXTRACT. . . . . . . . . . .     6
MODAL EXTRACTION RANGE. . . . . . . . . . . . . 0.0000     TO    100.00
GLOBALLY ASSEMBLED MATRIX . . . . . . . . . . .SYMMETRIC

                  L O A D   S T E P   O P T I O N S

LOAD STEP NUMBER. . . . . . . . . . . . . . . .     1
INERTIA LOADS                          X           Y           Z
   ACEL . . . . . . . . . . . . .  0.0000      10.000      0.0000
```

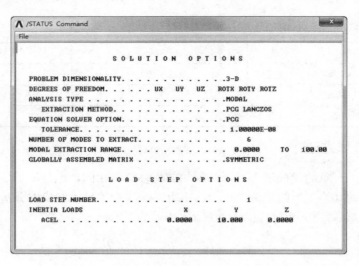

图 8-4　求解信息

8.2.4 查看结算结果

01 列表显示频率

GUI：Main Menu > General Postproc > Results Summary，将弹出频率结果文本列表，如图 8-5 所示。

```
SET,LIST Command
File

 *****  INDEX OF DATA SETS ON RESULTS FILE  *****

  SET   TIME/FREQ    LOAD STEP   SUBSTEP  CUMULATIVE
    1  1.1919            1          1         1
    2  1.6775            1          2         1
    3  2.2956            1          3         1
    4  2.5294            1          4         1
    5  2.6316            1          5         1
    6  3.1714            1          6         1
```

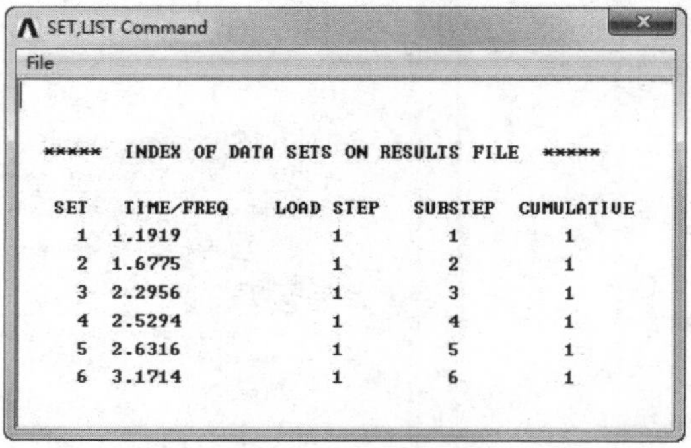

图 8-5　频率列表

02 显示各阶频率振型图

❶ 读取载荷步

GUI：Main Menu > General Postproc > Read Results > First Set，根据菜单中 First Set（第一步）、Next Set（下一步）、Previous Set（前一步）、Last Set（最后一步）、By Pick（任意选择步数）等，可以任意选择读取载荷步，每一步代表一阶模态。

❷ 显示振型图：每次读取一阶模态之后，就可以显示该阶振型。GUI：Main Menu > General Postproc > Plot Results > Contour Plot > Nodal Solu，选择 Nodal Solution > DOF Solution > Displacement vector sum，就可以显示振型图。如图 8-6 所示为前 6 阶模态的振型图。

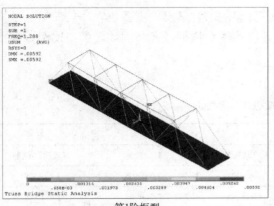
第1阶振型

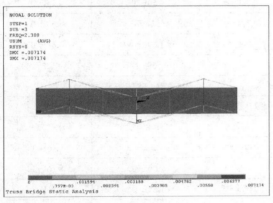
第2阶振型

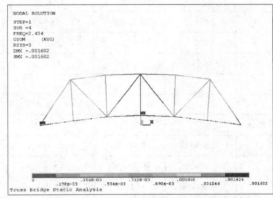
第3阶振型

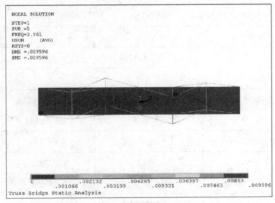
第4阶振型

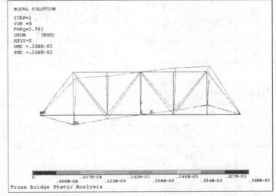
第5阶振型

第6阶振型

图 8-6　6 阶模态振型图

❸ 查看模态求解信息。在 ANSYS Output Window 中可以查看模态计算时的求解信息。如果想把求解信息保存下来，则需要在求解（solve）之前，将输出信息写入文本中，操作如下：在进行求解之前选择 Utility Menu > File > Switch Output to > File 命令，弹出"Switch Output to File"对话框，定义文件名，选择保存路径之后，单击"OK" 按钮创建文件，然后求解。求解结束之后，选择 Utility Menu > File > Switch Output to > Output Window 命令，使信息继续

在输出窗口中显示,不再保存到创建的文件中。完整的求解信息中主要包含:总质量、结构在各方向的总转动惯量、各种单元质量,以及各阶频率、周期、参与因数、参与比例、有效质量、有效质量积累因数等。

模态各方向参与因数计算见表 8-3。

表 8-3　各阶模态参与因数

模态	频率	周期	参与因数	参与比例	有效质量	有效质量积累
X方向参与因数计算						
1	1.20835	0.82757	4.51E-03	0.00006	2.04E-05	3.47E-09
2	1.66921	0.59908	2.65E-04	0.000004	7.01E-08	3.48E-09
3	2.30789	0.4333	-2.13E-03	0.000029	4.56E-06	4.25E-09
4	2.43382	0.41088	-16.577	0.221531	274.783	4.68E-02
5	3.96078	0.25248	1.14E-02	0.000152	1.29E-04	4.68E-02
6	3.9914	0.25054	74.827	1	5599.12	1
					总质量5873.90	
Y方向参与因数计算						
1	1.20835	0.82757	6.14E-03	0.000009	3.76E-05	8.16E-11
2	1.66921	0.59908	-4.54E-05	0	2.06E-09	8.16E-11
3	2.30789	0.4333	-4.27E-03	0.000006	1.82E-05	1.21E-10
4	2.43382	0.41088	679.15	1	461241	0.99999
5	3.96078	0.25248	-2.23E-02	0.000033	4.97E-04	0.99999
6	3.9914	0.25054	2.1269	0.003132	4.52367	1
					总质量461246	
Z方向参与因数计算						
1	1.20835	0.82757	218.62	1	47799.6	0.999624
2	1.66921	0.59908	-3.245	0.014843	10.53	0.999844
3	2.30789	0.4333	2.6971	0.012337	7.27422	0.999996
4	2.43382	0.41088	-3.79E-04	0.000002	1.44E-07	0.999996
5	3.96078	0.25248	0.4391	0.002008	0.192808	1
6	3.9914	0.25054	-8.20E-03	0.000038	6.73E-05	1
					总质量47813.6	
RX方向参与因数计算						
1	1.20835	0.82757	3038.8	1	9.23E+06	0.998889
2	1.66921	0.59908	8.9082	0.002932	79.3561	0.998898
3	2.30789	0.4333	-100.92	0.033212	10189.4	1

(续)

RX方向参与因数计算

模态	频率	周期	参与因数	参与比例	有效质量	有效质量积累
4	2.43382	0.41088	2.15E-02	0.000007	4.63E-04	1
5	3.96078	0.25248	1.2935	0.000426	1.67321	1
6	3.9914	0.25054	-0.10188	0.000034	1.04E-02	1
					总质量9244300	

RY方向参与因数计算

模态	频率	周期	参与因数	参与比例	有效质量	有效质量积累
1	1.20835	0.82757	-62.423	0.018844	3896.61	3.52E-04
2	1.66921	0.59908	3312.6	1	1.10E+07	0.992069
3	2.30789	0.4333	-17.912	0.005407	320.826	0.992098
4	2.43382	0.41088	7.48E-03	0.000002	9.60E-05	0.992098
5	3.96078	0.25248	-299.71	0.089266	87442.2	1
6	3.9914	0.25054	1.14E-02	0.000003	1.30E-04	1
					总质量11065200	

RZ方向参与因数计算

模态	频率	周期	参与因数	参与比例	有效质量	有效质量积累
1	1.20835	0.82757	2.76E-02	1.00E-05	7.60E-04	9.10E-11
2	1.66921	0.59908	-7.66E-03	3.00E-06	9.87E-05	9.80E-11
3	2.30789	0.4333	1.01E-02	4.00E-06	1.03E-04	1.10E-10
4	2.43382	0.41088	17.11	0.005921	292.763	3.51E-05
5	3.96078	0.25248	2.40E-03	1.00E-06	9.76E-06	3.51E-05
6	3.9914	0.25054	2889.7	1	8.35E+06	1
					总质量8350830	

8.2.5 退出程序

单击工具条中的"QUIT"按钮,弹出如图8-7所示的"Exit from ANSYS"对话框,选取一种保存方式,单击"OK"按钮,退出 ANSYS 软件。

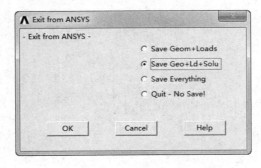

图8-7 退出 ANSYS

8.2.6 命令流执行方式

命令流执行方式这里不再详细介绍，读者可参见网盘资料中的电子文档。

8.3 实例——压电变换器的自振频率分析

8.3.1 问题描述

如图 8-8 所示，压电变换器由 PZT4 材料组成的一立方体构成，其极性方向沿 Z 轴。正交于极性轴的两个平行的平面为电极。求压电变换器短路电路和公开电路的第一、第二模态的自振频率。材料特性及尺寸如下。

密度：$\rho = 7500 \text{ kg/m}^3$，尺寸：$L = 0.02\text{m}$

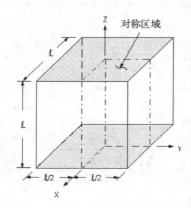
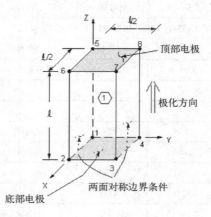

图 8-8 压电变换器示意图

PZT4 材料的介电常数矩阵 $[\varepsilon_r]$：$\begin{pmatrix} 804.6 & 0 & 0 \\ 0 & 804.6 & 0 \\ 0 & 0 & 659.7 \end{pmatrix}$

PZT4 材料的压电常数矩阵 $[e]$ C/m^2：$\begin{pmatrix} 0 & 0 & -4.1 \\ 0 & 0 & -4.1 \\ 0 & 0 & -4.1 \\ 0 & 0 & 0 \\ 0 & 10.5 & 0 \\ 10.5 & 0 & 0 \end{pmatrix}$

PZT4 材料的刚度矩阵为 $[c] \times 10^{10}$ N/m^2，$[c] = \begin{pmatrix} 13.2 & 7.1 & 7.3 & 0 & 0 & 0 \\ 7.1 & 13.2 & 7.3 & 0 & 0 & 0 \\ 7.3 & 7.3 & 11.5 & 0 & 0 & 0 \\ 0 & 0 & 0 & 3.0 & 0 & 0 \\ 0 & 0 & 0 & 0 & 2.6 & 0 \\ 0 & 0 & 0 & 0 & 0 & 2.6 \end{pmatrix}$

8.3.2 建立模型

❶ 定义工作文件名：Utility Menu > File > Change Jobname，弹出如图 8-9 所示的"Change Jobname"对话框，在"[/FILNAM] Enter new jobname"文本框中输入"PZT"，并将"New log and error files?"复选框选为"Yes"，单击"OK"按钮。

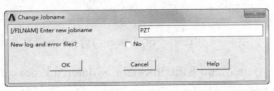

图 8-9 "Change Jobname"对话框

❷ 定义工作标题：Utility Menu > File > Change Title，在出现的"Change Title"对话框的"[/TITLE] Enter new title"文本框中输入"NATURAL FREQUENCY OF A PIEZOELECTRIC TRANSDUCER"，如图 8-10 所示，单击"OK"按钮。

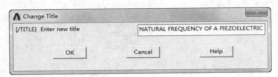

图 8-10 "Change Title"对话框

❸ 关闭三角坐标符号：Utility Menu > PlotCtrls > Window Controls > Window options，弹出如图 8-11 所示的"Window Options"对话框，在"[/TRIAD] Location of triad"下拉列表框中选择"Not shown"，单击"OK"按钮。

❹ 选择单元类型：Main Menu > Preprocessor > Element Type > Add/Edit/Delete，将弹出如图 8-12 所示的"Element Types"对话框，单击"Add"按钮，弹出如图 8-13 所示的"Library of Element Types"对话框，在"Library of Element Types"列表框中依次选择"Coupled Field"和"Scalar Brick 5"，单击"OK"按钮。然后单击图 8-12 中的"Close"按钮关闭该对话框。

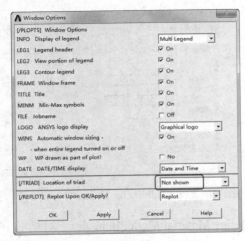

图 8-11 "Window Options"对话框

图 8-12 "Element Types"对话框

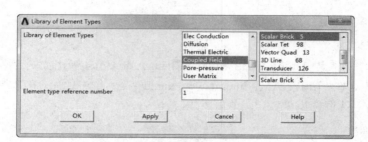

图 8-13 "Library of Element Types"对话框

❺ 设置材料密度：Main Menu > Preprocessor > Material Props > Material Models，弹出如图 8-14 所示的"Define Material Model Behavior"对话框，在"Material Models Available"列表框中，双击打开 Structural > Density，弹出如图 8-15 所示的"Density for Material Number1"对话框，在"DENS"文本框中输入"7500"，单击"OK"按钮。

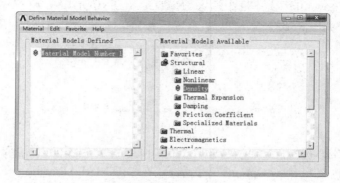

图 8-14 "Define Material Model Behavior"对话框

❻ 设置材料介电常数：在"Material Models Available"列表框中，双击 Electromagnetics > Relative permeability 下的 Orthotropic，弹出如图 8-16 所示的"Permeability for Material Number 1"对话框，在"MURX""MURY"和"MURZ"文本框中分别输入"804.6""804.6""659.7"，单击"OK"按钮。

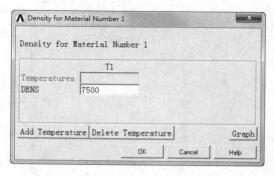

图 8-15 "Density for Material Number1"对话框

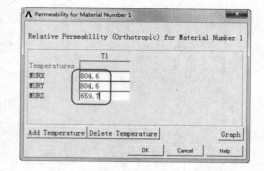

图 8-16 "Premeability for Material Number 1"对话框

❼ 设置压电常数：在如图 8-14 所示的"Define Material Model Behavior"对话框中，在"Material Models Available"列表框中双击 Piezoelectrics > Piezoelectric Matrix，弹出如图 8-17

所示的"Piezoelectric Matrix for Material Number 3"对话框，在文本框中依次输入压电矩阵数据，如图8-17所示，单击"OK"按钮。

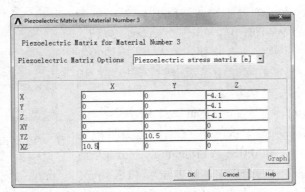

图8-17 "Piezoelectric Matrix for Material Number 3"对话框

❽ 设置刚度矩阵：在如图8-14所示的对话框中，在"Material Models Available"列表框中双击Structural > Linear > Elastic > Anisotropic，弹出如图8-18所示的"Anisotropic Elasticity for Material Number 3"对话框，在文本框中输入刚度矩阵数据，如图8-18所示，单击"OK"按钮。然后在"Define Material Model Behavior"窗口中选择Material > Exit菜单命令，退出材料属性的设置。

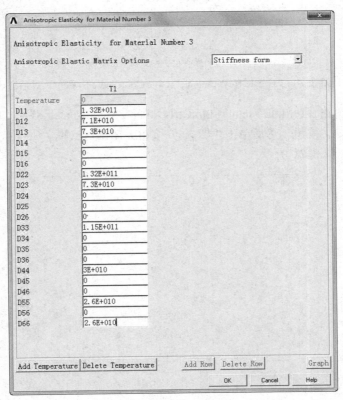

图8-18 "Anisotropic Elasticity for Material Number 3"对话框

❾ 定义参数的初始值：Utility Menu > Parameters > Scalar Parameters，弹出如图 8-19 所示的"Scalar Parameters"对话框，在"Selection"文本框中输入"L=10E-3"，单击"Accept"按钮；输入"W=10E-3"，单击"Accept"按钮；输入"H=20E-3"，单击"Accept"按钮；输入"A3=1000"，单击"Accept"按钮，参数将在菜单中显示。然后单击图 8-19 中的"Close"按钮关闭该对话框。

❿ 创建 4 个关键点：Main Menu > Preprocessor > Modeling > Create > Keypoints > In Active CS，弹出如图 8-20 所示的"Create Keypoints in Active Coordinate System"对话

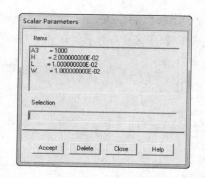

图 8-19 "Scalar Parameters"对话框

框，在"NPT Keypoint number"文本框中输入"1"，单击"Apply"按钮，又弹出此对话框，在"NPT Keypoint number"文本框中输入"2"，在"X, Y, Z Location in active CS"文本框中分别输入"L、0、0"，单击"Apply"按钮，又弹出此对话框，在"NPT Keypoint number"文本框中输入"3"，在"X, Y, Z Location in active CS"文本框中分别输入"L、W、0"，单击"Apply"按钮，再次弹出此对话框，在"NPT Keypoint number"文本框中输入"4"，在"X, Y, Z Location in active CS"文本框分别输入"0、W、0"，单击"OK"按钮。

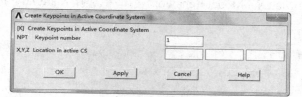

图 8-20 "Create Keypoints in Active Coordinate System"对话框

执行 GUI 菜单路径：Main Menu > PlotCtrls > Pan Zoom Rotate，弹出"Pan-Zoom-Rotate"对话框，单击"Iso"按钮，然后单击"Close"按钮关闭该对话框。

生成的结果如图 8-21 所示。

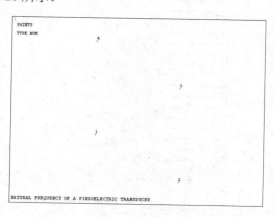

图 8-21 生成的结果显示

⓫ 复制其他关键点：Main Menu > Preprocessor > Modeling > Copy > Keypoints，弹出一

个拾取框,单击"Pick All"按钮,又弹出如图 8-22 所示的"Copy Keypoints"对话框,在"ITIME Number of copies"文本框中输入"2",在"DZ Z-offset in active CS"文本框中输入"H",单击"OK"按钮,结果生成如图 8-23 所示的图形。

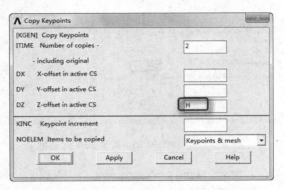

图 8-22 "Copy Keypoints"对话框

图 8-23 关键点生成图形显示

⓬ 连接关键点生成直线:Main Menu > Preprocessor > Modeling > Create > Lines > Lines > Straight Line,弹出一个拾取框,在工作平面上拾取编号为 1 和 5 的关键点,单击"OK"按钮。

⓭ 设置线单元尺寸:Main Menu > Preprocessor > Meshing > Size Cntrls > Manual Size > Lines > All Lines,弹出如图 8-24 所示的"Element Sizes on All Selected Lines"对话框,在"NDIV No. of element divisions"文本框中输入"4",单击"OK"按钮。

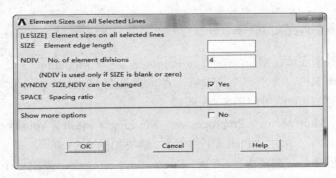

图 8-24 "Element Sizes on All Selected Lines"对话框

⓮ 设置全局单元尺寸：Main Menu > Preprocessor > Meshing > Size Cntrls > Manual Size > Global > Size，弹出如图 8-25 所示的"Global Element Sizes"对话框，在"NDIV No. of element divisions"文本框中输入"2"，单击"OK"按钮。

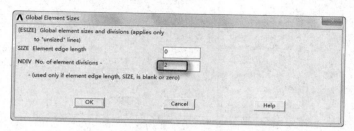

图 8-25 "Global Element Sizes"对话框

⓯ 设置单元划分类型：Main Menu > Preprocessor > Meshing > Mesher Opts，将弹出如图 8-26 所示的"Mesher Options"对话框，在"KEY Mesher Type"选项组中单击"Mapped"单选按钮，单击"OK"按钮，又会弹出如图 8-27 所示的"Set Element Shape"对话框，不用改变设置，单击"OK"按钮。

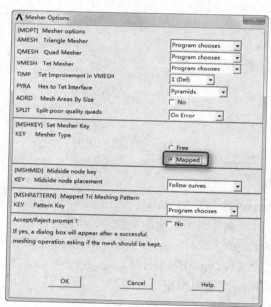

图 8-26 "Mesher Options"对话框

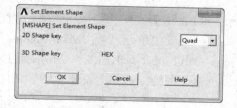

图 8-27 "Set Element Shape"对话框

⓰ 连接关键点生成体：Main Menu > Preprocessor > Modeling > Create > Volumes > Arbitrary > Through KPs，弹出一个拾取框，在工作平面上依次拾取编号为 1～8 的关键点，单击"OK"按钮。生成的结果如图 8-28 所示。

⓱ 划分单元：Main Menu > Preprocessor > Meshing > Mesh > Volumes > Mapped > 4 to 6 sided，弹出一个拾取框，单击"Pick All"按钮，结果如图 8-29 所示。

⓲ 保存有限元模型：在菜单栏中选择 File > Save as 命令，弹出一个对话框，在"Save database to"文本框中输入"PZT.db"，单击"OK"按钮。

第8章 模态分析

图 8-28 体生成结果显示

图 8-29 有限元模型显示

8.3.3 求解短路电路频率

❶ 选择 X 坐标为 0 的节点：Utility Menu > Select > Entities，弹出如图 8-30 所示的"Select Entities"对话框，在第二个下拉列表框中选中"By Location"选项，单击其下的"X coordinates"单选按钮，在"Min, Max"文本框输入"0"，单击"OK"按钮。

❷ 施加 X 对称位移约束：Main Menu > Solution > Define Loads > Apply > Structural > Displacement > Symmetry B.C > On Nodes，弹出如图 8-31 所示的"Apply SYMM on Nodes"对话框，单击"OK"按钮。

图 8-30 "Select Entities"对话框   图 8-31 "Apply SYMM on Nodes"对话框

❸ 选择 Y 坐标为 0 的节点：Utility Menu > Select > Entities，弹出如图 8-30 所示的对话框，在第二个下拉列表框中选中"By Location"选项，单击"Y Coordinates"单选按钮，在"Min, Max"文本框中输入"0"，单击"OK"按钮。

❹ 施加 Y 对称位移约束：Main Menu > Solution > Define Loads > Apply > Structural > Displacement > Symmetry B.C > On Nodes，弹出如图 8-31 所示的对话框，在"Norml Symm surface is normal to"下拉列表框中选中"Y-axis"，单击"OK"按钮。结果如图 8-32 所示。

❺ 选择所有节点：Utility Menu > Select > Everything。

❻ 保存数据：单击工具条中的"SAVE_DB"按钮。

❼ 设定分析类型：Main Menu > Solution > Analysis Type > New Analysis，弹出如图 8-33 所示的"New Analysis"对话框，单击"Modal"单选按钮，单击"OK"按钮。

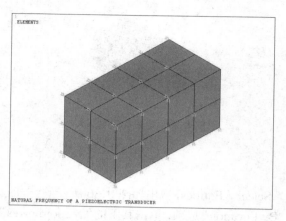

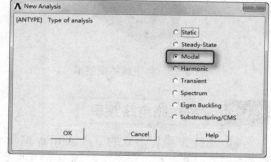

图 8-32　施加对称约束后结果显示　　　　　图 8-33　"New Analysis"对话框

❽ 选择模态提取方法：Main Menu > Solution > Analysis Type > Analysis Options，弹出如图 8-34 所示的"Modal Analysis"对话框，选中"Block Lanczos"模态提取法；在"No. of modes to extract"文本框和"N MODE No.of modes to expand"文本框中都输入"10"，单击"OK"按钮。弹出如图 8-35 所示的"Block Lanczos Method"对话框，在"FREQB Start Freq（initial shift）"文本框中输入"50000"，在"FREQE End Frequency"文本框中输入"150000"，单击"OK"按钮。

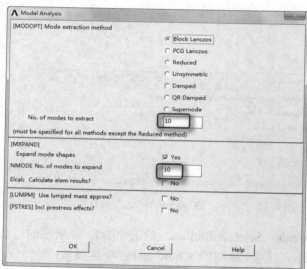

图 8-34　"Modal Analysis"对话框　　　　　图 8-35　"Block Lanczos Method"对话框

❾ 选择 Z 坐标为 0 的节点：Utility Menu > Select > Entities，弹出如图 8-30 所示的对话框，在第二个下拉列表框中选中"By Location"选项，单击"Z Coordinates"单选按钮，在"Min, Max"文本框中输入"0"，单击"OK"按钮。

❿ 施加电压载荷约束：Main Menu > Solution > Define Loads > Apply > Electric > Boundary > Voltage > On Nodes，弹出一个拾取框，单击"Pick All"按钮，弹出如图 8-36 所示的"Apply VOLT on nodes"对话框，在"VALUE　Load VOLT value"文本框中输入"0"，

单击"OK"按钮。

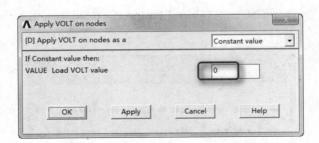

图 8-36 "Apply VOLT on nodes"对话框

⑪ 选择 Z 坐标为 H 的节点：Utility Menu > Select > Entities，弹出如图 8-30 所示的对话框，在第二个下拉列表框中选中"By Location"选项，单击"Z Coordinates"单选按钮，在"Min, Max"文本框中输入"H"，单击"OK"按钮。

⑫ 施加电压载荷约束：Main Menu > Solution > Define Loads > Apply > Electric > Boundary > Voltage > On Nodes，弹出一个拾取框，单击"Pick All"按钮，弹出如图 8-36 所示的对话框，在"VALUE Load VOLT value"文本框中输入"0"，单击"OK"按钮。生成的结果如图 8-37 所示。

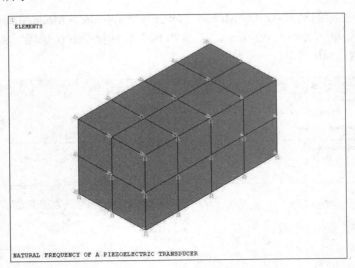

图 8-37 电压载荷约束施加后结果显示

⑬ 选择所有节点：Utility Menu > Select > Everything。

⑭ 求解：Main Menu > Solution > Solve > Current LS，弹出一个信息提示框和对话框，浏览完毕后在菜单栏中选择 File > Close 命令，单击对话框中的"OK"按钮，开始求解运算，当出现"Solution is done"信息框时，单击"Close"按钮，完成求解运算。

8.3.4 短路电路频率后处理

❶ 观察求解综述：Main Menu > General Postproc > Results Summary，弹出如图 8-38 所

示的对话框，可以看到 10 阶模态的频率及其他信息。

❷ 读入 1 阶振型：Main Menu > General Postproc > Read Results > First Set，读入 1 阶振型的数据。

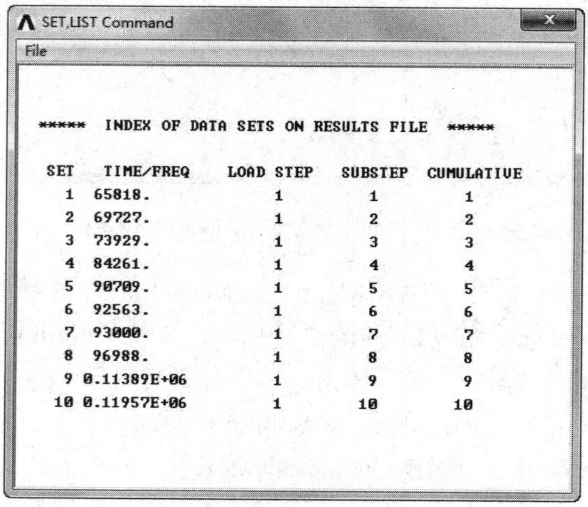
SET,LIST Command
File

***** INDEX OF DATA SETS ON RESULTS FILE *****

SET	TIME/FREQ	LOAD STEP	SUBSTEP	CUMULATIVE
1	65818.	1	1	1
2	69727.	1	2	2
3	73929.	1	3	3
4	84261.	1	4	4
5	90709.	1	5	5
6	92563.	1	6	6
7	93000.	1	7	7
8	96988.	1	8	8
9	0.11389E+06	1	9	9
10	0.11957E+06	1	10	10

图 8-38　10 阶模态显示

❸ 显示 1 阶振型的动画：Utility Menu > PlotCtrls > Animate > Mode Shape，弹出“Animate Mode Shape”对话框，如图 8-39 所示，单击“OK”按钮接受默认选项，将出现 1 阶振型的动画图，界面如图 8-40 所示。

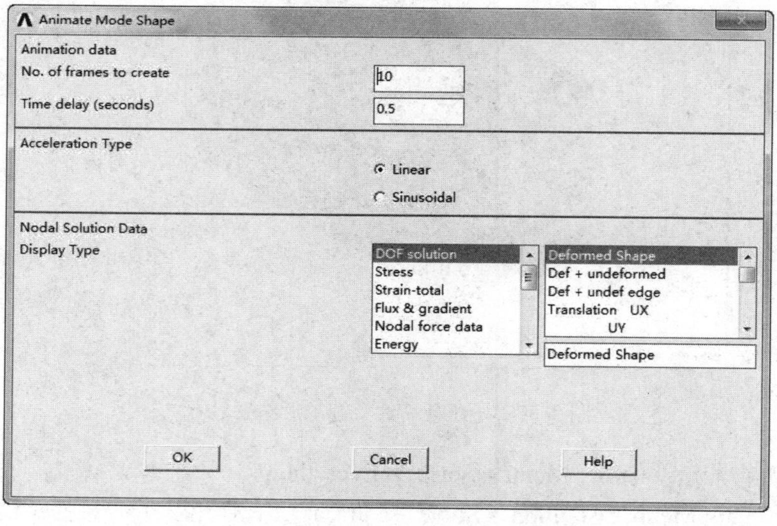

图 8-39　振型动画显示控制对话框

❹ 如果想停止动画，单击“Utility Menu”右上角的小按钮，弹出“Animation Contr…”对话框，如图 8-41 所示，单击“Stop”按钮或者“Close”按钮。

❺ 读取下一阶振型：Main Menu > General Postproc > Read Results > Next Set，读入下一阶振型的数据。

第8章 模态分析

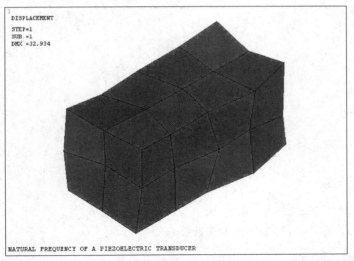

图 8-40　1 阶振型截图显示　　　　　　　　图 8-41　动画显示控制

❻ 重复第❸和第❹步可显示和关闭显示第 2 阶振型的动画。重复第❺和第❻步可显示和关闭显示第 3 阶、第 4 阶、第 5 阶等其他阶振型的动画。

❼ 退出求解器：Main Menu > Finish。

8.3.5　求解公开电路频率

❶ 设定分析类型：Main Menu > Solution > Analysis Type > New Analysis，弹出如图 8-33 所示的"New Analysis"对话框，单击"Modal"单选按钮，单击"OK"按钮。

❷ 选择模态提取方法：Main Menu > Solution > Analysis Type > Analysis Options，弹出如图 8-34 所示的"Modal Analysis"对话框，选中"Block Lanczos"模态提取法，在"No.of modes to extract"文本框中输入"10"，在"NMODE No. of modes to expand"文本框中输入"10"，单击"OK"按钮，弹出如图 8-35 所示的对话框，在"FREQB Start Freq（initial shift）"文本框中输入"50000"，在"FREQE End Frequency"文本框中输入"150000"，单击"OK"按钮。

❸ 选择 Z 坐标为 H 的节点：Utility Menu > Select > Entities，弹出如图 8-30 所示的对话框，单击选择第二个下拉列表框中的"By Location"选项，然后单击"Z Coordinates"单选按钮，在"Min，Max"文本框中输入"H"，单击"OK"按钮。

❹ 删除电压载荷约束：Main Menu > Solution > Define Loads > Delete > Electric > Boundary > Voltage > On Nodes，弹出一个拾取框，单击"Pick All"按钮。

❺ 耦合电压载荷约束：Main Menu > Preprocessor > Coupling / Ceqn > Couple DOFs，弹出一个拾取框，单击"Pick All"按钮，弹出如图 8-42 所示的"Define Coupled DOFs"对话框，在"NEST Set reference number"文本框中输入"1"，在"Lab Degree-of-freedom label"下拉列表框中选中"VOLT"，单击"OK"按钮，结果如图 8-43 所示。

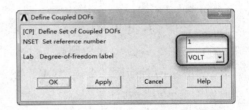

图 8-42　"Define Coupled DOFs"对话框

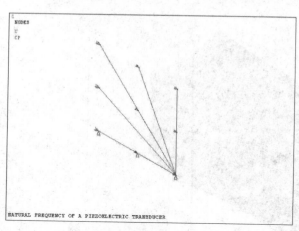

图 8-43 耦合电压载荷约束后结果显示

❻ 选择所有节点：Utility Menu > Select > Everything。

❼ 求解：Main Menu > Solution > Solve > Current LS，弹出一个信息提示框和对话框，浏览完毕后单击 File > Close，单击对话框中的"OK"按钮，开始求解运算，当出现"Solution is done"信息框时，单击"Close"按钮，完成求解运算。

8.3.6 公开电路频率后处理

❶ 观察求解综述：Main Menu > General Postproc > Results Summary，弹出如图 8-44 所示的对话框，将会看到 10 阶模态的频率及其他信息。

❷ 读入第 4 阶振型：Main Menu > General Postproc > Read Results > By Set Number，弹出如图 8-45 所示的"Read Results by Data Set Number"对话框，在"NSET Data set number"文本框中输入"4"，单击"OK"按钮，读入第 4 阶振型的数据。

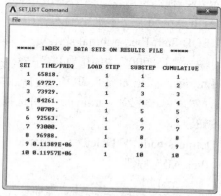

图 8-44 10 阶模态显示

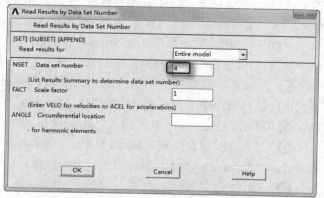

图 8-45 "Read Results by Data Set Number"对话框

❸ 显示第 4 阶振型的动画：Utility Menu > PlotCtrls > Animate > Mode Shape，弹出如图 8-39 所示的对话框，单击"OK"按钮接受默认选项，屏幕将出现第 4 阶振型的动画图，界面如图 8-46 所示。

❹ 如果想停止动画，单击"Utility Menu"右上角的小按钮，弹出如图 8-41 所示的"Animation Contr…"对话框，单击"Stop"按钮或者"Close"按钮。

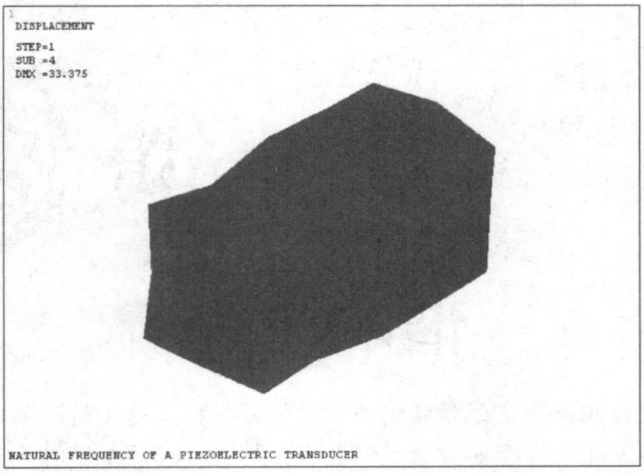

第8章 模态分析

图 8-46　第 4 阶振型截图显示

❺ 读入第 8 阶振型：Main Menu > General Postproc > Read Results > By Set Number，弹出如图 8-45 所示的对话框，在"NSET　Data set number"文本框中输入"8"，单击"OK"按钮，读入第 8 阶振型的数据。

❻ 显示第 8 阶振型的动画：Utility Menu > PlotCtrls > Animate > Mode Shape，将弹出如图 8-39 所示的对话框，单击"OK"按钮接受默认选项，屏幕将出现第 8 阶振型的动画图，界面如图 8-47 所示。

❼ 退出求解器：Main Menu > Finish。

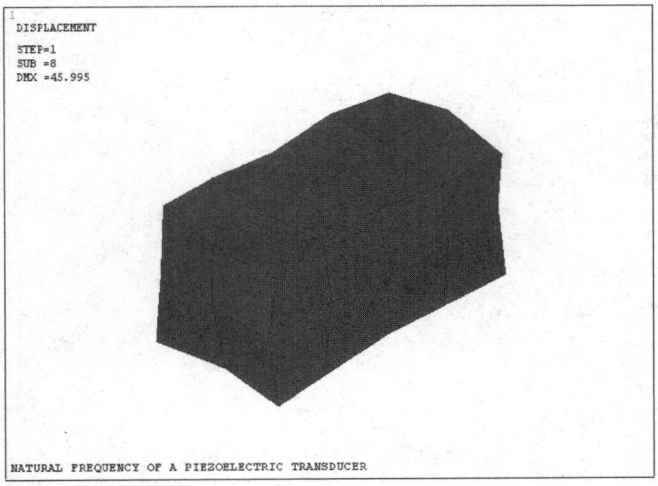

图 8-47　第 8 阶振型截图显示

❽ 退出 ANSYS。单击工具条中的"QUIT"按钮，在出现的对话框中选择"Quit-No Save!"单选按钮，单击"OK"按钮，退出 ANSYS。

8.3.7　命令流执行方式

命令流执行方式这里不再详细介绍，读者可参见网盘资料中的电子文档。

第 9 章

谐响应分析

谐响应分析是用于确定线性结构在承受随时间按正弦（简谐）规律变化的载荷时的稳态响应的一种技术。分析的目的是计算出结构在几种频率下的响应，并得到一些响应值（通常是位移）对频率的曲线。从这些曲线上可以找到"峰值"响应，并进一步观察峰值频率对应的应力。

- ☑ 谐响应分析概论
- ☑ 实例——弹簧质子系统的谐响应分析

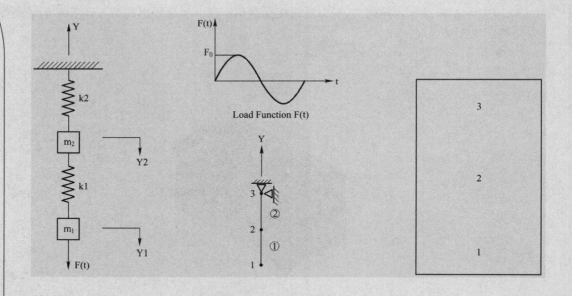

第9章 谐响应分析

9.1 谐响应分析概论

任何持续的周期载荷将在结构系统中产生持续的周期响应（谐响应）。谐响应分析使设计人员能预测结构的持续动力特性，从而使设计人员能够验证其设计能否成功地克服共振、疲劳及其他受迫振动引起的有害后果。

这种分析技术只计算结构的稳态受迫振动，发生在激励开始时的瞬态振动不在谐响应分析中考虑，如图9-1所示。

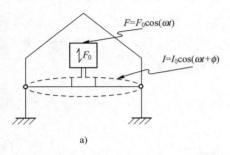
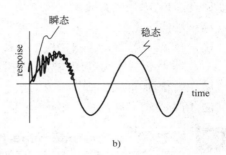

图9-1 谐响应分析示例

说明：图9-1a表示标准谐响应分析系统，F_0和ω已知，I_0和ϕ未知；图9-1b表示结构的稳态和瞬态谐响应分析。

谐响应分析是一种线性分析。任何非线性特性，如塑性和接触（间隙）单元，即使定义了也将被忽略。但在分析中可以包含非对称矩阵，如分析在流体——结构相互作用中的问题。谐响应分析同样也可以用于分析有预应力的结构，如小提琴的弦（假定简谐应力比预加的拉伸应力小得多）。

谐响应分析可以采用3种方法，即完全法（Full Method）、减缩法（Reduced Method）和模态叠加法（Mode Superposition Method）。下面来比较一下上述3种方法的优缺点。当然，还有另外一种方法，就是将简谐载荷指定为有时间历程的载荷函数而进行瞬态动力学分析，这是一种消耗相对较大的方法。

9.1.1 完全法（Full Method）

完全法（Full Method）是3种方法中最容易使用的方法。它采用完整的系统矩阵计算谐响应（没有矩阵减缩），矩阵可以是对称或非对称的。Full Method的优点如下。

- ☑ 容易使用，因为不必关心如何选取主自由度和振型。
- ☑ 使用完整矩阵，因此不涉及质量矩阵的近似。
- ☑ 允许有非对称矩阵，这种矩阵在声学或轴承问题中很典型。
- ☑ 用单一处理过程计算出所有的位移和应力。
- ☑ 允许施加各种类型的载荷：节点力、外加的（非零）约束、单元载荷（压力和温度）。
- ☑ 允许采用实体模型上所加的载荷。

完全法的一个缺点是预应力选项不可用；另一个缺点是当采用 Frontal 方程求解器

时，通常比其他的方法消耗大。但是采用 JCG 求解器或 JCCG 求解器时，完全法的效率很高。

9.1.2 减缩法（Reduced Method）

减缩法（Reduced Method）通常采用主自由度和减缩矩阵来压缩问题的规模。主自由度处的位移被计算出来后，解可以被扩展到初始的完整 DOF 集上。

减缩法的优点如下。
- ☑ 在采用 Frontal 求解器时比 Full Method 更快且消耗小。
- ☑ 可以考虑预应力效果。

减缩法的缺点如下。
- ☑ 初始解只计算出主自由度的位移。如果要得到完整的位移、应力和力的解，则需执行扩展处理（扩展处理在某些分析应用中是可选操作）。
- ☑ 不能施加单元载荷（压力、温度等）。
- ☑ 所有载荷必须施加在用户定义的自由度上，这就限制了采用实体模型上所加的载荷。

9.1.3 模态叠加法（Mode Superposition Method）

模态叠加法（Mode Superposition Method）通过对模态分析得到的振型（特征向量）乘上因子并求和来计算出结构的响应。它的优点如下。
- ☑ 对于许多问题，此法比减缩法和完全法更快且消耗小。
- ☑ 在模态分析中施加的载荷可以通过 LVSCALE 命令用于谐响应分析中。
- ☑ 可以使解按结构的固有频率聚集，这样便可产生更平滑、更精确的响应曲线图。
- ☑ 可以包含预应力效果。
- ☑ 允许考虑振型阻尼（阻尼系数为频率的函数）。

模态叠加法的缺点如下。
- ☑ 不能施加非零位移。
- ☑ 在模态分析中使用 PowerDynamics 方法时，初始条件中不能有预加的载荷。

9.1.4 3 种方法的共同局限性

谐响应的 3 种方法有着如下的共同局限性。
- ☑ 所有载荷必须随时间按正弦规律变化。
- ☑ 所有载荷必须有相同的频率。
- ☑ 不允许有非线性特性。
- ☑ 不计算瞬态效应。

可以通过进行瞬态动力学分析来克服这些限制，这时应将简谐载荷表示为有时间历程的载荷函数。

9.2 实例——弹簧质子系统的谐响应分析

本实例通过一个弹簧质子的谐响应分析来阐述谐响应分析的基本过程和步骤。谐响应分析有 3 种求解方法：完全法、减缩法、模态叠加法，本例采用的是模态叠加法，如果要采用其他两种方法，步骤也一样。

9.2.1 问题描述

已知一个质量弹簧系统，受到幅值为 F_0、频率范围是 0.1Hz～1.0Hz 的谐波载荷作用，如图 9-2 所示，求其固有频率和位移响应。材料属性和载荷数值如表 9-1 所示。

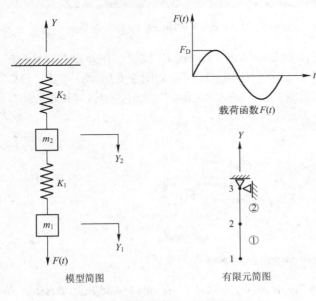

表 9-1 材料属性、载荷数值

材料属性	载荷
$k1 = 6$ N/m	$F_o = 50$ N
$k2 = 16$ N/m	
m1 = m2 = 2 kg	

图 9-2 模型简图与有限元简图

9.2.2 建模及分网

❶ 定义工作标题：Utility Menu > File > Change Title，弹出"Change Title"对话框，输入"HARMONIC RESPONSE OF A SPRING-MASS SYSTEM"，如图 9-3 所示，然后单击"OK"按钮。

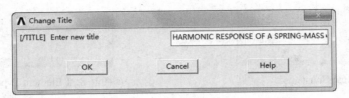

图 9-3 定义工作标题

❷ 定义单元类型：Main Menu > Preprocessor > Element Type > Add/Edit/Delete，弹出"Element Types"对话框，如图 9-4 所示，单击"Add"按钮，弹出"Library of Element Types"对话框，在左侧的列表框中选择"Combination"，在右侧的列表框中选择"Combination 40"，如图 9-5 所示，单击"OK"按钮，回到图 9-4 所示的对话框。

 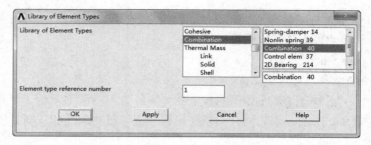

图 9-4 "Element Types" 对话框　　　图 9-5 "Library of Element Types" 对话框

❸ 定义单元选项：在图 9-4 所示的对话框中单击 "Options" 按钮，在弹出的对话框的 "Element degree（s） of freedom K3" 下拉列表中选择 "UY"，如图 9-6 所示，单击 "OK" 按钮，回到图 9-4 所示的 "Element Types" 对话框，单击 "Close" 按钮关闭该对话框。

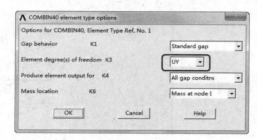

图 9-6 "COMBIN40 element type options" 对话框

❹ 定义第一种实常数：Main Menu > Preprocessor > Real Constants > Add/Edit/ Delete，弹出 "Real Constants" 对话框，如图 9-7 所示，单击 "Add" 按钮，弹出 "Element Types" 对话框，如图 9-8 所示。

图 9-7 "Real Constants" 对话框　　　图 9-8 "Element Types" 对话框

❺ 在图 9-8 所示的对话框中单击选取 "Type 1 COMBIN40"，单击 "OK" 按钮。出现 "Real Constant Set Number 1，for COMBIN40" 对话框，在 "Element Type Reference No.1" 文本框中输入 "1"，在 "Spring constant K1" 文本框中输入 "6"，在 "Mass M" 文本框中输入 "2"，如图 9-9 所示，单击 "Apply" 按钮。

❻ 在弹出的对话框的 "Real Constant Set No." 文本框中输入 "2"，在 "Spring constant K1" 文本框中输入 "16"，在 "Mass M" 文本框中输入 "2"，如图 9-10 所示，单击 "OK" 按钮。接着单击 "Real Constants" 对话框中的 "Close" 按钮关闭该对话框，退出实常数定义。

第9章 谐响应分析

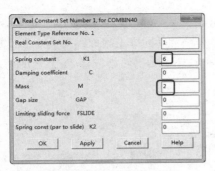
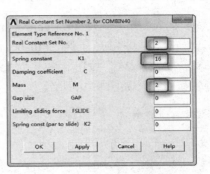

图 9-9 "Real Constant Set Number 1, for COMBIN40" 对话框（定义 K1、M1）

图 9-10 "Real Constant Set Number 2, for COMBIN40" 对话框（定义 K1、M2）

❼ 创建节点：Main Menu > Preprocessor > Modeling > Create > Nodes > In Active CS，弹出"Create Nodes in Active Coordinate System"对话框。在"NODE Node number"文本框中输入"1"，如图 9-11 所示，在"X，Y，Z Location in active CS"文本框中分别输入"0、0、0"，单击"Apply"按钮。

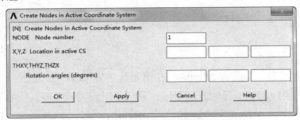

图 9-11 生成第一个节点

❽ 在"Create Nodes in Active Coordinate System"对话框中，在"NODE Node number"文本框中输入"3"，在"X，Y，Z Location in active CS"文本框中分别输入"0、2、0"，单击"OK"按钮。

❾ 打开节点编号显示控制：Utility Menu > PlotCtrls > Numbering，弹出"Plot Numbering Controls"对话框，选中"NODE Node numbers"后的复选框使其显示为"On"，如图 9-12 所示，单击"OK"按钮。

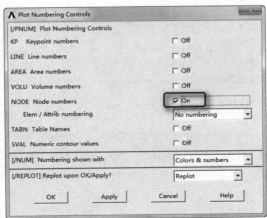

图 9-12 打开节点编号显示控制

❿ 插入新节点：Main Menu > Preprocessor > Modeling > Create > Nodes > Fill between Nds，弹出如图9-13所示的"Fill between Nds"对话框，用鼠标单击拾取编号为1和3的两个节点，单击"OK"按钮，弹出"Create Nodes Between 2 Nodes"对话框，单击"OK"按钮接受默认设置，如图9-14所示。

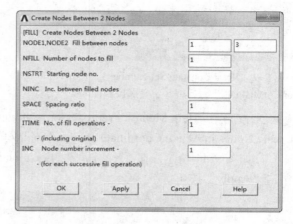

图9-13 "Fill between Nds"对话框　　　　图9-14 在两节点之间创建节点

⓫ 执行GUI菜单路径：Utility Menu > PlotCtrls > Window Controls > Window Options，弹出相应对话框，在"[/TRIAD] Location of triad"下拉列表框中选择"At top left"，单击"OK"按钮关闭该对话框。窗口显示控制对话框设置如图9-15所示，此时屏幕显示如图9-16所示。

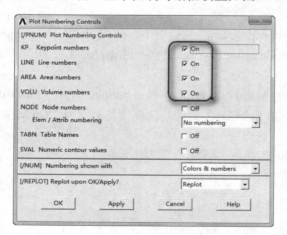
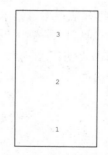

图9-15 窗口显示控制对话框　　　　图9-16 窗口节点显示

⓬ 定义梁单元属性：Main Menu > Preprocessor > Modeling > Create > Elements > Elem Attributes，弹出"Element Attributes"对话框，在"[TYPE] Element type number"下拉列表框中选择"1 COMBIN40"，在"[REAL] Real constant set number"下拉列表框中选择"1"，如图9-17所示。

⓭ 创建梁单元：Main Menu > Preprocessor > Modeling > Create > Elements > Auto Numbered > Thru Nodes，弹出"Elements from Nodes"对话框，然后用鼠标在屏幕上拾取编号

第9章 谐响应分析

为1和2的节点,单击"OK"按钮,屏幕上在节点1和节点2之间出现一条直线。

⑭ 定义梁单元属性:Main Menu > Preprocessor > Modeling > Create > Elements > Elem Attributes,弹出"Element Attributes"对话框,在"[TYPE] Element type number"下拉列表框中选择"1 COMBIN40",在"[REAL] Real constant set number"下拉列表框中选择"2",单击"OK"按钮。

⑮ 创建梁单元:Main Menu > Preprocessor > Modeling > Create > Elements > Auto Numbered > Thru Nodes,弹出"Elements from Nodes"对话框,然后用鼠标在屏幕上拾取编号为2和3的节点,单击"OK"按钮,屏幕上在节点2和节点3之间出现一条直线。此时屏幕显示如图9-18所示。

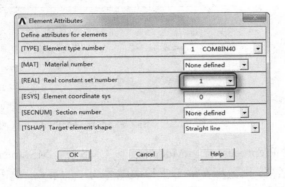

图9-17 "Element Attributes"对话框

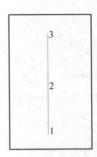

图9-18 单元模型

9.2.3 模态分析

❶ 定义求解类型:Main Menu > Solution > Analysis Type > New Analysis,弹出"New Analysis"对话框,单击"Modal"单选按钮,如图9-19所示,单击"OK"按钮。

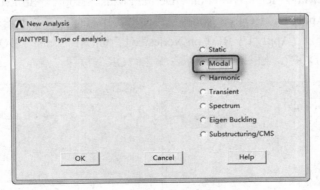

图9-19 定义分析类型为模态分析

❷ 设置求解选项:Main Menu > Solution > Analysis Type > Analysis Options,弹出"Modal Analysis"对话框,在"[MODOPT] Mode extraction method"选项组中单击"Block Lanczos"单选按钮,在"No. of modes to extract"文本框中输入"2",如图9-20所示,单击"OK"按钮。

❸ 弹出"Block Lanczos Method"对话框,采取系统默认设置,如图9-21所示,单击"OK"按钮。

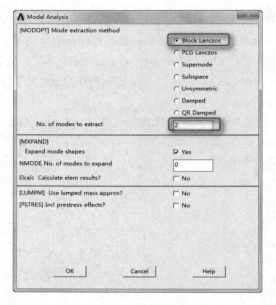

图 9-20 "Modal Analysis" 对话框

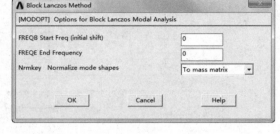

图 9-21 "Block Lanczos Method" 对话框

❹ 定义主自由度：Main Menu > Preprocessor > Modeling > CMS > CMS Interface > Define，弹出"Define Master DOFs"对话框，用鼠标在屏幕上拾取编号为 1 的节点，单击"OK"按钮，弹出"Define Master DOFs"对话框，在"Lab1 1st degree of freedom"下拉列表框中选择"UY"，如图 9-22 所示，单击"Apply"按钮。

❺ 弹出"Define Master DOFs"对话框，用鼠标在屏幕上拾取编号为 2 的节点，单击"OK"按钮，弹出"Define Master DOFs"对话框，在"Lab1 1st degree of freedom"下拉列表框中选择"UY"，如图 9-22 所示，单击"OK"按钮。

❻ 施加约束：Main Menu > Solution > Define Loads > Apply > Structural > Displacement > On Nodes，弹出"Apply U, ROT on Nodes"对话框，用鼠标在屏幕上拾取编号为 3 的节点，单击"OK"按钮，弹出"Apply U, ROT on Nodes"对话框，在"Lab2 DOFs to be constrained"列表框中选择"All DOF"，如图 9-23 所示，单击"OK"按钮。

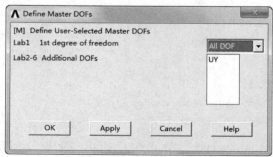

图 9-22 定义主自由度

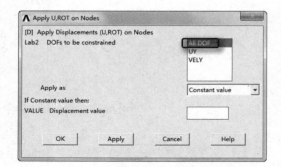

图 9-23 施加约束

❼ 模态分析求解：Main Menu > Solution > Solve > Current LS，弹出"/STATUS Command"信息提示栏和"Solve Current Load Step"对话框。浏览信息提示栏中的信息，如

第9章 谐响应分析

果无误,则在菜单栏中选择 File > Close 命令关闭。单击"Solve Current Load Step"对话框中的"OK"按钮,开始求解。求解完毕后会出现"Solution is done"提示对话框,单击"Close"按钮关闭即可。

❽ 退出求解器:Main Menu > Finish。

9.2.4 谐响应分析

❶ 定义求解类型:Main Menu > Solution > Analysis Type > New Analysis,弹出"New Analysis"对话框,单击"Harmonic"单选按钮,如图9-24所示,单击"OK"按钮。

❷ 设置求解选项:Main Menu > Solution > Analysis Type > Analysis Options,弹出"Harmonic Analysis"对话框,在"[HROPT] Solution method"下拉列表框中选择"Mode Superpos'n",如图9-25所示,单击"OK"按钮。

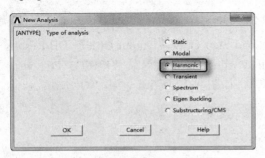

图 9-24 定义分析类型为谐响应分析

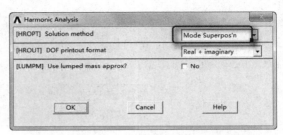

图 9-25 "Harmonic Analysis"对话框

❸ 弹出"Mode Sup Harmonic Analysis"对话框,在"[HROPT] Maximum mode number"文本框中输入"2",如图9-26所示,单击"OK"按钮。

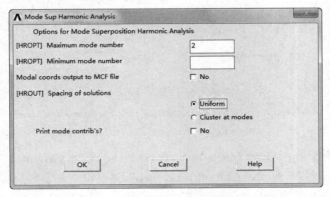

图 9-26 "Mode Sup Harmonic Analysis"对话框

❹ 施加集中载荷:Main Menu > Solution > Define Loads > Apply > Structural > Force/Moment > On Nodes,弹出"Apply F/M on Nodes"对话框,在屏幕上拾取编号为3的节点,单击"OK"按钮,弹出"Apply F/M on Nodes"对话框,在"Lab Direction of force/mom"下拉列表框中选择"FY",在"VALUE Real part of force/mom"文本框中输入"50",如图9-27所示,单击"OK"按钮。

❺ 设置载荷:Main Menu > Solution > Load Step Opts > Time/Frequenc > Freq and Substps,

弹出"Harmonic Frequency and Substep Options"对话框，在"[NSUBST] Number of substeps"文本框中输入"50"，在"[HARFRQ] Harmonic freq range"文本框中依次输入"0.1"和"1"，在"[KBC] Stepped or ramped b.c."选项组中单击"Stepped"单选按钮，如图9-28所示，单击"OK"按钮。

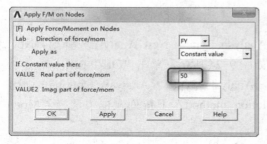
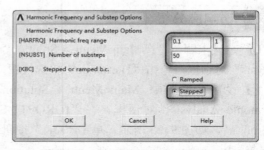

图 9-27　施加载荷　　　图 9-28　"Harmonic Frequency and Substep Options"对话框

❻ 设置输出选项：Main Menu > Solution > Load Step Opts > Output Ctrls > DB/Results File，弹出"Controls for Database and Results File Writing"对话框，在"FREQ File write frequency"选项组中单击"Every substep"单选按钮，如图9-29所示，单击"OK"按钮。

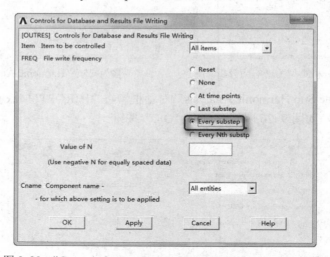

图 9-29　"Controls for Database and Results File Writing"对话框

❼ 谐响应分析求解：Main Menu > Solution > Solve > Current LS，弹出"/STATUS Command"信息提示栏和"Solve Current Load Step"对话框。浏览信息提示栏中的信息，如果无误，则在菜单栏中选择 File > Close 命令关闭。单击"Solve Current Load Step"对话框中的"OK"按钮，开始求解。求解完毕后会出现"Solution is done"提示对话框，单击"Close"按钮关闭即可。

❽ 退出求解器：Main Menu > Finish。

9.2.5　观察结果

❶ 进入时间历程后处理：Main Menu > TimeHist PostPro，弹出如图9-30所示的"Time History Variables-Grain.rfrq"对话框，里面已有默认变量频率（FREQ）。

第9章 谐响应分析

❷ 定义位移变量 UY1:在图 9-30 所示的窗口中单击左上角的"+"图标按钮,弹出"Add Time-History Variable"对话框,依次单击 Nodal Solution > DOF Solution > Y-Component of displacement,如图 9-31 所示,在"Variable Name"文本框中输入"UY_1",单击"OK"按钮。

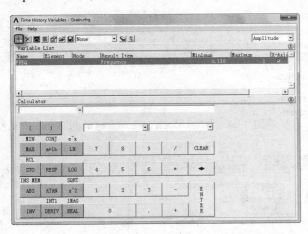
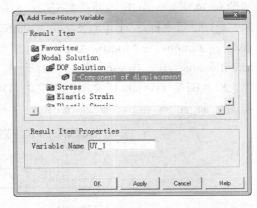

图 9-30 "Time History Variables-Grain.rfrq"窗口   图 9-31 "Add Time-History Variable"对话框

❸ 弹出"Node for Data"对话框,如图 9-32 所示,在文本框中输入"1",单击"OK"按钮,返回到"Time History Variables-Grain.rfrq"窗口,此时变量列表里面多了一项 UY_1 变量。

❹ 定义位移变量 UY1:在图 9-30 所示的对话框中单击左上角的"+"图标按钮,弹出"Add Time-History Variable"对话框,依次单击 Nodal Solution > DOF Solution > Y-Component of displacement,如图 9-31 所示,在"Variable Name"文本框中输入"UY_2",单击"OK"按钮。

❺ 弹出"Node for Data"对话框,如图 9-32 所示,在文本框中输入"2",单击"OK"按钮。返回到"Time History Variables-Grain.rfrq"窗口,此时变量列表里面多了一项"UY_2"变量,如图 9-33 所示。

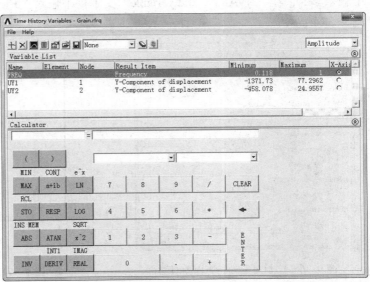

图 9-32 "Node for Data"对话框   图 9-33 "Time History Variables-Grain.rfrq"对话框

241

❻ 在"Time History Variables-Grain.rfrq"窗口的菜单栏中选择 File > Close 命令关闭它。

❼ 设置坐标 1：Utility Menu > PlotCtrls > Style > Graphs > Modify Grid，弹出"Grid Modifications for Graph Plots"对话框，在"[/GRID] Type of grid"下拉列表框中选择"X and Y lines"，如图 9-34 所示，单击"OK"按钮。

❽ 设置坐标 2：Utility Menu > PlotCtrls > Style > Graphs > Modify Axes，弹出"Axes Modifications for Graph Plots"对话框，在"[/AXLAB] Y-axis label"文本框中输入"DISP"，如图 9-35 所示，单击"OK"按钮。

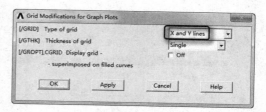

图 9-34 "Grid Modifications for Graph Plots"对话框

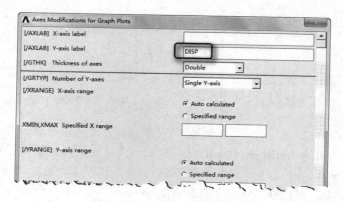

图 9-35 "Axes Modifications for Graph Plots"对话框

❾ 绘制变量图：Main Menu > TimeHist PostPro > Graph Variables，弹出"Graph Time-History Variables"对话框，如图 9-36 所示。在"NVAR1 1st variable to graph"文本框中输入"2"，在"NVAR2 2nd variable"文本框中输入"3"，单击"OK"按钮，屏幕显示如图 9-37 所示。

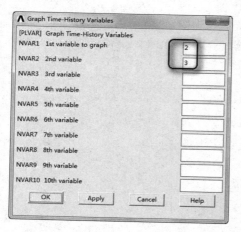

图 9-36 绘制变量时间历程图对话框

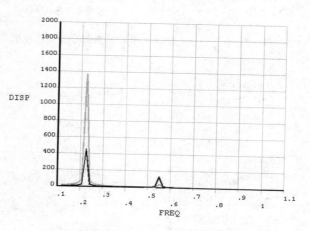

图 9-37 变量时间历程图显示

⑩ 列表显示变量：Main Menu > TimeHist PostPro > List Variables，弹出"List Time-History Variables"对话框，如图9-38所示，在"NVAR1　1st variable to list"文本框中输入"2"，在"NVAR2　2nd variable"文本框中输入"3"，单击"OK"按钮，屏幕显示如图9-39所示。

⑪ 退出ANSYS：在工具条中单击"QUIT"按钮，选择要保存的项后单击"OK"按钮。

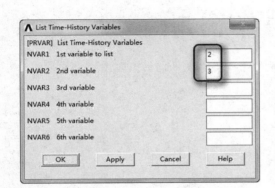

图9-38 "List Time-History Variables"对话框

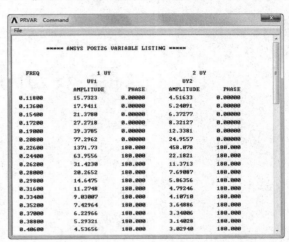

图9-39 列表显示变量

9.2.6 命令流执行方式

命令流执行方式这里不再详细介绍，读者可参见网盘资料中的电子文档。

瞬态动力学分析

瞬态动力学分析（也称时间历程分析）是用于确定承受任意的随时间变化载荷的结构的动力学响应的一种方法。

本章将通过实例讲述瞬态动力学分析的基本步骤和具体方法。

- ☑ 瞬态动力学概述
- ☑ 实例——瞬态动力学分析

第10章 瞬态动力学分析

10.1 瞬态动力学概述

可以用瞬态动力学分析确定结构在静载荷、瞬态载荷和简谐载荷的随意组合作用下随时间变化的位移、应变、应力及力。载荷和时间的相关性使得惯性力和阻尼作用比较显著。如果惯性力和阻尼作用不重要,就可以用静力学分析代替瞬态分析。

瞬态动力学分析比静力学分析更复杂,因为按"工程"时间计算,瞬态动力学分析通常要占用更多的计算机资源和人力。可以先做一些预备工作以理解问题的物理意义,从而节省大量资源,例如,可以做以下预备工作。

首先分析一个比较简单的模型,由梁、质量体、弹簧组成的模型可以以最小的代价对问题提供有效、深入地理解,简单模型或许正是确定结构所有的动力学响应所需要的。

如果分析中包含非线性,可以首先通过进行静力学分析尝试了解非线性特性如何影响结构的响应。有时在动力学分析中没必要包括非线性。

了解问题的动力学特性。通过进行模态分析计算结构的固有频率和振型,便可了解当这些模态被激活时结构如何响应。固有频率同样对计算出正确的积分时间步长有用。

对于非线性问题,应考虑将模型的线性部分子结构化以降低分析代价。子结构在帮助文件中的 ANSYS Advanced Analysis Techniques Guide 里有详细地描述。

进行瞬态动力学分析可以采用 3 种方法,即完全法(Full Method)、模态叠加法(Mode Superposition Method)和减缩法(Reduced Method)。下面比较一下各种方法的优缺点。

10.1.1 完全法(Full Method)

Full Method 采用完整的系统矩阵计算瞬态响应(没有矩阵减缩)。它是 3 种方法中功能最强的,允许包含各类非线性特性(塑性、大变形、大应变等)。完全法的优点如下。

- ☑ 容易使用,因为不必关心如何选取主自由度和振型。
- ☑ 允许包含各类非线性特性。
- ☑ 使用完整矩阵,因此不涉及质量矩阵的近似。
- ☑ 在一次处理过程中计算出所有的位移和应力。
- ☑ 允许施加各种类型的载荷,如节点力、外加的(非零)约束、单元载荷(压力和温度)。
- ☑ 允许采用实体模型上所加的载荷。

完全法的主要缺点是比其他方法消耗大。

10.1.2 模态叠加法(Mode Superposition Method)

模态叠加法通过对模态分析得到的振型(特征值)乘以因子并求和来计算出结构的响应。它的优点如下。

- ☑ 对于许多问题,该方法比完全法和减缩法更快且消耗小。
- ☑ 在模态分析中施加的载荷可以通过 LVSCALE 命令用于谐响应分析中。
- ☑ 允许指定振型阻尼(阻尼系数为频率的函数)。

模态叠加法的缺点如下。

- ☑ 整个瞬态分析过程中时间步长必须保持恒定,因此不允许用自动时间步长。

- ☑ 唯一允许的非线性是点点接触（有间隙情形）。
- ☑ 不能用于分析"未固定的（floating）"或不连续结构。
- ☑ 不接受外加的非零位移。
- ☑ 在模态分析中使用 PowerDynamics 方法时，初始条件中不能有预加的载荷或位移。

10.1.3 减缩法（Reduced Method）

减缩法通常采用主自由度和减缩矩阵来压缩问题的规模。主自由度处的位移计算出来后，解可以扩展到初始的完整 DOF 集上。

这种方法的优点是比完全法更快且消耗小。

减缩法的缺点如下。

- ☑ 初始解只计算出主自由度的位移。要得到完整的位移、应力和力的解，需执行扩展处理（扩展处理在某些分析应用中可能不必要）。
- ☑ 不能施加单元载荷（压力、温度等），但允许有加速度。
- ☑ 所有载荷必须施加在用户定义的自由度上，这就限制了采用实体模型上所加的载荷。
- ☑ 整个瞬态分析过程中时间步长必须保持恒定，因此不允许用自动时间步长。
- ☑ 唯一允许的非线性是点点接触（有间隙情形）。

10.2 实例——瞬态动力学分析

瞬态动力分析是确定随时间变化载荷（如爆炸）作用下结构响应的技术。它的输入数据是作为时间函数的载荷；输出数据是随时间变化的位移和其他的导出量，如应力和应变。

瞬态动力分析可以应用在以下设计中：

- ☑ 承受各种冲击载荷的结构，如汽车的门和缓冲器，建筑框架及悬挂系统等。
- ☑ 承受各种随时间变化载荷的结构，如桥梁、地面移动装置及其他机器部件。
- ☑ 承受撞击和颠簸的家庭或办公设备，如移动电话、便携式计算机和真空吸尘器等。

瞬态动力分析主要考虑的问题如下：

- ☑ 运动方程。
- ☑ 求解方法。
- ☑ 积分时间步长。

本节通过对弹簧、质量、阻尼振动系统进行瞬态动力分析，介绍 ANSYS 的瞬态动力分析过程。

10.2.1 问题描述

如图 10-1 所示振动系统，由 4 个系统组成，在质量块上施加随时间变化的力，计算在振动系统的瞬态响应情况，比较不同阻尼下系统的运动情况，并与理论计算值相比较，如表 10-1 所示。

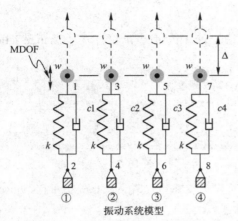
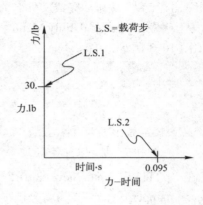

图 10-1 振动系统和载荷

阻尼 1：ξ = 2.0
阻尼 2：ξ = 1.0（临界）
阻尼 3：ξ = 0.2
阻尼 4：ξ = 0.0（无阻尼）
位移：w = 10 lb
刚度：k = 30 lb/in
重量：$m = w/g$ = 0.02590673 lb-s^2/in
位移：Δ = 1 in
重力加速度：g = 386 in/s^2

表 10-1 不同阻尼下的计算值

t = 0.09 s	Target	ANSYS	Ratio
u，in（for damping ratio = 2.0）	0.47420	0.47637	1.005
u，in（for damping ratio = 1.0）	0.18998	0.19245	1.013
u，in（for damping ratio = 0.2）	−0.52108	−0.51951	0.997
u，in（for damping ratio = 0.0）	−0.99688	−0.99498	0.998

10.2.2 建立模型

01 设定分析作业名和标题

❶ 在进行一个新的有限元分析时，通常需要修改数据库名，并在图形输出窗口中定义一个标题来说明当前进行的工作内容。另外，对于不同的分析范畴（结构分析、热分析、流体分析、电磁场分析等），ANSYS 所用的主菜单的内容不尽相同，为此，需要在分析开始时选定分析内容的范畴，这样 ANSYS 会显示出与其相对应的菜单选项。

❷ 从实用菜单中选择 Utility Menu > File > Change Jobname 命令，将打开"Change Jobname"对话框，如图 10-2 所示。

❸ 在"[/FILNAM] Enter new jobname"文本框中输入"vibrate"，为本分析实例的数据库文件名。

❹ 单击"OK"按钮，完成文件名的修改。

❺ 从实用菜单中选择 Utility Menu > File > Change Title 命令，将打开"Change Title"对话框，如图 10-3 所示。

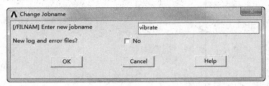

图 10-2　修改文件名

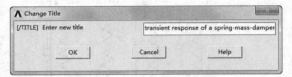

图 10-3　修改标题

❻ 在"[/TITLE] Enter new title"（输入新标题）文本框中输入"transient response of a spring-mass-damper system"，为本分析实例的标题名。

❼ 单击"OK"按钮，完成对标题名的指定。

❽ 从实用菜单中选择 Utility Menu > Plot > Replot 命令，指定的标题"transient response of a spring-mass-damper system"将显示在图形窗口的左下角。

❾ 从主菜单中选择 Main Menu > Preference 命令，将打开"Preference of GUI Filtering"（菜单过滤参数选择）对话框，选中"Structural"复选框，单击"OK"按钮确定。

02　定义单元类型

❶ 在进行有限元分析时，首先应根据分析问题的几何结构、分析类型和所分析的问题精度要求等，选定适合具体分析的单元类型。本例中选用复合单元 Combination 40。

❷ 从主菜单中选择 Main Menu > Preprocessor > Element Type > Add/Edit/Delete 命令，将打开"Element Types"（单元类型）对话框。

❸ 单击"OK"按钮，将打开"Library of Element Types"（单元类型库）对话框，如图 10-4 所示。

❹ 在"Library of Element Types"左侧的列表框中选择"Combination"选项，选择复合单元类型。

❺ 在"Library of Element Types"右侧的列表框中选择"Combination 40"选项，选择复合单元"Combination 40"。

❻ 单击"OK"按钮，将"Combination 40"单元添加，并关闭单元类型库对话框，同时返回到第❷步打开的单元类型对话框，如图 10-5 所示。

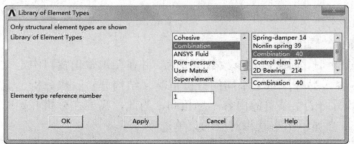

图 10-4　单元类型库

图 10-5　单元类型

❼ 在"Element Types"对话框中单击"Options"按钮，打开如图 10-46 所示的"COMBIN 40 element type options"（单元选项设置）对话框，对"Combination 40"单元进行设置，使其

第10章 瞬态动力学分析

可用于计算模型中的问题。

❽ 在"Element degree(s) of freedom K3"（单元自由度）下拉列表框中选择"UY"选项。

❾ 单击"OK"按钮，接受其他默认选项，关闭单元选项设置对话框，返回到如图10-5所示的"Element Types"对话框。

❿ 单击"Close"按钮，关闭"Element Types"对话框，结束单元类型的添加。

03 定义实常数

本实例中选用复合单元"Combination 40"，需要设置其实常数。

❶ 从主菜单中选择 Main Menu > Preprocessor > Real Constants > Add/Edit/Delete 命令，打开如图10-7所示的"Real Constants"（实常数）对话框。

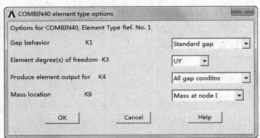 

图10-6 单元选项设置　　　　图10-7 设置实常数

❷ 单击"Add"按钮，打开如图10-8所示的"Element Type for Real Constants"（实常数单元类型）对话框，要求选择欲定义实常数的单元类型。

❸ 本例中定义了一种单元类型，在已定义的单元类型列表中选择"Type 1 COMBIN 40"，将为复合单元"Combination 40"类型定义实常数。

❹ 单击"OK"按钮确定，关闭选择单元类型对话框，打开该单元类型的"Real Constant Set Number 1, for COMBIN 40"（实常数集）对话框，如图10-9所示。

 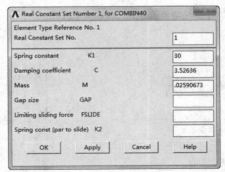

图10-8 选择单元类型　　　　图10-9 为"Combination 40"设置实常数

❺ 在"Real Constant Set No."（编号）文本框中输入"1"，设置第一组实常数。

❻ 在"Spring constant　K1"（刚度）文本框中输入"30"。

❼ 在"Damping coefficient　C"（阻尼）文本框中输入"3.52636"。

❽ 在"Mass　M"（质量）文本框中输入".02590673"。

❾ 单击"Apply"按钮，进行第2、3、4组的实常数设置，其与第1组只在"Damping coefficient　C"（阻尼）处有区别，分别为"1.76318、.352636、0"。

⑩ 单击"OK"按钮，关闭实常数集对话框，返回到"Real Constants"对话框，显示已经定义了4组实常数，如图10-10所示。

⑪ 单击"Close"按钮，关闭实常数对话框。

04 定义材料属性

本例中不涉及应力、应变的计算，采用的单元是复合单元，不用设置材料属性。

05 建立弹簧、质量、阻尼振动系统模型

❶ 定义节点1和节点8。

（1）从主菜单中选择Main Menu > Preprocessor > Modeling > Create > Nodes > In Active CS…命令。

（2）在"NODE Node number"文本框中输入"1"，单击"Apply"按钮，如图10-11所示。

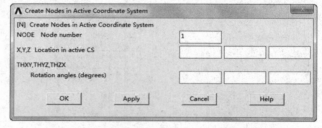

图10-10 已经定义的实常数　　　　　图10-11 定义一个节点

（3）在"NODE Node number"文本框中输入"8"，单击"OK"按钮。

❷ 定义节点2~节点7。

（1）从主菜单中选择Main Menu > Preprocessor > Modeling > Create > Nodes > Fill between nds…命令。

（2）在"Fill between Nds"对话框的文本框中输入"1, 8"，单击"OK"按钮，如图10-12所示。

（3）在打开的"Create Nodes Between 2 Nodes"对话框中，单击"OK"按钮，如图10-13所示。

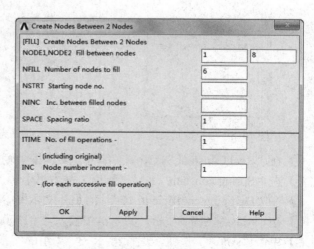

图10-12 选择节点　　　　　　　　　图10-13 填充节点

第10章 瞬态动力学分析

❸ 定义一个单元。

（1）从主菜单中选择 Main Menu > Preprocessor > Modeling > Create > Elements > AutoNumbered > ThruNodes…命令。

（2）在"Element from Nodes"对话框的文本框中输入"1，2"，用节点1和节点2创建一个单元，单击"OK"按钮，如图10-14所示。

❹ 创建其他单元。

（1）从主菜单中选择 Main Menu > Preprocessor > Modeling > Copy > Elements > AutoNumbered…命令。

（2）在"Copy Elems Auto-Num"对话框的文本框中输入"1"，选择第一个单元，单击"OK"按钮，如图10-15所示。

（3）在打开的"Copy Elements（Automaticully-Numbered）"对话框中，在"ITIME Total number of copies"文本框中输入"4"，在"NINC Node number increment"文本框中输入"2"，在"RINC Real constant no. incr"文本框中输入"1"，单击"OK"按钮，如图10-16所示。

  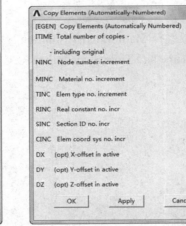

图 10-14　创建一个单元　　图 10-15　选择单元　　图 10-16　复制其他单元

10.2.3　进行瞬态动力学分析设置、定义边界条件并求解

在进行瞬态动力学分析中，建立有限元模型后，就需要进行瞬态动力学分析设置、施加边界条件和进行求解。

01 选择分析类型

❶ 从主菜单中选择 Main Menu > Solution > Analysis Type > New Analysis 命令，打开"New Analysis"对话框，如图10-17所示，单击"Transient"单选按钮，然后单击"OK"按钮。

❷ 这时会打开"Transient Analysis"对话框，在"Solution method"单元选框中采取默认，单击"OK"按钮。

02 设置主自由度

❶ 从主菜单中选择 Main Menu > Solution > Master DOFs > User Selected > Define 命令，激活"Min，Max，Inc"选项，在文本框中输入"1，7，2"，单击"OK"按钮，如图10-18所示。

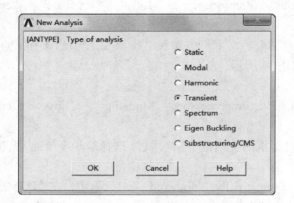

图 10-17 选择分析类型

图 10-18 选择节点

❷ 然后在"Lab1 1st degree of freedom"下拉列表框中选择"UY",单击"OK"按钮,如图 10-19 所示。

03 定义约束

❶ 从主菜单中选择 Main Menu > Solution > Load Step Opts > Time/Frequenc > Time Time Step 命令,打开"Time and Time Step Options"对话框,如图 10-20 所示。

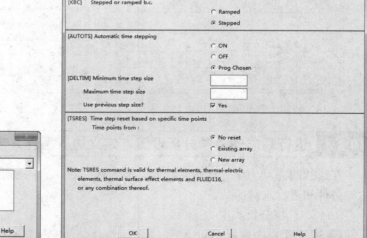

图 10-19 设置主自由度　　　　图 10-20 "Time and Time Step Options"对话框

❷ 在"[DELTIM] Time step size"文本框中输入"1e-3",在"[FBC] Stepped or ramped b.c."处单击"stepped"单选按钮,单击"OK"按钮。

❸ 从主菜单中选择 Main Menu > Solution > Load Step Opts > Output Ctrls > Solu Printout 命令,弹出如图 10-21 所示的"Solution Printout Controls"对话框。

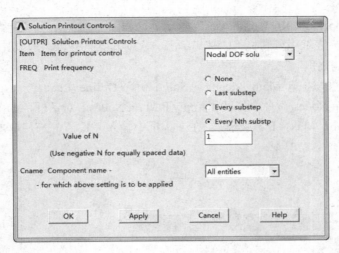

图 10-21 "Solution Printout Controls" 对话框

❹ 在 "Solution Printout Controls" 对话框中，在 "Item   Item for printout control" 下拉列表框中选择 "Nodal DOF solu" 选项，在 "FREQ   Print frequency" 处单击 "Every Nth substp" 单选按钮，在 "Value of N" 文本框中输入 "1"，单击 "OK" 按钮，如图 10-21 所示。

❺ 从主菜单中选择 Main Menu > Solution > Load Step Opts > Output Ctrls > DB/Results File 命令。

❻ 打开数据输出控制对话框，在 "Item   Item to be ontrolled" 下拉列表框中选择 "Nodal DOF solu" 选项，在 "FREQ   File write frequency" 选项组中单击 "Every Nth substp" 单选按钮，在 "Value of N" 文本框中输入 "1"，单击 "OK" 按钮，如图 10-22 所示。

❼ 从主菜单中选择 Main Menu > Solution > Define Loads > Apply > Structural > Displacement > On Nodes 命令，打开节点选择对话框，要求选择欲施加位移约束的节点。

❽ 激活 "Min，Max，Inc" 选项，在文本框中输入 "2，8，2"，单击 "OK" 按钮，如图 10-23 所示。

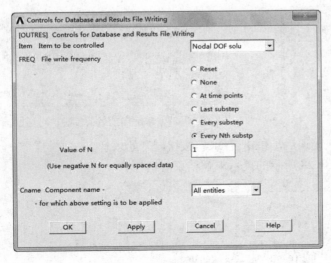

图 10-22 数据输出控制

图 10-23 选取节点

❾ 打开"Apply U, ROT on Nodes"对话框,如图 10-24 所示,在"Lab2 DOFs to be constrained"下拉列表框中,选择"UY"(单击一次使其高亮显示,确保其他选项未被高亮显示)。单击"OK"按钮。

❿ 从主菜单中选择 Main Menu > Solution > Define Loads > Apply > Structure > Force/Moment > On Nodes 命令,打开"Apply F/M on Nodes"对话框,如图 10-25 所示。

⓫ 激活"Min, Max, Inc"选项,在文本框中输入"1,7,2",单击"OK"按钮,如图 10-25 所示。

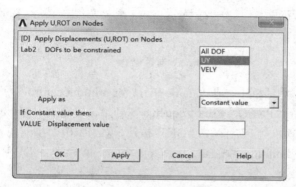

图 10-24 施加位移约束对话框　　　　　　　　　　图 10-25 选择节点

⓬ 在"Apply F/M on Nodes"对话框的"Lab Direction of force/mom"下拉列表框中选择"FY",在"VALUE Force/moment value"文本框中输入"30",单击"OK"按钮,如图 10-26 所示。

04　求解

❶ 从主菜单中选择 Main Menu > Solution > Solve > Current LS 命令,打开一个确认对话框和状态列表,如图 10-27 所示,要求查看列出的求解选项。

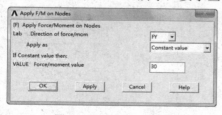
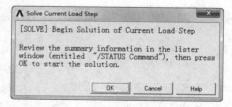

图 10-26 输入力的值　　　　　　　　　　图 10-27 求解当前载荷步确认对话框

❷ 查看列表中的信息并确认无误后,单击"OK"按钮,开始求解。

❸ 求解完成后,弹出如图 10-28 所示的提示求解结束对话框。

图 10-28 提示求解结束

❹ 单击"Close"按钮，关闭提示求解结束对话框。

❺ 再次添加约束并求解。

❻ 从主菜单中选择 Main Menu > Solution > Load Step Opts > Time/Frequenc > Time – Time Step 命令，打开"Time and Time Step Options"对话框，如图10-29所示。

❼ 在"[TIME] Time at end of load step"文本框中输入"95e-3"，单击"OK"按钮，如图10-29所示。

❽ 从主菜单中选择 Main Menu > Solution >Define Loads > Apply > Structure > Force/Moment > On Nodes，打开"Apply F/M on Nodes"拾取窗口。

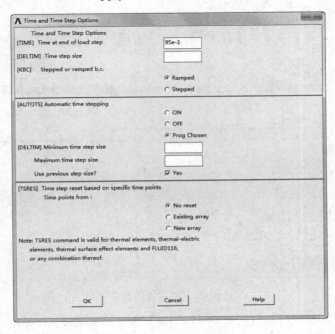

图10-29 时间控制对话框

❾ 激活"Min, Max, Inc"选项，在文本框中输入"1, 7, 2"，单击"OK"按钮。

❿ 在"Lab Direction of force/mom"下拉列表框中选择"FY"，在"VALUE Force/moment value"文本框中输入"0"，单击"OK"按钮，如图10-30所示。

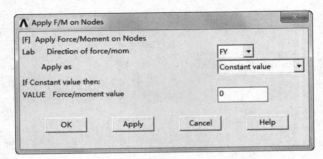

图10-30 输入力的值

⑪ 从主菜单中选择 Main Menu > Solution > Solve > Current LS 命令。
⑫ 打开一个确认对话框和状态列表，要求查看列出的求解选项。
⑬ 查看列表中的信息并确认无误后，单击"OK"按钮，开始求解。
⑭ 求解完成后，弹出求解结束对话框，单击"Close"按钮，关闭提示求解结束对话框。

10.2.4 查看结果

01 POST26 观察结果（节点1、节点3、节点5、节点7 的位移时间历程结果）的曲线

❶ 从主菜单中选择 Main Menu > TimeHist Postpro，打开"Time-History Variables-file.rst"对话框，如图 10-31 所示。

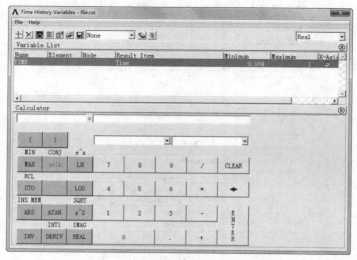

图 10-31　时间历程结果控制

❷ 单击"+"图标按钮，打开"Add Time-History Variable"对话框，如图 10-32 所示。

❸ 选择 Nodal Solution > DOF Solution > Y-Component of displacement，单击"OK"按钮，打开"Node for Data"对话框，如图 10-33 所示。

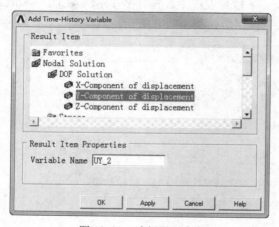

图 10-32　选择显示内容

图 10-33　选择第 1 个节点

❹ 在文本框中输入"1",单击"OK"按钮。
❺ 用同样的方法选择节点3、节点5、节点7,结果如图10-34所示。

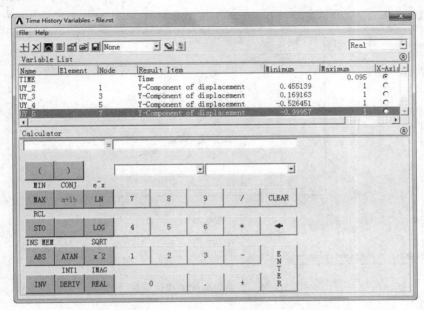

图10-34 添加的时间变量

❻ 在列表框中选择添加的所有变量,如图10-35所示。

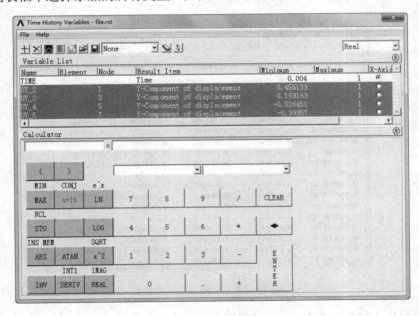

图10-35 选择变量

❼ 单击"■"图标按钮,在图形窗口中就会出现该变量随时间的变化曲线,如图10-36所示。

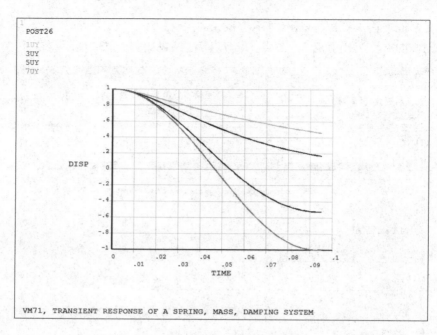

图 10-36　变量随时间的变化曲线

02 POST26 观察结果列表显示

在“Time-History Variables-file.rst”对话框中，单击“▣”图标按钮，进行列表显示，会出现变量与时间的值的列表，如图 10-37 所示。

PRVAR Command

File

***** ANSYS POST26 VARIABLE LISTING *****

TIME	1 UY UY_2	3 UY UY_3	5 UY UY_4	7 UY UY_5
0.0000	1.00000	1.00000	1.00000	1.00000
0.10000E-02	0.999997	0.999997	0.999997	0.999997
0.20000E-02	0.999983	0.999982	0.999982	0.999982
0.30000E-02	0.999948	0.999945	0.999943	0.999942
0.40000E-02	0.999883	0.999875	0.999868	0.999866
0.50000E-02	0.999781	0.999762	0.999745	0.999741
0.60000E-02	0.999635	0.999599	0.999564	0.999555
0.70000E-02	0.999440	0.999375	0.999314	0.999297
0.80000E-02	0.999190	0.999085	0.998982	0.998954
0.90000E-02	0.998882	0.998720	0.998560	0.998515
0.10000E-01	0.998511	0.998275	0.998036	0.997968
0.11000E-01	0.998075	0.997743	0.997400	0.997301
0.12000E-01	0.997572	0.997119	0.996643	0.996503
0.13000E-01	0.996998	0.996397	0.995754	0.995563

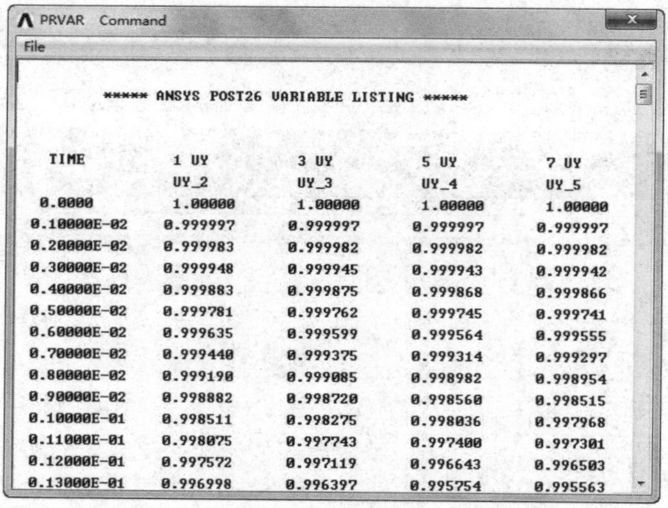

图 10-37　变量与时间的列表

10.2.5 命令流执行方式

命令流执行方式这里不再详细介绍，读者可参见网盘资料中的电子文档。

第 11 章

谱 分 析

谱是指频率与谱值的曲线,它表征时间历程载荷的频率和强度特征。

谱分析主要包括3种,分别为响应谱、动力设计分析和功率谱密度。在工程实践中,主要应用于随机载荷的响应分析,如风载荷、地震载荷等。

本章将通过实例讲述谱分析的基本步骤和具体方法。

☑ 谱分析概述
☑ 实例——支撑平板动力效果谱分析

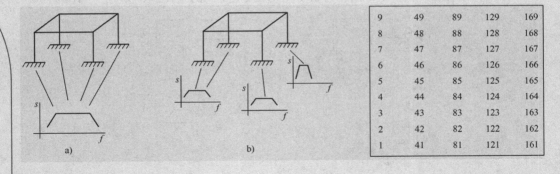

9	49	89	129	169
8	48	88	128	168
7	47	87	127	167
6	46	86	126	166
5	45	85	125	165
4	44	84	124	164
3	43	83	123	163
2	42	82	122	162
1	41	81	121	161

11.1 谱分析概述

ANSYS 谱分析总共包括以下 3 种类型。
- ☑ 响应谱：又分为两类，即单点响应谱（SPRS）和多点响应谱（MPRS）。
- ☑ 动力设计分析方法（DDAM）。
- ☑ 功率谱密度（PSD）。

11.1.1 响应谱

响应谱表示单自由度系统对时间历程载荷的响应，它是响应与频率的曲线，这里的响应可以是位移、速度、加速度或者力。响应谱包括两种，分别是单点响应谱和多点响应谱。

1. 单点响应谱（SPRS）

在单点响应谱分析中，只可以给节点指定一种谱曲线（或者一族谱曲线）。例如，在支承处指定一种谱曲线，如图 11-1a 所示。

2. 多点响应谱（MPRS）

在多点响应谱分析中，可以在不同的节点处指定不同的谱曲线，如图 11-1b 所示。

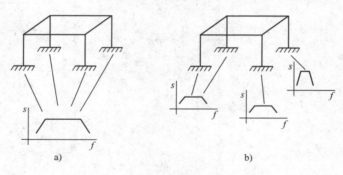

图 11-1　响应谱分析示意图

📖 说明：图 11-1a 表示单点响应谱分析；图 11-1b 表示多点响应谱分析。另外，图 11-1 中的 s 表示谱值，f 表示频率。

11.1.2 动力设计分析方法（DDAM）

动力设计分析方法是一种用于分析舰船装备抗震性的技术，该方法从本质上来说也是一种响应谱分析。该方法中用到的谱曲线是根据一系列经验公式和美国海军研究实验报告（NRL-1396）所提供的抗震设计表格得到的。

11.1.3 功率谱密度（PSD）

功率谱密度（PSD）是针对随机变量在均方意义上的统计方法，用于随机振动分析。此时，响应的瞬态数值只能用概率函数来表示，其数值的概率对应一个精确值。

功率密度函数表示功率谱密度 1000 值与频率的曲线，这里的功率谱可以是位移功率谱、

第11章 谱 分 析

速度功率谱、加速度功率谱或者力功率谱。从数学意义上来说，功率谱密度与频率所围成的面积就等于方差。

与响应谱分析类似，随机振动分析也可以是单点或者多点。对于单点随机振动分析，在模型的一组节点处指定一种功率谱密度；对于多点随机振动分析，可以在模型的不同节点处指定不同的功率谱密度。

11.2 实例——支撑平板动力效果谱分析

下面通过对一个平板结构的随机载荷分析，阐述谱分析的具体方法和步骤。本实例采用的是直接生成有限元模型方法，该方法最大的优点在于可以完全控制节点的编号和排序，读者通过对本实例的学习会进一步地体会该方法的优越性。

11.2.1 问题描述

平板结构的 4 个顶点简支，结构和载荷如图 11-2 和图 11-3 所示。

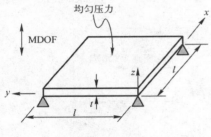

图 11-2 平板结构

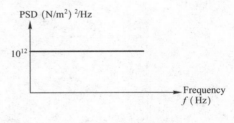

图 11-3 载荷

- 弹性模量：$E = 200×10^9 \text{ N/m}^2$。
- 泊松比：$\mu = 0.3$。
- 密度：8000 kg/m^3。
- 厚度：$t = 1.0 \text{ m}$。
- 宽度：$l = 10 \text{ m}$。
- 载荷：$PSD = 10^6 \text{ (N/m}^2)^2/\text{Hz}$。
- Damping $\delta = 2\%$。

11.2.2 前处理

❶ 定义工作文件名。从实用菜单中选择 Utility Menu > File > Change Jobname 命令，弹出 "Change Jobname" 对话框，在 "Enter new jobname" 文本框中输入 "Dynamic Plate"，并选中 "New Log and error files" 后的复选框使其显示为 "yes"，单击 "OK" 按钮。

❷ 定义工作标题。从实用菜单中选择 Utility Menu > File > Change Title 命令，在弹出对话框的文本框中输入 "DYNAMIC LOAD EFFECT ON SIMPLY-SUPPORTED THICK SQUARE PLATE"，如图 11-4 所示，单击 "OK" 按钮。

❸ 定义单元类型。选择主菜单中的 Main Menu > Preprocessor > Element Type >

Add/Edit/Delete 命令,弹出"Element Types"对话框,如图 11-5 所示,单击"Add..."按钮,弹出"Library of Element Types"对话框,在左侧的列表框中依次选择 Structural Shell 选项,在右边的列表框中选择 8node 281 选项,如图 11-6 所示,单击"OK"按钮,回到图 11-5 所示的"Element Types"对话框。

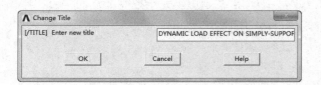

图 11-4 定义工作标题　　　　　　图 11-5 "Element Types"对话框

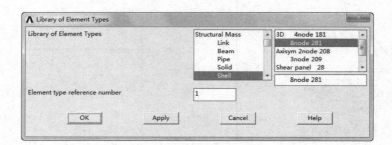

图 11-6 "Library of Element Types"对话框

❹ 定义材料性质。选择主菜单中的 Main Menu > Preprocessor > Material Props > Material Models 命令,弹出"Define Material Model Behavior"窗口,如图 11-7 所示。

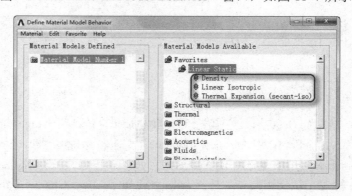

图 11-7 "Define Material Model Behavior"窗口

❺ 在"Material Models Available"列表框中依次选择 Favorites > Linear Static > Density

选项，弹出"Density for Material Number 1"对话框，如图11-8所示，在"DENS"文本框中输入"8000"，单击"OK"按钮。

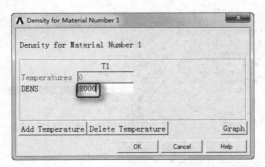

图11-8 "Density for Material Number 1"对话框

❻ 在"Material Models Available"列表框中依次选择Favorites > Linear Static > Linear Isotropic选项，弹出"Linear Isotropic Properties for Material Number 1"对话框，如图11-9所示，在"EX"文本框中输入"2E+011"，在"PRXY"文本框中输入"0.3"，单击"OK"按钮。

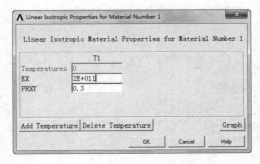

图11-9 "Linear Isotropic Properties for Material Number 1"对话框

❼ 在"Material Models Available"列表框中依次选择Favorites > Linear Static > Thermal Expansion（secant-iso）选项，弹出"Thermal Expansion Secant Coefficient for Material Number 1"对话框，如图11-10所示，在"ALPX"文本框中输入"1E-006"，单击"OK"按钮。

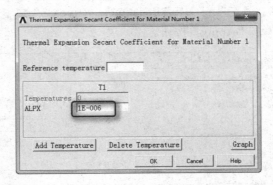

图11-10 "Thermal Expansion Secant Coefficient for Material Number 1"对话框

最后返回"Define Material Model Behavior"窗口，如图 11-11 所示，选择菜单栏中的 Material > Exit 命令，退出材料定义窗口。

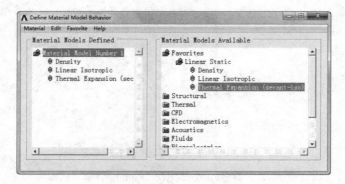

图 11-11 设置后的"Define Material Model Behavior"窗口

❽ 定义厚度。选择主菜单中的 Main Menu > Preprocessor > Sections > Shell > Lay-up > Add / Edit 命令，在弹出的"Create and Modify Shell Sections"对话框中设置"Thickness"为 1，"Integration Pts"为 5，如图 11-12 所示，然后单击"OK"按钮。

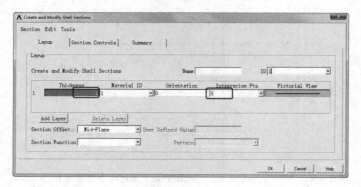

图 11-12 "Create and Modify Shell Sections"对话框

❾ 创建节点。选择主菜单中的 Main Menu > Preprocessor > Modeling > Create > Nodes > In Active CS 命令，弹出"Create Nodes in Active Coordinate System"对话框。在"NODE Node number"文本框中输入"1"，在"X，Y，Z Location in active CS"文本框中分别输入 3 个"0"，如图 11-13 所示，单击"Apply"按钮。

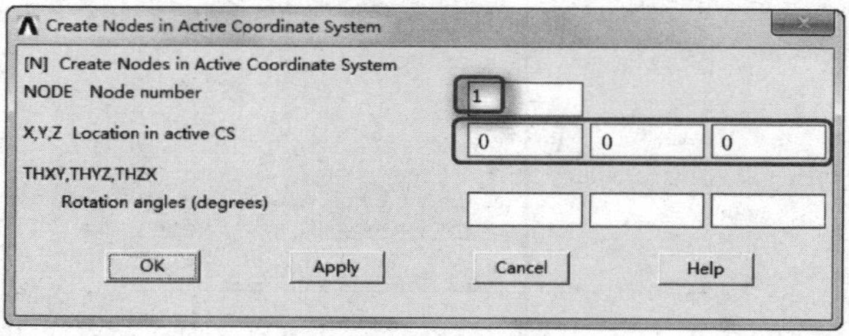

图 11-13 生成第一个节点

第11章 谱分析

❿ 在"NODE Node number"文本框中输入"9",在"X, Y, Z Location in active CS"文本框中分别输入"0、10、0",单击"OK"按钮。

⓫ 打开节点编号显示控制。从实用菜单中选择 Utility Menu > PlotCtrls > Numbering 命令,弹出"Plot Numbering Controls"对话框,选中"NODE Node numbers"后面的复选框使其显示为"On",如图 11-14 所示,单击"OK"按钮。

⓬ 选择菜单路径。从实用菜单中选择 Utility Menu > PlotCtrls > Window Controls > Window Options 命令,弹出"Window Options"对话框,在"[/TRIAD] Location of triad"下拉列表框中选择"Not shown"选项,如图 11-15 所示,单击"OK"按钮关闭该对话框。

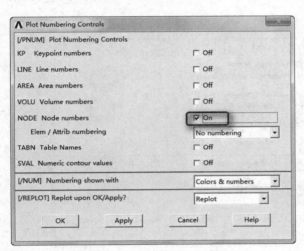 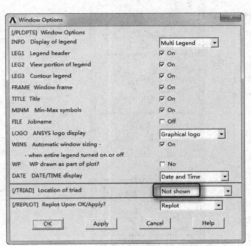

图 11-14　打开节点编号显示控制　　　　图 11-15　窗口显示控制

⓭ 插入新节点。从实用菜单中选择 Main Menu > Preprocessor > Modeling > Create > Nodes > Fill between Nds 命令,弹出"Fill between Nds"对话框,如图 11-16 所示。用鼠标在屏幕上单击拾取编号为 1 和 9 的两个节点,单击"OK"按钮,弹出"Create Nodes Between 2 Nodes"对话框,单击"OK"按钮接受默认设置,如图 11-17 所示。

图 11-16　"Fill between Nds"对话框　　　图 11-17　在两节点之间创建节点

⓮ 复制节点组。选择主菜单中的 Main Menu > Preprocessor > Modeling > Copy > Nodes > Copy 命令，弹出 "Copy nodes" 对话框，如图 11-18 所示，选中 "Box" 单选按钮，然后在屏幕上框选编号为 1~9 的节点（即目前的所有节点），单击 "OK" 按钮。

⓯ 弹出 "Copy nodes" 对话框，如图 11-19 所示，在 "ITIME Total number of copies" 文本框中输入 "5"，在 "DX X-offset in active CS" 文本框中输入 "2.5"，在 "INC Node number increment" 文本框中输入 "40"，单击 "OK" 按钮，屏幕显示如图 11-20 所示。

图 11-18 "Copy nodes" 对话框

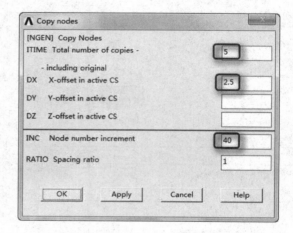

图 11-19 "Copy nodes" 对话框

⓰ 创建节点。选择主菜单中的 Main Menu > Preprocessor > Modeling > Create > Nodes > In Active CS 命令，弹出 "Create Nodes in Active Coordinate System" 对话框。在 "NODE Node number" 文本框中输入 "21"，在 "X，Y，Z Location in active CS" 文本框中分别输入 "1.25、0、0"，如图 11-21 所示，单击 "Apply" 按钮。

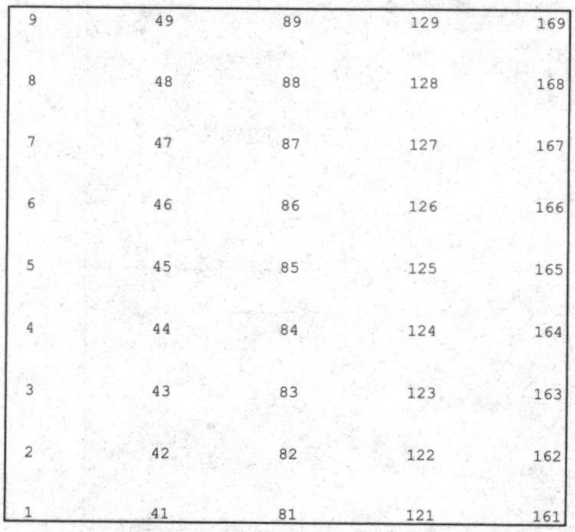

图 11-20 第一次复制节点后的显示

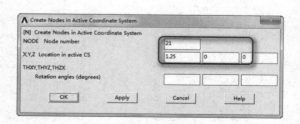

图 11-21 生成节点

⑰ 在"Create Nodes in Active Coordinate System"对话框中,在"NODE Node number"文本框中输入"29",在"X, Y, Z Location in active CS"文本框中分别输入"1.25、0、0",单击"OK"按钮。

⑱ 插入新节点。选择主菜单中的 Main Menu > Preprocessor > Modeling > Create > Nodes > Fill between Nds 命令,弹出"Fill between Nds"对话框,用鼠标在屏幕上单击拾取编号为 21 和 29 的两个节点,单击"OK"按钮,弹出"Create Nodes Between 2 Nodes"对话框,在"NFILL Number of nodes to fill"文本框中输入"3",单击"OK"按钮接受其余默认设置,如图 11-22 所示。

⑲ 复制节点组。选择主菜单中的 Main Menu > Preprocessor > Modeling > Copy > Nodes > Copy 命令,弹出"Copy nodes"对话框,选中"Box"单选按钮,然后在屏幕上框选编号为 21～29 的节点,单击"OK"按钮,弹出"Copy nodes"对话框,如图 11-23 所示,在"ITIME Total number of copies"文本框中输入"4",在"DX X-offset in active CS"文本框中输入"2.5",在"INC Node number increment"文本框中输入"40",单击"OK"按钮,屏幕显示如图 11-24 所示。

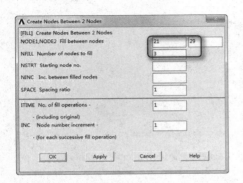

图 11-22 在两节点之间创建节点对话框

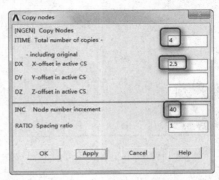

图 11-23 "Copy nodes"对话框

⑳ 创建单元。选择主菜单中的 Main Menu > Preprocessor > Modeling > Create > Elements > User Numbered > Thru Nodes 命令,弹出"Create Elems User-Num"对话框,如图 11-25 所示,单击"OK"按钮并接受默认设置,弹出"Elements from Nodes"拾取框,用鼠标在屏幕上依次拾取编号为 1、41、43、3、21、42、23、2 的节点,单击"OK"按钮,屏幕显示如图 11-26 所示。

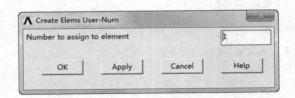

图 11-24 第二次复制节点后的显示   图 11-25 "Create Elems User-Num"对话框

◀)) **注意**：创建单元时一定要注意选择节点的顺序，先依次选择 4 个边节点，然后依次选择 4 个中节点。

㉑ 复制单元。选择主菜单中的 Main Menu > Preprocessor > Modeling > Copy > Elements > Auto Numbered 命令，弹出"Copy Element Auto-num"对话框，用鼠标在屏幕上单击拾取刚创建的单元，单击"OK"按钮，弹出"Copy Elements（Automatically-Numbered）"对话框，如图 11-27 所示，在"ITIME Total number of copies"文本框中输入"4"，在"NINC Node number increment"文本框中输入"2"，单击"OK"按钮，屏幕显示如图 11-28 所示。

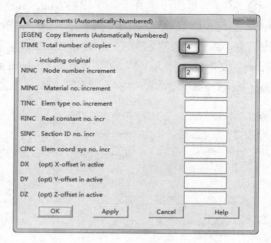

图 11-26 创建第一个单元　　图 11-27 "Copy Elements（Automatically-Numbered）"对话框

㉒ 复制单元。选择主菜单中的 Main Menu > Preprocessor > Modeling > Copy > Elements > Auto Numbered 命令，弹出"Copy Element Auto-num"对话框，用鼠标在屏幕上单击拾取屏幕上的所有单元（共 4 个），单击"OK"按钮，弹出"Copy Elements（Automatically-Numbered）"对话框，在"ITIME Total number of copies"文本框中输入"4"，在"NINC Node number increment"文本框中输入"40"，单击"OK"按钮，屏幕显示如图 11-29 所示。

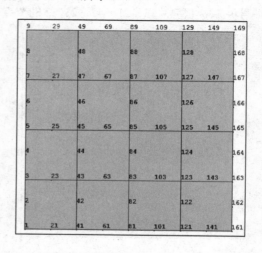

图 11-28 第一次单元复制后的显示　　图 11-29 第二次单元复制后的显示

11.2.3 模态分析

❶ 设定分析类型。选择主菜单中的 Main Menu > Solution > Unabridged Menu > Analysis Type > New Analysis 命令，弹出"New Analysis"对话框，如图 11-30 所示，在"[ANTYPE] Type of analysis"选项组中选中"Modal"单选按钮，单击"OK"按钮。

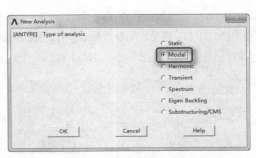

❷ 设定分析选项。
在命令行中输入以下命令定义分析选项。

MODOPT,REDUC

MXPAND,16,,,YES

图 11-30 设置分析类型

❸ 施加载荷。选择主菜单中的 Main Menu > Solution > Define Loads > Apply > Structural > Pressure > On Elements 命令，弹出"Apply PRES on elems"对话框，单击"Pick All"按钮，弹出"Apply PRES on elems"对话框，如图 11-31 所示。在"VALUE Load PRES value"文本框中输入"-1E6"，单击"OK"按钮接受其余默认设置。

❹ 定义面内约束。选择主菜单中的 Main Menu > Solution > Define Loads > Apply > Structural > Displacement > On Nodes 命令，弹出"Apply U, ROT on Nodes"对话框，单击"Pick All"按钮，弹出如图 11-32 所示的"Apply U, ROT on Nodes"对话框，在"Lab2 DOFs to be constrained"列表框中选择 UX、UY、ROTZ 几个选项，单击"OK"按钮。

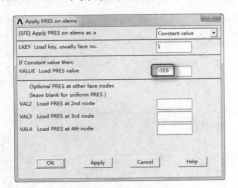

图 11-31 施加面载荷

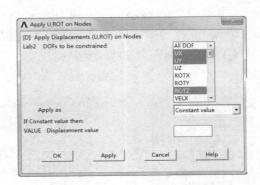

图 11-32 施加面内约束

❺ 定义左右边界条件。选择主菜单中的 Main Menu > Solution > Define Loads > Apply > Structural > Displacement > On Nodes 命令，弹出"Apply U, ROT on Nodes"对话框。用鼠标在屏幕上单击拾取左边和右边的节点（左边节点编号为 1、2、3、4、5、6、7、8、9；右边节点编号为 161、162、163、164、165、166、167、168、169），单击"OK"按钮，弹出如图 11-33 所示的"Apply U, ROT on Nodes"对话框，在"Lab2 DOFs to be constrained"列表框中选择"UZ"和"ROTX"两个选项，单击"OK"按钮。

❻ 定义上下边界条件。选择主菜单中的 Main Menu > Solution > Define Loads > Apply > Structural > Displacement > On Nodes 命令，弹出"Apply U, ROT on Nodes"对话框。用鼠标

在屏幕上单击拾取上边界和下边界的节点（上边界节点编号为9、29、49、69、89、109、129、149、169；下边界节点编号为1、21、41、61、81、101、121、141、161），单击"OK"按钮，弹出如图11-34所示的"Apply U，ROT on Nodes"对话框，在"Lab2 DOFs to be constrained"列表框中选择"UZ"和"ROTY"两个选项，单击"OK"按钮。

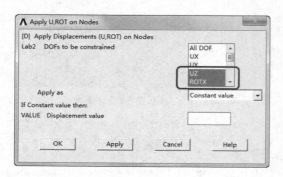 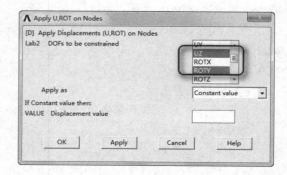

图 11-33　定义左右边界条件　　　　　　　　图 11-34　定义上下边界条件

❼ 选择主节点（左右界限）。从实用菜单中选择 Utility Menu > Select > Entities 命令，弹出"Select Entities"对话框，如图11-35所示，在第一个下拉列表框中选择"Nodes"，在第二个下拉列表框中选择"By Location"，选中下面的"X coordinates"单选按钮，在"Min, Max"文本框中输入"0.1，9.9"，选中其下面的"From Full"单选按钮，单击"OK"按钮。

❽ 选择主节点（上下界限）。从实用菜单中选择 Utility Menu > Select > Entities 命令，弹出Select Entities 对话框，如图11-36所示，在第一个下拉列表框中选择"Nodes"，在第二个下拉列表框中选择"By Location"，选中下面的"Y coordinates"单选按钮，在"Min, Max"文本框中输入"0.1，9.9"，选中其下面的"Reselect"单选按钮，单击"OK"按钮。

❾ 显示刚才选择的节点。从实用菜单中选择 Utility Menu > Plot > Nodes 命令，屏幕显示如图11-37所示。

 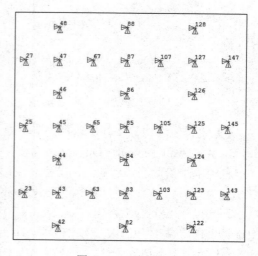

图 11-35　选择左右界限　　图 11-36　选择上下界限　　　　图 11-37　选择的节点

第11章 谱 分 析

⓾ 定义主自由度。选择主菜单中的 Main Menu > Solution > Master DOFs > User Selected > Define 命令，弹出 "Define Master DOFs" 拾取框，单击 "Pick All" 按钮，弹出 "Define Master DOFs" 对话框，如图 11-38 所示，在 "Lab1 1st degree of freedom" 下拉列表框中选择 "UZ"，单击 "OK" 按钮。

⓫ 选择所有节点。从实用菜单中选择 Utility Menu > Select > Everything 命令，然后选择 Utility Menu > Plot > Replot 命令，此时的屏幕显示如图 11-39 所示。

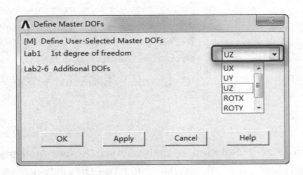

图 11-38　定义主自由度

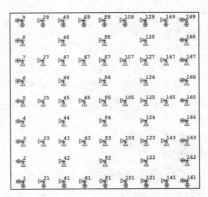

图 11-39　施加载荷约束之后的节点模型

⓬ 模态分析求解。选择主菜单中的 Main Menu > Solution > Solve > Current LS 命令，弹出 "/STATUS Command" 信息提示窗口和 "Solve Current Load Step" 对话框，仔细浏览信息提示窗口中的信息，如果无误，则选择 File > Close 命令将其关闭。单击 "Solove Current Load Step" 对话框中的 "OK" 按钮开始求解。当静力求解结束时，屏幕上会弹出 "Solution is done" 提示框，单击 "Close" 按钮将其关闭。

⓭ 定义比例参数。从实用菜单中选择 Utility Menu > Parameters > Get Scalar Data 命令，弹出 "Get Scalar Data" 对话框，在 "Type of data to be retrieved" 后面的第一个列表框中选择 "Results data"，在第二个列表框中选择 "Modal results"，如图 11-40 所示，单击 "OK" 按钮。

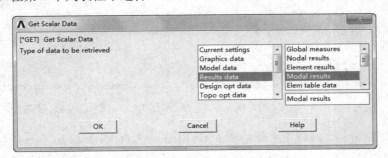

图 11-40　"Get Scalar Data" 对话框

⓮ 弹出另外一个 "Get Modal Results" 对话框，如图 11-41 所示，在 "Name of parameter to be defined" 文本框中输入 "F"，在 "Mode number N" 文本框中输入 "1"，在 "Modal data to be retrieved" 列表框中选择 "Frequency FREQ"，单击 "OK" 按钮。

⓯ 查看比例参数。从实用菜单中选择 Utility Menu > Parameters > Scalar Parameters 命令，弹出 "Scalar Parameters" 对话框，如图 11-42 所示。

⑯ 退出求解器。选择主菜单中的 Main Menu > Finish 命令，退出求解器。

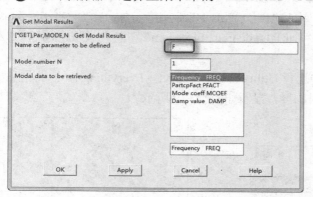
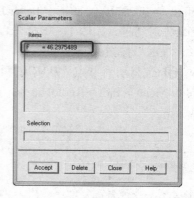

图 11-41 "Get Model Results" 对话框　　图 11-42 "Scalar Parameters" 对话框

11.2.4 谱分析

❶ 定义谱分析。选择主菜单中的 Main Menu > Solution > Analysis Type > New Analysis 命令，弹出如图 11-43 所示的 "New Analysis" 对话框，在 "[ANTYPE] Type of analysis" 选项组中选中 "Spectrum" 单选按钮，单击 "OK" 按钮。

❷ 设定谱分析选项。选择主菜单中的 Main Menu > Solution > Analysis Type > Analysis Options 命令，弹出 "Spectrum Analysis" 对话框，如图 11-44 所示，在 "Sptype Type of spectrum" 选项组中选中 "P.S.D." 单选按钮，在 "NMODE No. of modes for solu" 文本框中输入 "2"，选中 "Elcalc Calculate elem stresses？" 后面的 "Yes" 复选框，单击 "OK" 按钮。

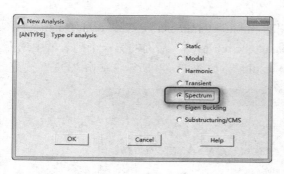
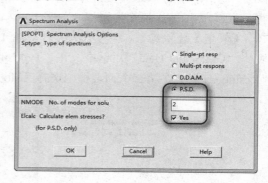

图 11-43 定义新的分析类型（谱分析）　　图 11-44 定义谱分析选项

❸ 设置 PSD 分析。选择主菜单中的 Main Menu > Solution > Load Step Opts > Spectrum > PSD > Settings 命令，弹出 "Settings for PSD Analysis" 对话框，在 "[PSDUNIT] Type of response spct" 下拉列表框中选择 "Pressure spct"，在 "Table number" 文本框中输入 "1"，在 "GVALUE" 文本框中如图 11-45 所示，单击 "OK" 按钮。

❹ 定义阻尼。选择主菜单中的 Main Menu > Solution > Load Step Opts > Time/Frequenc > Damping 命令，弹出 "Damping Specifications" 对话框，如图 11-46 所示，在 "[DMPRAT] Constant damping ratio" 文本框中输入 "0.02"，单击 "OK" 按钮。

第11章 谱 分 析

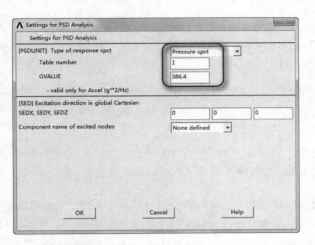

图 11-45 "Settings for PSD Analysis"对话框

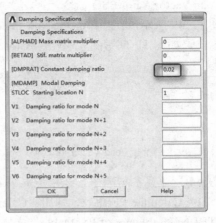

图 11-46 "Damping Specifications"对话框

❺ 选择主菜单中的 Main Menu > Solution > Load Step Opts > Spectrum > PSD > PSD vs Freq 命令，弹出"Table for PSD vs Frequency"对话框，如图 11-47 所示，在"Table number to be defined"文本框中输入"1"，单击"OK"按钮。

❻ 弹出"PSD vs Frequency Table"对话框，如图 11-48 所示，在"FREQ1，PSD1"文本框中依次输入两个"1"，在"FREQ2，PSD2"文本框中依次输入"80"和"1"，单击"OK"按钮。

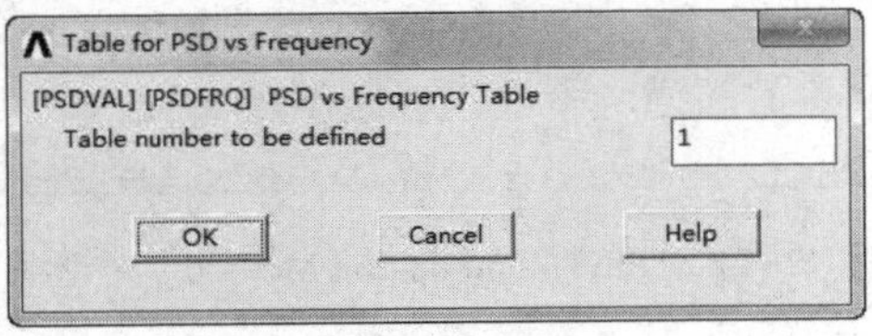

图 11-47 "Table for PSD vs Frequency"对话框 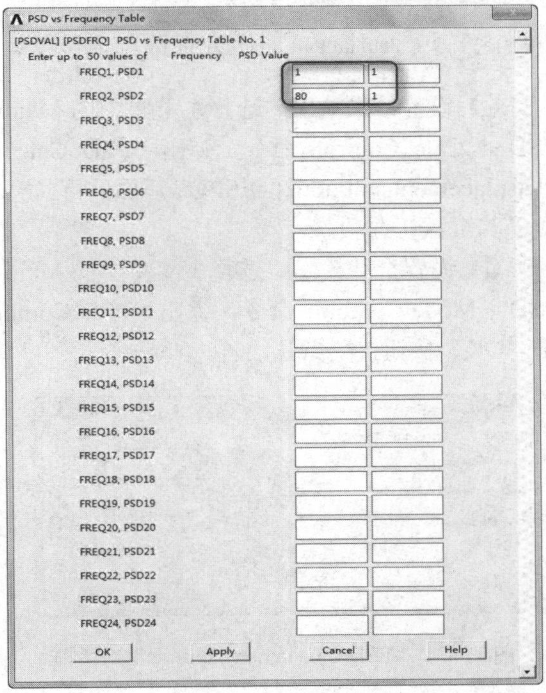　　　图 11-48 "PSD vs Frequency Table"对话框

❼ 设定载荷比例因子。选择主菜单中的 Main Menu > Solution > Define Loads > Apply >

Load Vector > For PSD 命令，弹出"Apply Load Vector for Power Spectral Density"对话框，如图 11-49 所示，在"FACT Scale factor"文本框中输入"1"，单击"OK"按钮，弹出警告提示框，如图 11-50 所示，单击"Close"按钮将其关闭。

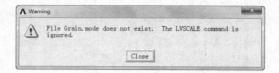

图 11-49 "Apply Load Vector for Power Spectral Density"对话框　　图 11-50 警告提示框

❽ 计算参与因子。选择主菜单中的 Main Menu > Solution > Load Step Opts > Spectrum > PSD > Calculate PF 命令，弹出"Calculate Participation Factors"对话框，如图 11-51 所示，在"TBLNO Table no. of PSD table"文本框中输入"1"，在"Excit Base or nodal excitation"下拉列表框中选择"Nodal excitation"，单击"OK"按钮，弹出"Solution is done！"提示信息，如图 11-52 所示，单击"Close"按钮关闭该提示框。

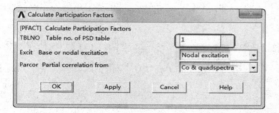

图 11-51 "Calculate Participation Factors"对话框　　图 11-52 参与因子计算完毕

❾ 设置结果输出。选择主菜单中的 Main Menu > Solution > Load Step Opts > Spectrum > PSD > Calc Controls 命令，弹出"PSD Calculation Controls"对话框，如图 11-53 所示，在"Displacement solution（DISP）"后面的下拉列表框中选择 Relative to base，单击"OK"按钮接受其余默认选项。

❿ 设置合并模态。选择主菜单中的 Main Menu > Solution > Load Step Opts > Spectrum > PSD > Mode Combine 命令，弹出"PSD Combination Method"对话框，如图 11-54 所示，单击"OK"按钮接受默认设置。

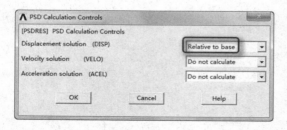

图 11-53 "PSD Calculation Controls"对话框　　图 11-54 "PSD Combination Method"对话框

⓫ 谱分析求解。选择主菜单中的 Main Menu > Solution > Solve > Current LS 命令，弹出"/STATUS Command"信息提示窗口和"Solve Current Load Step"对话框。仔细浏览信息提示

窗口中的信息，如果无误，则选择 File > Close 命令将其关闭。单击"Solve Current Load Step"对话框中的"OK"按钮开始求解。当求解结束时，屏幕上会弹出"Solution is done"提示框，单击"Close"按钮将其关闭。

⑫ 退出求解器。选择主菜单中的 Main Menu > Finish 命令，退出求解器。

11.2.5 POST1 后处理

❶ 读入子步结果。选择主菜单中的 Main Menu > General Postproc > Read Results > By Pick 命令，弹出"Results File:Grain.rst"对话框，如图 11-55 所示，选择 Set 为 17 的项，单击"Read"按钮，再单击"Close"按钮。

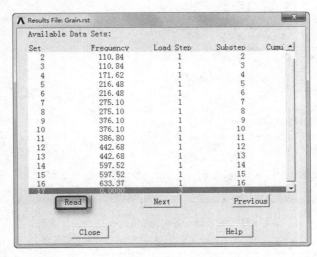

图 11-55 "Results File:Grain.rst"对话框

❷ 设置视角系数。从实用菜单中选择 Utility Menu > PlotCtrls > View Settings > Viewing Direction 命令，弹出"Viewing Direction"对话框，如图 11-56 所示，在"WN Window number"下拉列表框中选择"Window 1"，然后在"[/VIEW] View direction"文本框中依次输入"2、3、4"，单击"OK"按钮。

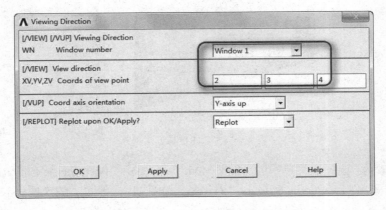

图 11-56 "Viewing Direction"对话框

❸ 绘图显示。选择主菜单中的 Main Menu > General Postproc > Plot Results > Contour Plot > Nodal Solu 命令，弹出"Contour Nodal Solution Data"对话框，如图 11-57 所示，依次选择 Nodal Solution > DOF Solution > Z-Component of displacement 选项，单击"OK"按钮接受其余默认设置，屏幕显示如图 11-58 所示。

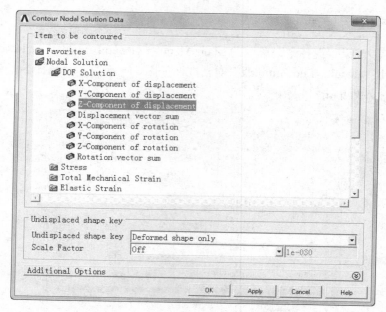

图 11-57 "Contour Nodal Solution Data" 对话框

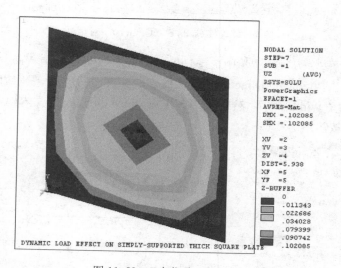

图 11-58 Z 向位移云图显示

❹ 列表显示。选择主菜单中的 Main Menu > General Postproc > List Results > Nodal Solution 命令，弹出"List Nodal Solution"对话框，如图 11-59 所示，依次选择 Nodal Solution > DOF Solution > Z-Component of displacement 选项，单击"OK"按钮，弹出列表显示框。

❺ 退出后处理器。选择主菜单中的 Main Menu > Finish 命令，退出后处理器。

第11章 谱 分 析

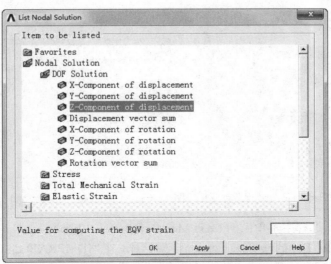

图 11-59 "List Nodal Solution" 对话框

11.2.6 谐响应分析

❶ 定义求解类型。选择主菜单中的 Main Menu > Solution > Analysis Type > New Analysis 命令,弹出 "New Analysis" 对话框,选中 "Harmonic" 单选按钮,如图 11-60 所示,单击 "OK" 按钮。

❷ 设置求解选项。选择主菜单中的 Main Menu > Solution > Analysis Type > Analysis Options 命令,弹出 "Harmonic Analysis" 对话框,在 "[HROPT] Solution method" 下拉列表框中选择 "Mode Superpos'n",在 "[HROUT] DOF printout format" 下拉列表框中选择 "Amplitud+phase",如图 11-61 所示,单击 "OK" 按钮。

❸ 弹出 "Mode Sup Harmonic Analysis" 对话框,如图 11-62 所示,单击 "OK" 按钮接受默认设置。

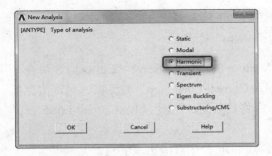

图 11-60 定义分析类型为谐响应分析

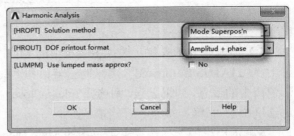

图 11-61 "Harmonic Analysis" 对话框

❹ 设置载荷。选择主菜单中的 Main Menu > Solution > Load Step Opts > Time/Frequenc > Freq and Substps 命令,弹出 "Harmonic Frequency and Substep Options" 对话框,在 "[HARFRQ] Harmonic freq range" 文本框中依次输入 "1" 和 "80",在 "[NSUBST] Number of substeps" 文本框中输入 "10",在 "[KBC] Stepped or ramped b.c." 选项组中选中 "Stepped" 单选按钮,

如图 11-63 所示，单击"OK"按钮。

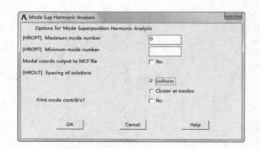 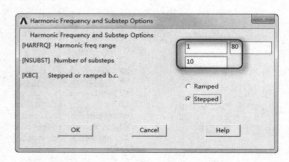

图 11-62 "Mode Sup Harmonic Analysis"对话框　　图 11-63 "Harmonic Frequency and Substep Options"对话框

❺ 设置阻尼。选择主菜单中的 Main Menu > Solution > Load Step Opts > Time/Frequenc > Damping 命令，弹出"Damping Specifications"对话框，在"[DMPRAT] Constant damping ratio" 文本框中输入"0.02"，如图 11-64 所示，单击"OK"按钮。

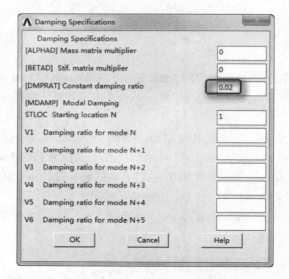

图 11-64 "Damping Specifications"对话框

❻ 谐响应分析求解。选择主菜单中的 Main Menu > Solution > Solve > Current LS 命令，弹出"/ STATUS Command"信息提示窗口和"Solve Current Load Step"对话框。浏览信息提示窗口中的信息，如果无误，则选择 File > Close 命令将其关闭。单击"Solve Current Load Step"对话框中的"OK"按钮，开始求解。

❼ 退出求解器。选择主菜单中的 Main Menu > Finish 命令，退出求解器。

11.2.7　POST26 后处理

❶ 进入时间历程后处理。选择主菜单中的 Main Menu > TimeHist PostPro 命令，弹出如图 11-65 所示的"Spectrum Usage"对话框，单击"OK"按钮接受默认设置，弹出如图 11-66 所示的"Time History Variables"对话框，里面已有默认变量时间（TIME）。

第11章 谱 分 析

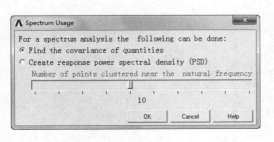
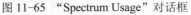
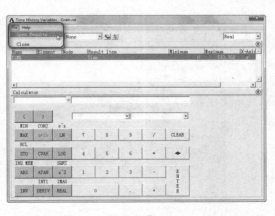

图 11-65 "Spectrum Usage"对话框   图 11-66 "Time History Variables"对话框

❷ 读入结果。在"Time History Variables"对话框中选择 File > Open Results…命令，弹出读取结果对话框，如图 11-67 所示，在相应的路径下选择 Example.rfrq 文件，单击"打开"按钮，接着弹出如图 11-68 所示的对话框，选择模型数据文件 Example.dbb，弹出如图 11-65 所示的"Spectrum Usage"对话框，单击"OK"按钮接受默认设置。回到"Time History Variables"对话框，可以看到，此时的默认变量已经由 TIME 变为 FREQ。

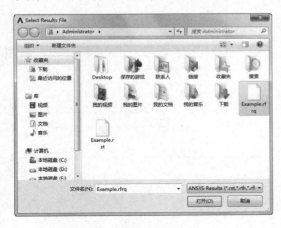

图 11-67 读取结果   图 11-68 读取模型数据文件

📢 注意：在读取结果时，"相应的路径"是指工作文件存放的地址，读取的文件扩展名是 rfrq，文件名是工作名（Jobname）。

❸ 定义位移变量 UZ。在"Time History Variables"对话框中，单击左上角的"➕"图标按钮，弹出"Add Time-History Variable"对话框，依次选择 Nodal Solution > DOF Solution > Z-Component of displacement 选项，如图 11-69 所示，在"Variable Name"文本框中输入"UZ_2"，单击"OK"按钮。

❹ 弹出"Node for Data"对话框，如图 11-70 所示，在其文本框中输入"85"，单击"OK"按钮。返回到"Time History Variables"对话框，此时变量列表中多了一项 UZ_2 变量，如图 11-71 所示。

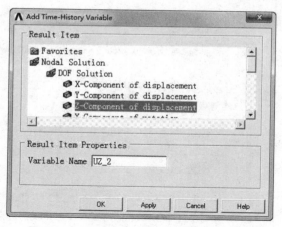

图 11-69 "Add Time-History Variable"对话框　　　图 11-70 "Node for Data"拾取框

❺ 绘制位移频率曲线。在"Time History Variables"对话框中单击第 3 个图标按钮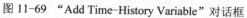，屏幕显示如图 11-72 所示。

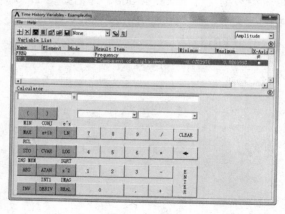
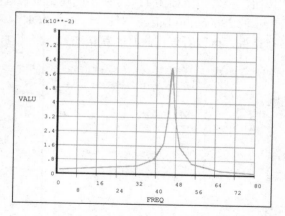

图 11-71 "Time History Variables"对话框　　　图 11-72 位移频率关系图

11.2.8 命令流执行方式

命令流执行方式这里不再详细介绍，读者可参见云盘资料中的电子文档。

第 12 章

非线性分析

非线性变化是工程分析中常见的一种现象。非线性问题表现出与线性问题不同的性质。尽管非线性分析比线性分析更加复杂，但处理基本相同，只是在非线性分析的适当过程中，添加了需要的非线性特性。

本章将通过实例讲述非线性分析的基本步骤和具体方法。

- ☑ 非线性分析概论
- ☑ 实例——螺栓的蠕变分析

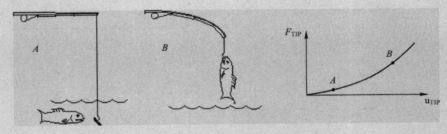

12.1 非线性分析概论

在日常生活中,经常会遇到结构非线性。例如,无论何时用订书针钉书,金属订书针将会弯曲成一个不同的形状,如图 12-1a 所示;如果在一个木架上放置重物,随着时间的迁移,它将越来越下垂,如图 12-1b 所示;当在汽车或卡车上装货时,它的轮胎和下面路面间的接触将随货物重量而变化,如图 12-1c 所示。如果将上面例子的载荷-变形曲线画出来,将会发现它们都显示了非线性结构的基本特征,即变化的结构刚性。

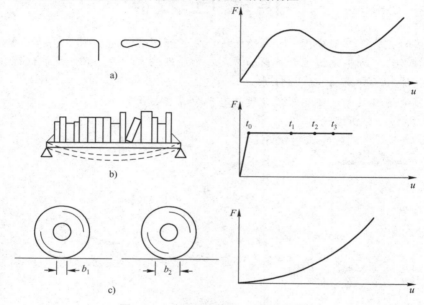

图 12-1 非线性结构行为的普通例子

a) 订书针 b) 木书架 c) 轮胎

12.1.1 非线性行为的原因

引起结构非线性行为的原因有很多,本节将介绍其中的 3 种主要原因。

(1) 状态变化(包括接触)

许多普通结构表现出一种与状态相关的非线性行为。例如,一根只能拉伸的电缆可能是松散的,也可能是绷紧的;轴承套可能是接触的,也可能是不接触的;冻土可能是冻结的,也可能是融化的。这些系统的刚度由于系统状态的改变在不同的值之间发生变化。状态改变可能和载荷直接有关(如在电缆情况中),也可能由某种外部原因引起(如在冻土中的紊乱热力学条件)。ANSYS 程序中单元的"激活"与"杀死"选项用来给这种状态的变化建模。

接触是一种很普遍的非线性行为,是状态变化非线性类型中一个特殊而重要的子集。

(2) 几何非线性

如果结构经受大变形,则变化的几何形状可能会引起结构的非线性响应。例如,如图 12-2 所示,随着垂向载荷的增加,钓鱼竿不断弯曲以致动力臂明显减少,导致钓鱼竿端显示出在

第12章 非线性分析

较高载荷下不断增长的刚性。

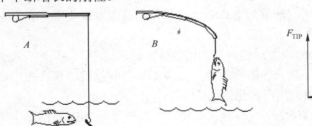

图 12-2 钓鱼竿示范几何非线性

（3）材料非线性

非线性的应力-应变关系是造成结构非线性的常见原因。许多因素可以影响材料的应力—应变性质，包括加载历史（如在弹—塑性响应状况下）、环境状况（如温度）、加载的时间总量（如在蠕变响应状况下）。

12.1.2 非线性分析的基本信息

ANSYS 程序的方程求解器计算一系列的联立线性方程来预测工程系统的响应。然而，非线性结构的行为不能直接用这样一系列的线性方程表示，需要一系列带校正的线性近似来求解非线性问题。

1．非线性求解方法

一种近似的非线性求解方法是将载荷分成一系列的载荷增量。可以在几个载荷步内或者在一个载荷步的几个子步内施加载荷增量。在每一个增量的求解完成后，再继续进行下一个载荷增量之前，程序调整刚度矩阵以反映结构刚度的非线性变化。遗憾的是，纯粹的增量不可避免地会随着每一个载荷增量积累误差，导致结果最终失去平衡，如图 12-3a 所示。

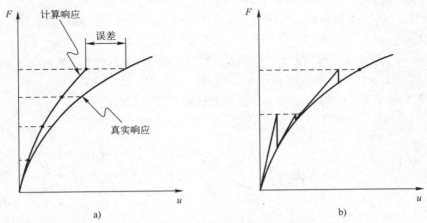

图 12-3 纯粹增量近似与牛顿-拉普森近似的关系

a）普通增量式解　b）全牛顿-拉普森迭代求解（两个载荷增量）

ANSYS 程序通过使用牛顿-拉普森平衡迭代克服了这种困难，它迫使在每一个载荷增量的末端解达到平衡收敛（在某个容限范围内）。图 12-3b 所示为在单自由度非线性分析中牛顿-拉普森平衡迭代的使用。在每次求解前，NR 方法估算出残差矢量，这个矢量是回复力（对应于单元应力的载荷)和所加载荷的差值。然后,程序使用非平衡载荷进行线性求解,且核查收敛性。如果不满足收敛准则,则重新估算非平衡载荷,修改刚度矩阵,获得新解。一直持续这种迭代过程直到问题收敛。

ANSYS 程序提供了一系列命令来增强问题的收敛性,如自适应下降、线性搜索、自动载荷步及二分法等,可被激活来加强问题的收敛性,如果不能得到收敛,那么程序要么继续计算下一个载荷步,要么终止(依据用户的指示而定)。

对某些物理意义上不稳定系统的非线性静态分析,如果仅使用 NR 方法,正切刚度矩阵可能变为降秩矩阵,导致严重的收敛问题。这样的情况包括独立实体从固定表面分离的静态接触分析、结构,或者完全崩溃,或者"突然变成"另一个稳定形状的非线性弯曲问题。对这样的情况,可以激活另外一种迭代方法(弧长方法)来帮助稳定求解。弧长方法导致 NR 平衡迭代沿一段弧收敛,因此,即使当正切刚度矩阵的倾斜为 0 或负值时,也会阻止发散。这种迭代方法以图形表示,如图 12-4 所示。

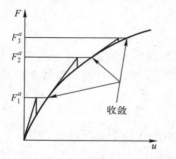 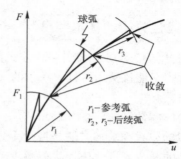

图 12-4　传统的 NR 方法与弧长方法的比较

2. 非线性求解级别

非线性求解被分成 3 个操作级别,即载荷步、子步和平衡迭代。

(1)"顶层"级别由在一定"时间"范围内明确定义的载荷步组成。假定载荷在载荷步内是线性变化的。

(2)在每一个载荷子步内,为了逐步加载,可以控制程序来执行多次求解(子步或时间步)。

(3)在每一个子步内,程序将进行一系列的平衡迭代以获得收敛的解。

如图 12-5 所示为一个典型的用于非线性分析的载荷-时间历程图。

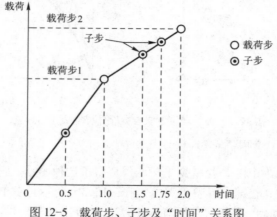

图 12-5　载荷步、子步及"时间"关系图

3. 载荷和位移的方向改变

当结构经历大变形时,应该考虑载荷发生了什么变化。在许多情况下,无论结构如何变形,施加在系统中的载荷保持恒定的方向。而在另一些情况下,力将改变方向,并随着单元方向的改变而变化。

ANSYS 程序对这两种情况都可以建模,依赖于所施加的载荷类型。加速度和集中力将不管单元方向的改变而保持它们最初的方向,表面载荷作用在变形单元表面的法向,且可被用来模拟"跟随"力。如图 12-6 所示为恒力和跟随力示意图。

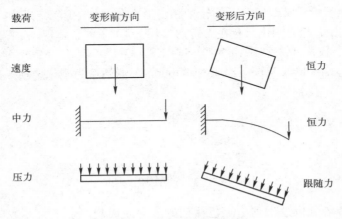

图 12-6 变形前后载荷方向

📢 **注意**:由于在大变形分析中不修正节点坐标系方向,因此计算出的位移在最初的方向上输出。

4. 非线性瞬态过程分析

非线性瞬态过程的分析与线性静态或准静态分析类似,即以步进增量加载,程序在每一步中进行平衡迭代。静态和瞬态处理的主要不同是在瞬态过程分析中要激活时间积分效应(因此,在瞬态过程分析中,"时间"总是表示实际的时序)。自动时间分步和二等分特点同样也适用于瞬态过程分析。

12.1.3 几何非线性

通常假定小转动(小挠度)和小应变变形足够小,以至于可以不考虑由变形导致的刚度阵变化,但是大变形分析中,必须考虑由于单元形状或者方向导致的刚度阵变化。使用命令"NLGEOM,ON"(GUI:Main Menu > Solution > Analysis Type > Sol'n Control(Basic 标签)或者 Main Menu > Solution > Unabridged Menu > Analysis Type > Analysis Options)可以激活大变形效应(针对支持大变形的单元)。大多数实体单元(包括所有大变形单元和超弹单元),以及大多数梁单元和壳单元都支持大变形。

大变形过程在理论上并没有限制单元的变形或者转动(实际的单元还要受到经验变形的约束,即不能无限大),但求解过程必须保证应变增量满足精度要求,即总体载荷要被划分为很多小步来加载。

1．小应变大挠度（大转动）

所有梁单元和大多数壳单元以及其他的非线性单元都有大挠度（大转动）效应，可以通过命令"NLGEOM，ON"（GUI：Main Menu > Solution > Analysis Type > Sol'n Control（Basic 标签）或者 Main Menu > Solution > Unabridged Menu > Analysis Type > Analysis Options）来激活该选项。

2．应力刚化

结构的面外刚度有时会受到面内应力的明显影响，这种面内应力与面外刚度的耦合即应力刚化，在面内应力很大的薄结构（如缆索、隔膜）中非常明显。

因为应力刚化理论通常假定单元的转动和变形都非常小，所以它应用小转动或者线性理论。但在有些结构中，应力刚化只有在大转动（大挠度）下才会体现，如图 12-7 所示的结构。

可以在第一个载荷步中利用命令"PSTRES，ON"（GUI：Main Menu > Solution > Unabridged Menu > Analysis Type > Analysis Options）激活应力刚化选项。

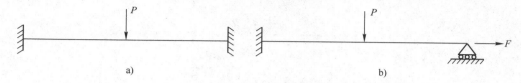

图 12-7 应力刚化的梁

大应变和大转动分析过程理论上包括初始应力的影响，多于大多数单元，在使用命令"NLGEOM，ON"（GUI：Main Menu > Solution > Analysis Type > Sol'n Control（Basic 标签）或者 Main Menu > Solution > Unabridged Menu > Analysis Type > Analysis Options）激活大变形效应时，会自动包括初始刚度的影响。

3．旋转软化

旋转软化会调整（软化）旋转结构的刚度矩阵来考虑动态质量的影响，这种调整近似于在小挠度分析中考虑大挠度圆周运动引起的几何尺寸的变化，它通常与由旋转模型的离心力所产生的预应力[PSTRES]（GUI：Main Menu > Solution > Unabridged Menu > Analysis Type > Analysis Options）一起使用。

> **注意**：旋转软化不能与其他的几何非线性、大转动或者大应变同时使用。

利用命令 OMEGA 和 CMOMEGA 中的 KSPIN 选项（GUI：Main Menu > Preprocessor > Loads > Define Loads > Apply > Structural > Inertia > Angular Velocity）来激活旋转软化效应。

12.1.4 材料非线性

在求解过程中，与材料相关的因子会导致结构的刚度变化。塑性、多线性和超弹性的非线性应力-应变关系会导致结构刚度在不同载荷阶段（典型的，如不同温度）发生变化。蠕变、粘弹性和粘塑性的非线性则与时间、速度、温度及应力相关。

如果材料的应力-应变关系是非线性的或者和速度相关的，就必须利用 TB 命令族（TBTEMP、TBDATA、TBPT、TBCOPY、TBLIST、TBPLOT 和 TBDELE）（GUI：Main Menu > Preprocessor > Material Props > Material Models > Structural > Nonlinear）用数据表的形式来定义非线性材料特性。下面对不同的材料非线性行为选项进行简单介绍。

1. 塑性

对于多数工程材料,在达到比例极限之前,应力-应变关系都采用线性形式。超过比例极限之后,应力-应变关系呈现非线性,不过通常还是弹性的。而塑性则以无法恢复的变形为特征,在应力超过屈服极限之后就会出现。因为通常情况下比例极限和屈服极限只有微小的差别,在塑性分析中,ANSYS 程序假定这两点重合,如图 12-8 所示。

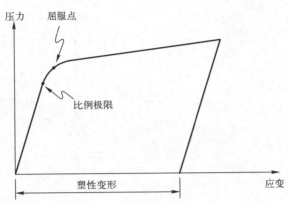

图 12-8 弹塑性应力一应变关系

塑性是一种不可恢复、与路径相关的变形现象。换句话说,施加载荷的次序以及在何种塑性阶段施加将影响最终的结果。如果想在分析中预测塑性响应,则需要将载荷分解成一系列增量步(或者时间步),这样模型才可能正确地模拟载荷-响应路径。每一个子步的最大塑性应变会存储在输出文件(Jobname.OUT)中。

自动步长调整选项 [AUTOTS](GUI: Main Menu > Solution > Analysis Type > Sol'n Control (Basic Tab)或者 Main Menu > Solution > Unabridged Menu > Load Step Opts > Time/Frequenc > Time and Substps)会根据实际的塑性变形调整步长。当求解迭代次数过多或者塑性应变增量大于 15%时,会自动缩短步长。如果采用的步长过长,ANSYS 程序会减半或者采用更短的步长,如图 12-9 所示。

在塑性分析时,可能还会同时出现其他非线性特性。例如,大转动(大挠度)和大应变的几何非线性通常伴随塑性同时出现。如果想在分析中加入大变形,可以用命令 NLGEOM(GUI:Main Menu > Solution > Analysis Type > Sol'n Control(Basic 标签)或者 Main Menu > Solution > Unabridged Menu > Analysis Type > Analysis Options)激活相关选项。对于大应变分析,材料的应力-应变特性必须是用真实应力和对数应变输入的。

2. 多线性

多线性弹性材料行为选项(MELAS)描述一种保守响应(与路径无关),其加载和卸载沿相同的应力-应变路径。因此,对于这种非线性行为,可以使用相对较大的步长。

3. 超弹性

如果存在一种弹性能函数(或者应变能密度函数),它是应变或者变形张量的比例函数,对相应应变项求导就能得到相应应力项,这种材料通常称为超弹性。

超弹性可以用来解释类橡胶材料(如人造橡胶)在经历大应变和大变形时(需要[NLGEOM, ON])其体积变化非常微小的情况(近似于不可压缩材料)。一种有代表性的超弹结构（气球封管）如图 12-10 所示。

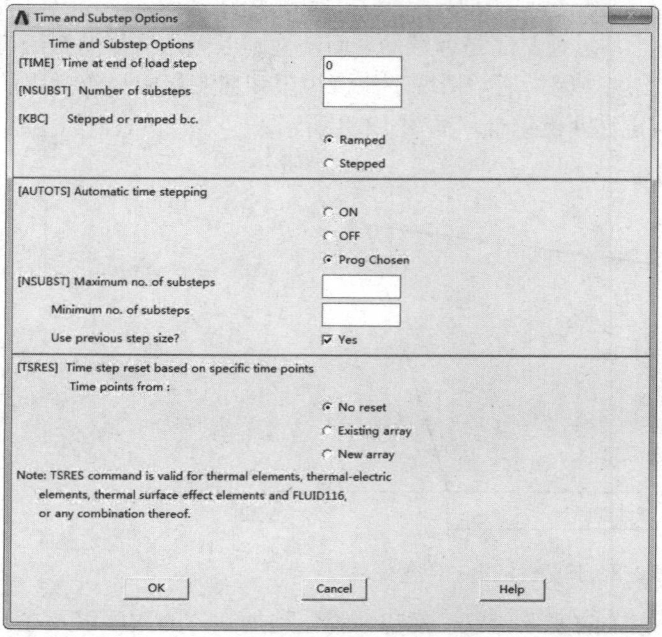

图 12-9　自动步长调整选项对话框

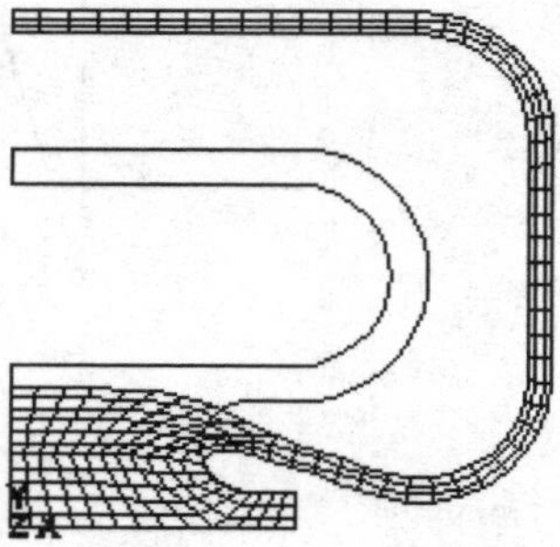

图 12-10　超弹结构

有两种类型的单元适合模拟超弹性材料。

（1）超弹单元（HYPER56、HYPER58、HYPER74 和 HYPER158）。

（2）除了梁杆单元以外，所有编号为 18x 的单元（PLANE182、PLANE183、SOLID185、SOLID186 和 SOLID187）。

4．蠕变

蠕变是一种与速度相关的材料非线性，指当材料受到持续载荷作用时，其变形会持续增加。相反，如果施加强制位移，反作用力（或者应力）就会随着时间慢慢减小（应力松弛，见图 12-11a）。蠕变的 3 个阶段如图 12-11b 所示。ANSYS 程序可以模拟前两个阶段，第 3 个阶段通常不分析，因为已经接近破坏程度。

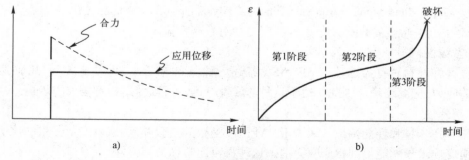

图 12-11　应力松弛和蠕变

a）应力松弛　b）蠕变

第12章 非线性分析

在高温应力分析中，如原子反应器，蠕变是非常重要的。例如，如果在原子反应器施加预载荷以防止邻近部件移动，过了一段时间之后（高温），预载荷会自动降低（应力松弛），导致邻近部件开始移动。对于预应力混凝土结构，蠕变效应也是非常显著的，而且蠕变是持久的。

ANSYS 程序利用两种时间积分方法来分析蠕变，这两种方法都适用于静力学分析和瞬态分析。

（1）隐式蠕变方法：该方法功能更强大、更快、更精确，对于普通分析，推荐使用。其蠕变常数依赖于温度，也可以与各向同性硬化塑性模型耦合。

（2）显式蠕变方法：当需要使用非常短的时间步长时，可考虑该方法，其蠕变常数不能依赖于温度，另外，可以通过强制手段与其他塑性模型耦合。

需要注意以下几个方面。

- 隐式和显式这两个词是针对蠕变的，不能用于其他环境。例如，没有显式动力分析的说法，也没有显式单元的说法。
- 隐式蠕变方法支持如下单元：PLANE42、SOLID45、PLANE82、SOLID92、SOLID95、LINK180、SHELL181、PLANE182、PLANE183、SOLID185、SOLID186、SOLID187、BEAM188 和 BEAM189。
- 显式蠕变方法支持如下单元：LINK1、PLANE2、LINK8、PIPE20、BEAM23、BEAM24、PLANE42、SHELL43、SOLID45、SHELL51、PIPE60、SOLID62、SOLID65、PLANE82、SOLID92 和 SOLID95。

5．形状记忆合金

形状记忆合金（SMA）材料行为选项指镍-钛合金的过弹性行为。镍-钛合金是一种柔韧性非常好的合金，无论在加载和卸载时经历多大的变形都不会留下永久变形，如图 12-12 所示，材料行为包含 3 个阶段，即奥氏体阶段（线弹性）、马氏体阶段（也是线弹性）和两者间的过渡阶段。

利用 MP 命令可定义奥氏体阶段的线弹性材料行为，利用 TB、SMA 命令可定义马氏体阶段和过渡阶段的线弹性材料行为。另外，可以用 TBDATA 命令输入合金的指定材料参数组，总共可以输入 6 组参数。

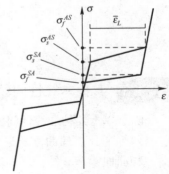

图 12-12 形状记忆合金状态图

形状记忆合金可以使用如下单元：PLANE182、PLANE183、SOLID185、SOLID186 和 SOLID187。

6．粘弹性

粘弹性类似于蠕变，当去掉载荷时，部分变形会跟着消失。最普遍的粘弹性材料是玻璃，部分塑料也可认为是粘弹性材料。如图 12-13 所示为一种粘弹性。

可以利用单元 VISCO88 和 VISCO89 模拟小变形粘弹性，利用 LINK180、SHELL181、PLANE182、PLANE183、SOLID185、SOLID186、SOLID187、BEAM188 和 BEAM189 模拟小变形或者大变形粘弹性。用户可以用 TB 命令族输入材料属性。对于单元 SHELL181、PLANE182、PLANE183、SOLID185、SOLID186 和 SOLID187，需用 MP 命令指定其粘弹性材料属性，用"TB，HYPER"指定其超弹性材料属性。弹性常数与快速载荷值有关。用"TB，PRONY"和"TB，

SHIFT"命令输入松弛属性（读者可参考对 TB 命令的解释以获得更详细的信息）。

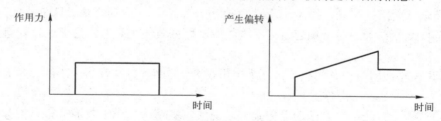

图 12-13 粘弹性行为（麦克斯韦模型）

7. 粘塑性

粘塑性是一种和时间相关的塑性现象，塑性应变的扩展和加载速率有关，其基本应用是高温金属成型过程。例如，滚动锻压会产生很大的塑性变形，而弹性变形却非常小，如图 12-14 所示。因为塑性应变所占比例非常大（通常超过 50%），所以要求打开大变形选项[NLGEOM, ON]。可利用 VISCO106、VISCO107 和 VISCO108 几种单元来模拟粘塑性。粘塑性是通过一套流动和强化准则将塑性和蠕变平均化，约束方程通常用于保证塑性区域的体积。

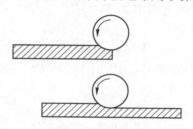

图 12-14 翻滚操作中的粘塑性行为

12.1.5 其他非线性问题

除了以上几种非线性问题之外，还有其他非线性行为，常见的有屈曲和接触。

（1）屈曲：屈曲分析是一种用于确定结构的屈曲载荷（使结构开始变得不稳定的临界载荷）和屈曲模态（结构屈曲响应的特征形态）的技术。

（2）接触：接触问题分为两种基本类型，即刚体—柔体的接触、半柔体—柔体的接触，都是高度非线性行为。

12.2 实例——螺栓的蠕变分析

在该例中，通过一个螺栓的蠕变分析实例，详细介绍蠕变分析的过程和技巧。另外，本文是直接通过节点和单元建立有限元模型。

12.2.1 问题描述

如图 12-15 所示，一个长为 l 截面积为 A 的螺栓，受到预应力 σ_0 的作用。该螺栓在高温 T_0 下放置一段很长的时间 t_1。螺栓的材料有蠕变效应，其蠕变应变率为 $d\varepsilon/dt = k\sigma_n$，见表 12-1。下面求解在这个应力松弛的过程中螺栓的应力 σ。

第12章 非线性分析

表 12-1 材料性质、几何尺寸及载荷情况

材料属性	几何尺寸	载荷
$E = 30 \times 10^6$ psi	l = 10 in	σ_o = 1000 psi
$n = 7$	A = 1 in^2	T_0 = 900°F
$k = 4.8 \times 10^{-30}$–hr		t_1 = 1000 hr

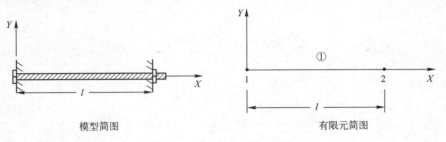

图 12-15 结构简图

12.2.2 建立模型

01 前处理

❶ 定义工作标题：Utility Menu > File > ChangeTitle，在弹出的"Change Title"对话框的"[/TITLE]Enter new title"文本框中输入文字"STRESS RELAXATION OF A BOLT DUE TO CREEP"，单击"OK"按钮，如图 12-16 所示。

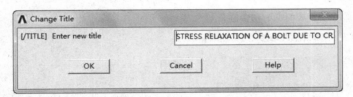

图 12-16 设定工作标题

❷ 定义单元类型：Main Menu > Preprocessor > Element Type > All/Edit/Delete，出现"Element Types"对话框，单击"Add"按钮，弹出"Library of Element Types"对话框，如图 12-17 所示，在"Library of Element Types"列表框中依次选中"Structural Link"和"3D finit stn 180"，单击"OK"按钮。最后单击"Close"按钮关闭"Element Types"对话框。

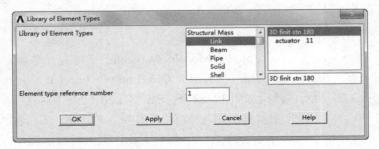

图 12-17 单元类型选择对话框

❸ 定义实常数：Main Menu > Preprocessor > Real Constants > Add/Edit/Delete，弹出"Real Constants"对话框，单击"Add"按钮，弹出"Element Type for Real Constants"对话框。单击"OK"按钮，弹出如图 12-18 所示的"Real Constant Set Number 1, for LINK180"对话框，在"Cross-sectional area　　AREA"文本框中输入"1"，在"Added Mass（Mass/Length）ADDMAS"文本框中输入"1/30000"，单击"OK"按钮。最后单击"Real Constants"对话框中的"Close"按钮，关闭该对话框。

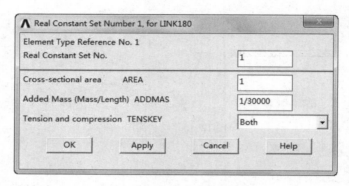

图 12-18　定义 LINK1 的实常数

❹ 定义线性材料性质：Main Menu > Preprocessor > Material Props > Material Models，弹出如图 12-19 所示的"Define Material Model Behavior"对话框，在"Material Models Available"列表框中依次单击 Favorites > Linear Static > Linear Isotropic，弹出如图 12-20 所示的"Linear Isotropic Properties for Material Number 1"对话框，在"EX"文本框中输入"3E+007"，在"PRXY"文本框中输入"0.3"，单击"OK"按钮。

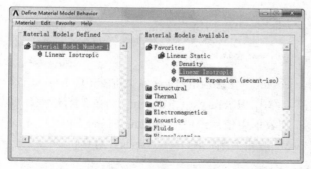

图 12-19　材料定义框

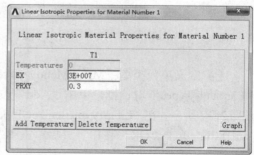

图 12-20　定义线弹性材料属性

❺ 定义蠕变材料性质：在"Material Models Available"列表框中依次单击 Structural > Nonlinear > Inelastic > Rate Dependent > Creep > Creep only > Implicit > 1：Strain Hardening（Primary），如图 12-21 所示，弹出如图 12-22 所示的"Creep Table"对话框，在"C1"文本框中输入"4.8E-30"，在"C2"文本框中输入"7"，单击"OK"按钮。最后在"Define Material Model Behavior"对话框中，选择菜单路径 Material > Exit，退出材料定义窗口。

第12章 非线性分析

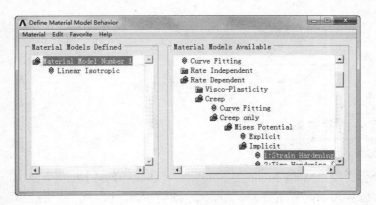

图 12-21 定义蠕变材料属性的路径

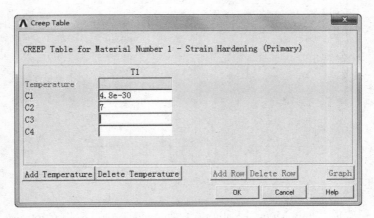

图 12-22 定义蠕变材料属性

02 创建模型

❶ 定义节点：Main Menu > Preprocessor > Modeling > Create > Node > In Active CS，弹出"Create Nodes in Active Coordinate System"对话框，如图 12-23 所示，在"NODE Node number"文本框中输入"1"，单击"Apply"按钮，继续在"NODE Node number"文本框中输入"2"，在"X，Y，Z Location in active CS"文本框中依次输入"10，0，0"，单击"OK"按钮。

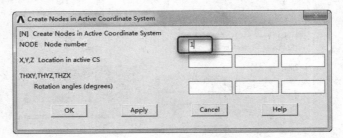

图 12-23 "Create Nodes in Active Coordinate System"对话框

❷ 定义单元：Main Menu > Preprocessor > Modeling > Create > Elements > Auto Numbered > Thru Nodes，弹出"Elements form Nodes"对话框，用鼠标在屏幕上单击拾取刚建

立的两个节点,单击"OK"按钮,屏幕显示如图 12-24 所示。

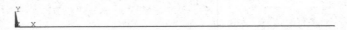

图 12-24 模型简图

12.2.3 设置分析并求解

01 设置求解控制器

❶ 设定分析类型:Main Menu > Solution > Unabridged Menu > Analysis Type > New Analysis,弹出"New Analysis"对话框,如图 12-25 所示,单击"OK"按钮接受默认设置(Static)。

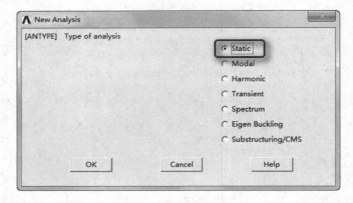

图 12-25 设置分析类型

❷ 设定分析选项:Main Menu > Solution > Analysis Type > Sol's Controls,弹出如图 12-26 所示的"Solution Controls"对话框,在"Time at end of loadstep"文本框中输入"1000",在"Automatic time stepping"下拉列表框中选择"Off",单击"Number of substeps"单选按钮,在"Number of substeps"文本框中输入"100",在"Frequency"下拉列表框中选择"Write every substep",单击"OK"按钮。

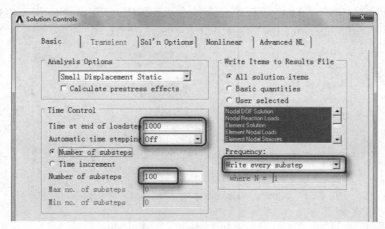

图 12-26 "Solution Controls"对话框

02 设置其他求解选项

❶ 关闭优化选项：Main Menu > Solution > Load Step Opts > Solution Ctrl，弹出"Nonlinear Solution Control"对话框，如图 12-27 所示，取消选中"[SOLCONTROL] Solution Control"后面的复选框使其显示为"Off"，"Off"（通常它是默认选项），单击"OK"按钮。

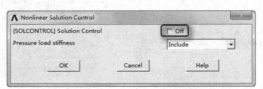

图 12-27 "Nonlinear Solution Control"对话框

注意：如果在 Main Menu > Solution > Load Step Opts 下没有找到 Solution Ctrl 菜单项，可以选择菜单路径 Main Menu > Solution > Unabridged menu。

❷ 设置载荷形式为阶跃载荷：Main Menu > Solution > Load Step Opts > Time/ Frequenc > Time and Substps，弹出"Time and Substep Options"对话框，如图 12-28 所示，在"[KBC] Stepped or ramped b.c."选项组中单击"Stepped"单选按钮，其他选项保持不变，然后单击"OK"按钮。

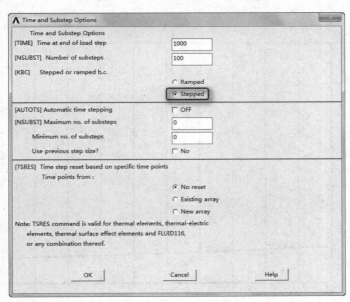

图 12-28 "Time and Substep Options"对话框

03 加载和求解

❶ 设置环境温度：Main Menu > Solution > Define Loads > Settings > Uniform TEMP，弹出"Uniform Temperature"对话框，如图 12-29 所示，在文本框中输入"900"，单击"OK"按钮。

❷ 施加位移约束：Main Menu > Solution > Define Loads > Apply > Structural > Dispacement > On Nodes，弹出"Apply U, ROT on Nodes"对话框，单击"Pick All"按钮，

弹出"Apply U，ROT on Nodes"对话框，如图 12-30 所示，选择"ALL DOF"，单击"OK"按钮。

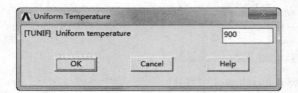

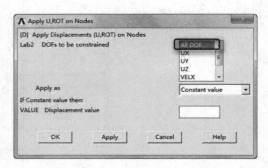

图 12-29 "Uniform Temperature"对话框　　　图 12-30 "Apply U，ROT on Nodes"对话框

❸ 求解：Main Menu > Solution > Solve > Current LS，弹出"/STATUS Command"信息提示窗口和"Solve Current Load Step"对话框。仔细浏览信息提示窗口中的信息，如果无误，则选择 File > Close 命令关闭之。单击"OK"按钮开始求解。当屈曲求解结束时，屏幕上会弹出"Solution is done"提示框，单击"Close"按钮关闭它，此时屏幕显示求解追踪曲线，如图 12-31 所示。

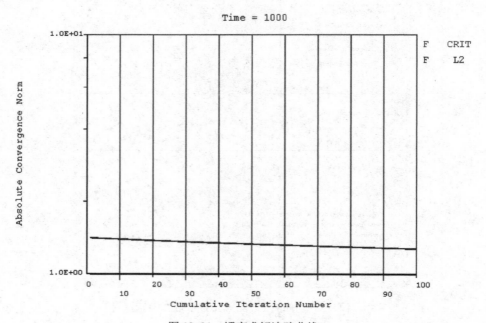

图 12-31　蠕变求解追踪曲线

❹ 退出求解器：Main Menu > Finish。

12.2.4　查看结果

❶ 进入时间历程后处理：Main Menu > TimeHist PostPro，弹出如图 12-32 所示的"Time History Variables-Grain.rst"对话框，里面已有默认变量时间（TIME）。

第12章 非线性分析

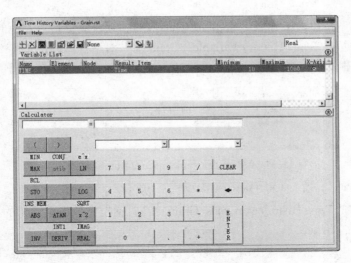

图 12-32 "Time History Variables – Grain.rst" 对话框

❷ 定义单元应力变量：在图 12-32 所示的对话框中单击左上角的 "＋" 图标按钮，弹出 "Add Time-History Variable" 对话框，如图 12-33 所示。

图 12-33 "Add Time-History Variable" 对话框

❸ 在图 12-33 所示的 "Add Time-History Variable" 对话框中，在 "Resut Item" 中依次单击 Element Solution > Miscellaneous Items > Line stress（LS，1），弹出 "Miscellaneous Sequence Number" 对话框，如图 12-34 所示，在文本框中输入 "1"，单击 "OK" 按钮。

❹ 返回到图 12-33 所示的 "Add Time-History Variable" 对话框，在 "Variable Name" 文本框中输入 "SIG"，单击 "OK" 按钮。弹出 "Element for Data" 拾取框，然后用鼠标拾取此

单元,单击"OK"按钮,又弹出"Node for Data"对话框,鼠标拾取左面的节点,然后单击"OK"按钮。返回到"Time History Variables-Grain.rst"对话框,如图12-35所示,此时变量列表里面多了一项SIG变量。

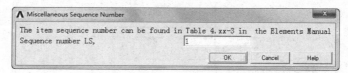

图12-34 "Miscellaneous Sequence Number"对话框

❺ 绘制变量曲线(以时间TIME为横坐标,以自定义的单元应力变量SIG为纵坐标):在图12-35所示的"Time History Variables-Grain.rst"对话框中单击左上角的第3个图标按钮,屏幕显示如图12-36所示。

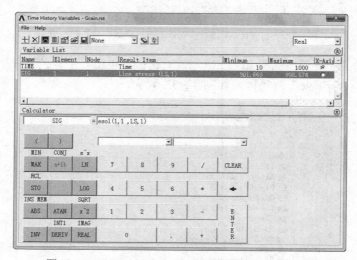

图12-35 "Time History Variables-Grain.rst"对话框

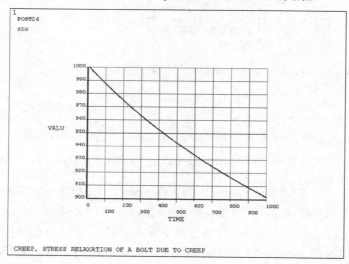

图12-36 变量时间曲线

❻ 列表显示变量随时间的变化：在图 12-35 所示的对话框中单击左上角的第 4 个图标按钮，屏幕显示如图 12-37 所示。

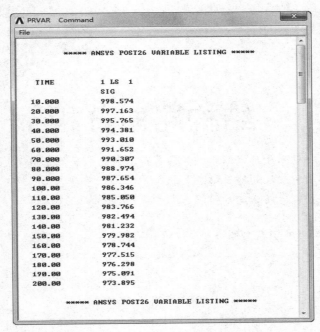

图 12-37　变量随时间变化值

❼ 退出 ANSYS 程序：单击 ANSYS 程序窗口工具条中的"QUIT"按钮，选择想保存的项，然后退出。

12.2.5　命令流执行方式

命令流执行方式这里不再详细介绍，读者可参见云盘资料中的电子文档。

第 13 章

结构屈曲分析

屈曲分析是一种用于确定结构的屈曲载荷（使结构开始变得不稳定的临界载荷）和屈曲模态（结构屈曲响应的特征形态）的技术。

本章将通过实例讲述屈曲分析的基本步骤和具体方法。

☑ 结构屈曲概论

☑ 实例——薄壁圆筒屈曲分析

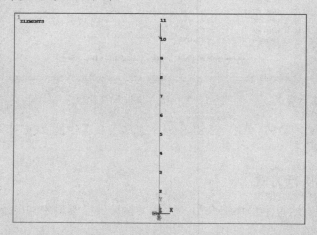

第13章 结构屈曲分析

13.1 结构屈曲概论

ANSYS 提供了以下两种分析结构屈曲的技术。

（1）非线性屈曲分析：该方法是逐步增加载荷，对结构进行非线性静力学分析，然后在此基础上寻找临界点，如图 13-1a 所示。

（2）特征值屈曲分析（线性屈曲分析）：该方法用于预测理想弹性结构的理论屈曲强度（即通常所说的欧拉临界载荷），如图 13-1b 所示。

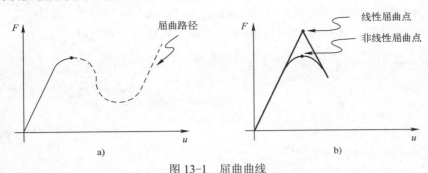

图 13-1 屈曲曲线

a）非线性屈曲载荷—位移曲线　b）线性（特征值）屈曲曲线

13.2 实例——薄壁圆筒屈曲分析

在本节实例分析中，将进行一个薄壁圆筒的几何非线性分析，用轴对称单元模拟薄壁圆筒，求解通过单一载荷步来实现。

13.2.1 问题描述

如图 13-2 所示，薄壁圆筒的半径 $R=2540$ mm，高 $h=20320$ mm，壁厚 $t=12.35$ mm，在圆筒的顶面上受到均匀的压力作用，压力的大小为 $E=200$ GPa。材料的弹性模量 2e5 Pa，泊松比 $\nu=0.3$，计算薄壁圆筒的屈曲模式及临界载荷。其计算分析过程如下。

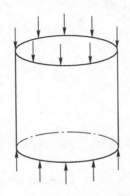

图 13-2 薄壁圆筒的示意图

13.2.2 前处理

01 定义工作标题

执行菜单栏中的 Utility Menu > File > Change Title 命令，输入文字"Buckling of a thin cylinder"，单击"OK"按钮。

02 定义单元类型

Mail Menu > Preprocessor > Element Type > Add/Edit/Delete 命令，出现"Element Types"对话框，单击"Add"按钮，弹出"Library of Element Types"对话框，如图 13-3 所示，在"Library of Element Types"的列表框中，依次单击"Structural Beam"和"3D 2 node 188"，单击"OK"按钮。最后单击"Element Types"对话框中的"OK"按钮，关闭该对话框。

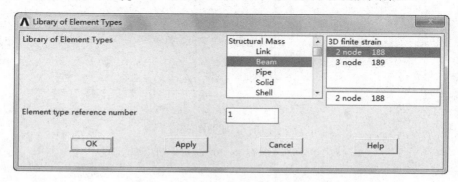

图 13-3 "Library of Element Types"对话框

03 定义材料性质

执行主菜单中的 Main Menu > Preprocessor > Material Props > Material Models 命令，弹出如图 13-4a 所示的"Define Material Model Behavior"对话框，在"Material Models Available"中依次单击 Favorites>Linear Static>Linear Isotropic，弹出如图 13-4b 所示的"Linear Isotropic Properties for Material Number 1"对话框，在"EX"文本框中输入"2e5"，在"NUXY"文本框中输入"0.3"，单击"OK"按钮。最后在"Define Material Model Behavior"对话框中，选择菜单路径 Material > Exit，退出材料定义窗口。

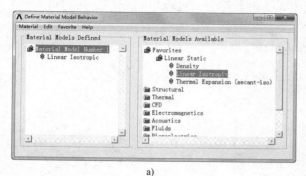
a)

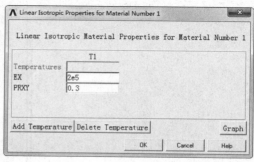
b)

图 13-4 定义材料性质

a) 定义材料模型特性　b) 线性各向同性材料

04 定义杆件材料性质

执行主菜单中的 Main Menu > Preprocessor > Sections > Beam > Common Section 命令，弹出如图 13-5 所示的"Beam Tool"对话框，在"Sub-Type"下拉列表框中选择空心圆管，在"Ri"文本框中输入内半径"2527.65"，在"Ro"文本框中输入外半径"2540"，单击"OK"按钮。

13.2.3 建立实体模型

图 13-5 "Beam Tool"对话框

❶ 以主菜单中选择 Main Menu > Preprocessor > Modeling > Create > Nodes > In Active CS 命令，打开"Create Nodes in Active Coordinate System"对话框，如图 13-6 所示。在"NODE Node number"文本框中输入"1"，在"X, Y, Z Location in active CS"文本框中依次输入"0, 0"。

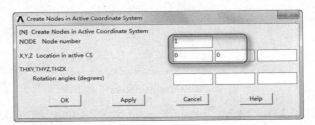

图 13-6 "Create Nodes in Active Coordinate System"对话框

❷ 单击"Apply"按钮会再次打开"Create Nodes in Active Coordinate System"对话框，在"NODE Node number"文本框中输入"11"，在"X, Y, Z Location in active CS"文本框中依次输入"0, 20320"，单击"OK"按钮关闭该对话框。

❸ 插入新节点：Main Menu > Preprocessor > Modeling > Create > Nodes > Fill between Nds，弹出"Fill between Nds"对话框，如图 13-7 所示。用鼠标在屏幕上单击拾取编号为 1 和 11 的两个节点，单击"OK"按钮，弹出"Create Nodes Between 2 Nodes"对话框，单击"OK"按钮接受默认设置，如图 13-8 所示。

图 13-7 "Fill between Nds"对话框

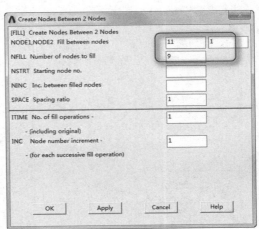

图 13-8 在两节点之间创建节点

❹ 从主菜单中选择 Main Menu > Preprocessor > Modeling > Create > Elements > Elem Attributes 命令，打开"Element Attributes"对话框，如图 13-9 所示。在"[TYPE] Element type number"下拉列表框中选择"1 BEAM188"，在"[SECNUM] Section number"下拉列表框中选择"1"，其余选项采用系统默认设置，单击"OK"按钮关闭该对话框。

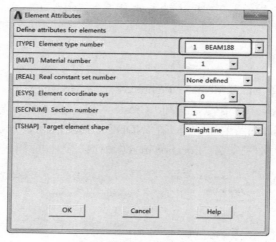

图 13-9 "Element Attributes"对话框

❺ 从主菜单中选择 Main Menu > Preprocessor > Modeling > Create > Elements > Auto Numbered > Thru Nodes 命令，打开"Elements from Nodes"对话框，在文本框中输入"1，2"，单击"OK"按钮关闭该对话框。

（1）复制单元：Main Menu > Preprocessor > Modeling > Copy > Elements > Auto Numbered，弹出"Copy Elems Auto-Num"对话框，如图 13-10 所示，在屏幕上选择所创建的单元，单击"OK"按钮。

（2）弹出"Copy Elements（Automatically-Numbered）"对话框，如图 13-11 所示，在"ITIME Total number of copies"文本框中输入 10，在"NINC Node number increment"文本框中输入"1"，单击"OK"按钮。

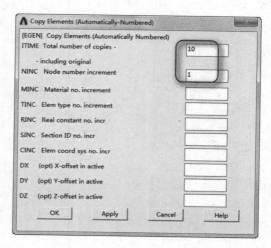

图 13-10 "Copy Elems Auto-Num"对话框   图 13-11 "Copy Elements（Automatically-Numbered）"对话框

❻ 从实用菜单中选择 Utility Menu > PlotCtrls > Style > Colors > Reverse Video 命令，ANSYS 窗口将变成白色。从实用菜单中选择 Utility Menu > Plot > Elements 命令，ANSYS 窗口会显示模型，如图 13-12 所示。

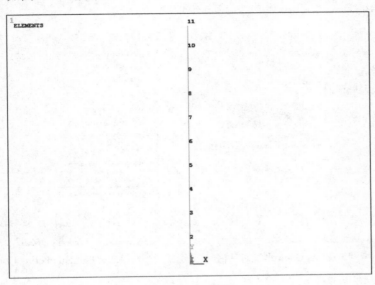

图 13-12　模型

❼ 单击工具条中的"SAVE_DB"按钮，保存文件。

13.2.4　获得静力解

01 设定分析类型

从主菜单中选择 Main Menu > Solution > Unabridged Menu > Analysis Type > New Analysis 命令，弹出"New Analysis"对话框，如图 13-13 所示，单击"OK"按钮接受默认设置（Static）。

02 设定分析选项

从主菜单中选择 Main Menu > Solution > Analysis Type > Sol'n Controls 命令，弹出如图 13-14 所示的"Solution Controls"对话框，选中"Calculate prestress effects"复选框，单击"OK"按钮。

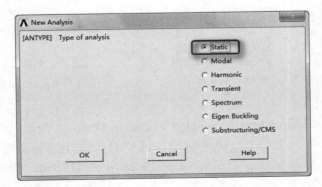

图 13-13　"New Analysis"对话框

03 打开节点编号显示

从实用菜单中选择 Utility Menu > PlotCtrls > Numbering 命令，弹出"Plot Numbering Controls"对话框，如图 13-15 所示，选中"NODE Node numbers"后面的"On"复选框，单击"OK"按钮。

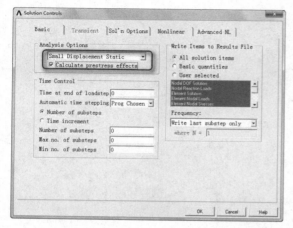

图 13-14 "Solution Controls"对话框

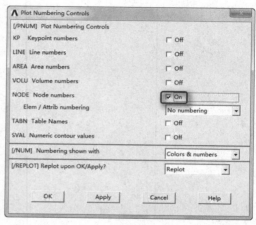

图 13-15 "Plot Numbering Controls"对话框

04 定义边界条件

从主菜单中选择 Main Menu>Solution > Define Loads > Apply > Structural > Displacement > On Nodes 命令，弹出"Apply U,ROT on Nodes"拾取对话框。用鼠标在屏幕里面单击拾取节点 1，单击"OK"按钮，弹出如图 13-16 所示的"Apply U,ROT on Nodes"对话框，在"Lab2 DOFs to be constrained"列表框中单击"All DOF"选项，单击"OK"按钮，屏幕显示如图 13-17 所示。

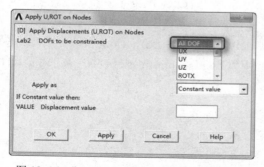

图 13-16 "Apply U,ROT on Nodes"对话框

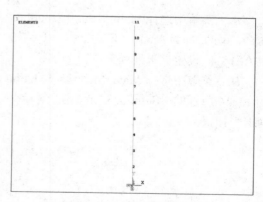

图 13-17 框架端部施加约束

05 施加载荷

从主菜单中选择 Main Menu > Solution > Define Loads > Apply > Structural > Force/Moment > On Nodes 命令，弹出"Apply F/M on Nodes"对话框。用鼠标单击节点 11，单击"OK"按钮，弹出"Apply F/M on Nodes"对话框，如图 13-18 所示。在"Lab Direction of force/mom"下拉列表框中选择"FY"选项，在"VALUE Force/moment value"文本框中输入"-1e6"，

单击"OK"按钮。屏幕显示如图 13-19 所示。

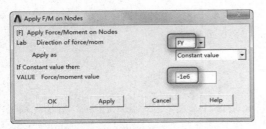

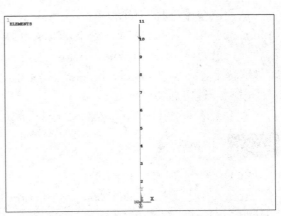

图 13-18 "Apply F/M on Nodes"对话框

图 13-19 施加载荷

06 静力分析求解

从主菜单中选择 Main Menu > Solution > Solve > Current LS 命令，弹出"/STATUS Command"信息提示窗口和"Solve Current Load Step"对话框，仔细浏览信息提示窗口中的信息，如果无误，则选择 File > Close 命令关闭之。单击"OK"按钮开始求解。当静力求解结束时，屏幕上会弹出"Solution is done"提示框，单击"Close"按钮。

07 退出静力求解

从主菜单中选择 Main Menu > Finish 命令。

13.2.5 获得特征值屈曲解

01 屈曲分析求解

从主菜单中选择 Main Menu > Solution > Analysis Type > New Analysis 命令，弹出如图 13-20 所示的"New Analysis"对话框，在"[ANTYPE] Type of analysis"选项组中单击"Eigen Buckling"单选按钮，单击"OK"按钮。

02 设定屈曲分析选项

从主菜单中选择 Main Menu > Solution > Analysis Type > Analysis Options 命令，弹出"Eigenvalue Buckling Options"对话框，如图 13-21 所示，在"NMODE No. of modes to extrac"文本框中输入"10"，单击"OK"按钮。

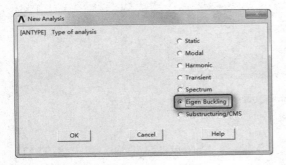

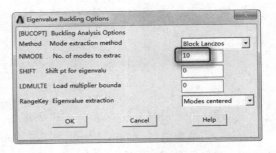

图 13-20 "New Analysis"对话框

图 13-21 定义屈曲分析选项

03 屈曲求解

从主菜单中选择 Main Menu > Solution > Solve > Current LS 命令，弹出"/STATUS Command"信息提示窗口和"Solve Current Load Step"对话框，仔细浏览信息提示窗口中的信息，如果无误，则单击 File > Close 关闭之。单击"OK"按钮开始求解。当屈曲求解结束时，屏幕上会弹出"Solution is done"提示框，单击"Close"按钮关闭它。

04 退出屈曲求解

从主菜单中选择 Main Menu > Finish 命令。

13.2.6 扩展解

01 激活扩展过程

从主菜单中选择 Main Menu > Solution > Analysis Type > ExpansionPass 命令，弹出"Expansion Pass"对话框，如图 13-22 所示，选中"[EXPASS] Expansion pass"后面的"On"复选框，单击"OK"按钮。

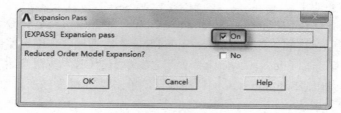

图 13-22 "Expansion Pass"对话框

02 设定扩展解

设定扩展模态选项：从主菜单中选择 Main Menu > Solution > Load Step Opts > ExpansionPass > Single Expand > Expand Modes 命令，弹出如图 13-23 所示的"Expand Modes"对话框，在"NMODE No. of modes to expand"文本框中输入"10"，选中"Elcalc Calculate elem results?"后面复选框的"Yes"，单击"OK"按钮。

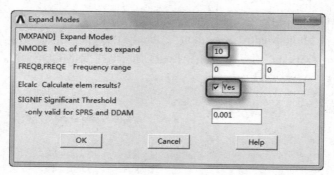

图 13-23 "Expand Modes"对话框

03 扩展求解

从主菜单中选择 Main Menu > Solution > Solve > Current LS 命令，弹出"/STATUS Command"信息提示窗口和"Solve Current Load Step"对话框，仔细浏览信息提示窗口中的

信息，如果无误，则选择 File > Close 命令关闭之。单击“OK”按钮开始求解。当扩展求解结束时，屏幕上会弹出“Solution is done”提示框，单击“Close”按钮关闭它。

04 退出扩展求解

从主菜单中选择 Main Menu > Finish 命令。

13.2.7 后处理

列表显示各阶临界载荷。从主菜单中执行 Main Menu > General Postproc > Results Summary 命令，弹出“SET，LIST Command”对话框，如图 13-24 所示。其中“TIME/FREQ”列对应的数值表示载荷放大倍数。

SET,LIST Command

File

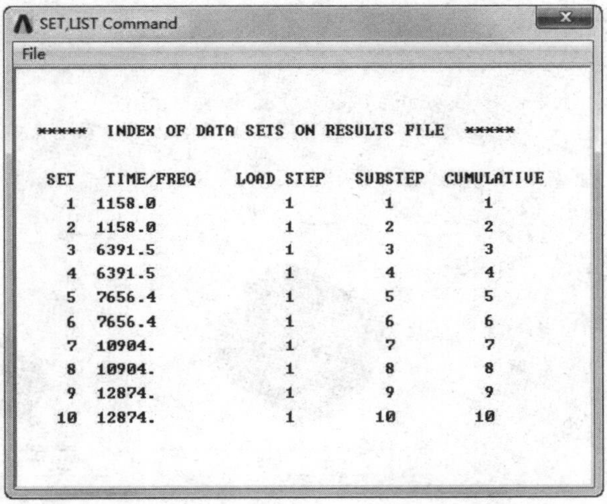

***** INDEX OF DATA SETS ON RESULTS FILE *****

SET	TIME/FREQ	LOAD STEP	SUBSTEP	CUMULATIVE
1	1158.0	1	1	1
2	1158.0	1	2	2
3	6391.5	1	3	3
4	6391.5	1	4	4
5	7656.4	1	5	5
6	7656.4	1	6	6
7	10904.	1	7	7
8	10904.	1	8	8
9	12874.	1	9	9
10	12874.	1	10	10

图 13-24 列表显示临界载荷

13.2.8 命令流执行方式

命令流执行方式这里不再详细介绍，读者可参见云盘资料中的电子文档。

第 14 章

接触问题分析

接触问题是一种高度非线性行为，需要较大的计算资源。为了进行有效的计算，理解问题的特性和建立合理的模型是很重要的。

本章将通过实例讲述接触分析的基本步骤和具体方法。

- ☑ 接触问题概论
- ☑ 实例——陶瓷套管的接触分析

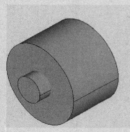
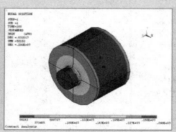

第14章 接触问题分析

14.1 接触问题概论

接触问题存在以下两个较大的难点。

（1）在求解问题之前，不知道接触区域，表面之间是接触还是分开是未知的、突然变化的，这些随载荷、材料、边界条件和其他因素而定。

（2）大多数接触问题需要计算摩擦，有几种摩擦和模型可供挑选，它们都是非线性的，摩擦使问题的收敛性变得困难。

14.1.1 一般分类

接触问题分为两种基本类型，即刚体-柔体的接触，半柔体-柔体的接触。在刚体-柔体的接触问题中，接触面的一个或多个被当做刚体（与它接触的变形体相比，有大得多的刚度），一般情况下，一种软材料和一种硬材料接触时，问题可以被假定为刚体-柔体的接触，许多金属成型问题归为此类接触。另一类为半柔体-柔体的接触，是一种更普遍的类型，在这种情况下，两个接触体都是变形体（有近似的刚度）。

ANSYS 支持 3 种接触方式，即点-点、点-面、面-面，每种接触方式使用的接触单元适用于某一类问题。

14.1.2 接触单元

为了给接触问题建模，首先必须认识到模型中的哪些部分可能会相互接触，如果相互作用的其中之一是一点，那么模型的对应组元是一个节点。如果相互作用的其中之一是一个面，则模型的对应组元是单元，如梁单元、壳单元或实体单元。有限元模型通过指定的接触单元来识别可能的接触匹对，接触单元是覆盖在分析模型接触面之上的一层单元，关于 ANSYS 使用的接触单元和使用过程，下面分类详述。

1. 点-点接触单元

点-点接触单元主要用于模拟点-点的接触行为，为了使用点-点的接触单元，需要预先知道接触位置。这类接触问题只能适用于接触面之间有较小相对滑动的情况（即使在几何非线性情况下）。

如果两个面上的节点一一对应，相对滑动可以忽略不计，两个面保持小量挠度（转动），那么可以用点-点的接触单元来求解面-面的接触问题，过盈装配问题就是一个用点—点的接触单元来模拟面-面接触问题的典型例子。

2. 点-面接触单元

点-面接触单元主要用于给点-面的接触行为建模，如两根梁的相互接触。

如果通过一组节点来定义接触面，生成多个单元，那么可以通过点-面的接触单元来模拟面-面的接触问题。面既可以是刚性体，也可以是柔性体，这类接触问题的一个典型例子是插头到插座里。使用这类接触单元，不需要预先知道确切的接触位置，接触面之间也不需要保持一致的网格，并且允许有大的变形和大的相对滑动。

Contact48 和 Contact49 都是点-面的接触单元，Contact26 用来模拟柔性点-刚性面的接触，对有不连续的刚性面的问题，不推荐采用 Contact26，因为可能导致接触的丢失，在这种情况下，Contact48 通过使用伪单元算法能提供较好的建模能力。

3．面-面接触单元

ANSYS 支持刚体-柔体的面-面的接触单元，刚性面被当做"目标"面，分别用 Targe169 和 Targe170 来模拟二维和三维的"目标"面。柔性体的表面被当做"接触"面，用 Conta171、Conta172、Conta173 和 Conta174 来模拟。一个目标单元和一个接触单元称为一个"接触对"，程序通过一个共享的实常数号来识别"接触对"。为了建立一个"接触对"，应给目标单元和接触单元指定相同的实常数号。

与点-面接触单元相比，面-面接触单元有以下几个优点。

- ☑ 支持低阶和高阶单元。
- ☑ 支持有大滑动和摩擦的大变形、协调刚度阵计算、不对称单元刚度阵的计算。
- ☑ 提供工程目的采用的更好的接触结果，如法向压力和摩擦应力。
- ☑ 没有刚体表面形状的限制，刚体表面的光滑性不是必需的，允许有自然的或网格离散引起的表面不连续。
- ☑ 与点-面接触单元相比，需要较多的接触单元，因而造成需要较小的磁盘空间和 CPU 时间。
- ☑ 允许多种建模控制。例如，绑定接触、渐变初始渗透、目标面自动移动到初始接触、平移接触面（梁和单元的厚度）、支持单元、支持耦合场分析和支持磁场接触分析等。

14.2　实例——陶瓷套管的接触分析

14.2.1　问题描述

如图 14-1 所示，插销比插销孔稍稍大一点，这样它们之间由于接触就会产生应力、应变。由于对称性，因此可以只取模型的 1/4 来进行分析，并分成两个载荷步来求解。第一个载荷步是观察插销接触面的应力，第二个载荷步是观察插销拔出过程中的应力、接触压力和反力等。

图 14-1　圆柱套筒示意图

材料性质：EX=30e6（杨氏弹性模量），$PRXY$=0.25（泊松比），f=0.2（摩擦因数）。

几何尺寸如下。圆柱套管：$R1$=0.5，$H1$=3；套筒：$R2$=1.5，$H2$=2；套筒孔：$R3$=0.45，$H3$=2。

14.2.2 建立模型并划分网格

01 建立模型

❶ 设置分析标题：Utility Menu > File > Change Title，在文本框中输入"Contact Analysis"，单击"OK"按钮。

❷ 定义单元类型：Main Menu > Preprocessor > Element Type > Add/Edit/Delete，出现"Element Types"对话框，如图14-2所示，单击"Add"按钮，弹出如图14-3所示的"Library of Element Types"对话框，在"Library of Element Types"列表框依次选择"Structural Solid 和 Brick 8 node 185"，单击"OK"按钮，然后单击"Element Types"对话框中的"Close"按钮。

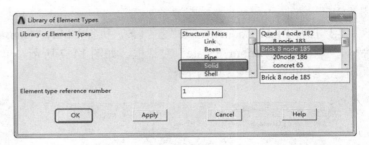

图 14-2 "Element Types"对话框　　图 14-3 "Library of Element Types"对话框

❸ 定义材料性质：Main Menu > Preprocessor > Material Props > Material Models，弹出如图14-4所示的"Define Material Model Behavior"对话框，在"Material Models Available"列表框中依次单击 Structural > Linear > Elastic > Isotropic，弹出如图14-5所示的"Linear Isotropic Properties for Material Number 1"对话框，在"EX"文本框中输入"30E6"，在"PRXY"文本框中输入"0.25"，单击"OK"按钮。然后执行"Define Material Model Behavior"对话框中的 Material > Exit 命令退出。

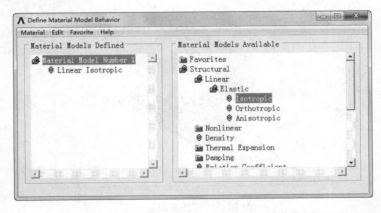

图 14-4 "Define Material Model Behavior"对话框

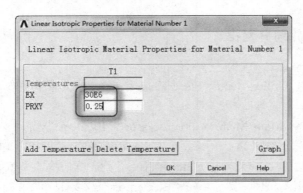

图 14-5 "Linear Isotropic Properties for Material Number 1"对话框

❹ 生成圆柱：Main Menu > Preprocessor > Modeling > Create > Volumes > Cylinder > By Dimensions，弹出如图 14-6 所示的"Create Cylinder by Dimensions"对话框，在"RAD1　Outer radius"文本框中输入"1.5"，在"Z1，Z2　Z-coordinates"文本框中输入"2.5"和"4.5"，单击"OK"按钮。

❺ 打开"Pan-Zoom-Rotate"工具条。执行 Utility Menu > PlotCtrls > Pan，Zoom，Rotate 命令，弹出"Pan-Zoom-Rotate"对话框，如图 14-7 所示，单击"Iso"按钮，单击"Close"关闭之。结果显示如图 14-8 所示。

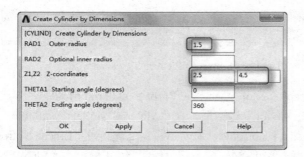

图 14-6 "Create Cylinder by Dimensions"对话框

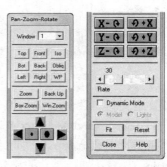

图 14-7 "Pan-Zoom-Rotate"对话框

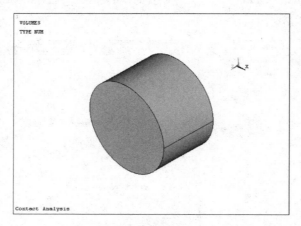

图 14-8 实体模块显示

第14章 接触问题分析

❻ 生成圆柱孔：Main Menu > Preprocessor > Modeling > Create > Volumes > Cylinder > By Dimensions，弹出如图14-6所示的对话框，在"RAD1 Outer radius"文本框中输入"0.45"，在"Z1，Z2 Z-coordinates"文本框中输入"2.5"和"4.5"，单击"OK"按钮。

❼ 体相减操作：Main Menu > Preprocessor > Modeling > Operate > Booleans > Substract > Volumes，弹出一个对话框，在图形上拾取大圆柱体，单击"OK"按钮，又弹出一个对话框，在图形上拾取小圆柱体，单击"OK"按钮，结果显示如图14-9所示。

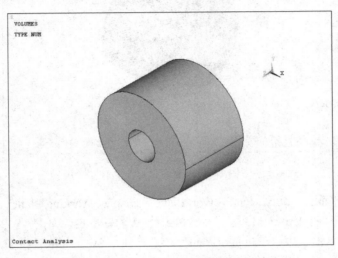

图14-9 布尔相减之后的模型图

❽ 生成圆柱套管：Main Menu > Preprocessor > Modeling > Create > Volumes > Cylinder > By Dimensions，弹出如图14-6所示的对话框，在"RAD1 Outer radius"文本框中输入"0.5"，在"Z1，Z2 Z-coordinates"文本框中输入"2.0"和"5"，单击"OK"按钮。

❾ 打开体编号显示：Utility Menu > PlotCtrls > Numbering，弹出"Plot Numbering Controls"对话框，选中"VOLU Volume numbers"后面的"On"复选框，如图14-10所示，单击"OK"按钮。

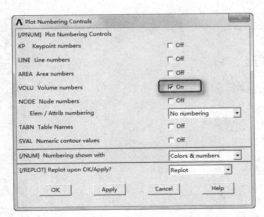

图14-10 "Plot Numbering Controls"对话框

⑩ 重新显示：Utility Menu > Plot > Replot，结果显示如图 14-11 所示。

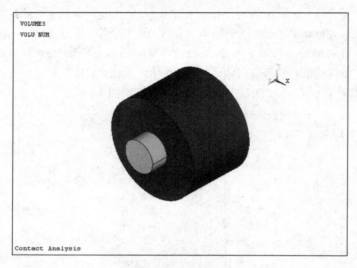

图 14-11　套筒和套管显示

⑪ 显示工作平面：Utility Menu > WorkPlane > Display Working Plane。

⑫ 设置工作平面：Utility Menu > WorkPlane > WP Settings，弹出"WP Settings"对话框，如图 14-12 所示，单击选中"Grid and Triad"单选按钮，单击"OK"按钮。

⑬ 移动工作平面：Utility Menu > WorkPlane > Offset WP by Increments，弹出"Offset WP"对话框，如图 14-13 所示，用鼠标拖动小滑块到最右端，滑块上方显示为"90"，然后单击" ↻+Y "按钮，单击"OK"按钮。

图 14-12　"WP Settings"对话框

图 14-13　"Offset WP"对话框

⑭ 体分解操作：Main Menu > Preprocessor > Modeling > Operate > Booleans > Divide > Volu by Workplane，弹出"Divide Vol by WP"对话框，单击"Pick All"按钮。

⑮ 重新显示：Utility Menu > Plot > Replot，结果如图 14-14 所示。

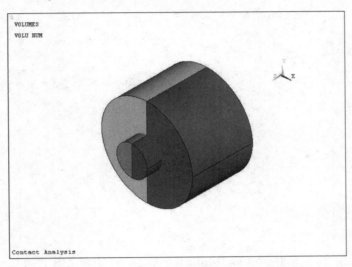

图 14-14 第一次用工作平面进行布尔分解操作

⑯ 保存数据：单击工具条中的"SAVE_DB"按钮。

⑰ 体删除操作：Main Menu > Preprocessor > Modeling > Delete > Volumes and Below，弹出一个对话框，在图形上拾取右边的套筒和套管，单击"OK"按钮，屏幕显示如图 14-15 所示。

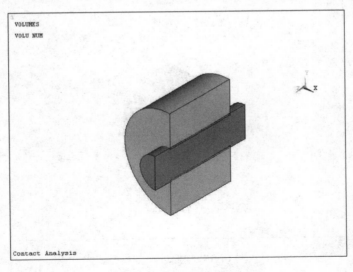

图 14-15 删除右边模型

⑱ 移动工作平面：Utility Menu > WorkPlane > Offset WP by Increments，弹出"Offset WP"对话框，用鼠标拖动小滑块到最右端，滑块上方显示为"90"，然后单击" "按钮，单击"OK"按钮。

⑲ 体分解操作：Main Menu > Preprocessor > Modeling > Operate > Booleans > Divide > Volu by Workplane，弹出"Divide Vol by WP"对话框，单击"Pick All"按钮。

⑳ 重新显示：Utility Menu > Plot > Replot，结果如图 14-16 所示。

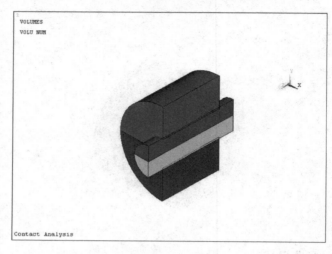

图 14-16　第二次用工作平面进行布尔分解操作

㉑ 体删除操作：Main Menu > Preprocessor > Modeling > Delete > Volumes and Below，弹出"Delete Volumes"对话框，在图形上拾取上半部套筒和套管，单击"OK"按钮，屏幕显示如图 14-17 所示。

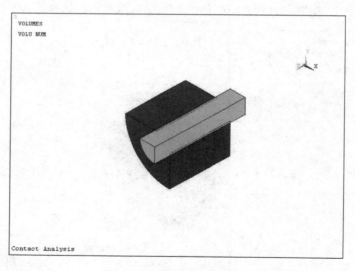

图 14-17　删除上半部模型

㉒ 重新显示：Utiltiy Menu > Plot > Replot。
㉓ 保存数据：单击工具条中的"SAVE_DB"按钮。
㉔ 关闭工作平面：Utility Menu > WorkPlane > Display Working Plane。
㉕ 打开线编号显示：Utility Menu > PlotCtrls > Numbering，弹出"Plot Numbering Controls"

对话框,选中"LINE Line numbers"后面的复选框使其显示为"On",单击"OK"按钮。

02 划分网格

❶ 设置线单元尺寸:Main Menu > Preprocessor > Meshing > Size Cntrls > Manual Size > Lines > Picked Lines,弹出一个对话框,在图形上拾取编号为 7 的线,单击"OK"按钮,弹出如图 14-18 所示的"Element Sizes on Picked Lines"对话框,在"NDIV No. of element divisions"文本框中输入"10",单击"Apply"按钮,又弹出对话框,在图形上拾取编号为 27 的线,单击"OK"按钮,弹出图 14-18 所示对话框,在"NDIV No. of element divisions"文本框中输入"5",单击"Apply"按钮,又弹出对话框,在图形上拾取编号为 17 的线(套管所在套筒前面的弧线),如图 14-19 所示,单击"OK"按钮,弹出"Element Sizes on Picked Lines"对话框,在"NDIV No. of element divisions"文本框中输入"5",单击"OK"按钮。

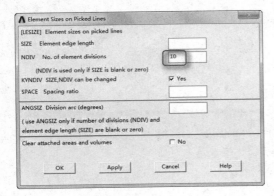

图 14-18 控制网格份数

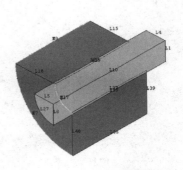

图 14-19 L17 线的显示

❷ 有限元网格的划分:Main Menu > Preprocessor > Meshing > Mesh > Volume Sweep > Sweep,弹出"Volume Sweeping"对话框,单击"Pick All"按钮。结果显示如图 14-20 所示。

❸ 优化网格:Utility Menu > PlotCtrls > Style > Size and Shape,弹出如图 14-21 所示的"Size and Shape"对话框,在"[/EFACET] Facets/element edge"下拉列表框中选择"2 facets/edge",单击"OK"按钮。

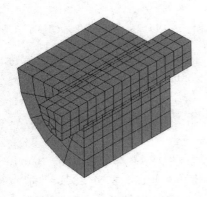

图 14-20 网格显示

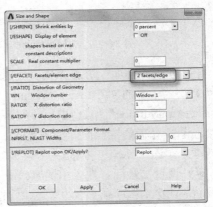

图 14-21 "Size and Shape"对话框

❹ 保存数据：单击工具条中的"SAVE_DB"按钮，保存文件。

14.2.3 定义边界条件并求解

01 定义接触对

❶ 创建目标面：Main Menu > Prerprocessor > Modeling > Create > Contact Pair，弹出如图 14-22 所示的"Contact Manager"对话框，单击"Contact Wizard"图标按钮（对话框左上角），弹出如图 14-23 所示的"Contact Wizard"对话框，接受默认选项，单击"Pick Target"按钮，弹出一个对话框，在图形上单击拾取套筒的接触面，如图 14-24 所示，单击"OK"按钮。

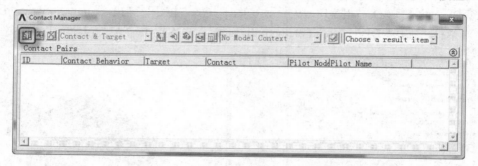

图 14-22 "Contact Manager"对话框

图 14-23 选择目标面

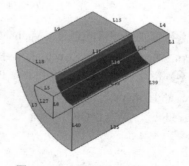

图 14-24 选择目标面的显示

❷ 创建接触面：屏幕再次弹出"Contact Wizard"对话框，单击"Next"按钮，弹出如图 14-25 所示的"Contact Wizard"对话框，在"Contact Element Type"选项组单击"Surface-to-Surface"单选按钮，单击"Pick Contact…"按钮，弹出一个对话框，在图形上单击拾取圆柱套管的接触面，如图 14-26 所示，单击"OK"按钮，再次弹出"Contact Wizard"对话框，单击"Next"按钮。

❸ 设置接触面：在弹出的"Contact Wizard"对话框，如图 14-27 所示，在"Coefficient of Friction"文本框中输入"0.2"，单击"Optional settings…"按钮，弹出如图 14-28 所示的"Contact Properties"对话框，在"Normal Penalty Stiffness"文本框中输入"0.1"，单击"OK"按钮。

第14章 接触问题分析

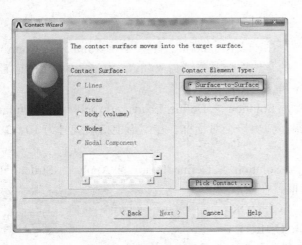

图 14-25 选择接触面

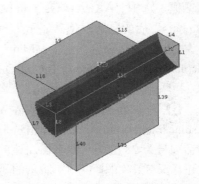

图 14-26 选择接触面的显示

图 14-27 定义接触面性质

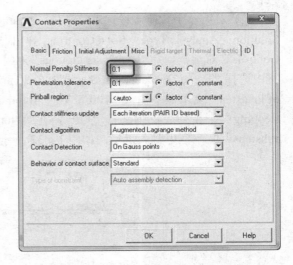

图 14-28 "Contact Properties"对话框

❹ 接触面的生成：又回到"Contact Wizard"对话框，单击"Create"按钮，弹出新的"Contact Wizard"对话框，如图 14-29 所示，单击"Finish"按钮，结果如图 14-30 所示。然后，关闭如图 14-22 所示的对话框。

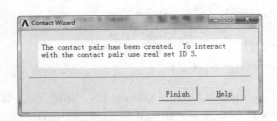

图 14-29 接触面创建完成

图 14-30 接触面显示

02 施加载荷并求解

❶ 打开面编号显示：Utility Menu > PlotCtrls > Numbering，弹出"Plot Numbering Controls"对话框，选中"AREA Area numbers"后的复选框使其显示为"On"，取消选中"LINE Line numbers"后的复选框使其显示为"Off"，单击"OK"按钮。

❷ 施加对称位移约束：Main Menu > Solution > Define Loads > Apply > Structural > Displacement > Symmetry B.C. > On Areas，弹出一个对话框，在图形上拾取编号为10、3、4和24的面，单击"OK"按钮。

❸ 施加面约束条件：Main Menu > Solution > Define Loads > Apply > Structural > Displacement > On Areas，弹出一个对话框，在图形上对话编号为28的面（即套筒左边的面），单击"OK"按钮，又弹出如图14-31所示的"Apply U, ROT on Areas"对话框，选择"All DOF"选项，然后单击"OK"按钮。

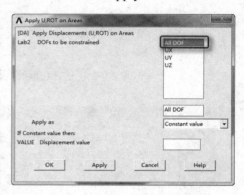

图14-31 施加位移约束

❹ 对第一个载荷步设定求解选项：Main Menu > Solution > Analysis Type > Sol'n Controls，弹出"Solution Controls"对话框，在"Analysis Options"的下拉列表框中选择"Large Displacement Static"，在"Time at end of loadstep"文本框中输入"100"，在"Automatic time stepping"下拉列表框中选择"Off"，在"Number of substeps"文本框中输入"1"，如图14-32所示，单击"OK"按钮。

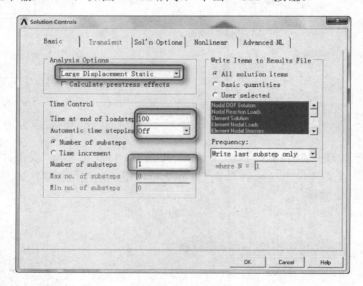

图14-32 "Solution Controls"对话框

❺ 第一个载荷步的求解：Main Menu > Solution > Solve > Current LS，弹出"/STATUS Command"状态窗口和"Solve Current Load Step"对话框，仔细浏览状态窗口中的信息，然后关闭它，单击"Solve Current Load Step"（求解当前载荷步）对话框中的"OK"按钮开始

第14章 接触问题分析

求解。求解完成后会弹出"Solution is done"提示框，单击"Close"按钮。

❻ 重新显示：Utility Menu > Plot > Replot。

📢 注意：在开始求解的时候，可能会跳出警告信息提示框和确认对话框，单击"OK"按钮即可。

❼ 选择节点：Utility Menu > Select > Entities，弹出如图14-33所示的"Select Entities"对话框，在第一个下拉列表框中选择"Nodes"，在第二个下拉列表框中选择"By Location"，单击"Z coordinates"单选按钮，在"Min, Max"文本框中输入5，单击"OK"按钮。

❽ 施加节点位移：Main Menu>Solution>Define Loads>Apply> Structural > Displacement > On Nodes，弹出一个对话框，单击"Pick All"按钮，又弹出如图14-34所示的"Apply U, ROT on Nodes"对话框，在"Lab2 DOFs to be constrained"列表框中选中"UZ"，在"VALUE Displacement value"文本框中输入"2.5"，单击"OK"按钮。

图14-33 "Select Entities"对话框

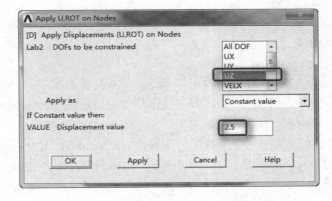

图14-34 "Apply U，ROT on Nodes"对话框

❾ 对第二个载荷步设定求解选项：Main Menu> Solution > Analysis Type > Sol'n Controls，弹出"Solution Controls"对话框，在"Analysis Options"的下拉列表框中选择"Large Displacement Static"，在"Time at end of loadstep"文本框中输入"200"，在"Automatic time stepping"下拉列表框中选择"On"，在"Number of substeps"文本框中输入"100"，在"Max no. of substeps"文本框中输入"10000"，在"Min no. of substeps"文本框中输入"10"，在"Frequency"下拉列表框中选择"Write every Nth substep"，在"where N="文本框中输入"-10"，如图14-35所示，单击"OK"按钮。

❿ 选择所有实体：Utility Menu > Select > Everything。

⓫ 第二个载荷步的求解：Main Menu > Solution > Solve > Current LS，弹出"/STATUS Command"状态窗口和"Solve Current Load Step"对话框，仔细浏览状态窗口中的信息，然后关闭它，单击"Solve Current Load Step"对话框中的"OK"按钮开始求解。求解完成后会弹出"Solution is done"提示框，单击"Close"按钮。

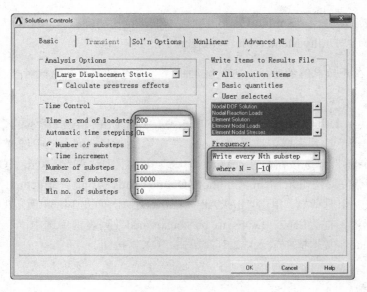

图 14-35 "Solution Controls"对话框

14.2.4 后处理

01 Post1 后处理

❶ 设置扩展模式：Utility Menu > PlotCtrls > Style > Symmetry Expansion > Periodic/Cyclic Symmetry，弹出如图 14-36 所示的"Periodic/Cyclic Symmetry Expansion"对话框，接受默认选择，单击"OK"按钮。

❷ 读入第一个载荷步的计算结果：Main Menu > General Postproc > Read Results > By Load Step，弹出如图 14-37 所示的"Read Results by Load Step Number"对话框，在"LSTEP Load step number"文本框中输入"1"，单击"OK"按钮。

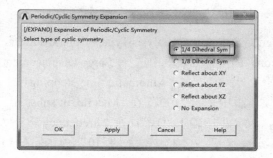 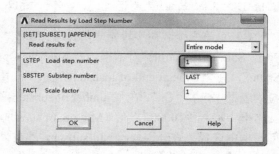

图 14-36 "Periodic/Cyclic Symmetry Expansion"对话框　　图 14-37 "Read Results by Load Step Number"对话框

❸ Von-Mises 应力云图显示：Main Menu > General Postproc > Plot Results > Contour Plot > Nodal Solu，弹出"Contour Nodal Solution Data"对话框，在"Item to be contoured"下面依次选择 Nodal Solution > Stress > von Mises stress，如图 14-38 所示，单击"OK"按钮，结果显示如图 14-39 所示。

❹ 读入某时刻计算结果：Main Menu > General Postproc > Read Results > By Time/Freq，

弹出如图 14-40 所示的"Read Results by Time or Frequency"对话框,在"TIME　Value of time or freq"文本框中输入"120",单击"OK"按钮。

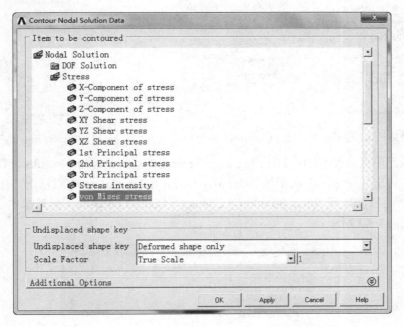

图 14-38　"Contour Nodal Solution Data"对话框

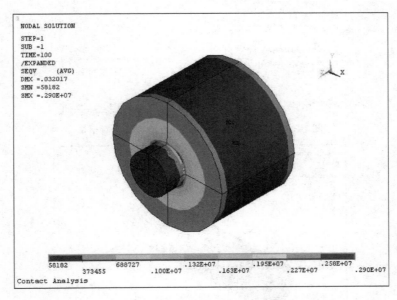

图 14-39　第一个载荷步的应力云图

❺ 选择单元:Utility Menu > Select > Entities,弹出"Select Entities"对话框,在第一个下拉列表框中选择"Elements",在第二个下拉列表框中选择"By Elem Name",在"Element name"文本框中输入"174",如图 14-41 所示,单击"OK"按钮。

图 14-40 "Read Results by Time or Frequency" 对话框　　图 14-41 "Select Entities" 对话框

❻ 接触面压力云图显示：Main Menu > General Postproc > Plot Results > Contour Plot > Nodal Solu，弹出如图 14-42 所示的 "Contour Nodal Solution Data" 对话框，在 "Item to be contoured" 下面依次选择 Nodal Solution > Contact > Contact pressure，然后单击 "OK" 按钮，结果显示如图 14-43 所示。

图 14-42 "Contour Nodal Solution Data" 对话框

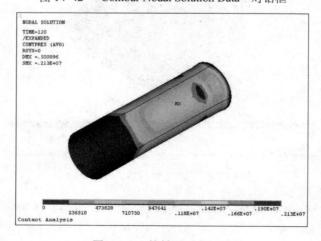

图 14-43 接触面压力云图

第14章 接触问题分析

❼ 读取第二个载荷步的计算结果：Main Menu > General Postproc > Read Results > By Load Step，弹出"Read Results by Load Step Number"对话框，在"LSTEP Load step number"文本框中输入"2"，单击"OK"按钮。

❽ 选择所有模型：Utility Menu > Select > Everything。

❾ Von-Mises 应力云图显示：Main Menu > General Postproc > Plot Results > Contour Plot > Nodal Solu，弹出"Contour Nodal Solution Data"对话框，在"Item to be contoured"下面依次选择 Nodal Solution > Stress > von Mises stress，单击"OK"按钮，结果显示如图 14-44 所示。

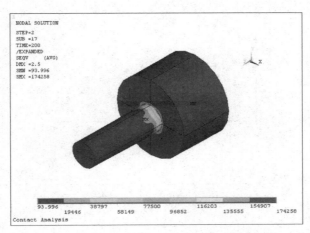

图 14-44　套管拔出时的应力云图

02 Post26 后处理

❶ 定义时域变量：Main Menu > TimeHist Postpro，弹出如图 14-45 所示的"Time History Variables–Grain.rst"对话框，单击左上角的"+"图标按钮（Add Data），弹出如图 14-46 所示的"Add Time-History Variable"对话框，在"Result Item"中依次选择 Reaction Forces > Structural Forces > Z-Component of force，单击"OK"按钮，弹出"Node for Data"对话框，在图形上拾取套管端部的任何一个节点（即 Z 坐标为 5 的任何一个节点），单击"OK"按钮。

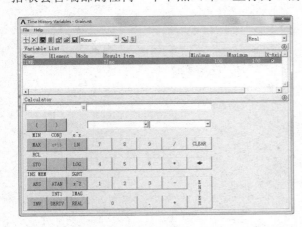

图 14-45　"Time History Variables–Grain.rst"对话框

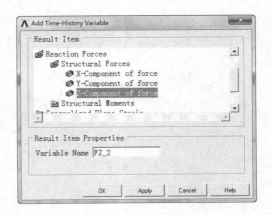

图 14-46　"Add Time-History Variable"对话框

❷ 绘制节点反力随时间的变化图：在"Time History Variables–Grain.rst"对话框中，单击"Graph Data"图标按钮（左上角第 3 个图标按钮），则在屏幕上绘制出节点反力随时间的变化图，如图 14-47 所示。

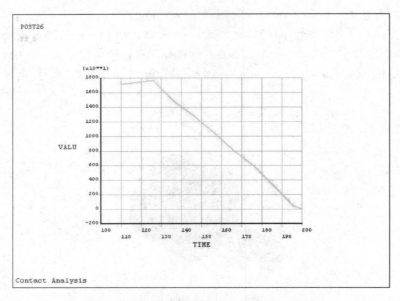

图 14-47　节点反力时间曲线图

03 退出 ANSYS

单击工具条中的"QUIT"按钮，弹出"Exit from ANSYS"对话框，选择"Quit-No Save!"单选按钮，单击"OK"按钮，退出 ANSYS。

14.2.5 命令流执行方式

命令流执行方式这里不再详细介绍，读者可参见云盘资料中的电子文档。

第3篇

热分析篇

☑ 第15章 稳态热分析与瞬态热分析
☑ 第16章 热辐射和相变分析

第 15 章

稳态热分析与瞬态热分析

热分析用于计算一个系统或部件的温度分布及其他热物理参数，如热量的获取或损失、热梯度、热流密度（热通量）等。

稳态热分析和瞬态热分析是热分析中的两种基本类型，本章将通过实例讲述稳态热分析和瞬态热分析的基本步骤和具体方法。

- ☑ 热分析概论
- ☑ 热载荷和边界条件的类型
- ☑ 稳态热分析概述
- ☑ 实例——蒸汽管分析
- ☑ 瞬态热分析概述
- ☑ 实例——钢板加热过程分析

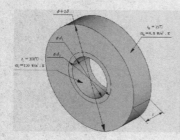
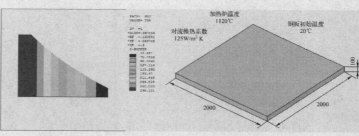

第15章 稳态热分析与瞬态热分析

15.1 热分析概论

热分析在许多工程应用中扮演着重要角色,如内燃机、换热器、管路系统和电子元件等。

15.1.1 热分析的特点

ANSYS 的热分析是基于能量守恒原理的热平衡方程,通过有限元法计算各节点的温度分布,并由此导出其他热物理参数。ANSYS 热分析包括热传导、热对流和热辐射3种热传递方式。此外,还可以分析相变、内热源、接触热阻等问题。

- ☑ 热传导:指在几个完全接触的物体之间或同一物体的不同部分之间由于温度梯度而引起的热量交换。
- ☑ 热对流:指物体的表面与周围的环境之间,由于温差而引起的热量的交换。热对流可分为自然对流和强制对流两类。
- ☑ 热辐射:指物体发射能量,并被其他物体吸收转变为热量的能量交换过程。物体温度越高,单位时间辐射的热量越多。热传导和热对流都需要传热介质,而热辐射无须任何介质,而且在真空中热辐射的效率最高。

ANSYS 热分析包括以下两点。

- ☑ 稳态传热:系统的温度不随时间变化。
- ☑ 瞬态传热:系统的温度随时间明显变化。

ANSYS 热耦合分析包括热-结构耦合、热-流体耦合、热-电耦合、热-磁耦合以及热-电、磁-结构耦合等。

ANSYS 热分析的边界条件或初始条件可以分为温度、热流率、热流密度、对流、辐射、绝热和生热。

表 15-1 为 ANSYS 热分析中使用的符号与单位。

表 15-1 符号与单位

项 目	国际单位	英制单位	ANSYS代号
长度	m	ft	
时间	s	s	
质量	kg	lbm	
温度	℃	°F	
力	N	lbf	
能量(热量)	J	Btu	
功率(热流率)	W	Btu/sec	
热流密度	W/m²	Btu/sec-ft²	
生热速率	W/m³	Btu/sec-ft³	
导热系数	W/(m·℃)	Btu/sec-ft-°F	KXX
对流系数	W/(m²·℃)	Btu/sec-ft-°F	HF
密度	kg/m³	lbm/ft³	DENS
比热	J/(kg·℃)	Btu/lbm-°F	C
焓	J/m³	Btu/ft³	ENTH

15.1.2 热分析单元

热分析涉及的单元约有 40 多种，其中专门用于热分析的有 14 种，如表 15-2 所示。

表 15-2 热分析单元

单元类型	ANSYS单元	说　　明
线形	LINK31	两节点热辐射单元
	LINK33	三维两节点热传导单元
	LINK34	两节点热对流单元
二维实体	PLANE35	6节点三角形单元
	PLANE55	4节点四边形单元
	PLANE75	4节点轴对称单元
	PLANE77	8节点四边形单元
	PLANE78	8节点轴对称单元
三维实体	SOLID70	8节点六面体单元
	SOLID87	10节点四面体单元
	SOLID90	20节点六面体单元
壳	SHELL131	4节点
	SHELL132	8节点
点	MASS71	质量单元

注意：有关单元的详细解释，读者可参阅帮助文件中的 ANSYS Element Reference Guide 说明。

15.2 热载荷和边界条件的类型

15.2.1 热载荷分类

ANSYS 热载荷分为以下 4 大类。
- ☑ DOF 约束：指定的 DOF（温度）数值。
- ☑ 集中载荷：集中载荷（热流）施加在点上。
- ☑ 面载荷：在面上的分布载荷（对流、热流）。
- ☑ 体载荷：体积或区域载荷。

ANSYS 热载荷类型如表 15-3 所示，具体说明如下。
- ☑ 温度：自由度约束，将确定的温度施加到模型的特定区域。均匀温度可以施加到所有节点上，不是一种温度约束。一般只用于施加初始温度而非约束，在稳态或瞬态分析的第一个子步施加在所有节点上。其也可以用于在非线性分析中估计随温度变化材料特性的初值。

第15章 稳态热分析与瞬态热分析

表 15-3 ANSYS 中载荷类型

施加的载荷	载荷分类	实体模型载荷	有限元模型载荷
温度	约束	在关键点上 在线上 在面上	在节点上 均匀
热流率	集中力	在关键点上	在节点上
对流	面载荷	在线上（二维） 在面上（三维）	在节点上 在单元上
热流	面载荷	在线上（二维） 在面上（三维）	在节点上 在单元上
热生成率	体载荷	在关键点上 在面上 在体上	在节点上 在单元上 均匀

- ☑ 热流率：是集中节点载荷。正的热流率表示能量流入模型。热流率同样可以施加在关键点上。这种载荷通常用于对流和热流不能施加的情况下。施加该载荷到导热系数有很大差距的区域上时应注意。
- ☑ 对流：施加在模型外表面上的面载荷，模拟平面和周围流体之间的热量交换。
- ☑ 热流：同样是面载荷，使用在通过面的热流率已知的情况下。正的热流值表示热流输入模型。
- ☑ 热生成率：作为体载荷施加，代表体内生成的热，单位是单位体积内的热流率。

15.2.2 热载荷和边界条件注意事项

在 ANSYS 中施加热载荷和边界条件时，需要注意以下 4 点。
- ☑ 在 ANSYS 中没有施加载荷的边界作为完全绝热处理。
- ☑ 对称边界条件的施加是使边界绝热得到的。
- ☑ 如果模型的某一区域的温度已知，就可以固定为该数值。
- ☑ 响应热流率只在固定温度自由度时使用。

15.3 稳态热分析概述

15.3.1 稳态热分析定义

如果热能流动不随时间变化的话，热传递就称为稳态的。由于热能流动不随时间变化，系统的温度和热载荷也都不随时间变化。稳态热平衡满足热力学第一定律。

稳态传热用于分析稳定的热载荷对系统或部件的影响。通常在进行瞬态热分析以前，进行稳态热分析用于确定初始温度分布。稳态热分析可以通过有限元计算确定由于稳定的热载荷引起的温度、热梯度、热流率、热流密度等参数。

15.3.2 稳态热分析的控制方程

对于稳态热传递，表示热平衡的微分方程为

$$\frac{\partial}{\partial x}\left(k_{xx}\frac{\partial T}{\partial x}\right)+\frac{\partial}{\partial y}\left(k_{yy}\frac{\partial T}{\partial y}\right)+\frac{\partial}{\partial z}\left(k_{zz}\frac{\partial T}{\partial z}\right)+\dot{q}=0$$

相应的有限元平衡方程为

$$(K)\{T\}=\{Q\}$$

15.4 实例——蒸汽管分析

15.4.1 问题描述

一内外直径分别为 $d_1=180\text{mm}$ 和 $d_2=220\text{mm}$ 蒸汽管道，管外包有一层厚为 $\delta=120\text{mm}$ 的保温层。蒸汽管的导热系数为 40W/(m·K)，保温层的导热系数为 0.1W/(m·K)；管道内蒸汽温度为 $t_1=300°C$，保温层外壁温度为 $t_0=25°C$；两侧的对流换热系数为 $\alpha_1=100$ W/(m²·K)，$\alpha_0=8.5$ W/(m²·K)。蒸汽管道几何模型及简化的计算模型分别如图 15-1 和图 15-2 所示。求通过单位管长的热量和保温层外表面的温度。计算时取长 $l=100\text{mm}$。

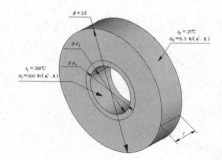

图 15-1 蒸汽管道的几何模型

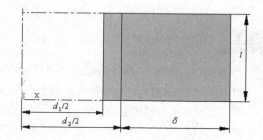

图 15-2 简化的计算几何模型

15.4.2 问题分析

分别选用平面热分析 PLANE55 单元和 SOLID70 三维六面体单元进行有限元分析，应用传热学基本理论，接触面的温度和管道的热损失按下式计算：

$$Q=(t_1-t_0)\bigg/\left(\frac{1}{2\pi r_1\alpha_1}+\frac{1}{2\pi\lambda_1}\ln\frac{r_2}{r_1}+\frac{1}{2\pi\lambda_2}\ln\frac{r_3}{r_2}+\frac{1}{2\pi r_3\alpha_0}\right)=215.9\text{ W/m}$$

$$t_{w0}=t_0+\frac{Q}{2\pi\alpha_0 r_3}=42.58°C$$

分析时，采用国际单位制。

15.4.3 进行平面的轴对称分析

01 定义分析文件名

选择 Utility Menu > File > Change Jobname，在弹出的对话框中输入"Exercise-1"，单击"OK"按钮。

02 定义单元类型

选择 Main Menu > Preprocessor > Element Type > Add/Edit/Delete，在弹出的"Element Types"对话框中单击"Add"按钮，在弹出的对话框中选择"Thermal Solid"和"Quad 4 node 55"，即 4 节点二维平面单元，单击"OK"按钮。在上述对话框中单击"Options"按钮，在弹出的对话框中，在"K3"中选择"Axisymmetric"，单击"OK"按钮，单击"Close"按钮，关闭单元增添对话框。

03 定义参数

在命令输入窗口中输入以下参数：

R1=0.09
R2=0.11
R3=0.23
L=0.1
LB1=40
LB2=0.1
T1=300
T0=25
AP1=100
AP0=8.5

04 定义材料属性

❶ 定义蒸汽管道材料属性：选择 Main Menu > Preprocessor > Material Props > Material Mode，单击对话框右侧的 Thermal > Conductivity > Isotropic，在弹出的对话框中输入导热系数"KXX，LB1"，单击"OK"按钮。

❷ 定义保温层的材料属性：单击材料属性对话框中的 Material > New Model，在弹出的对话框中单击"OK"按钮。选中材料 2，单击对话框右侧的 Thermal > Conductivity > Isotropic，在弹出的对话框中输入导热系数"KXX，LB2"，单击"OK"按钮。定义完材料参数以后，关闭材料属性定义对话框。

05 建立几何模型

❶ 建立蒸汽管道矩形：选择 Main Menu > Preprocessor > Modeling > Create > Areas > Rectangle > By Dimensions，在弹出的对话框中，在 X1、X2、Y1、Y2 中分别输入 R1、R2、0、L，单击"Apply"按钮。

❷ 建立保温层矩形：在弹出的对话框中，在 X1、X2、Y1、Y2 中分别输入 R2、R3、0、L，单击"OK"按钮。

06 几何模型布尔操作

选择 Main Menu > Preprocessor > Modeling > Operate > Booleans > Glue > Areas，在弹出的

对话框中选择"Pick All"按钮。

07 设置材料属性

❶ 设置蒸汽管道属性：选择 Main Menu > Preprocessor > Meshing > Mesh Attributes > Picked Areas，用鼠标左键拾取 1 号矩形，在弹出的对话框的"MAT"和"TYPE"中选择"1"和"1 PLANE55"。

❷ 设置保温层属性：选择 Main Menu > Preprocessor > Meshing > Mesh Attributes > Picked Areas，用鼠标左键拾取 3 号矩形，在弹出的对话框的"MAT"和"TYPE"中选择"2"和"1 PLANE55"。

08 设置单元密度

选择 Main Menu > Preprocessor > Meshing > Size Cntrls > ManualSize > Global > Size，在"Element edge length"文本框中输入"0.010"，然后单击"OK"按钮。

09 划分单元

选择 Utility Menu > Select > Everything，选择 Main Menu > Preprocessor > Meshing > Mesh > Areas > Target Surf，单击"Pick All"按钮；选择 Utility Menu > PlotCtrls > Numbering，在弹出的对话框中，在"NDOD"中选择"ON"，在下拉菜单中选择"Material Numbers"，在"/NUM"中选择"Colors only"。

10 施加对流换热载荷

❶ 施加蒸汽管道内壁对流换热载荷：选择 Main Menu > Solution > Define Loads > Apply > Thermal > Convection > On Lines，用鼠标左键拾取管道内壁的 4 号线，单击"OK"按钮，如图 15-3 所示。弹出如图 15-4 所示的对话框，在"VALI Film coefficient"文本框中输入"AP1"，在"VAL2I Bulk temperature"文本框中输入"T1"，单击"OK"按钮。

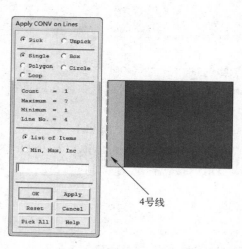

图 15-3 蒸汽管道对流换热边界拾取示意图

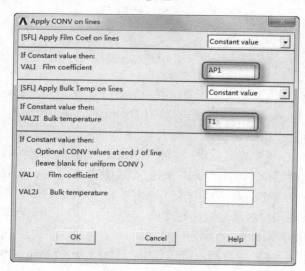

图 15-4 施加蒸汽管道对流换热载荷

❷ 施加蒸汽管道内壁对流换热载荷：选择 Main Menu > Solution > Define Loads > Apply > Thermal > Convection > On Lines，用鼠标左键拾取管道内壁的 6 号线，单击"OK"按钮，如图 15-5 所示。弹出如图 15-6 所示的对话框，在"VALI Film coefficient"文本框中输入"AP0"，在"VAL2I Bulk temperature"文本框中输入"T0"，单击"OK"按钮。

第15章 稳态热分析与瞬态热分析

11 设置求解选项

选择 Main Menu > Solution > Analysis Type > New Analysis，在弹出的对话框中选择"Steady-State"，单击"OK"按钮。

12 输出控制

选择 Main Menu > Solution > Analysis Type > Sol'n Controls，在弹出的对话框中，在"Time at end of loadstep"文本框中输入"1"，其他接受默认设置，单击"OK"按钮。

13 保存

选择 Utility Menu > Select > Everything，然后单击工具条中的"SAVE_DB"按钮。

14 求解

选择 Main Menu > Solution > Solve > Current LS，进行计算。

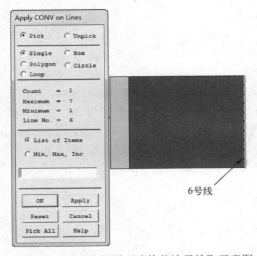
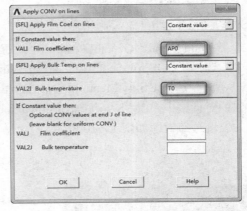

图 15-5 蒸汽管道对流换热边界拾取示意图　　图 15-6 施加蒸汽管道对流换热载荷

15 显示沿径向温度分布

❶ 定义径向路径：选择 Main Menu > General Postproc > Read Results > Last Set，读最后一个子步的分析结果，选择 Main Menu > General Postproc > Path Operations > Define Path > By Nodes，用鼠标拾取 Y=0 的所有节点，单击"OK"按钮，在弹出的对话框中，在"Name"文本框中输入"rr2"，单击"OK"按钮。

❷ 将温度场分析结果映射到径向路径上：选择 Main Menu > General Postproc > Path Operations > Map onto Path，在弹出的对话框中，在"Lab"中输入"TRR"，在"Rem、Comp Item to be mapped"中选择"DOF solution"和"Temperature TEMP"，单击"OK"按钮。

❸ 显示沿径向路径温度分布曲线：选择 Main Menu > General Postproc > Path Operations > Plot Path Item > On Graph，在弹出的对话框中，在"Lab1-6"中选择"TRR"，然后单击"OK"按钮。相应曲线图如图 15-7 所示。

❹ 显示沿径向路径温度分布云图：选择 Main Menu > General Postproc > Plot Results > Plot Path Item > On Geometry，在弹出的对话框中，在"Item、Path items to be mapped"中选择"TRR"，单击"OK"按钮。选择 Utility Menu > PlotCtrls > Window Controls > Window Options，在弹出的对话框中，在"INFO"中选择"Legend ON"单击"OK"按钮。沿径向温度分布云

图如图 15-8 所示。

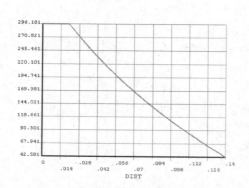

图 15-7 沿径向温度分布曲线变化图

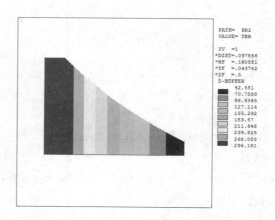

图 15-8 沿径向路径温度分布云图

16 显示温度场分布云图

选择 Main Menu > General Postproc > Plot Results > Contour Plot > Nodal Solu，在弹出的对话框中，选择"DOF solution"和"Nodal Temperature"，单击"OK"按钮。温度分布云图如图 15-9 所示。选择 Utility Menu > PlotCtrls > Style > Symmetry Expansion > 2D Axi-Symmetric，在弹出的对话框中，在"Select expansion amount"中选择"3/4 expansion"，单击"OK"按钮。扩展的温度分布云图如图 15-10 所示。

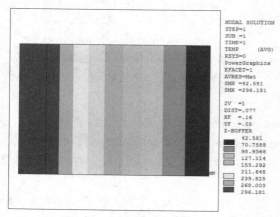

图 15-9 蒸汽管道的温度分布云图

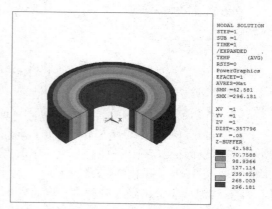

图 15-10 蒸汽管道的三维扩展的温度分布云图

17 获取保温层外表面上 2 号节点温度

选择 Utility Menu > Parameters > Get Array Data，在弹出的对话框中，在"Type of data to be retrieved"中选择"Results data"和"Nodal results"，单击"OK"按钮，在弹出的对话框中，在"Name of parameter to be defined"中输入"TW0"，在"Node number N"中输入"34"，在"Results data to be retrieved"中选择"DOF solution，Temperature TEMP"，单击"OK"按钮。

18 获取蒸汽管道内壁节点热流率

选择 Utility Menu > Select > Entities，在弹出的对话框中，在第一个下拉列表框中选择

"Nodes",在第二个下拉列表框中选择"By Location",单击"X coordinates"单选按钮,在"Min,Max"文本框中输入"R1",然后单击"Apply"按钮,如图 15-11 所示。在弹出的对话框的第一个下拉列表框中选择"Elements",在第二个下拉列表框中选择"Attached to",单击"Nodes"单选按钮,单击"OK"按钮,如图 15-12 所示。选择 Main Menu > General Postproc > Element Table > Define Table,在弹出的对话框中单击"Add"按钮,弹出如图 15-13 所示的对话框,在"Lab User label for item"文本框中输入"HT1",在"Item,comp Results data item"中依次选择"Nodal force data"和"Heat flow HEAT",单击"OK"按钮,单击"Close"按钮关闭单元表定义对话框。选择 Main Menu > General Postproc > Element Table > Sum of Each Item,在弹出的对话框中单击"OK"按钮。选择 Utility Menu > Parameters > Get Array Data,在弹出的如图 15-14 所示的对话框中,在"Type of data to be retrieved"中依次选择"Results data"和"Elem table data",单击"OK"按钮,弹出如图 15-15 所示的对话框,在该对话框中,在"Name of array–parameter"文本框中输入"HT",在"Elem table item to be retrieved"下拉列表框中选择"HT1",单击"OK"按钮。

图 15-11 选择蒸汽管道内壁节点

图 15-12 选择蒸汽管道内壁单元

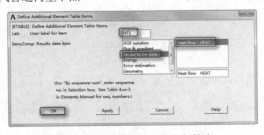

图 15-13 定义单元结果参数表

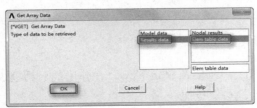

图 15-14 获取单元结果参数表计算结果

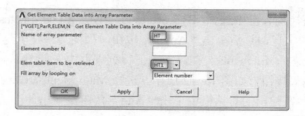

图 15-15 定义单元结果参数表计算结果参数

(19) 计算有限元分析结果与理论值的误差

在命令输入窗口中输入：

```
PI=3.1415926
QF=（HT）/L
LQ=（T1-T0）/（1/（2*PI*AP1*R1）+LOG（R2/R1）/（2*PI*LB1）+LOG（R3/R2）/（2*PI*LB2）+1/
（2*PI*AP0*R3））                            !热流率损失理论计算值
LTW0=T0+LQ/（2*PI*AP0*R3）                  !交界面处温度的理论计算值
TER=1- LTW0/TW0                             !计算交界面温度误差
QER=1-LQ/QF                                 !计算热流率损失误差
```

(20) 列出各参数值

选择 Utility Menu > List > Status > Parameters > All Parameters，所列出的参数计算结果如图 15-16 所示，可见平面有限元分析与理论值的最大误差为 0.03%。

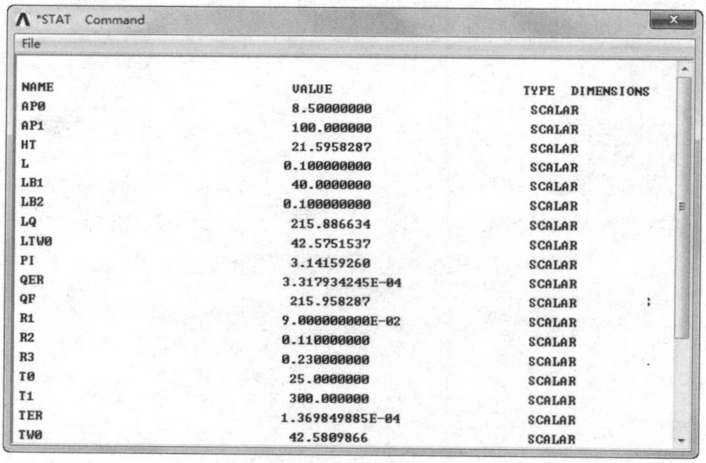

```
NAME            VALUE                   TYPE DIMENSIONS
AP0             8.50000000              SCALAR
AP1             100.000000              SCALAR
HT              21.5958287              SCALAR
L               0.100000000             SCALAR
LB1             40.0000000              SCALAR
LB2             0.100000000             SCALAR
LQ              215.886634              SCALAR
LTW0            42.5751537              SCALAR
PI              3.14159260              SCALAR
QER             3.317934245E-04         SCALAR
QF              215.958287              SCALAR
R1              9.000000000E-02         SCALAR
R2              0.110000000             SCALAR
R3              0.230000000             SCALAR
T0              25.0000000              SCALAR
T1              300.000000              SCALAR
TER             1.369849885E-04         SCALAR
TW0             42.5809866              SCALAR
```

图 15-16 各参数的计算结果

15.4.4 进行三维分析

(01) 清除数据库

选择 Utility Menu > File > Clear & Start New，在弹出的对话框中单击"OK"按钮，在随后弹出的对话框中，单击"Yes"按钮。

(02) 定义分析文件名

第15章 稳态热分析与瞬态热分析

选择 Utility Menu > File > Change Jobname，在弹出的对话框中输入"Exercise-2"，单击"OK"按钮。

03 定义单元类型

选择 Main Menu > Preprocessor > Element Type > Add/Edit/Delete，弹出"Element Types"对话框，单击"Add"按钮，在弹出的对话框中依次选择"Thermal Solid"和"Brick 8 node 70"，即 8 节点三维六面体单元，单击"OK"按钮，然后单击单元增添对话框中的"Close"按钮，关闭单元增添对话框。

04 定义参数

在命令输入窗口中输入以下参数：

R1=0.09
R2=0.11
R3=0.23
L=0.1
LB1=40
LB2=0.1
T1=300
T0=25
AP1=100
AP0=8.5

05 定义材料属性

❶ 定义蒸汽管道材料属性：选择 Main Menu > Preprocessor > Material Props > Material Mode，单击对话框右侧的 Thermal > Conductivity > Isotropic，在弹出的对话框中输入导热系数"KXX，LB1"，单击"OK"按钮。

❷ 定义保温层的材料属性：单击材料属性对话框中的 Material > New Model，单击"OK"按钮。选中材料2，单击对话框右侧的 Thermal > Conductivity > Isotropic，在弹出的对话框中输入导热系数"KXX，LB2"，单击"OK"按钮。定义完材料参数以后，关闭材料属性定义对话框。

06 建立几何模型

❶ 建立蒸汽管道：选择 Main Menu>Preprocessor>Modeling>Create>Volumes>Cylinder > By Dimensions，在弹出的对话框中，在 RAD1、RAD2、Z1、Z2、THETA1、THETA2 中分别输入 R1、R2、0、L、0、30，单击"Apply"按钮。

❷ 建立保温层：在弹出的对话框中，在 RAD1、RAD2、Z1、Z2、THETA1、THETA2 中分别输入 R2、R3、0、L、0、30，单击"OK"按钮。

07 几何模型布尔操作

选择 Main Menu > Preprocessor > Modeling > Operate > Booleans > Glue > Volumes，在弹出的对话框中选择"Pick All"按钮。

08 设置材料属性

❶ 设置蒸汽管道材料属性：选择 Main Menu > Preprocessor > Meshing > Mesh Attributes > Picked Volumes，用鼠标左键拾取 1 号体，单击"OK"按钮，在弹出的对话框的"MAT"和

"TYPE"中选择"1"和"1 SOLID70"。

❷ 设置保温层材料属性:选择 Main Menu > Preprocessor > Meshing > Mesh Attributes > Picked Volumes,用鼠标左键拾取 3 号体,单击"OK"按钮,在弹出的对话框的"MAT"和"TYPE"中选择"2"和"1 SOLID70"。

09 设置单元密度

选择 Main Menu > Preprocessor > Meshing > Size Cntrls > ManualSize > Global > Size,在弹出的对话框的"Element edge length"文本框中输入"0.005",单击"OK"按钮。

10 划分单元

选择 Main Menu > Preprocessor > Meshing > Mesh > Volumes > Mapped > 4 to 6 Sided,选择"Pick All"按钮。

11 施加对流换热载荷

❶ 施加蒸汽管道内壁对流换热载荷:选择 Utility Menu > Plot > Areas,选择 Main Menu > Solution > Define Loads > Apply > Thermal > Convection > On Areas,用鼠标左键拾取管道内壁的 4 号面,单击"OK"按钮,如图 15-17 所示。弹出如图 15-18 所示的对话框,在"VAL1 Film coefficient"文本框中输入"AP1",在"VAL2I Bulk temperature"文本框中输入"T1",单击"OK"按钮。

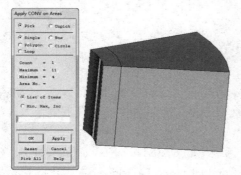
图 15-17 蒸汽管道对流换热边界拾取示意图

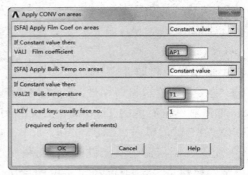
图 15-18 施加蒸汽管道对流换热载荷

❷ 施加蒸汽管道内壁对流换热载荷:选择 Main Menu > Solution > Define Loads > Apply > Thermal > Convection > On Areas,用鼠标左键拾取管道内壁的 9 号面,然后单击"OK"按钮,如图 15-19 所示。弹出如图 15-20 所示的对话框,在"VAL1 Film coefficient"文本框中输入"AP0",在"VAL2I Bulk temperature"文本框中输入"T0",单击"OK"按钮。

12 设置求解选项

选择 Main Menu>Solution>Analysis Type>New Analysis,在弹出的对话框中选择"Steady-State",单击"OK"按钮。

13 输出控制

选择 Main Menu>Solution>Sol'n Controls,在弹出的对话框中,在"Time at end of loadstep"中输入"1",其他项接受默认设置,单击"OK"按钮。

14 保存

选择 Utility Menu > Select > Everything,单击工具条中的"SAVE_DB"按钮。

15 求解

选择 Main Menu > Solution > Solve > Current LS，进行计算。

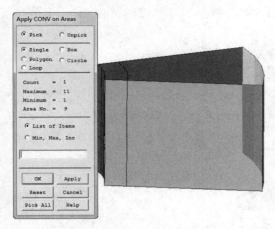
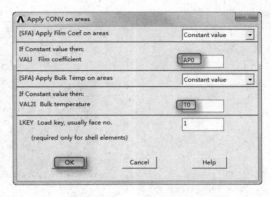

图 15-19　蒸汽管道对流换热边界拾取示意图　　图 15-20　施加蒸汽管道对流换热载荷

16 显示沿径向温度分布

❶ 定义径向路径：选择 Main Menu > General Postproc > Read Results > Last Set，读最后一个子步的分析结果，选择 Main Menu > General Postproc > Path Operations > Define Path > By Nodes，用鼠标拾取 Y=0 的所有节点，单击"OK"按钮，在弹出的对话框中，在"Name"文本框中输入"rr2"，单击"OK"按钮。

❷ 将温度场分析结果映射到径向路径上：选择 Main Menu > General Postproc > Path Operations > Map onto Path，在弹出的对话框中，在"Lab"中输入"TRR"，在"Rem、Comp Item to be mapped"中选择"DOF solution"和"Temperature TEMP"，单击"OK"按钮。

❸ 显示沿径向路径温度分布曲线：选择 Main Menu > General Postproc > Path Operations > Plot Path Item > On Graph，在弹出的对话框中，在"Lab1-6"中选择"TRR"，然后单击"OK"按钮。相应曲线图如图 15-21 所示。

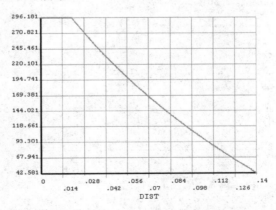

图 15-21　沿径向温度分布曲线变化图

❹ 显示沿径向路径温度分布云图：选择 Main Menu > General Postproc > Plot Results > Plot Path Item > On Geometry，在弹出的对话框中，在"Item, Path items to be mapped"中选

择"TRR",单击"OK"按钮。选择 Utility Menu > PlotCtrls > Window Controls > Window Options, 在弹出的对话框中,在"INF0"中选择"Legend ON",单击"OK"按钮。沿径向温度分布云图如图 15-22 所示。

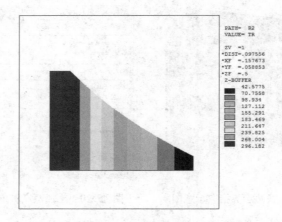

图 15-22　沿径向路径温度分布云图

17 显示温度场分布云图

选择 Utility Menu > PlotCtrls > Style > Symmetry Expansion > User Specified Expansion,弹出如图 15-23 所示的对话框。在弹出的对话框中,在"NREPEAT　No.of repetitions"文本框中输入 12,在"TYPE　Type of expansion"下拉列表框中选择"Polar",在"DX,DY,DZ　Imcrements"后的"DY"文本框中输入"30",单击"OK"按钮。扩展的温度分布云图如图 15-24 所示。选择 Utility Menu > PlotCtrls > Style > Symmetry Expansion > No Expansion。选择 Main Menu > General Postproc > Plot Results > Contour Plot > Nodal Solu,在弹出的对话框中,选择"DOF solution"和"Temperature TEMP",单击"OK"按钮。温度分布云图如图 15-25 所示。

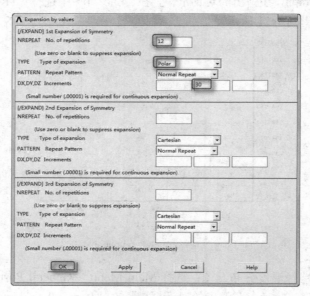

图 15-23　自定义三维扩展

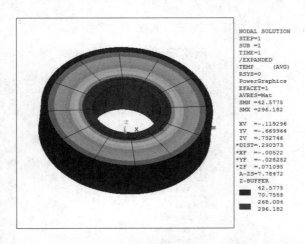

图 15-24 蒸汽管道的三维扩展的温度分布云图

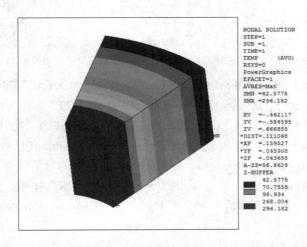

图 15-25 蒸汽管道的温度分布云图

18 获取保温层外表面上 2731 号节点温度

选择 Utility Menu > Parameters > Get Array Data，在弹出的对话框中，在"Type of data to be retrieved"中选择"Results data"和"Nodal results"，单击"OK"按钮，在弹出的对话框中，在"Name of parameter to be defined"文本框中输入"TW0"，在"Node number N"文本框中输入"2731"，在"Results data to be retrieved"中选择"DOF solution""Temperature TEMP"，单击"OK"按钮。

19 获取蒸汽管道内壁节点热流率

❶ 选择 Utility Menu > Select > Entities，在弹出的对话框中，在第一个下拉列表框中选择"Areas"，在第二个下拉列表框中选择"By Num/Pick"，单击"From Full"单选按钮，单击"OK"按钮，如图 15-26 所示。用鼠标左键拾取管道内壁 4 号面。

❷ 选择 Utility Menu > Entities，在第一个下拉列表框中选择"Nodes"，在第二个下拉列表框中选择"Attached to"，单击"Areas, all"单选按钮，单击"Apply"按钮，如图 15-27 所示。然后在第一个下拉列表框中选择"Elements"，在第二个下拉列表框中选择"Attached to"，

单击"Nodes"单选按钮，单击"OK"按钮，如图 15-28 所示。

图 15-26　选择管道内壁面

图 15-27　选择管道内壁节点

图 15-28　选择管道内壁单元

❸ 选择 Main Menu > General Postproc > Element Table > Define Table，在弹出的对话框中单击"Add"按钮，在弹出的对话框中，在"Lab"中输入"HT1"，在"Item"中选择"Nodal force data，Heat flow HEAT"，单击"OK"按钮，单击"Close"按钮，关闭单元表定义对话框。

❹ 选择 Main Menu > General Postproc > Element Table > Sum of Each Item，在弹出的对话框中选择 Utility Menu > Parameters > Get Array Data，在弹出的对话框中，在"Type of data to be retrieved"中选择"Results data，Elem table sums"，单击"OK"按钮，在弹出的对话框中，在"Name of parameter to be defined"中输入"HT"，在"Element table item"中选择"HT1"，单击"OK"按钮。

(20) 计算有限元分析结果与理论值的误差

在命令输入窗口中输入：

```
PI=3.1415926
QF=（HT*12）/L
LQ=（T1-T0）/（1/（2*PI*AP1*R1）+LOG（R2/R1）/（2*PI*LB1）+LOG（R3/R2）/（2*PI*LB2）+
1/（2*PI*AP0*R3））                      ！热流率损失理论计算值
LTW0=T0+LQ/（2*PI*AP0*R3）              ！交界面处温度的理论计算值
TER=1-LTW0/TW0                          ！计算交界面温度误差
QER=1-LQ/QF                             ！计算热流率损失误差
```

(21) 列出各参数值

选择 Utility Menu > List > Status > Parameters > All Parameters，所列出的参数计算结果如图 15-29 所示，可见三维有限元分析与理论值的最大误差为 0.01%。

(22) 退出 ANSYS

单击工具条中的"QUIT"按钮，选择"Quit-No Save"单选按钮，单击"OK"按钮，退出 ANSYS。

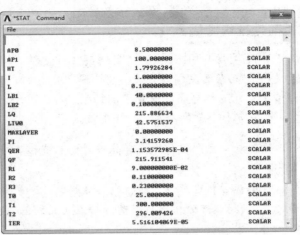

图 15-29　各参数的计算结果

15.4.5　命令流执行方式

命令流执行方式这里不再详细介绍，读者可参见云盘资料中的电子文档。

15.5　瞬态热分析概述

15.5.1　瞬态热分析特性

瞬态热分析用于计算一个系统随时间变化的温度场及其他热参数。在工程上，一般用瞬态热分析计算温度场，并将之作为热载荷进行应力分析。瞬态热分析的基本步骤与稳态热分析类似，主要的区别是瞬态热分析中的载荷是随时间而变化的。时间在稳态热分析中只用于计数，现在有了确定的物理含义。热能存储效应在稳态热分析中忽略，在瞬态热分析中要考虑进去。涉及相变的分析总是瞬态热分析。为了表达随时间变化的载荷，首先必须将载荷-时间曲线分为载荷步。载荷-时间曲线中的每一个拐点为一个载荷步，如图 15-30 所示。对于每一个载荷步，必须定义载荷值及时间值，同时必须选择载荷步为渐变或阶跃。时间在静态和瞬态分析中都用作步进参数。每个载荷步和子步都与特定的时间相联系，尽管求解本身可能不随速率变化。

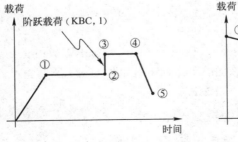
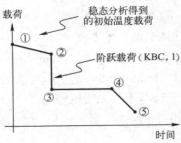

图 15-30　载荷与时间变化曲线示意图

15.5.2 瞬态热分析前处理考虑因素

除了导热系数（K）、密度（ρ）和比热容（C），材料特性应包含实体传递和存储热能的材料特性参数，可以定义热焓（H）（在相变分析中需要输入）。

材料特性用于计算每个单元的热存储性质并叠加到比热容矩阵（C）中。如果模型中有热质量交换，这些特性用于确定热传导矩阵（K）的修正项。

📢 注意：MASS71 热质量单元比较特殊，其能够存储热能但不能传递热能。因此，该单元不需要热传导系数。

和稳态热分析一样，瞬态热分析也可以是线性或非线性的。如果是非线性的，前处理与稳态非线性分析有同样的要求。稳态热分析和瞬态热分析最明显的区别在于加载和求解过程。

15.5.3 控制方程

热存储项的计入将静态系统转变为瞬态系统，矩阵形式为

$$(C)\{\dot{T}\} + (K)\{T\} = \{Q\}$$

其中，$(C)\{\dot{T}\}$ 为热存储项。

在瞬态热分析中，载荷随时间变化时

$$(C)\{\dot{T}\} + (K)\{T\} = \{Q(t)\}$$

对于非线性瞬态热分析

$$(C(T))\{\dot{T}\} + (K(T))\{T\} = \{Q(T,t)\}$$

15.5.4 初始条件的施加

初始条件必须对模型的每个温度自由度定义，使得时间积分过程得以开始。施加在有温度约束的节点上的初始条件被忽略。根据初始温度域的性质，初始条件可以用以下方法之一指定。

1. 施加均匀初始温度

GUI 操作：选择主菜单中的 Main Menu > Preprocessor > Loads > Define Loads > Apply > Thermal > Temperature > Uniform Temp 命令，弹出如图 15-31 所示的对话框。

命令：TUNIF

2. 施加非均匀的初始温度

GUI 操作：选择主菜单中的 Main Menu > Preprocessor > Loads > Define Loads > Apply > Initial Condit'n > Define 命令，选择所要施加的节点，弹出如图 15-32 所示的对话框，在"Lab DOF to be specified"下拉列表框中选择"TEMP"。

命令：IC

📢 注意：当输入"IC"命令后，要使用节点组元名来区分节点。没有定义 DOF 初始温

度的节点，其初始温度默认为 TUNIF 命令指定的均匀数值。当求解控制打开时，在指定初始温度前指定 TUNIF 的数值。

图 15-31 均匀初始温度施加对话框

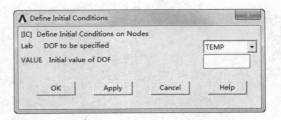

图 15-32 非均匀初始温度施加对话框

3. 由稳态分析得到初始温度

当模型中的初始温度分布不均匀且未知时，单载荷步的稳态热分析可以用来确定瞬态分析前的初始温度。相应操作步骤如下。

（1）第一载荷步稳态求解。

① 进入求解器，使用稳态热分析类型。

② 施加稳态初始载荷和边界条件。

③ 为了方便，指定一个很小的结束时间（如 1×10^{-3} s）。不要使用非常小的时间数值（如 1×10^{-10} s），因为可能形成数值错误。

④ 指定其他所需的控制或设置（如非线性控制）。

⑤ 求解当前载荷步。

📢 注意：如果没有指定初始温度，初始 DOF 数值为 0。

（2）后续载荷步的瞬态求解。

① 时间积分效果保持打开直到在后面的载荷步中关闭为止。在第二个载荷步中，根据第一个载荷步施加载荷和边界条件。记住，要删除第一个载荷步中多余的载荷。

② 施加瞬态热分析控制和设置。

③ 求解之前打开时间积分。

④ 求解当前瞬态载荷步。

⑤ 求解后续载荷步。

15.6 实例——钢板加热过程分析

15.6.1 问题描述

假设有一块长和宽为 2000 mm，厚为 100 mm，初始温度为 20 ℃ 的钢板，放入温度为 1120 ℃ 的加热炉内加热，其换热系数为 125 W/（m²·K），钢板的比热容为 460 J/（kg·℃），密度为 7850 kg/m³，热导率为 50 W/（m·K），计算钢板温度达到 750℃ 时所经历的时间及钢板的温度场分布。钢板的几何模型如图 15-33 所示。

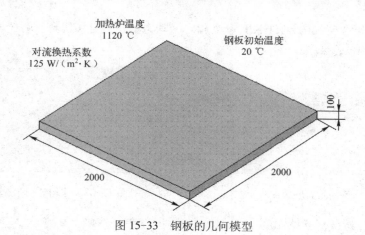

图 15-33 钢板的几何模型

15.6.2 问题分析

本例属于热瞬态分析，选用 SOLID70 三维六面体单元进行有限元分析，根据几何及边界条件的对称性，对钢板的 1/4 进行分析，温度采用℃，其他单位采用国际单位制。

15.6.3 前处理

01 定义分析文件名

选择 Utility Menu > File > Change Jobname，在弹出的对话框中输入"Exercise"，单击"OK"按钮。

02 定义单元类型

选择 Main Menu > Preprocessor > Element Type > Add/Edit/Delete，在弹出的"Element Types"对话框中单击"Add"按钮，在弹出的对话框中依次选择"Thermal Solid"和"Brick 8 node 70"，即 8 节点三维六面体单元，单击"OK"按钮，单击单元增添对话框中的"Close"按钮，关闭单元增添对话框。

03 定义材料属性

❶ 定义材料的传导系数：选择 Main Menu > Preprocessor > Material Props > Material Models，单击对话框右侧的 Thermal > Conductivity > Isotropic，在弹出的对话框中输入热导率"KXX，50"，单击"OK"按钮。

❷ 定义材料密度：选择 Main Menu > Preprocessor > Material Props > Material Models，在弹出的对话框中，单击对话框右侧的 Thermal，单击"Density"按钮，弹出的对话框如图 15-34 所示，在"DENS"文本框中输入"7850"，单击"OK"按钮。

❸ 定义材料比热容：选择对话框右侧的 Thermal > Specific Heat，在弹出的如图 15-35 所示的对话框的"C"文本框中输入比热容"460"，单击"OK"按钮。

04 建立几何模型

选择 Main Menu > Preprocessor > Modeling > Create > Volumes > Block > By Dimensions，弹出如图 15-36 所示的对话框，在"X1，X2 X-coordinates"文本框中分别输入"0"和"1"，在"Y1，Y2 Y-coordinates"文本框中分别输入"0"和"1"，在"Z1，Z2 Z-coordinates"文本框中分别输入"-0.05"和"0.05"，单击"OK"按钮。

第15章 稳态热分析与瞬态热分析

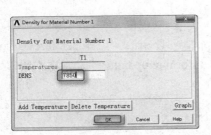

图 15-34 材料密度定义对话框

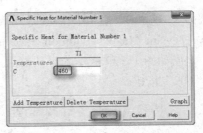

图 15-35 材料比热容定义对话框

图 15-36 钢板的几何模型建立对话框

05 设置单元密度

选择 Main Menu > Preprocessor > Meshing > Size Cntrls > ManualSize > Global > Size，在弹出的对话框的 "Element edge length" 文本框中输入 "0.03"，单击 "OK" 按钮。

06 划分单元

选择 Main Menu > Preprocessor > Meshing > Mesh > Volumes > Mapped > 4 to 6 Sided，单击 "Pick All" 按钮。

15.6.4 施加载荷及求解

01 施加对流换热载荷

选择 Utility Menu > Plot > Areas，选择 Main Menu > Solution > Define Loads > Apply > Thermal > Convection > On Areas，单击 "Min，Max，Inc" 单选按钮，然后在其下的文本框中输入 "1" 后按〈Enter〉键，再次输入 "2，6，2" 后按〈Enter〉键，单击 "OK" 按钮，如图 15-37 所示。弹出如图 15-38 所示的对话框，在 "VALI Film coefficient" 文本框中输入 "125"，在 "VAL2I Bulk temperature" 文本框中输入 "1120"，单击 "OK" 按钮。

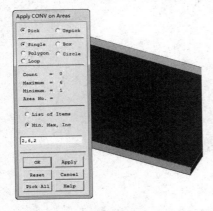

图 15-37 钢板对流换热边界拾取示意图

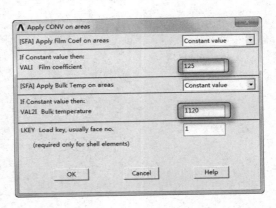

图 15-38 施加钢板对流换热载荷

351

02 施加初始温度

选择 Main Menu > Solution > Define Loads > Apply > Thermal > Temperature > Uniform temp，弹出如图 15-39 所示的对话框，在"[TUNIF] Uniform temperature"文本框中输入"20"，单击"OK"按钮。

图 15-39 设置初始温度

03 设置求解选项

❶ 选择 Main Menu > Solution > Analysis Type > New Analysis，弹出如图 15-40 所示的对话框，单击"Transient"单选按钮，单击"OK"按钮，弹出如图 15-41 所示的对话框，接受默认设置，单击"OK"按钮。

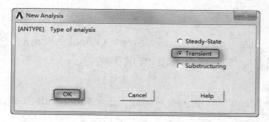

图 15-40 选择分析类型

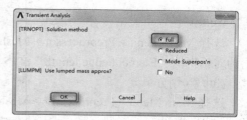

图 15-41 设置瞬态分析类型

❷ 选择 Main Menu > Preprocessor > Loads > Load Step Opts > Time/Frequenc > Time – Time Step，在弹出的对话框中，在"[TIME] Time at end of load step"文本框中输入"1800"，在"[DELTIM] Time step size"文本框中输入"50"，在"[KBC] Stepped or ramped b.c."中单击"Stepped"单选按钮，在"[AUTOTS]Automatic time stepping"中单击"ON"单选按钮，在"[DELTIM] Minimum time step size"文本框中输入"50"，在"Maximum time step size"文本框中输入"100"，单击"OK"按钮，如图 15-42 所示。

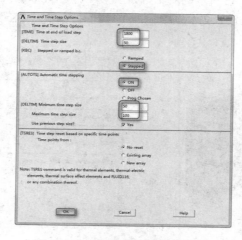

图 15-42 设置瞬态分析类型求解

04 温度偏移量设置

选择 Main Menu > Solution > Analysis Type > Analysis Options，在弹出的如图 15-43 所示的对话框中，在"[TOFFST] Temperature difference"文本框中输入"273"。

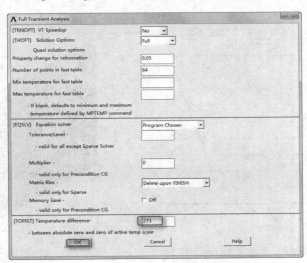

图 15-43 设置温度偏移量

05 输出控制

选择 Main Menu>Solution>Analysis Type>Sol'n Controls，在弹出的对话框中，在"Frequency"中选择"Write every Nth substep"，单击"OK"按钮。

06 保存

选择 Utility Menu > Select > Everything，单击工具条中的 SAVE_DB"按钮。

07 求解

选择 Main Menu > Solution > Solve > Current LS，进行计算。

15.6.5 后处理

01 显示沿径向温度分布

❶ 定义径向路径：选择 Main Menu > General Postproc > Read Results > Last Set，读最后一个子步的分析结果，选择 Main Menu > General Postproc > Path Operations > Define Path > By Nodes，用鼠标拾取 Y=0、Z=0 的所有节点，单击"OK"按钮，在弹出的对话框中，在"Name"中输入"r2"，单击"OK"按钮。

❷ 将温度场分析结果映射到径向路径上：选择 Main Menu>General Postproc>Path Operations > Map onto Path，在弹出的对话框中，在"Lab"中输入"TR"，在"Rem、Comp Item to be mapped"中选择"DOF solution"和"Nodal Temperature"，然后单击"OK"按钮。

❸ 显示沿径向路径温度分布曲线：选择 Main Menu > General Postproc > Path Operations > Plot Path Item > On Graph，在弹出的对话框中，在"Lab1-6"中选择"TR"，单击"OK"按钮。曲线图如图 15-44 所示。

❹ 显示沿径向路径温度分布云图：选择 Main Menu > General Postproc > Plot Results >

Plot Path Item > On Geometry，在弹出的对话框中，在"Item，Path items to be mapped"中选择"TR"，单击"OK"按钮。选择 Utility Menu > PlotCtrls > Window Controls > Window Options，在弹出的对话框中，在"INFO"中选择"Legend ON"，单击"OK"按钮。沿径向温度分布云图如图 15-45 所示。

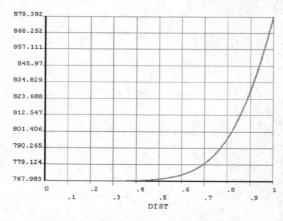

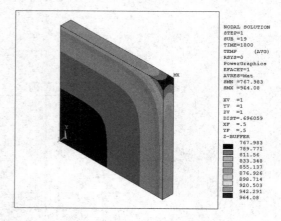

图 15-44　沿径向温度分布曲线变化图　　　　图 15-45　沿径向路径温度分布云图

02 显示温度场分布云图

选择 Utility Menu > PlotCtrls > Window Controls > Window Options，在弹出的对话框中，在"INFO"中选择"Legend ON"，单击"OK"按钮。选择 Main Menu > General Postproc > Plot Results > Contour Plot > Nodal Solu，在弹出的对话框中选择"DOF solution"和"Nodal Temperature"，单击"OK"按钮。钢板的温度分布云图如图 15-46 所示。选择 Utility Menu > PlotCtrls > Style > Symmetry Expansion > Periodic/Cyclic Symmetry，在弹出的对话框中，在"Select type of cyclic symmetry"中选择"1/4 Dihedral Sym"，单击"OK"按钮。钢板的扩展的温度分布云图如图 15-47 所示。选择 Utility Menu > PlotCtrls > Style > Symmetry Expansion > No Expansion，再选择 Utility Menu > Plot > Elements。结果如图 15-48 所示。

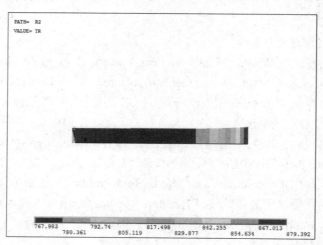

图 15-46　钢板的温度分布云图

第15章 稳态热分析与瞬态热分析

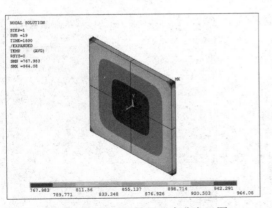
图 15-47　钢板的扩展温度分布云图

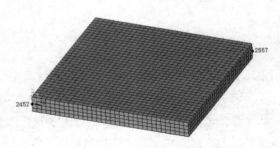
图 15-48　显示所有节点的示意图

03 显示钢板中心和边角处的节点温度随时间变化曲线图

显示如图 15-48 所示的两个节点温度随时间变化曲线图，选择 Main Menu > TimeHist Postpro，在弹出的对话框中单击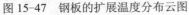图标按钮，弹出如图 15-49 所示的对话框，单击 Nodal Solution > DOF Solution > Nodal Temperature，单击"OK"按钮。弹出如图 15-50 所示的对话框，单击"Min，Max，Inc"单选按钮后，在其下的文本框中输入 2452，然后按〈Enter〉键确认，单击"OK"按钮。再重复以上操作，选择 2557 号节点，完成以上操作后，如图 15-51 所示。选择 Utility Menu > PlotCtrls > Style > Graphs > Modify Axes，弹出如图 15-52 所示的对话框，在"[//AXLAB]　X-axis label"文本框中输入"TIME"，在"[/AXLAB]　Y-axis label"文本框中输入"TEMPERATURE"，在"[XRANGE]　X-axis range"中单击"Specified range"单选按钮，在"XMIN，XMAX　Specified X range"中输入"0"和"1800"，单击"OK"按钮。按住〈Ctrl〉键，选择 TEMP_2 到 TEMP_3，单击 图标，曲线图如图 15-53 所示。

04 退出 ANSYS

单击工具条中的"QUIT"按钮，选择"Quit-No Save!"单选按钮，单击"OK"文本框按钮，退出 ANSYS。

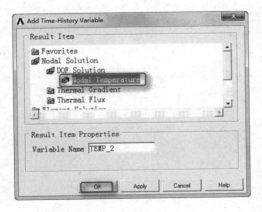
图 15-49　选取温度场结果

图 15-50　选择节点

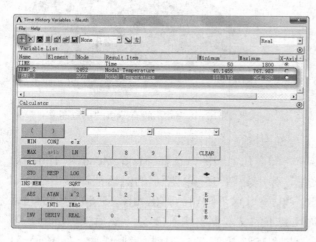

图 15-51　编辑时间变量

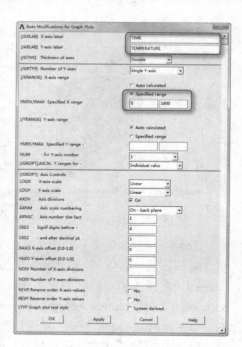

图 15-52　编辑坐标轴注释

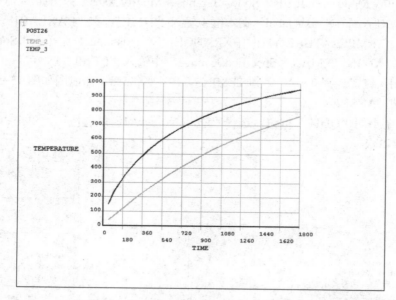

图 15-53　钢板中心和边角处两个节点温度随时间变化曲线图

15.6.6　命令流执行方式

命令流执行方式这里不再详细介绍，读者可参见云盘资料中的电子文档。

第 16 章

热辐射和相变分析

本章主要介绍热辐射与相变分析的基本步骤,并以典型工程应用为示例,讲述进行热辐射分析的基本思路,以及应用 ANSYS 进行热辐射分析的基本步骤和技巧。同时,详细讲述在 ANSYS 中进行相变分析的基本思路,并以铝的焓值计算为例说明在 ANSYS 中定义焓值的方法。

- ☑ 热辐射基本理论及在 ANSYS 中的处理方法
- ☑ 实例——黑体热辐射分析
- ☑ 实例——长方体形坯料空冷过程分析
- ☑ 相变分析概述
- ☑ 实例——两铸钢板在不同介质中焊接过程对比

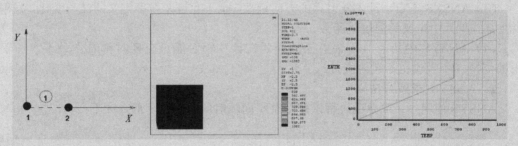

16.1 热辐射基本理论及在 ANSYS 中的处理方法

16.1.1 热辐射特性

（1）辐射热传递是通过电磁波传递热能的方法。热辐射的电磁波波长为 0.1～100μm，这包括超微波，所有可以用肉眼看到的波长和长波。

（2）不像其他热传递方式需要介质，辐射在真空中（如外层空间）效率最高。

（3）对于半透明体（如玻璃），辐射是三维实体现象，因为辐射从体中发散出来。

（4）对于不透明体，辐射主要是平面现象，因为几乎所有内部辐射都被实体吸收了。

（5）两平面间的辐射热传递与它们平面绝对温度差的四次方成正比，因此，辐射分析是非线性的，需要迭代求解。

16.1.2 ANSYS 中热辐射的处理方法

1. ANSYS 中关于辐射的重要假设

（1）ANSYS 认为辐射是平面现象，因此适合用不透明平面建模。

（2）ANSYS 不直接计入平面反射率（在考虑到效率方面时，假设平面吸收率和发射率相等），因此，只有发射率特性需要在 ANSYS 辐射分析中定义。

（3）ANSYS 不自动计入发射率的方向特性，也不允许发射率定义随波长变化。发射率可以在某些单元中定义为温度的函数。

（4）ANSYS 中所有分隔辐射面的介质在计算辐射能量交换时都看作是不参与辐射的能量交换（不吸收也不发射能量）。

2. ANSYS 求解方法

ANSYS 使用一个简单的过程求解多个平面辐射问题，矩阵形式如下：

$$[K']\{T\} = \{Q\} \qquad (16-1)$$

其中，$[K']$ 是 T 的函数。

生成多平面问题系统的矩阵要比前面列出的简单因子近似方法复杂。辐射是高度非线性分析，需要使用牛顿-拉普森迭代求解。关于非线性分析的内容见第 12 章。

16.2 实例——黑体热辐射分析

16.2.1 问题描述

应用热分析辐射线单元 LINK31，对一面积为 A 的物体进行稳态热辐射能的分析，几何模型图如图 16-1 所示，有限元模型如图 16-2 所示，问题简化后的各参数和温度载荷见表 16-1。本实例分析时，温度采用℉，其他单位采用英制单位。

第16章 热辐射和相变分析

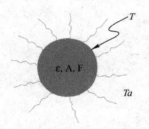

图 16-1 几何模型图

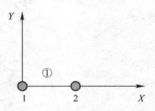

图 16-2 有限元模型图

表 16-1 问题简化后各参数及温度载荷

材料参数			温度载荷	
辐射面积/ft^2	形状系数	辐射率	T/°F	T$_a$/°F
1	1	1	3000	0

16.2.2 问题分析

本例应用 LINK31，即辐射线单元，分析两个点之间的热辐射，将物体辐射面积与斯忒藩—波耳兹曼常数折合成等效的面积参数，定义到 LINK31 的面积实常数中。

16.2.3 前处理

01 定义分析文件名

选择 Utility Menu > File > Change Jobname，在弹出的对话框中输入"Exercise"，单击"OK"按钮。

02 定义单元类型

选择热分析辐射线单元：选择 Main Menu > Preprocessor > Element Type > Add/Edit/Delete，在弹出的"Element Types"对话框中单击"Add"按钮，在弹出的对话框的"Library of Element Types"中依次选择"Thermal Link"和"3D radiation 31"，即三维辐射线单元，如图 16-3 所示，单击"OK"按钮。

03 定义实常数

选择 Main Menu > Preprocessor > Real Constants > Add/Edit/Delete，在弹出的对话框中选择"Type 1 Link31"单元，弹出如图 16-4 所示的对话框，在"Real Constant Set No."文本框中输入 1，在"Radtating surface area AREA"文本框中输入"144"，在"Emissivity EMISSIVITY"文本框中输入"1"，在"Geometric form factor-FORMF ACTOR"文本框中输入"1"，然后单击"OK"按钮。

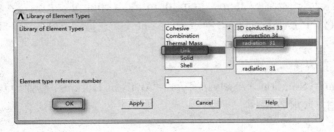

图 16-3 选择单元类型

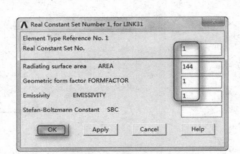

图 16-4 定义实常数

04 建立有限元模型

❶ 建立节点：选择 Main Menu > Preprocessor > Modeling > Create > Nodes > In Active CS，在弹出的对话框的"NODE"和"X、Y、Z、THXY、THYZ、THZX"中分别输入"1"和"0、0、0、0、0、0"，单击"Apply"按钮；再分别输入"2"和"0、0、0、0、0、0"，单击"OK"按钮。

❷ 建立单元：选择 Main Menu > Preprocessor > Modeling > Create > Elements > Auto Numbered > Thru Nodes，用鼠标拾取节点1和节点2，单击"OK"按钮。

16.2.4 施加载荷及求解

01 施加温度载荷

选择 Main Menu > Solution > Define Loads > Apply > Thermal > Temperature > On Nodes，在弹出的对话框中单击"Min, Max, Inc"单选按钮，在其下文本框中输入"2"后按〈Enter〉键，单击"OK"按钮，在弹出的对话框中，在"Lab2"中选择"TEMP"，在"VALUE"文本框中输入"0"，单击"Apply"按钮；在弹出的对话框中单击"Min, Max, Inc"单选按钮，在其下文本框中输入"1"后按〈Enter〉键，单击"OK"按钮，在弹出的对话框中，在"Lab2"中选择"TEMP"，在"VALUE"文本框中输入"3000"，单击"OK"按钮。

02 设置求解选项

❶ 选择 Main Menu > Solution > Analysis Type > New Analysis，在弹出的对话框中选择"Steady-State"，单击"OK"按钮。选择 Main Menu > Solution > Load Step Opts > Time/Frequenc > Time-Time Step，在弹出的对话框中，在"KBC"中选择"Stepped"，单击"OK"按钮。

❷ 选择 Main Menu > Solution > Load Step Opts > Output Ctrls > Solu Printout，将弹出如图 16-5a 所示的对话框，在"Item   Item for printout control"下拉列表框中单击"All items"，在"FREQ   Print frequency"中单击"Every Nth substep"单选按钮，在"Value of N"文本框中输入"1"，单击"Apply"按钮。

❸ 在弹出的对话框中，在"Item   Item for printout control"下拉列表框中选择"Element energies"，在"FREQ   Print frequency"中单击"None"单选按钮，如图 16-5b 所示，单击"OK"按钮。

03 定义温度偏移

选择 Main Menu > Solution > Analysis Type > Analysis Options，在弹出对话框的"TOFFST"中输入"460"，单击"OK"按钮。

04 保存

选择 Utility Menu > Select > Everything，单击工具条中的"SAVE_DB"按钮。

05 求解

选择 Main Menu > Solution > Solve > Current LS，进行计算。

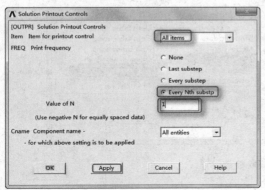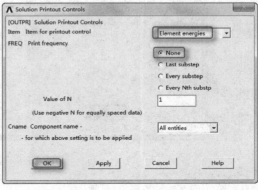

图 16-5 设置结果输出控制

16.2.5 后处理

01 列出单元热流率结果

选择 Main Menu > TimeHist Postpro，在弹出的对话框中单击 ＋ 图标按钮，在弹出的对话框中，单击 Element Solution > Heat Flow > Heat Flow，在"Variable Name"文本框中输入"HEAT"，如图 16-6 所示，单击"OK"按钮，用鼠标拾取 1 号单元，再拾取 1 号节点，在弹出的对话框中单击"OK"按钮。再单击 圖 图标按钮，列出结果如图 16-7 所示。

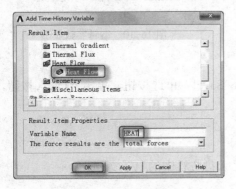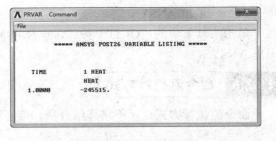

图 16-6 设置时间历程结果显示　　　图 16-7 热流率结果列表

02 获取热流率最大值

❶ 选择 Utility Menu > Parameters > Get Scalar Data，弹出如图 16-8 所示的对话框，在"Type of data to be retrieved"中依次选择"Results data"和"Time-hist var's"，单击"OK"按钮。

❷ 弹出如图 16-9 所示的对话框，在"Name of parameter to be defined"文本框中输入"heat"，在"Variable number N"文本框中输入"2"，在"Data to be retrieved"中选择"Maximum val VMAX"，单击"OK"按钮。

❸ 选择 Utility Menu > Parameters > Scalar Parameters，显示所获取的参数值，如图 16-10

所示。

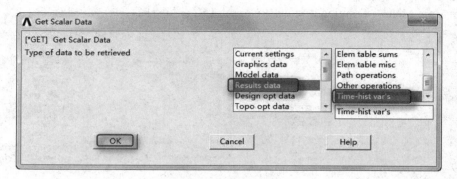

图 16-8 获取参数设置

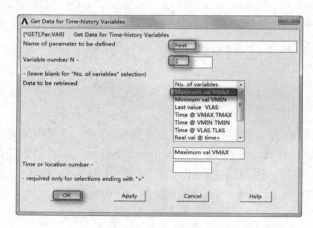

图 16-9 设置时间变量参数

图 16-10 编辑参数显示

03 退出 ANSYS

单击工具条中的"QUIT"按钮,选择"Quit-No Save!"单选按钮,单击"OK"按钮,退出 ANSYS。

16.2.6 命令流执行方式

命令流执行方式这里不再详细介绍,读者可参见云盘资料中的电子文档。

16.3 实例——长方体形坯料空冷过程分析

16.3.1 问题描述

有一个长方体的钢坯料,环境温度为 T_E,钢坯料温度为 T_B,计算 3.7h 后钢坯料的温度分布。钢坯料几何模型图如图 16-11 所示,有限元模型如图 16-12 所示,材料参数、几何尺寸、温度载荷见表 16-2,分析时,温度采用 K,其他单位采用英制单位制。

第16章 热辐射和相变分析

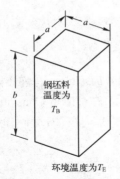

图 16-11 几何模型图

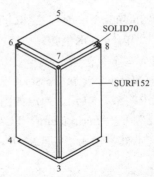

图 16-12 有限元模型图

表 16-2 钢坯料的材料参数、几何尺寸及温度载荷

材料参数					几何尺寸		温度载荷	
传热系数 Btu/（s·ft·K）	密度/ (lb/ft³)	比热容 Btu/（lb·K）	辐射率	斯忒藩—波耳兹曼常数 Btu/（hr·ft²·K⁴）	a /ft	b /ft	T_E /K	T_B /K
10000	487.5	0.11	1	0.1712e-8	1	0.6	530	2000

16.3.2 问题分析

本例采用三维 8 节点 SOLID70 六面体热分析单元，结合表面效应单元 SURF152，进行瞬态热辐射的有限元分析。

16.3.3 前处理

01 定义分析文件名

选择 Utility Menu > File > Change Jobname，在弹出的对话框中输入"Exercise"，单击"OK"按钮。

02 定义单元类型

❶ 选择热分析实体单元：选择 Main Menu>Preprocessor>Element Type > Add/Edit/Delete，单击对话框中的"Add"按钮，依次选择"Thermal Solid"和"Brick 8 node 70"，即 8 节点三维六面体单元，单击"OK"按钮。

❷ 选择表面效应单元：选择 Main Menu > Preprocessor > Element Type > Add/Edit/Delete，单击对话框中的"Add"按钮，依次选择"Surface Effect"和"3D thermal 152"，如图 16-13 所示，单击"OK"按钮。选中"Type 2 SURF152"单元，弹出如图 16-14 所示的对话框，在"Midside modes K4"下拉列表框中选择"Exclude"，在"Extra node for radiation K5"下拉

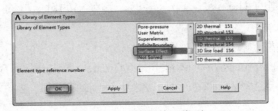

图 16-13 选择单元类型

列表框中选择"Include 1 node",在"Radiation form factor calc as K9"下拉列表框中选择"Real const FORMF",单击"OK"按钮。

03 定义实常数

选择 Main Menu > Preprocessor > Real Constants > Add/Edit/Delete,在弹出的对话框中选择"Type 2 SURF152"单元,弹出如图 16-15 所示的对话框,在"Real Constant Set No."文本框中输入"2",在"Form factor FORMF"文本框中输入"1",在"Stefan-Boltzmann const SBCONST"文本框中输入"1.712e-9",单击"OK"按钮。

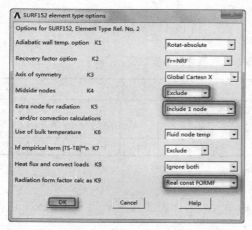

图 16-14 更改单元分析选项

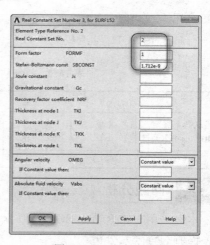

图 16-15 定义实常数

04 定义材料属性

❶ 定义钢坯料材料属性

(1)定义热传导系数:选择 Main Menu > Preprocessor > Material Props > Material Mode,单击对话框右侧的 Thermal > Conductivity > Isotropic,在弹出的对话框中输入导热系数"KXX"为 10000,单击"OK"按钮。

(2)定义材料的比热容:选择对话框右侧的 Thermal > Specific Heat,在弹出的对话框的"C"文本框中输入比热容 0.11,单击"OK"按钮。

(3)定义材料的密度:选择 Main Menu > Preprocessor > Material Props > Material Models,在弹出的对话框中,默认材料编号 1,单击对话框右侧的 Thermal,单击"Density"按钮,在文本框中输入"487.5",单击"OK"按钮。

❷ 定义表面效应热辐射参数

单击对话框中的 Material > New Model,在弹出的对话框中单击"OK"按钮,选中材料模型 2,单击对话框右侧的 Thermal > Emissivity,在弹出的对话框的"EMIS"文本框中输入"1",单击"OK"按钮。

05 建立几何模型

选择 Main Menu > Preprocessor > Modeling > Create > Volumes > Block > By Dimensions,在弹出的对话框的 X1、X2、Y1、Y2、Z1、Z2 中分别输入"0、2、0、2、0、4",建立三维几何模型。

06 设定网格密度

选择 Main Menu > Preprocessor > Meshing > Size Cntrls > ManualSize > Global > Size，在"NDIV"文本框中输入"1"，单击"OK"按钮。

07 划分网格

选择 Main Menu > Preprocessor > Meshing > Mesh > Volumes > Mapped > 4 to 6 sides，选择"Pick All"。

08 建立表面效应单元

❶ 设置单元属性：选择 Main Menu > Preprocessor > Modeling > Create > Elements > Element Attributes，弹出如图 16-16 所示的对话框，在"[TYPE] Element type number"下拉列表框中选择"2 SURF 152"，在"[MAT] Material number"下拉列表框中选择"2"，在"[REAL] Real constant set number"下拉列表框中选择"2"，单击"OK"按钮。

❷ 建立空间辐射节点：选择 Main Menu > Preprocessor > Modeling > Create > Nodes > In Active CS，在弹出的对话框的 NODE 和 X，Y，Z，THXY，THYZ，THZX 中分别输入"100"和"5，5，5，0，0，0"，单击"OK"按钮。

❸ 建立表面效应单元：选择 Main Menu > Preprocessor > Modeling > Create > Elements > Surf/Contact > Surf Effect > General Surface > Extra Node，在弹出的对话框中单击"Min，Max，Inc"单选按钮，在其下文本框中输入"1、8、1"，然后按〈Enter〉键，单击"OK"按钮，在弹出的对话框中单击"Min，Max，Inc"单选按钮，在其下文本框中输入"100"后按〈Enter〉键，单击"OK"按钮。完成以上操作，所建立的有限元模型如图 16-17 所示。

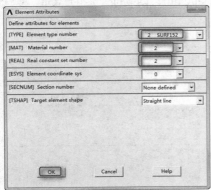

图 16-16 设置单元属性

图 16-17 有限元模型图

16.3.4 施加载荷及求解

01 施加温度载荷

❶ 施加空间温度载荷：选择 Main Menu > Solution > Define Loads > Apply > Thermal > Temperature > on Nodes，选择 100 号节点，弹出如图 16-18 所示的对话框，在"Lab2 DOFs to be constrained"列表中选择"TEMP"，在"VALUE Load TEMP value"文本框中输入"530"，单击"OK"按钮。

❷ 施加钢坯料温度载荷：选择 Main Menu > Solution > Define Loads > Apply > Thermal > Temperature > Uniform Temperature，在弹出的对话框的"[TUNIF] Uniform temperature"文本框中输入"2000"，如图 16-19 所示，单击"OK"按钮。

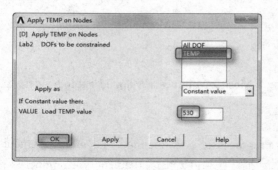

图 16-18 施加空间温度载荷

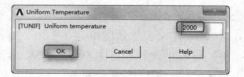

图 16-19 施加钢坯料温度载荷

02 设置求解选项

❶ 选择 Main Menu > Solution > Analysis Type > New Analysis，在弹出的对话框中选择"Transient"，单击"OK"按钮，在弹出的对话框中单击"OK"按钮，关闭该对话框。

❷ 选择 Main Menu > Solution > Load Step Opts > Solution Ctrl，弹出如图 16-20 所示的对话框，选中"[SOLCONTROL] Solution Control"后的"Off"复选框。

❸ 选择 Main Menu > Solution > Load Step Opts > Time/Frequenc > Time-Time Step，弹出如图 16-21 所示的对话框，在"[TIME] Time at end of load step"文本框中输入"3.7"，在"[DELTIM] Time step size"文本框中输入"0.005"，在"[KBC] Stepped or ramped b.c."中单击"Stepped"单选按钮，选中"[AUTOTS] Automatic time stepping"后的"On"复选框，单击"OK"按钮。

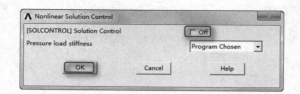

图 16-20 非线性求解控制设置对话框

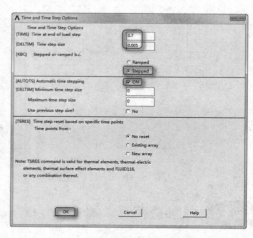

图 16-21 求解控制设置对话框

❹ 选择 Main Menu > Solution > Analysis Type > Sol'n Controls，在弹出的对话框中，在"Frequency"中选择"Write every substep"，单击"OK"按钮。

03 保存

选择 Utility Menu > Select > Everything，单击工具条中的"SAVE_DB"按钮。

04 求解

选择 Main Menu > Solution > Solve > Current LS，进行计算。

16.3.5 后处理

01 显示温度场分布云图

选择 Utility Menu > PlotCtrls > Window Controls > Window Options，在弹出的对话框中，在"INF0"中选择"Legend ON"，单击"OK"按钮。选择 Main Menu > General Postproc > Read Results > Last Set，读最后一个子步的分析结果，选择 Main Menu > General Postproc > Plot Results > Contour Plot > Nodal Solu，选择"Temperature TEMP"，结果如图 16-22 所示。

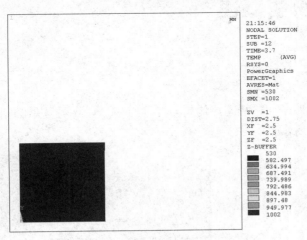

图 16-22　温度场分布云图

02 显示钢坯料 1 号节点温度随时间变化曲线图

选择 Main Menu > TimeHist Postpro，在弹出的对话框中单击 ✚ 图标按钮，在弹出的对话框中，单击 Nodal Solution > DOF Solution > Temperature，单击"OK"按钮。在弹出的对话框中，单击"Min, Max, Inc"单选按钮，在其下文本框中输入"1"后按〈Enter〉键确认，单击"OK"按钮，单击 图标按钮，相应曲线图如图 16-23 所示。

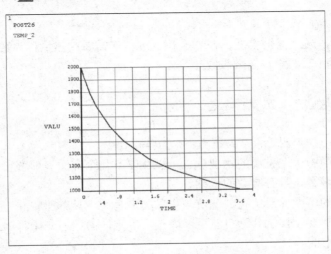

图 16-23　钢坯料 1 号节点温度随时间变化曲线图

03 退出 ANSYS

单击工具条中的"QUIT"按钮,选择"Quit-No Save!"单选按钮,单击"OK"按钮,退出 ANSYS。

16.3.6 命令流执行方式

命令流执行方式这里不再详细介绍,读者可参见云盘资料中的电子文档。

16.4 相变分析概述

16.4.1 相和相变

1. 相

物质的一种确定原子结构形态,均匀同性称为相。有 3 种基本的相,分别是气体、液体和固体,如图 16-24 所示。

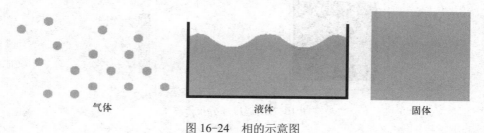

图 16-24 相的示意图

2. 相变

系统能量的变化(增加或减少)可能导致物质的原子结构发生改变,称为相变。通常的相变过程称为固结、融化、汽化或凝固。

16.4.2 潜在热量和焓

1. 潜在热量

当物质相变时,温度保持不变,在物质相变过程中需要的热量称为融化的潜在热量。例如,0℃的冰溶解为 0℃的水,需要吸收热量。

2. 焓

在热力学上,焓由式(16-2)确定

$$H = U + PV \tag{16-2}$$

其中,H 为焓;U 为内能;P 为压力;V 为体积。

焓在化学热力学中是个重要的物理量,可以从以下几个方面来理解它的意义和性质。

(1)焓是状态函数,具有能量的量纲。

(2)焓是体系的广度性质,它的量值与物质的量有关,具有加和性。

(3)焓与热力学能一样,其绝对值至今尚无法确定,但状态变化时体系的焓变 ΔH 却是确定的,而且是可求的。

(4)对于一定量的某物质而言,由固态变为液态,或由液态变为气态,都必须吸热,所

以有:

$$H(g) > H(l) > H(s) \tag{16-3}$$

其中，$H(g)$ 为气体焓值；$H(l)$ 为液体焓值；$H(s)$ 为固体焓值。

（5）当某一过程或反应逆向进行时，其 ΔH 要改变符号，即 ΔH（正）= $-\Delta H$（逆）。

相变分析必须考虑材料的潜在热量，即在相变过程吸收或释放的热量，通过定义材料的热焓特性用来计入潜在热量。经典（热动力学）热焓数值单位是能量单位，为 kJ 或 Btu。单位热焓单位为能量/质量，为 kJ/kg 或 Btu/lbm。在 ANSYS 中，热焓材料特性为单位热焓，如果单位热焓在某些材料中不能使用，可以用密度、比热和物质潜在热量得出，见式（16-4）:

$$H = \int \rho c(T) \mathrm{d}T \tag{16-4}$$

其中，H 为焓值；ρ 为密度；$c(T)$ 为随温度变化的比热。

16.4.3 相变分析基本思路

相变分析必须考虑材料的潜在热量，将材料的潜在热量定义到材料的焓中，其中热焓数值随温度变化，相变时，热焓变化相对温度变化而言十分迅速。对于纯材料，液体温度（T_l）与固体温度（T_s）之差（$T_l - T_s$）应该为 0，在计算时，通常取很小的温度差值。因此，热分析是非线性的。在 ANSYS 中，将焓（ENTH）作为材料属性定义，通过温度来区分相，通过相变分析，可以获得物质的各时刻的温度分布，以及典型位置处节点的温度随时间变化曲线，通过温度云图，可以得到完全相变所需时间（融化或凝固时间），并对物质在任何时间间隔融化、凝固进行预测。

1. 相变分析的控制方程

在相变分析过程中，控制方程为

$$[C]\{\dot{T}_l\} + [K]\{T_l\} = \{Q_f\} \tag{16-5}$$

其中:

$$[C] = \int \rho c [N]^{\mathrm{T}} [N] \mathrm{d}V \tag{16-6}$$

在式（16-6）中计入相变，而在控制方程中的其他两项不随相变改变。

2. 焓的计算方法

焓曲线根据温度可以分成 3 个区，在固体温度（T_s）以下，物质为纯固体，在固体温度（T_s）与液体温度（T_l）之间，物质为相变区，在液体温度（T_l）以上，物质为纯液体。根据比热及潜热可计算各温度的焓值，如图 16-25 所示。

（1）在固体温度以下：$T < T_s$

$$H = \rho C_s (T - T_l) \tag{16-7}$$

其中，C_s 为固体比热。

（2）在固体温度时：$T = T_s$

$$H_s = \rho C_s (T_s - T_l) \tag{16-8}$$

（3）在固体和液体温度之间（相变区域）时：$T_s < T < T_l$

$$H = H_s + \rho C^* (T - T_s) \tag{16-9}$$

$$C_{avg} = \frac{(C_s + C_l)}{2} \tag{16-10}$$

$$C^* = C_{avg} + \frac{L}{(T_l - T_s)} \tag{16-11}$$

其中，C_l 为液体比热，L 为潜热。

（4）在液体温度时：
$$T = T_l$$
$$H_l = H_s + \rho C^*(T_l - T_s) \tag{16-12}$$

（5）超过液体温度时：
$$T_l < T$$
$$H = H_l + \rho C_l(T - T_l) \tag{16-13}$$

下面以铝的热焓数据计算为例，介绍在 ANSYS 中对热焓材料特性的处理方法，此处，铝的焓值没有直接给出，比热等其余材料特性数据如表 16-3 所示。在计算时，根据铝的熔点，选择 T_s= 695 ℃和 T_l= 697 ℃。根据式（16-7）～式（16-13）可以计算热焓，热焓值如表 16-4 所示。铝的焓随温度变化曲线图如图 16-26 所示。

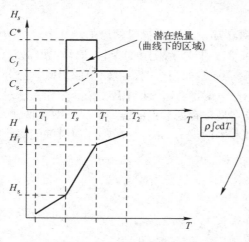

图 16-25 焓值计算示意图

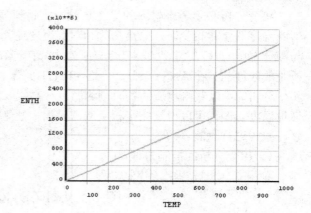

图 16-26 铝的焓随温度变化曲线图

表 16-3 铝的材料性能参数表

材料物理性能	数 值
熔点	696 ℃
密度（ρ）	2 707 kg/m³
固体时的比热（C_s）	896 J/（kg·℃）
液体时的比热（C_l）	1 050 J/（kg·℃）
单位质量的潜热（L）	3 956 440 J/kg
单位体积的潜热（$L \times \rho$）	1.070 4e9 J/m³

表 16-4 铝的各温度下的焓值

温度/℃	焓值/（J/m³）
0	0
695	1.685 7e9
697	2.761 4e9
1 000	3.622 6e9

16.5 实例——两铸钢板在不同介质中焊接过程对比

16.5.1 问题描述

两铸钢板在不同介质中焊接过程对比，焊缝及两钢板几何模型如图 16-27 所示。焊缝及两钢板的材料为钢，其热物理性能如表 16-5 所示。初始条件：焊接件的温度为 70°F，焊缝的温度为 3000°F；对流边界条件：气体中对流系数为 0.000 05 Btu/（s·in²·°F），液体中对流系数为 0.002 Btu/（s·in²·°F），气体和液体的初始温度为 70°F。本例对比整个焊接过程零件的温度分布。

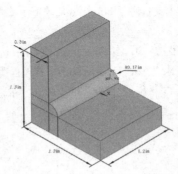

图 16-27 焊接零件的几何模型

表 16-5 铸钢的热物理性能表

材料参数	单位制	0°F	2643°F	2750°F	2875°F	3000°F
导热率	Btu/（s·in·°F）			0.5e-3		
密度	lb/in³			0.2833		
比热容（C）	Btu/（lb·m·°F）			0.2		
焓	Btu/in³	0	128.1	163.8	174.2	184.6

16.5.2 问题分析

本例采用三维 8 节点热分析 SOLID70 单元，对两个焊缝连续凝固的过程进行分析。本分析分 3 步进行，首先进行稳态分析，得到温度的初始条件；然后进行瞬态分析，分析焊缝的液固相变的转换过程；最后进行瞬态分析，分析焊缝的凝固过程。本例分析时，采用英制单位。

16.5.3 前处理

01 定义分析文件名

选择 Utility Menu > File > Change Jobname，在弹出的对话框中输入 "plate-welding1"，单击 "OK" 按钮。

02 定义单元类型

选择 Main Menu > Preprocessor > Element Type > Add/Edit/Delete，在弹出的 "Element

Types"对话框中单击"Add"按钮,在弹出的对话框中依次选择"Thermal Solid"和"Brick 8 node 70",即 8 节点三维六面体单元,单击"OK"按钮,单击单元增添对话框中的"Close"按钮,关闭单元增添对话框。

03 定义焊缝及钢板的材料属性

❶ 定义焊缝的材料属性。

(1)定义密度:选择 Main Menu > Preprocessor > Material Props > Material Models,在弹出的对话框中,默认材料编号 1,单击对话框右侧的"Thermal",单击"Density",在该对话框中相应文本框输入"0.2833",单击"OK"按钮。

(2)定义热传导系数:单击对话框右侧的 Thermal > Conductivity > Isotropic,在弹出的对话框中输入导热率 KXX 为"0.5e-3",单击"OK"按钮。

(3)定义比热容:单击对话框右侧的 Thermal > Specific Heat,在弹出的对话框中输入比热容为 0.2,单击"OK"按钮。

(4)定义与温度相关的焓参数:单击对话框右侧的 Thermal > Enthalpy,在弹出的如图 16-28 所示的对话框左下角单击"Add Temperature"按钮,增加温度到"T5",按照图 16-28 所示输入材料参数,单击对话框右下角的"Graph"按钮,水焓随温度变化曲线如图 16-29 所示,单击"OK"按钮。完成以上操作后关闭材料属性定义对话框。

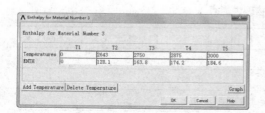

图 16-28 输入材料焓参数

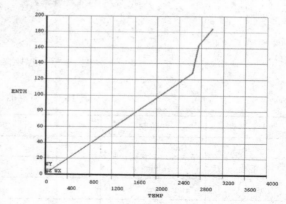

图 16-29 材料焓参数温度变化曲线

❷ 定义两钢板的材料属性。

(1)定义密度:单击材料属性对话框中的 Material > New Model,在弹出的对话框中单击"OK"按钮。选中材料 2,单击对话框右侧的"Thermal",单击"Density",在对话框中输入"0.2833",单击"OK"按钮。

(2)定义热传导系数:单击对话框右侧的 Thermal > Conductivity > Isotropic,在弹出的对话框中输入导热率"KXX"为 0.5e-3,单击"OK"按钮。

(3)定义比热容:单击对话框右侧的 Thermal > Specific Heat,在弹出的对话框中输入比热容为 0.2,单击"OK"按钮。

04 建立几何模型

❶ 选择 Main Menu>Preprocessor>Modeling>Create>Volumes>Block>By Dimensions,在弹出的对话框中,在"X1,X2 X-coordinates"文本框中输入"0"和"1",在"Y1,Y2

Y-coordinates"文本框中输入"0"和"-0.3",在"Z1,Z2 Z-coordinates"文本框中输入"0"和"1.2",单击"Apply"按钮,如图16-30所示。

❷ 按照上步再次输入"-0.3、0、-0.3、1、0、1.2,单击"OK"按钮。

❸ 选择 Main Menu > Preprocessor > Modeling > Create > Volumes > Cylinder > By Dimensions,在弹出的对话框中,在"RAD1 Outer radius"文本框中输入"0.15",在"RAD2 Optional inner radius"文本框中输入"0",在"Z1,Z2 Z-coordinates"文本框中输入"0"和"1.2",在"THETA1 Starting angle(degrees)"文本框中输入"0",在"THETA2 Ending angle(degrees)"文本框中输入"90",单击"OK"按钮,如图16-31所示。

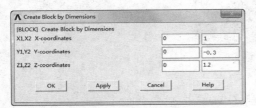 

图 16-30 建立长方体   图 16-31 建立圆柱体

05 布尔操作

选择 Main Menu > Preprocessor > Modeling > Operate > Booleans > Glue > Volumes,在弹出的对话框中,单击"Pick All"按钮。

06 设置单元密度

选择 Main Menu > Preprocessor > Meshing > Size Cntrls > ManualSize > Global > Size,在弹出的对话框中,在"element edge length"文本框中输入"0.05",单击"OK"按钮。

07 设置焊接件属性

❶ 设置焊缝属性:选择 Main Menu > Preprocessor > Meshing > Mesh Attributes > Picked Volumes,输入"4"后按〈Enter〉键,在弹出的对话框的"MAT Material number"下拉列表框中选择1",在"TYPE Element type number"下拉列表框中选择"1 SOLID70"如图16-32所示,单击"OK"按钮。

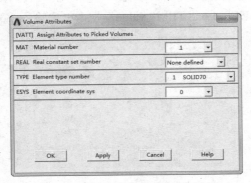

图 16-32 设置焊接件属性

❷ 设置两钢板属性:选择 Main Menu > Preprocessor > Meshing > Mesh Attributes > Picked Volumes,输入"5"后按〈Enter〉键,再输入"6"后按〈Enter〉键,在弹出的对话框的"MAT Material number"下拉列表框中选择2,在"TYPE Element type number"下拉列表框中选择

"1 SOLID70"，单击"OK"按钮。

08 划分单元

选择 Utility Menu > Select > Everything，然后选择 Main Menu > Preprocessor > Meshing > Mesh > Volume Sweep > Sweep，单击"Pick All"按钮，有限元模型如图 16-33 所示。

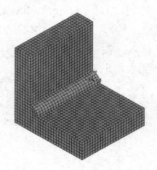

图 16-33 有限元模型

09 温度偏移量设置

选择 Main Menu > Solution > Analysis Type > Analysis Options，在弹出对话框的"TOFFST"中输入 460。

16.5.4 施加载荷及求解

01 进行稳态求解，得到温度的初始条件（分析时间：1s）

❶ 施加初始温度。

（1）对焊缝施加初始温度：选择 Utility Menu > Select > Entities，在弹出的对话框中，依次选择"Elements""By Attributes""Material num"，在"Min, Max, Inc"文本框中输入"1"，单击"Apply"按钮；再依次选择"Nodes""Attached to""Elements""From Full"，单击"OK"按钮。

选择 Main Menu > Solution > Define Loads > Apply > Thermal > Temperature > On Nodes，单击"Pick All"按钮，弹出如图 16-34 所示的对话框，在"Lab DOFs tobe constrained"中选择"TEMP"，在"VALUE Load TEMP value"文本框中输入"3000"，单击"OK"按钮。

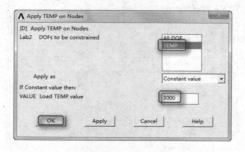

图 16-34 温度约束条件施加对话框

（2）对两钢板施加初始温度：选择 Utility Menu > Select Entities，在弹出的对话框中，依次选择"Nodes""By Num/Pick""From Full""单击 Invert"。

选择 Main Menu > Solution > Define Loads > Apply > Thermal > Temperature > On Nodes，

单击"Pick All"按钮,在弹出的对话框中,在"Lab"中选择"TEMP",在"VALUE"文本框中输入"70",单击"OK"按钮。

❷ 设置求解选项。

(1) 选择 Main Menu > Solution > Analysis Type > New Analysis,在弹出的对话框中,选择"Transient",单击"OK"按钮,在弹出的对话框,接受默认设置,单击"OK"按钮。

(2) 选择 Main Menu > Solution > Load Step Opts > Time/Frequenc > Time Integration > Newmark Parameters,在弹出的对话框中,将"TIMINT"设置为"OFF",然后单击"OK"按钮,即定义为稳态分析。

(3) 选择 Main Menu > Solution > Load Step Opts > Time/Frequenc > Time-Time Step,设定"TIME"为 1,单击"OK"按钮。

❸ 保存。选择 Utility Menu > Select > Everything,单击工具条中的"SAVE_DB"按钮。

❹ 求解。选择 Main Menu > Solution > Solve > Current LS,进行计算。

02 进行瞬态求解,分析焊缝液固相变过程(分析时间:1~100s)

❶ 删除温度载荷。选择 Main Menu>Solution>Define Loads>Delete>Thermal> Temperature > On Nodes,单击"Pick All"按钮,在弹出的对话框中,在"Lab DOFs tobe deleted"下拉列表框中选择"TEMP",单击"OK"按钮,如图 16-35 所示。

图 16-35 删除约束条件

❷ 施加对流换热载荷。选择 Utility Menu > Select > Entities,在弹出的对话框中,在第一个下拉列表框中选择"Areas",在第二个下拉列表框中选择"Exterior",单击"From Full"单选按钮,单击"Apply"按钮,如图 16-36a 所示,然后在第一个下拉列表框中选择"Areas",在第二个下拉列表框中选择"By Location",单击"Y coordinates"单选按钮,在"Min, Max"文本框中输入"0",单击"Unselect"单选按钮,单击"OK"按钮,如图 16-36b 所示。

a)   b)

图 16-36 选择对流载荷面

选择 Main Menu > Solution > Define Loads > Apply > Thermal > Convection > On Areas，单击"Pick All"按钮，在弹出的对话框中，在"VAL1 Film coefficient"文本框中输入"5e-5"，在"VAL2I Bulk temperature"文本框中输入"70"，单击"OK"按钮，如图 16-37 所示。

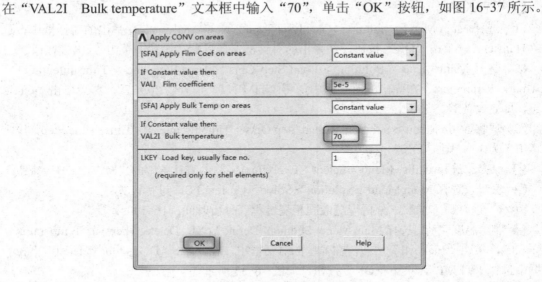

图 16-37 施加对流载荷

❸ 瞬态求解设置。选择 Main Menu > Solution > Load Step Opts > Time/Frequenc > Time Integration > Newmark Parameters，在弹出的对话框中，将"TIMINT"设置为"ON"，单击"OK"按钮，即定义为瞬态分析。

选择 Main Menu > Solution > Load Step Opts > Time/Frequenc > Time-Time Step，设定"TIME"为 100，设定"DELTIM"为 1，在"KBC"中选择"Stepped"，在"Minimum time step size"中设置为 0.5，在"Maximum time step size"中设置为 10，将"AUTOTS"设置为"ON"，单击"OK"按钮。

❹ 输出控制对话框。选择 Main Menu > Analysis Type > Sol'n Controls，在弹出的对话框中，在"Frequency"中选择"Write every substep"，单击"OK"按钮。

❺ 保存。选择 Utility Menu > Select > Everything，单击工具条中的"SAVE_DB"按钮。

❻ 求解。选择 Main Menu > Solution > Solve > Current LS，进行计算。

03 进行瞬态求解分析焊缝凝固过程（分析时间：100s~1000s）

❶ 瞬态求解设置。选择 Main Menu > Solution > Load Step Opts > Time/Frequenc > Time-Time Step，设定"TIME"为 1000，设定"DELTIM"为 50，在"Minimum time step size"中设置为 10，在"Maximum time step size"中设置为 100，单击"OK"按钮。

❷ 求解。选择 Main Menu > Solution > Solve > Current LS，进行计算。

16.5.5 后处理

01 显示 1s 和 2s 后温度场分布云图

❶ 选择 Utility Menu > PlotCtrls > Window Controls > Window Options，在弹出的对话框中，在"INF0"中选择"Legend ON"，单击"OK"按钮。

第16章 热辐射和相变分析

❷ 选择 Main Menu > General Postproc > Read Results > By Pick，弹出如图 16-38 所示的对话框，选择第 1 个载荷步的分析结果后，单击"Read"按钮，然后单击"Close"按钮，关闭该对话框。

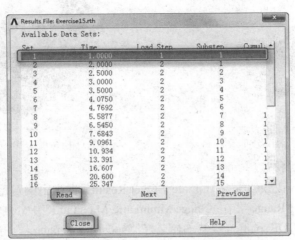

图 16-38 结果读取对话框

❸ 选择 Main Menu > General Postproc > Plot Results > Contour Plot > Nodal Solu，在弹出的对话框中，依次选择"DOF solution"和"Nodal Temperature"，单击"OK"按钮。第一载荷步温度分布云图如图 16-39 所示。与前面读取结果的方法相同，读取第 2 步（时间为 2s）的分析结果，相应温度分布云图如图 16-40 所示。

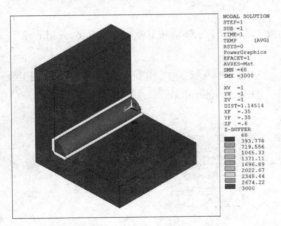

图 16-39 1s 后温度分布云图

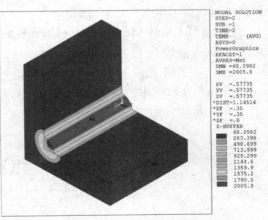

图 16-40 2s 后温度分布云图

02 显示 100s 后温度场分布云图

与前面读取结果和显示结果的方法相同，读取第 25 步（时间为 100s）的分析结果，相应温度分布云图如图 16-41 所示。

03 显示 1000s 后温度场分布云图

与前面读取结果和显示结果的方法相同，读取第 35 步（时间为 1000s）的分析结果，相应温度分布云图如图 16-42 所示。

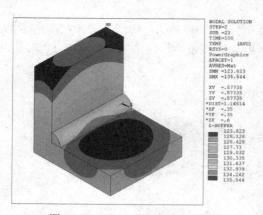
图 16-41 100s 后温度分布云图

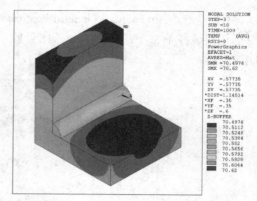
图 16-42 1000s 后温度分布云图

04 生成零件焊接过程动画

选择 Utility Menu > PlotCtrls > Animate > Over Results，在弹出的对话框中，在"Model result data"中选择"Load Step Range"，在"Range Minimum、Maximum"中分别输入 1、6，在"Display Type"中的左侧选中"DOF solution"，在右侧选择"Nodal Temperature"，将"Auto contour scaling"设置为"ON"，单击"OK"按钮。在放映的过程中，选择 Utility Menu > PlotCtrls > Animate > Save Animation，可存储动画，当观看完结果时，可单击对话框中的"Close"按钮，结束动画放映。

05 保存 ANSYS

单击工具条中的"SAVE_DB"按钮，保存之前的分析结果。

06 采用液体介质方式进行分析

❶ 选择 Utility Menu > File > Clear & Start New，在弹出的对话框中选择"Read file"，在弹出的对话框中单击"Yes"按钮。

❷ 选择 Utility Menu > File > Change Jobname，在弹出的对话框中输入"plate welding2"，单击"OK"按钮。

采用与之前类似的操作，只是在进行施加对流换热载荷设置时，在"VALI Film coefficient"文本框中输入"0.002"，在"VAL2I Bulk temperature"文本框中输入"70"，单击"OK"按钮，如图 16-43 所示。

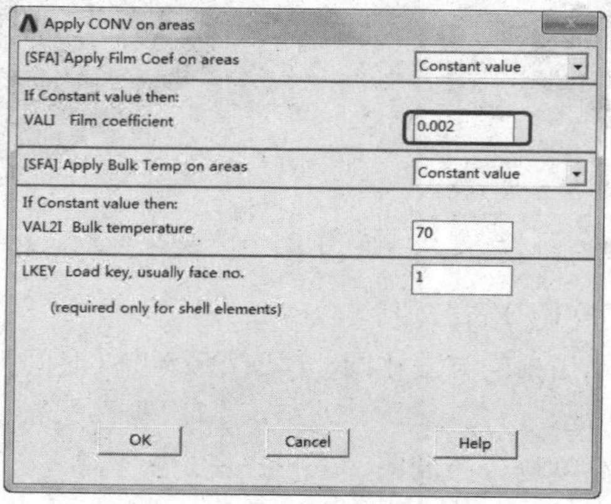

图 16-43 施加对流载荷

07 后处理

❶ 显示 1s 和 2s 后温度场分布云图。

（1）选择 Main Menu > General Postproc > Read Results > By Pick，在弹出的对话框中，选择第 1 个载荷步的分析结果后，单击"Read"按钮，单击"Close"按钮，关闭该对话框。

（2）选择 Main Menu > General Postproc > Plot Results > Contour Plot > Nodal Solu，在弹出的对话框中，依次选择"DOF solution"和"Nodal Temperature"，单击"OK"按钮。第一载荷步温度分布云图如图 16-44 所示。与前面读取结果的方法相同，读取第 2 步（时间为 2s）的分析结果，相应温度分布云图如图 16-45 所示。

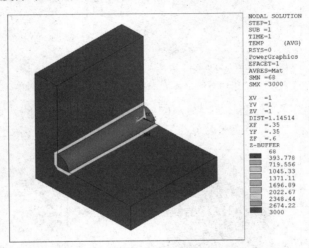

图 16-44　1s 后温度分布云图

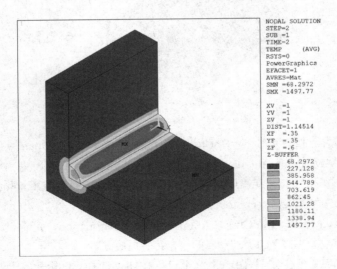

图 16-45　2s 后温度分布云图

❷ 显示 50s 左右温度场分布云图。与前面读取结果和显示结果的方法相同，读取第 21 步（时间为 47.843s）的分析结果，相应温度分布云图如图 16-46 所示。查看温度相差已不到 1°F。

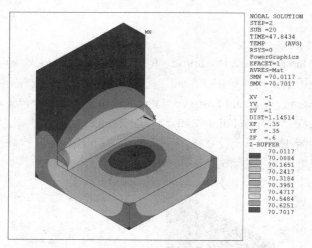

图 16-46　50s 左右温度场分布云图

❸ 显示 100s 后温度场分布云图。与前面读取结果和显示结果的方法相同，读取第 25 步（时间为 100s）的分析结果，相应温度分布云图如图 16-47 所示，显示已经完全散热。

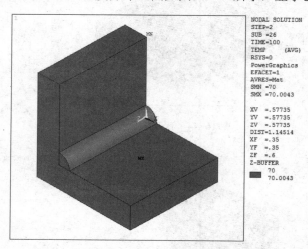

图 16-47　100s 后温度分布云图

❹ 生成零件焊接过程动画。选择 Utility Menu > PlotCtrls > Animate > Over Results，在弹出的对话框中，在"Model result data"中选择"Load Step Range"，在"Range Minimum、Maximum"中分别输入 1、6，在"Display Type"中的左侧选中"DOF solution"，在右侧选择"Nodal Temperature"，将"Auto contour scaling"设置为"ON"，单击"OK"按钮。在放映的过程中，选择 Utility Menu > PlotCtrls > Animate > Save Animation，可存储动画，当观看完结果时，可单击该对话框中的"Close"按钮，结束动画放映。

❺ 退出 ANSYS。单击工具条中的"QUIT"按钮，选择"Quit-No Save!"单选按钮，单击"OK"按钮，退出 ANSYS。

16.5.6　命令流执行方式

命令流执行方式这里不再详细介绍，读者可参见云盘资料中的电子文档。

第4篇

电磁分析篇

- ☑ 第17章　电磁场分析
- ☑ 第18章　磁场分析
- ☑ 第19章　电场分析

第 17 章

电磁场分析

本章将首先对电磁场的基本理论进行简单介绍，然后介绍 ANSYS 电磁场分析的对象和方法，最后介绍在后续章节中经常用到的电磁宏和远场单元内容。

- ☑ 电磁场分析概述
- ☑ 远场单元及其使用

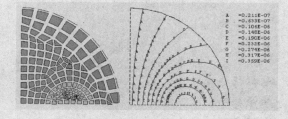

第17章 电磁场分析

17.1 电磁场分析概述

17.1.1 电磁场中常见边界条件

在电磁场问题实际求解过程中,有各种各样的边界条件,但归纳起来可概括为 3 种,即狄利克雷(Dirichlet)边界条件、诺依曼(Neumann)边界条件,以及它们的组合。

狄利克雷边界条件表示为:

$$\phi|_\Gamma = g(\Gamma) \tag{17-1}$$

式(17-1)中,Γ 为狄利克雷边界;$g(\Gamma)$ 是位置的函数,可以为常数和 0,当为 0 时,称此狄利克雷边界为奇次边界条件,如平行板电容器的一个极板电势可假定为 0,而另外一个假定为常数,为 0 的边界条件即为奇次边界条件。

诺依曼边界条件可表示为:

$$\frac{\delta\phi}{\delta n}|_\Gamma + f(\Gamma)\ \phi|_\Gamma = h(\Gamma) \tag{17-2}$$

式(17-2)中,Γ 为诺依曼边界;n 为边界 Γ 的外法线矢量;$f(\Gamma)$ 和 $h(\Gamma)$ 为一般函数(可为常数和 0),当为 0 时,为奇次诺依曼条件。

实际上,在电磁场微分方程的求解中,只有在边界条件和初始条件的限制时,电磁场才有确定解。鉴于此,我们通常称求解此类问题为边值问题和初值问题。

17.1.2 ANSYS 电磁场分析对象

ANSYS 以麦克斯韦方程组作为电磁场分析的出发点。有限元方法计算未知量(自由度)主要是磁位或通量,其他关心的物理量可以由这些自由度导出。根据所选择的单元类型和单元选项的不同,ANSYS 计算的自由度可以是标量磁位、矢量磁位或边界通量。

ANSYS 利用 ANSYS/Emag 或 ANSYS/Multiphysics 模块中的电磁场分析类型,如图 17-1 所示,可分析计算下列设备中的电磁场:

电力发电机	磁带及磁盘驱动器	变压器
波导	螺线管传动器	谐振腔
电动机	连接器	磁成像系统
天线辐射	图像显示设备传感器	滤波器
回旋加速器		

在一般电磁场分析中,关心的典型的物理量为:

磁通密度	能量损耗	磁场强度
磁漏	磁力及磁矩	s-参数
阻抗	品质因子 Q	电感
回波损耗	涡流	本征频率

利用 ANSYS 可完成下列电磁场分析。

☑ 二维静态磁场分析,分析直流电(DC)或永磁体所产生的磁场。

☑ 二维谐波磁场分析,分析低频交流电流(AC)或交流电压所产生的磁场。

☑ 二维瞬态磁场分析，分析随时间任意变化的电流或外场所产生的磁场，包含永磁体的效应。
☑ 三维静态磁场分析，分析直流电或永磁体所产生的磁场。
☑ 三维谐波磁场分析，分析低频交流电所产生的磁场。
☑ 三维瞬态磁场分析，分析随时间任意变化的电流或外场所产生的磁场。

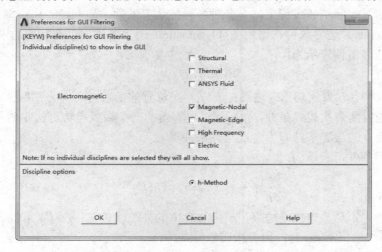

图 17-1 电磁场分析类型

17.1.3　电磁场单元简介

ANSYS 提供了很多可用于模拟电磁现象的单元，如表 17-1 所示。

表 17-1 电磁场单元

单元	维数	单元类型	节点数	形状	自由度和其他特征
PLANE53	2-D	磁实体矢量	8	四边形	AZ；AZ-VOLT；AZ-CURR；AZ-CURR-EMF
SOURC36	3-D	电流源	3	无	无自由度，线圈、杆、弧形基元
SOLID96	3-D	磁实体标量	8	砖形	MAG（简化、差分、通用标势）
SOLID97	3-D	磁实体矢量	8	砖形	AX、AY、AZ、VOLT；AX、AY、AZ、CURR；AX、AY、AZ、CURR、EMF；AX、AY、AZ、CURR、VOLT；支持速度效应和电路耦合
INTER115	3-D	界面	4	四边形	AX、AY、AZ、MAG
SOLID117	3-D	低频棱边单元	20	砖形	AZ（棱边）；AZ（棱边）-VOLT
HF119	3-D	高频棱边单元	10	四面体	AX（棱边）
HF120	3-D	高频棱边单元	20	砖形	AX（棱边）
CIRCU124	18-D	电路	8	线段	VOLT、CURR、EMF；电阻、电容、电感、电流源、电压源、3D大线圈、互感、控制源
PLANE121	2-D	静电实体	8	四边形	VOLT
SOLID122	3-D	静电实体	20	砖形	VOLT
SOLID123	3-D	静电实体	10	四面体	VOLT

(续)

单元	维数	单元类型	节点数	形状	自由度和其他特征
SOLID127	3-D	静电实体	10	四面体	VOLT
SOLID128	3-D	静电实体	20	砖形	VOLT
INFIN9	2-D	无限边界	2	线段	AZ-TEMP
INFIN110	2-D	无限实体	8	四边形	AZ、VOLT、TEMP
INFIN47	3-D	无限边界	4	四边形	MAG、TEMP
INFIN111	3-D	无限实体	20	砖形	MAG、AX、AY、AZ、VOLT、TEMP
PLANE67	2-D	热电实体	4	四边形	TEMP-VOLT
LINK68	3-D	热电杆	2	线段	TEMP-VOLT
SOLID69	3-D	热电实体	8	砖形	TEMP-VOLT
SHELL157	3-D	热电壳	4	四边形	TEMP-VOLT
PLANE13	2-D	耦合实体	4	四边形	UX、UY、TEMP、AZ；UX-UY-VOLT
SOLID5	3-D	耦合实体	8	砖形	UX-UY-UZ-TEMP-VOLT-MAG；TEMP-VOLT-MAG；UX-UY-UZ；TEMP、VOLT/MAG
SOLID62	3-D	磁结构	8	砖形	UX-UY-UZ-AX-AY-AZ-VOLT
SOLID98	3-D	耦合实体	10	四面体	UX-UY-UZ-TEMP-VOLT-MAG；TEMP-VOLT-MAG；UX-UY-UZ；TEMP、VOLT/MAG

17.1.4 电磁宏

电磁宏是 ANSYS 宏命令，其功能是帮助用户方便地建立分析模型、求解及获取想要观察的分析结果。表 17-2 列出了 ANSYS 提供的电磁宏命令和功能，可用于电磁场分析。

表 17-2 电磁宏命令和功能

电磁宏	功能
CMATRIX	计算导体间自有和共有电容系
CURR2D	计算二维导电体内电流
EMAGERR	计算在静电或电磁场分析中的相对误差
EMF	沿预定路径计算电动力（emf）或电压降
FLUXV	计算通过闭合回路的通量
FMAGBC	对一个单元组件加力边界条件
FMAGSUM	对单元组件进行电磁力求和计算
FOR2D	计算一个体上的磁力
HFSWEEP	在一个频率范围内对高频电磁波导进行谐响应分析，并进行相应的后处理计算
HMAGSOLV	定义2-D谐波电磁求解选项并进行谐波求解
IMPD	计算同轴电磁设备在一个特定参考面上的阻抗
LMATRIX	计算任意一组导体间的电感矩阵
MAGSOLV	对静态分析定义磁分析选项并开始求解
MMF	沿一条路径计算磁动力

（续）

电磁宏	功　能
PERBC2D	对2-D平面分析施加周期性约束
PLF2D	生成等势的等值线图
PMGTRAN	对瞬态分析的电磁结果求和
POWERH	在导体内计算均方根（RMS）能量损失
QFACT	根据高频模态分析结果，计算高频电磁谐振器件的品质因子
RACE	定义一个"跑道形"电流源
REFLCOEF	计算同轴电磁设备的电压反射系数、驻波比和回波损失
SENERGY	计算单元中存储的磁能或共能
SPARM	计算同轴波导或TE10模式矩形波导两个端口间的反射参数
TORQ2D	计算在磁场中物体上的力矩
TORQSUM	对2-D平面问题中单元部件上的Maxwell力矩和虚功力矩求和

17.2　远场单元及其使用

使用远场单元可使我们在模型的外边界不用强加边界条件而说明磁场、静电场和热场的远场耗散的问题。如图 17-2 所示为 1/4 对称的二维偶极子有限元模型，不使用远场单元的磁力线分布图。如果不用远场单元，就必须使模型扩展到假定的无限位置，然后说明磁力线平行或磁力线垂直边界条件。如果使用远场单元（INFIN9），只需为一部分空气建模，从而有效、精确、灵活地描述远场耗散问题。如图 17-3 所示为使用远场单元（INFIN9）的磁力线分布图。

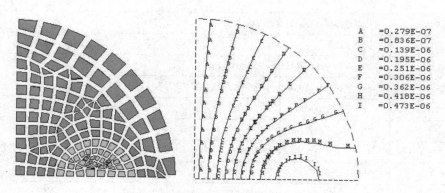

图 17-2　不使用远场单元的磁力线分布图

到底应该为多少空气建模？这要依赖于所处理的问题。如果问题中的磁力线相对较闭合（很少漏磁），则只需为一小部分空气建模；而对于磁力线相对较开放的问题，就需要为较大部分空气建模。

第17章 电磁场分析

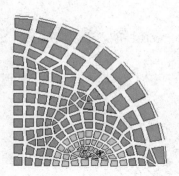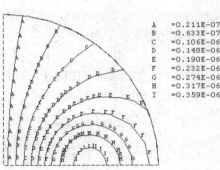

图 17-3　使用远场单元的磁力线分布图

17.2.1 远场单元

ANSYS 一共提供了 4 个远场单元，如表 17-3 所示。

表 17-3　远场单元

INFIN9	二维2节点无限远线单元，仅在平面分析中与PLANE13、PLANE53（磁场单元）或PLANE55、PLANE35和PLANE77（热单元）一起使用
INFIN110	一维4节点或8节点无限远四边形单元，仅在平面和轴对称分析中与PLANE13、PLANE53（磁场单元）或PLANE55、PLANE35和PLANE77（热单元）一起使用
INFIN47	二维4节点无限远面单元，与SOLID5、SOLID62、SOLID96和SOLID98（磁场单元）或SOLID70（热场单元）一起使用
INFIN111	三维8节点或20节点无限远六面体单元，与SOLID5、SOLID62、SOLID96和SOLID97（磁场单元）或SOLID70、SOLID90、SOLID87（热场单元）或SOLID122（静电场）一起使用

其中，在热分析中，INFIN110 单元和 INFIN111 单元可以在离瞬态热源一定距离处正确地模拟热传导效应。

17.2.2 使用远场单元的注意事项

（1）INFIN9 单元和 INFIN47 单元的放置应以全局坐标原点为中心，通常，在有限元边界上的圆弧形远场单元会得到最佳结果。

（2）使用 INFIN110 单元和 INFIN111 单元为远场效应建模时具有更大的灵活性。

（3）INFIN110 单元和 INFIN111 单元的"极向"（Pole）应与扰动（如载荷）中心一致。有时可能会有多个"极向"，有时可能不落在坐标原点，这时单元极向应与最近的扰动一致，或与所有扰动的近似中心一致。与 INFIN9 和 INFIN47 单元相比，INFIN110 和 INFIN111 单元不需以全局坐标圆心为中心。

（4）当使用 INFIN110 和 INFIN111 单元时，必须给它们的外表面加无限表面（INF）标志，用 SF 族命令或其相应的 GUI 路径。

（5）通过拉伸（Extrude/Sweep）出一个划有网格的体，可以很容易地生成一层 INFIN111 远场单元。

命令：VEXT。

GUI：Main Menu > Preprocessor > Modeling > Operate > Extrude > Areas > By XYZ Offset。

（6）INFIN110 和 INFIN111 单元通常在无限方向上长得多，可能会引起斜向网格。在进行后处理等值线图结果显示时,可以不显示这些单元。

(7) 为了发挥 INFIN110 单元和 INFIN111 单元的最佳性能,必须满足下列条件中的一个或两个。

① 当有限元(FE)区和无限元(IFE)区的边界如图 17-4 所示呈光滑曲线时,INFIN110 单元和 INFIN111 单元的性能最好。

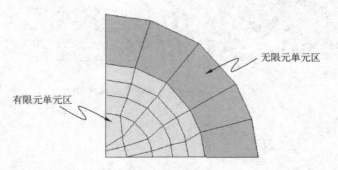

图 17-4 有限元单元区和无限元单元区交界面的理想形状

当有限元(FE)区和无限元(IFE)区的边界不是光滑曲线时,应像图 17-5 所示划分无限元,从有限元拐角向无限元"辐射"出去,每个无限单元只能有一个边可以"暴露"在外部区域中。

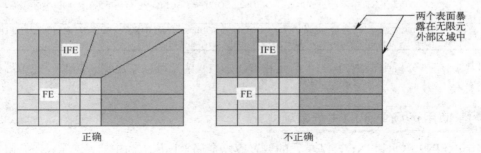

图 17-5 有限元区和无限元区的边界不光滑

此外,还要避免无限单元的两条边出现从有限元(FE)区向无限元(IEF)区汇集的情况,如图 17-6 所示。

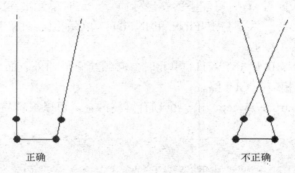

图 17-6 二维结构无限元的正确和错误例子

② 改变 INFIN110 单元和 INFIN111 单元性能的另一种方法是有限元（FE）区和无限元（IFE）区的相对尺寸应当近似相等，如图 17-7 所示。

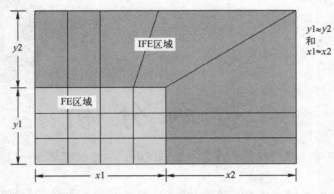

图 17-7　有限元和无限元区域的相对尺寸

第 18 章

磁 场 分 析

静磁分析不考虑随时间变化效应,如涡流等。它可以模拟各种饱和、非饱和的磁性材料和永磁体。

在分析中,应先考虑使用哪种方法。如果静态分析为二维,则必须采用矢量位方法。对于三维静态分析,可选其中标量位方法、矢量位方法或者棱边单元方法。

- ☑ 实例——载流导体的电磁力分析
- ☑ 实例——三维螺线管静态磁

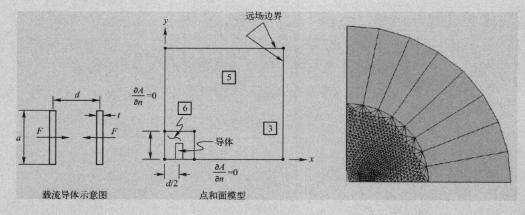

第18章 磁场分析

18.1 实例——载流导体的电磁力分析

本实例为一个二维载流导体的电磁力分析（GUI方式和命令流方式）。

18.1.1 问题描述

如图 18-1 所示，两个矩形导体在各自厚度方向中心线之间的距离是 d，携带等量的电流 I 后，求两个导体之间的相互作用力 F。理论值：$F = -9.684 \times 10^{-3}$ N/m。ANSYS 用 3 种方法计算出力 F，并且和理论值进行比较。

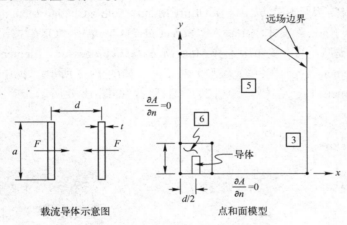

图 18-1 二维载流导体的电磁场分析

模型的参数、材料特性及载荷大小列在表 18-1 中。

表 18-1 相关参数说明

材料特性	模型参数	载荷
$\mu_r = 1$ $\mu_o = 4\pi \times 10^{-7}$ H/m	$d = 0.010$ m $a = 0.012$ m $t = 0.002$ m	$I = 24$ A

由于所要分析的磁场具有对称的特性，因此取其 1/4 对称模型进行分析。利用远场单元来模拟无限远边界条件，先划分远场单元，然后划分面单元。

载流导体中所有单元的洛伦兹力可以在通用后处理器结果数据库中获得，还可通过定义感兴趣组件附近的空气单元为 MVDI 来计算虚功力，第 3 种获得磁力的方法是施加 MXWF 面来计算 Maxwell 力。

所施加的电流密度为：$I/at = 24$ A $/((12 \times 2) \times 10^{-6})$ m$^2 = 1 \times 10^6$ A/m^2。

18.1.2 创建物理环境

❶ 过滤图形界面：从主菜单中选择 Main Menu > Preferences，弹出"Preferences for GUI Filtering"对话框，选中"Magnetic-Nodal"来对后面的分析进行菜单及相应的图形界面过滤。

❷ 定义工作标题：从实用菜单中选择 Utility Menu > File > Change Title，在弹出的对话框的"[/TITLE] Enter new title"文本框中输入"Force Calculation on a Current Carrying Conductor"，单击"OK"按钮，如图 18-2 所示。

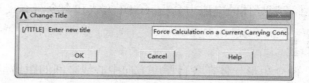

图 18-2 定义工作标题

❸ 指定工作名：从实用菜单中选择 Utility Menu > File > Change Jobname，弹出一个对话框，在"Enter new Name"文本框中输入"ForceCal_2D"，单击"OK"按钮。

❹ 定义单元类型：从主菜单中选择 Main Menu > Preprocessor > Element Type > Add/Edit/Delete，弹出"Element Types"（单元类型）对话框，如图 18-3 所示，单击"Add"按钮，弹出"Library of Element Types"（单元类型库）对话框，如图 18-4 所示。

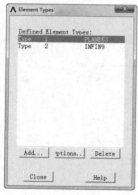

图 18-3 单元类型对话框

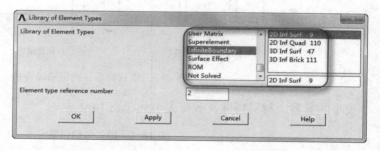

图 18-4 单元类型库对话框

在该对话框的"Library of Element Types"的左侧列表框中选择"Magnetic Vector"，在右侧的列表框中选择"Quad 8 Node 53"，单击"Apply"按钮，定义了"PLANE53"单元，再在该对话框的"Library of Element Types"的左侧列表框中选择"Infinite Boundary"，在右侧列表框中选择"2D Inf Surf 9"，单击"OK"按钮，定义了"INFIN9"远场单元。上述操作将得到如图 18-3 所示的结果。最后单击"Element Types"对话框中的"Close"按钮，关闭该对话框。

❺ 设置电磁单位制：从主菜单中选择 Main Menu>Preprocessor > Material Props > Electromag Units，弹出一个指定单位制的对话框，选"MKS"，单击"OK"按钮。

❻ 定义材料属性：从主菜单中选择 Main Menu > Preprocessor > Material Props > Material Models，弹出"Define Material Model Behavior"对话框，在右侧的列表框中依次单击 Electromagnetics > Relative Permeability > Constant 后，又弹出"Permeability for Material Number 1"对话框，如图 18-5 所示，在该对话框的"MURX"文本框中输入 1，单击"OK"按钮。

单击 Edit > Copy 后弹出"Copy Material Model"对话框，如图 18-6 所示，在"from Material number"下拉列表框中选择材料号为 1，在"to Material number"文本框中输入材料号为 2，单击"OK"按钮，这样就把 1 号材料的属性复制给了 2 号材料。

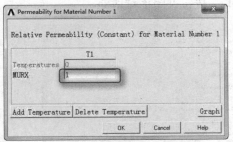

图 18-5　定义相对磁导率

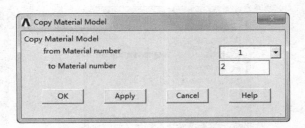

图 18-6　复制材料属性

单击 Material > Exit 命令结束，得到的结果如图 18-7 所示。

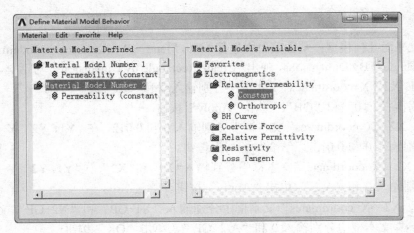

图 18-7　材料属性定义结果

❼ 查看材料列表：从实用菜单中选择 Utility Menu > List > Properties > All Materials，弹出"MPLIST Command"信息窗口，该信息窗口列出了所有已经定义的材料及其属性，确认无误后，单击信息窗口中的 File > Close 命令关闭，或者直接单击窗口右上角" "图标按钮关闭。

18.1.3　建立模型、赋予属性和划分网格

❶ 定义分析参数：从实用菜单中选择 Utility Menu > Parameters > Scalar Parameters，弹出"Scalar Parameters"对话框，如图 18-8 所示，在"Selection"文本框中输入"D=0.01"，单击"Accept"按钮。然后在"Selection"文本框中分别输入：

| A=0.012 | T=0.002 | OB=0.04 |
| X1=D/2−T/2 | X2=D/2+T/2 | GP=0.0002 |

单击"Accept"按钮确认，输入完后，单击"Close"按钮关闭"Scalar Parameters"对话框，其输入参数的结果如图 18-8 所示。

❷ 打开面积区域编号显示：从实用菜单中选择 Utility Menu > PlotCtrls > Numbering，弹出"Plot Numbering Controls"对话框，如图 18-9 所示，选中"AREA Area numbers"后的复选框，后面的文字由"Off"变为"On"，单击"OK"按钮关闭该对话框。

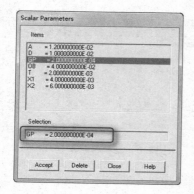
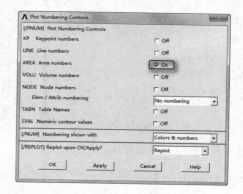

图 18-8 输入参数　　　　　　　　　　图 18-9 显示面积编号

❸ 建立平面几何模型：从主菜单中选择 Main Menu > Preprocessor > Modeling > Create > Areas > Rectangle > By Dimensions，弹出"Create Rectangle by Dimensions"对话框，如图 18-10 所示，在"X1, X2 X-coordinates"文本框中分别输入 0 和"OB"，在"Y1, Y2 Y-coordinates"文本框中分别输入"0"和"OB"，单击"Apply"按钮。

在"X1, X2 X-coordinates"文本框中分别输入 0 和 0.012，在"Y1, Y2 Y-coordinates"文本框中分别输入 0 和 0.012，单击"Apply"按钮。

在"X1, X2 X-coordinates"文本框中分别输入"X1"和"X2"，在"Y1, Y2 Y-coordinates"文本框中分别输入 0 和"A/2"，单击"Apply"按钮。

在"X1, X2 X-coordinates"文本框中分别输入"X1-GP"和"X2+GP"，在"Y1, Y2 Y-coordinates"文本框中分别输入 0 和"A/2+GP"，单击"OK"按钮。

布尔运算：从主菜单中选择 Main Menu > Preprocessor > Modeling > Operate > Booleans > Overlap > Areas，弹出"Overlap Areas"对话框，如图 18-11 所示，单击"Pick All"按钮，对所有的面进行叠分操作。

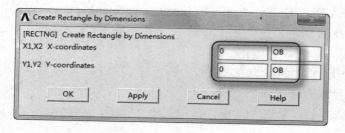

图 18-10 生成矩形　　　　　　　　　图 18-11 "Overlap Areas"对话框

第18章 磁场分析

重新显示:从实用菜单中选择 Utility Menu > Plot > Replot,最后得到载流导体的几何模型,如图 18-12 所示。

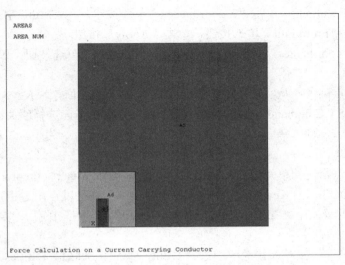

图 18-12 生成的载流导体几何模型

❹ 给面赋予属性:从主菜单中选择 Main Menu>Preprocessor>Meshing > Mesh Attributes > Picked Areas,弹出一个"Area Attributes"面拾取框,在图形界面上拾取编号为"A3"的面,或者直接在文本框中输入"3"并按〈Enter〉键,单击"OK"按钮,又弹出一个如图 18-13 所示的"Area Attributes"对话框,在"MAT Material number"下拉列表框中选取 2,给载流导体输入材料属性,然后单击"OK"按钮。

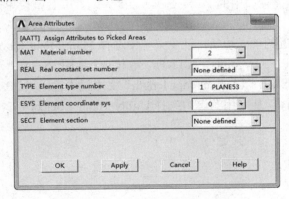

图 18-13 "Area Attributes"对话框

剩下的面默认被赋予了 1 号材料属性。

❺ 保存数据结果:单击工具条中的"SAVE_DB"按钮。

❻ 保存几何模型文件:从实用菜单中选择 Utility Menu > File > Save as,弹出一个"Save Database"对话框,在"Save Database to"文本框中输入文件名"ForceCal_2D_geom.db",单击"OK"按钮。

❼ 选择所有的实体:从实用菜单中选择 Utility Menu > Select > Everything。

❽ 选择关键点：从实用菜单中选择 Utility Menu > Select > Entities，弹出一个 "Select Entities" 对话框，如图 18-14 所示，在第一个下拉列表框中选取 "Keypoints"，在第二个下拉列表框中选择 "By Location"，单击 "X coordinates" 单选按钮，在 "Min, Max" 文本框中输入 "0，0.012"，单击 "From Full" 单选按钮，单击 "Apply" 按钮。

然后单击 "Y coordinates" 单选按钮，再单击 "Reselect" 单选按钮，单击 "OK" 按钮退出实体选择对话框。

❾ 查看关键点列表：从实用菜单中选择 Utility Menu > List > Keypoint > Coordinates Only，弹出 "KLIST Command" 信息窗口，该信息窗口列出了已选择的关键点。关键点号为 1 及 "6-15"，确认无误后，单击该信息窗口中的 File > Close 命令关闭，或者直接单击窗口右上角 "×" 图标按钮关闭。

❿ 指定关键点附近的单元边长：从主菜单中选择 Main Menu > Preprocessor > Meshing > Size Cntrls > ManualSize > Keypoints > All KPs，弹出一个在关键点附近指定单元边长的对话框，如图 18-15 所示，在 "SIZE Element edge length" 文本框中输入 "A/8"，单击 "OK" 按钮。

⓫ 反向选择关键点：从实用菜单中选择 Utility Menu > Select > Entities，弹出一个 "Select Enti ties" 对话框，如图 18-14 所示，在第一个下拉列表框中选取 "Keypoints"，在第二个下拉列表框中选择 "By Num/Pick"，单击 "From Full" 单选按钮，再在下面的选取函数按钮区域单击 "Invert" 按钮，单击 "OK" 按钮后弹出一个选择关键点的拾取框，直接单击 "OK" 按钮。

⓬ 查看关键点列表：从实用菜单中选择 Utility Menu> List > Keypoint > Coordinates Only，弹出 "KLIST Command" 信息窗口，该信息窗口列出了已选择的关键点。关键点号为 "2-4"，确认无误后，单击该信息窗口中的 File > Close 命令关闭，或者直接单击窗口右上角的 "×" 图标按钮关闭。

⓭ 指定关键点附近的单元边长：从主菜单中选择 Main Menu > Preprocessor > Meshing > Size Cntrls > ManualSize > Keypoints > All KPs，弹出一个如图 18-15 所示在关键点附近指定单元边长的对话框，在 "SIZE Element edge length" 文本框中输入 "OB/5"，单击 "OK" 按钮。

⓮ 选择所有的实体：从实用菜单中选择 Utility Menu > Select > Everything。

图 18-14 选择实体

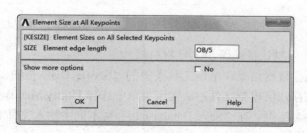

图 18-15 指定关键点附近单元边长

⑮ 选择远场边界线：从实用菜单中选择 Utility Menu > Select > Entities，弹出一个"Select Entities"对话框，如图 18-14 所示。在第一个下拉列表框中选取"Lines"，在第二个下拉列表框中选择"By Location"，单击"X coordinates"单选按钮，在"Min，Max"文本框中输入"X，0B"，单击"From Full"单选按钮，单击"Apply"按钮。

然后单击"Y coordinates"单选按钮，在"Min，Max"文本框中输入"Y，0B"，单击"Also Select"单选按钮，单击"OK"按钮退出实体选择对话框。

⑯ 指定网格划分单元的类型：从主菜单中选择 Main Menu > Preprocessor > Meshing > Mesh Attributes > Default Attribs，弹出一个指定网格划分单元类型对话框，如图 18-16 所示，在"[TYPE] Element type number"下拉列表框中选择"2 INFIN9"，单击"OK"按钮。

⑰ 远场边界线网格划分：从主菜单中选择 Main Menu > Preprocessor > Meshing > Mesh > Lines，弹出一个划分线单元拾取框，单击"Pick All"按钮，划分远场线单元。

⑱ 选择所有的实体：从实用菜单中选择 Utility Menu > Select > Everything。

⑲ 指定网格划分单元的类型：从主菜单中选择 Main Menu > Preprocessor > Meshing > Mesh Attributes > Default Attribs，弹出一个指定网格划分单元类型对话框，如图 18-16 所示，在"[TYPE] Element type number"下拉列表框中选择"1 PLANE53"，单击"OK"按钮。

⑳ 面网格划分：从主菜单中选择 Main Menu > Preprocessor > Meshing > MeshTool，弹出"MeshTool"（分网工具）对话框，如图 18-17 所示，在"Mesh"下拉列表框中选择"Areas"，在网格形状"Shape"单击"Quad"单选按钮，在其下的分网控制区域中单击"Free"单选按钮，单击"Mesh"按钮，弹出一个网格划分面拾取框，单击"Pick All"按钮，对面进行自由网格划分，网格形状是四边形。单击"MeshTool"对话框中的"Close"按钮，关闭分网工具对话框。生成的网格结果如图 18-18 所示。

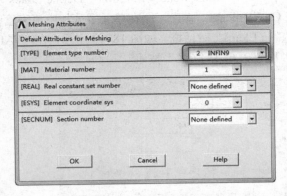

图 18-16 指定网格划分单元类型

图 18-17 分网工具

㉑ 保存网格数据：从实用菜单中选择 Utility Menu>File>Save as，弹出一个"Save Database"对话框，在"Save Database to"文本框中输入文件名"ForceCal_2D_mesh.db"，单击"OK"按钮。

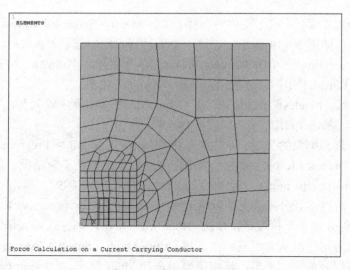

图 18-18 生成的有限元网格面

18.1.4 添加边界条件和载荷

❶ 选择求解类型：从主菜单中选择 Main Menu > Preprocessor > Loads > Analysis Type > New Analysis，弹出一个"New Analysis"对话框，在"Type of Analysis"下单击"Static"单选按钮，单击"OK"按钮。

❷ 选择导体上的所有单元：从实用菜单中选择 Utility Menu > Select > Entities，弹出一个"Select Entities"对话框，在第一个下拉列表框中选取"Elements"，在第二个下拉列表框中选择"By Attributes"，单击"Material num"单选按钮，在"Min, Max"文本框中输入 2，单击"OK"按钮。

❸ 给导体施加电流密度：从主菜单中选择 Main Menu > Solution > Define Loads > Apply > Magnetic > Excitation > Curr Density > On Elements，弹出一个在单元上施加电流密度拾取框，单击"Pick All"按钮，弹出"Apply JS on Elems"对话框，如图 18-19 所示，在"VAL3 Curr density value（JSZ）"文本框中输入"1E6"，单击"OK"按钮。

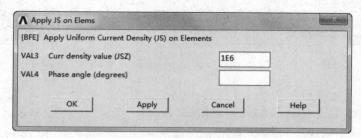

图 18-19 "Apply JS on Elems"对话框

❹ 选择导体单元上的节点：从实用菜单中选择 Utility Menu > Select > Entities，弹出一个"Select Entities"对话框，在第一个下拉列表框中选取"Nodes"，在第二个下拉列表框中选择"Attached to"，单击"Elements"单选按钮，单击"From Full"单选按钮，单击"OK"按钮。

第18章 磁场分析

❺ 给导体施加磁虚位移标志：从主菜单中选择 Main Menu > Solution > Define Loads > Apply > Magnetic > Other > Virtual Disp > On Nodes，弹出一个施加磁虚位移的节点拾取框，单击"Pick All"按钮，弹出"Apply MVDI on Nodes"对话框，如图 18-20 所示，在"VAL1 Virtual displacement value"文本框中输入"1"，单击"OK"按钮。

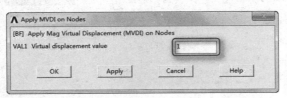

图 18-20 "Apply MVDI on Nodes"对话框

❻ 反向选择空气单元上的节点：从实用菜单中选择 Utility Menu > Select > Entities，弹出一个"Select Entities"对话框，在第一个下拉列表框中选取"Nodes"，第二个下拉列表框中选择"By Num/Pick"，单击"From Full"单选按钮，再单击"Invert"按钮，单击"OK"按钮弹出一个选择关键点的拾取框，直接单击"OK"按钮。

❼ 给空气施加磁虚位移标志：从主菜单中选择 Main Menu > Solution > Define Loads > Apply > Magnetic > Other > VirtDisp > On Nodes，弹出一个施加磁虚位移的节点拾取框，单击"Pick All"按钮，弹出"Apply MVDI on Nodes"对话框，在"Virtual displacement value"文本框中输入"0"，单击"OK"按钮。

❽ 选择所有的实体：从实用菜单中选择 Utility Menu > Select > Everything。

18.1.5 求解

❶ 求解运算：从主菜单中选择 Main Menu > Solution > Solve > Current LS，弹出一个对话框和一个信息窗口，单击该对话框上的"OK"按钮，开始求解运算，直到出现一个"Solution is done"的提示栏，表示求解结束。

❷ 保存计算结果到文件：从实用菜单中选择 Utility Menu > File > Save as，弹出"Save Database"对话框，在"Save Database to"文本框中输入文件名"ForceCal_2D_resu.db"，单击"OK"按钮。

18.1.6 查看计算结果

❶ 定义一个存放洛伦兹力的单元表：从主菜单中选择 Main Menu > General Postproc > Element Table > Define Table，弹出"Element Table Data"对话框，单击"Add"按钮，弹出如图 18-21 所示的单元表定义对话框，在"Lab Use label for item"文本框中输入"FMAGX"，在"Item, Comp Results data item"中选择"Nodal force data"和"Mag force FMAGX"。单击"OK"按钮，回到"Element Table Data"对话框。

❷ 定义一个存放虚功力的单元表：从主菜单中选择 Main Menu > General Postproc > Element Table > Define Table，弹出"Element Table Data"对话框，单击"Add"按钮，弹出单元表定义对话框，在"Lab Use label for item"文本框中输入"FVWX"，在"Item, Comp Results data item"中选择"By sequence num"和"NMISC"，并在下面的文本框中输入顺序号"NMISC，

3"。单击"OK"按钮,回到"Element Table Data"对话框,单击"Close"按钮。

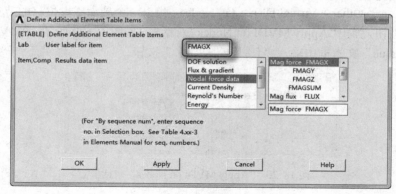

图 18-21 定义单元表对话框

❸ 对单元表进行求和:从主菜单中选择 Main Menu > General Postproc > Element Table > Sum of Each Item,弹出一个对单元表进行求和的对话框,单击"OK"按钮,弹出一个信息窗口,显示如下:

FMAGX	-0.485879E-02
FVWX	-0.485870E-02

确认无误后,在信息窗口中选择 File > Close 命令关闭窗口,或者直接单击窗口右上角的"×"图标按钮关闭窗口。

❹ 获取单元表求和结果参数的值:从实用菜单中选择 Utility Menu > Parameters > Get Scalar Data,弹出"Get Scalar Data"(获取标量参数)对话框,如图 18-22 所示。在"Type of data to be retrieved"中选择"Results data"和"Elem table sums",单击"OK"按钮,弹出"Get Element Table Sum Results"(获取单元表求和结果)对话框,如图 18-23 所示。在"Name of parameter to be defined"文本框中输入"FXL",在"Element table item"下拉列表框中选择"FMAGX",单击"OK"按钮,将单元表"FMAGX"求和结果赋给了参数"FXL"。

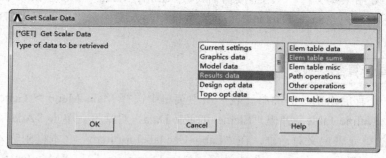

图 18-22 获取标量参数对话框

❺ 定义总的洛伦兹力参数:从实用菜单中选择 Utility Menu > Parameters > Scalar Parameters,弹出"Scalar Parameters"对话框,在"Selection"文本框中输入"FXL=FXL*2",单击"Accept"按钮后关闭。

第18章 磁场分析

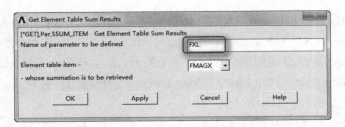

图 18-23 获取单元表求和结果对话框

❻ 获取单元表求和结果参数的值：从实用菜单中选择 Utility Menu > Parameters > Get Scalar Data，弹出"Get Scalar Data"（获取标量参数）对话框，在"Type of data to be retrieved"中选择"Results data"和"Elem table sums"，单击"OK"按钮，弹出"Get Element Table Sum Results"（获取单元表求和结果）对话框，在"Name of parameter to be defined"文本框中输入"FXVW"，在"Element table item"下拉列表框中选择"FVWX"，单击"OK"按钮，将单元表"FVWX"求和结果赋给了参数"FXVW"。

❼ 定义总的虚功力参数：从实用菜单中选择 Utility Menu > Parameters > Scalar Parameters，弹出"Scalar Parameters"对话框，在"Selection"文本框中输入"FXVW = FXVW *2"，单击"Accept"按钮后关闭。

❽ 定义路径：从主菜单中选择 Main Menu > General Postproc > Path Operations > Define Path > By Location，弹出"By Location"（路径设置）对话框，如图 18-24 所示，在"Name Define Path Name"文本框中输入"MAXWELL"，在"nPts Number of points"文本框中输入"4"，在"nDiv Number of divisions"文本框中输入"48"，单击"OK"按钮，又弹出一个在全局笛卡儿坐标系中定义路径点的对话框，如图 18-25 所示，在"NPT Path point number"文本框中输入"1"，在"X, Y, Z Location in Global CS" 3 个文本框中分别输入"0.012、0、0"，单击"OK"按钮。

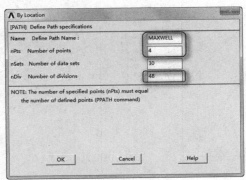
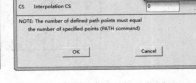

图 18-24 路径设置对话框　　图 18-25 定义路径点对话框

在定义路径点对话框中，在"NPT Path point number"文本框中输入"2"，在"X, Y, Z Location in Global CS" 3 个文本框中分别输入"0.012、0.012、0"，单击"OK"按钮。

在定义路径点对话框中，在"NPT Path point number"文本框中输入"3"，在"X, Y, Z Location in Global CS" 3 个文本框中分别输入"0、0.012、0"，单击"OK"按钮。

在定义路径点的对话框中,在"NPT Path point number"文本框中输入"4",在"X,Y,Z Location in Global CS" 3 个文本框中分别输入"0、0、0",单击"OK"按钮。

❾ 沿路径 MAXWELL 用面积分计算导体上的力:从主菜单中选择 Main Menu > General Postproc > Elec&Mag Calc > Path Based > Mag Forces,弹出磁力计算对话框,单击"OK"按钮,又弹出一个信息窗口,显示如下:

Force in x-direction = −4.840228138E−03 N/m.
Force in y-direction = −3.207547677E−03 N/m.

确认无误后,在信息窗口中选择 File > Close 命令关闭窗口,或者直接单击窗口右上角的"×"图标按钮关闭窗口。

❿ 定义总 MAXWELL 力参数:从实用菜单中选择 Utility Menu > Parameters > Scalar Parameters,弹出"Scalar Parameters"对话框,在"Selection"文本框中输入"FXM=FX*2",单击"Accept"按钮后关闭。

⓫ 列出当前所有参数:从实用菜单中选择 Utility Menu > List > Status > Parameters > All Parameters,弹出一个信息窗口,确认无误后,在信息窗口中选择 File > Close 命令关闭窗口,或者直接单击窗口右上角的"×"图标按钮关闭窗口。

⓬ 显示路径在模型上的位置:从主菜单中选择 Main Menu > Preprocessor > Path Operations > Plot Paths,在模型上显示路径轨迹。

⓭ 显示磁力线分布:从主菜单中选择 Main Menu > General Postproc > Plot Results > Contour Plot > 2D Flux Lines,弹出磁力线显示控制对话框,单击"OK"按钮,出现磁力线分布图,也就是自由度 AZ 的等值线图,如图 18-26 所示,其中 4 个点是 MAXWELL 路径点,由于是轴对称分析,因此 4 个点 3 条线定义了一条 1/2 路径。

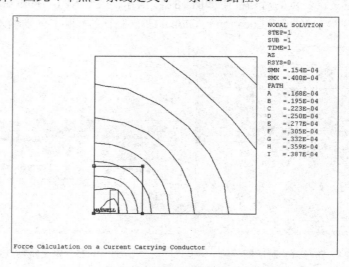

图 18-26 磁力线分布显示

⓮ 定义数组:从实用菜单中选择 Utility Menu > Parameters > Array Parameters > Define/Edit,弹出"Array Parameters"(数组类型)对话框,单击"Add"按钮将弹出"Add New Array Parameter"(定义数组类型)对话框,如图 18-27 所示。在"Par Parameter name"文

第18章 磁场分析

本框中输入"LABEL",在"Type Parameter type"中单击"Character Array"单选按钮,在"I,J,K No. of rows, cols, planes"3个文本框中分别输入"3、2、0",单击"OK"按钮,打开"Array Parameters"(数组类型)对话框,这样就定义了一个数组名为"LABEL"的3×2字符数组。

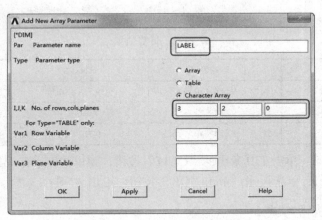

图 18-27 定义数组类型对话框

以同样的步骤,可以定义一个数组名为"VALUE"的3×3一般数组。"Array Parameters"(数组类型)对话框中列出了已经定义的数组,如图18-28所示。

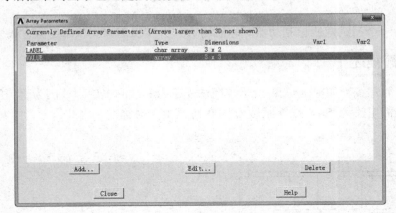

图 18-28 数组类型对话框

⑮ 在命令窗口中输入以下命令给数组赋值,即把理论值、计算值和比率复制给一般数组。

LABEL(1,1) = 'F (LRNZ) ','F (MAXW) ','F (VW) '

LABEL(1,2) = 'N/m','N/m','N/m'

*VFILL,VALUE(1,1),DATA,−9.684E−3,−9.684E−3,−9.684E−3

*VFILL,VALUE(1,2),DATA,FXL,FXM,FXVW

*VFILL,VALUE(1,3),DATA,ABS(FXL/(9.684E−3)),ABS(FXM/(9.684E−3)),ABS(FXVW/(9.684E−3))

⑯ 查看数组的值,并将比较结果输出到C盘下的一个文件中(命令流实现,没有对应的GUI形式,且必须通过从实用菜单中选择 Utility Menu > File > Read Input from 读入命令流文

件),结果如表 18-2 所示。

```
*CFOPEN,FORCECAL _2D,TXT,C:\
*VWRITE,LABEL(1,1),LABEL(1,2),VALUE(1,1),VALUE(1,2),VALUE(1,3)
(1X,A8,A8,'    ',F10.6,'    ',F15.6,'    ',1F10.3)
*CFCLOS
```

表 18-2 计算结果

	理论值	ANSYS	比率
F,N/m(洛伦兹力)	-9.684×10^{-3}	-9.718×10^{-3}	1.003
F,N/m(Maxwell)	-9.684×10^{-3}	-9.680×10^{-3}	1.000
F,N/m(虚功力)	-9.684×10^{-3}	-9.717×10^{-3}	1.003

⑰ 退出 ANSYS:单击工具条中的"QUIT"按钮,弹出"Exit from ANSYS"对话框,选择"Quit-No Save!"单选按钮,单击"OK"按钮,退出 ANSYS 软件。

18.1.7 命令流执行方式

命令流执行方式这里不再详细介绍,读者可参见云盘资料中的电子文档。

18.2 实例——三维螺线管静态磁分析

本实例为一个三维螺线管制动器静态磁场的分析(GUI 方式和命令流方式)。

18.2.1 问题描述

本实例计算螺线管如图 18-29 所示,衔铁受磁力和线圈电感,线圈为直流激励,产生力驱动衔铁。线圈电流为 6A,线圈匝数为 500 匝。由于对称性,因此只分析第一象限的 1/4 模型。

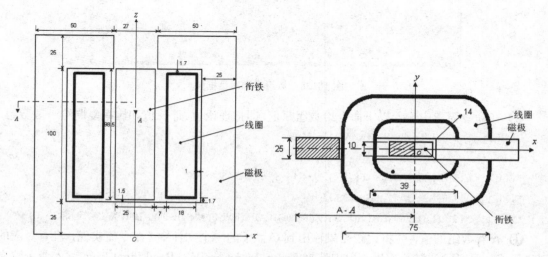

图 18-29 螺线管制动器

第18章 磁场分析

01 材料性质

空气相对磁导系数为 1.0，磁极和衔铁 B-H 曲线数据如表 18-3 所示（工作范围 B≥0.7T）。

表 18-3 磁极和衔铁 B-H 曲线数据

H/（A/m）	B/T	H/（A/m）	B/T
355	0.70	7650	1.75
405	0.80	10100	1.80
470	0.90	13000	1.85
555	1.00	15900	1.90
673	1.10	21100	1.95
836	1.20	26300	2.00
1065	1.30	32900	2.05
1220	1.35	42700	2.10
1420	1.40	61700	2.15
1720	1.45	84300	2.20
2130	1.50	110000	2.25
2670	1.55	135000	2.30
3480	1.60	200000	2.41
4500	1.65	400000	2.69
5950	1.70	800000	3.22

02 方法与假定

本实例分析使用智能网格划分（LVL=8），实际工程应用中采用更细网格（LVL=6）。设定全部面为通量平行，这是自然边界条件。自动得到满足。为避免出现病态矩阵，要把其中一个几何点施加约束，即 Mag=0。

03 希望的计算结果如表 18-4 所示。

表 18-4 希望的计算结果

虚功力（Z方向）=-11.928 N
Maxwell力（Z方向）=-11.214 N
电感=0.012113 h

计算结果要乘以 4，因为本例采用 1/4 对称模型分析，X、Y 方向的力不进行计算。

18.2.2 GUI 操作方法

01 创建物理环境

❶ 过滤图形界面：从主菜单中选择 Main Menu > Preferences，弹出 "Preferences for GUI Filtering" 对话框，选中 "Magnetic-Nodal" 来对后面的分析进行菜单及相应的图形界面过滤。

❷ 定义工作标题：从实用菜单中选择 Utility Menu>File > Change Title，在弹出的对话框的文本框中输入 "3D Static Force Problem-Tetrahedral"，单击 "OK" 按钮，如图 18-30 所示。

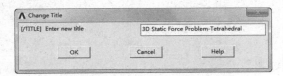

图 18-30 定义工作标题

❸ 指定工作名：从实用菜单中选择 Utility Menu > File > Change Jobname，弹出一个对话框，在"Enter new Name"文本框中输入"Emage_3D"，单击"OK"按钮。

❹ 定义分析参数：从实用菜单中选择 Utility Menu > Parameters > Scalar Parameters，弹出"Scalar Parameters"对话框，在"Selection"文本框中输入"n=500"（线圈匝数），单击"Accept"按钮。然后在"Selection"文本框中输入"i=6"（每匝电流），按"Accept"按钮确认后输入完成，单击"Close"按钮，关闭"Scalar Parameters"对话框，其输入参数的结果如图 18-31 所示。

❺ 打开体积区域编号显示：从实用菜单中选择 Utility Menu > PlotCtrls > Numbering，弹出"Plot Numbering Controls"对话框，如图 18-32 所示，选中"AREA Area numbers"后面的复选框使其显示为"On"，单击"OK"按钮关闭。

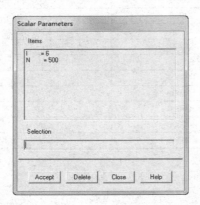

图 18-31 输入参数对话框

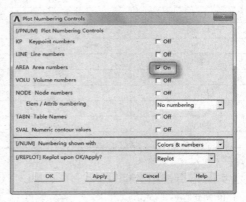

图 18-32 显示体积编号对话框

❻ 定义单元类型：从主菜单中选择 Main Menu > Preprocessor > Element Type > Add/Edit/Delete，弹出"Element Types"（单元类型）对话框，如图 18-33 所示，单击"Add"按钮，弹出"Library of Element Types"（单元类型库）对话框，如图 18-34 所示，在该对话框的"Library of Element Types"中依次选择"Magnetic Scalar"和"Scalar Brick 96"，单击"OK"按钮，定义了一个"SOLID96"单元，结果如图 18-5 所示。最后单击"Element Types"对话框中的"Close"按钮，关闭该对话框。

图 18-33 单元类型对话框

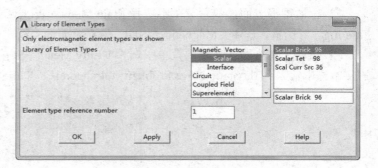

图 18-34 单元类型库对话框

第18章 磁场分析

❼ **定义材料属性**：从主菜单中选择 Main Menu > Preprocessor > Material Props > Material Models，弹出"Define Material Model Behavior"对话框，如图 18-35 所示，在右侧的列表框中依次单击"Electromagnetics > Relative Permeability > Constant"，弹出"Permeability for Material Number 1"对话框，如图 18-36 所示，在该对话框的"MURX"文本框中输入"1"，单击"OK"按钮。

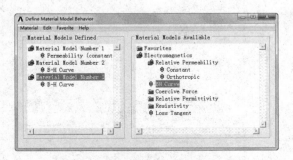

图 18-35 "Define Material Model Behavior"对话框

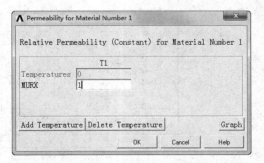

图 18-36 定义相对磁导率

单击"Material > New Model…"，弹出"Define Material ID"对话框，如图 18-37 所示。在"Define Material ID"文本框中输入材料号为 2（默认值为 2），单击"OK"按钮，新建 2 号材料。在"Define Material Model Behavior"对话框中左侧列表框中单击"Material Model Number 2"，在右侧列表框中依次单击"Electromagnetics > BH Curve"，弹出"BH Curve for Material Number 2"（定义材料 B-H 曲线）对话框，如图 18-38 所示，在 H 和 B 列中依次输入相应的值，每输完一组 B-H 值，单击右下角的"Add Point"按钮，然后继续输入，直到输入完足够的点为止。最后获得如图 18-38 所示的 30 个点。输入完材料的 B-H 值，可以用图形的方式查看 B-H 曲线。单击图 18-38 中的"Graph"按钮，选择"BH"，便可以显示 B-H 曲线，如图 18-39 所示。

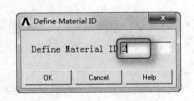

图 18-37 "Define Material ID"对话框

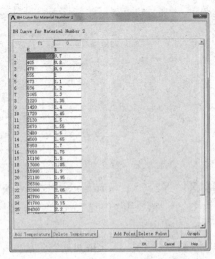

图 18-38 输入材料 B-H 值

选择"Edit > Copy"命令，弹出"Copy Material Model"对话框，如图 18-40 所示，在"from

Material number"下拉列表框中选择材料号为2，在"to Material number"后面的文本框中输入材料号为3，单击"OK"按钮，把2号材料的属性复制给3号材料，单击"OK"按钮，结果如图18-35所示。

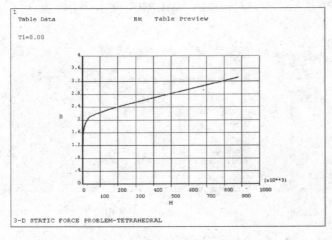

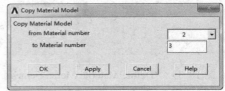

图18-39 材料2的B-H曲线　　　　　　　　图18-40 复制材料属性

最后选择Material > Exit命令结束。

02 建立模型、赋予属性、划分网格

❶ 建立电极模型：从主菜单中选择Main Menu > Preprocessor > Modeling > Create > Volumes > Block > By Dimensions，弹出"Create Block by Dimensions"对话框，如图18-41所示。在"X1，X2　X-coordinates"文本框中分别输入"0"和"63.5"，在"Y1，Y2　Y-coordinates"文本框中分别输入"0"和"25/2"，在"Z1，Z2　Z-coordinates"文本框中分别输入"0"和"25"，单击"Apply"按钮。

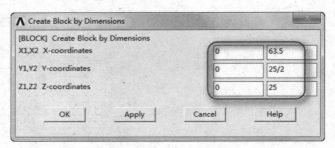

图18-41 生成长方体

在"X1，X2　X-coordinates"文本框中输入"38.5"和"63.5"，在"Y1，Y2　Y-coordinates"文本框中输入"0"和"25/2"，在"Z1，Z2　Z-coordinates"文本框中分别输入"25"和"125"，单击"Apply"按钮。

在"X1，X2　X-coordinates"文本框中输入"13.5"和"63.5"，在"Y1，Y2　Y-coordinates"文本框中输入"0"和"25/2"，在"Z1，Z2　Z-coordinates"文本框中输入"125"和"150"，单击"OK"按钮。

❷ 布尔运算：从主菜单中选择 Main Menu > Preprocessor > Modeling > Operate > Booleans > Glue > Volumes，弹出"Overlap Volumes"体拾取框，单击"Pick All"按钮，对所有的体进行粘接操作。生成的电极模型如图 18-42 所示。

❸ 建立衔铁、空气的几何模型并压缩编号：从主菜单中选择 Main Menu > Preprocessor > Modeling > Create > Volumes > Block > By Dimensions，弹出"Create Block by Dimension"对话框，在"X-coordinates"文本框中分别输入"0"和"12.5"，在"Y-coordinates"文本框中分别输入"0"和"5"，在"Z-coordinates"文本框中分别输入"26.5"和"125"，单击"Apply"按钮，图形窗口显示电极体和衔铁体（Volume 1），如图 18-43 所示。

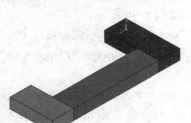
图 18-42 电极模型

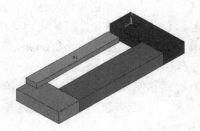
图 18-43 电极和衔铁模型

在"X-coordinates"文本框中输入"0"和"13"，在"Y-coordinates"文本框中输入"0"和"5.5"，在"Z-coordinates"文本框中分别输入"26"和"125.5"，单击"OK"按钮，图形窗口显示电极、衔铁及周围空气组成的实体。

❹ 布尔运算：从主菜单中选择 Main Menu > Preprocessor > Modeling > Operate > Booleans > Overlap > Volumes，弹出"Overlap Volumes"体拾取框，在图形窗口拾取体 1 和体 2，或者直接在拾取框的文本框中输入"1，2"并按〈Enter〉键，单击"OK"按钮，对所有的体 1 和体 2 进行体叠分操作。

❺ 压缩不用的体号：从主菜单中选择 Main Menu > Preprocessor > Numbering Ctrls > Compress Numbers，弹出"Compress Number"对话框，如图 18-44 所示，在"Label Item to be compressed"下拉列表框中选择"Volumes"，将体号重新压缩编排，从 1 开始，中间没有空缺，单击"OK"按钮退出该对话框。

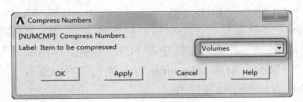
图 18-44 压缩体号

从实用菜单中选择 Utility Menu > Plot > Replot，重新显示体模型。

从主菜单中选择 Main Menu > Preprocessor > Modeling > Create > Volumes > Cylinder > Partial Cylinder，弹出"Partial Cylinder"（创建部分圆柱体）对话框，如图 18-45 所示，在"Rad-1"文本框中输入"0"，在"Theta-1"文本框中输入"0"，在"Rad-2"文本框中输入"100"，

在"Theta-2"文本框中输入"90",在"Depth"文本框中输入"175",单击"OK"按钮,这样就创建了一个 0°～90° 范围、半径范围为 0～100、长度为 175 的一个部分圆柱体。

❻ 布尔运算:从主菜单中选择 Main Menu > Preprocessor > Modeling > Operate > Booleans > Overlap > Volumes,弹出"Overlap Volumes"体拾取框,单击"Pick All"按钮,对所有的体进行体叠分操作。

❼ 压缩不用的体号:从主菜单中选择 Main Menu > Preprocessor > Numbering Ctrls > Compress Numbers,弹出"Compress Numbers"对话框,如图 18-44 所示,在"Label Item to be compressed"下拉列表框中选择"Volumes",将体号重新压缩编排,从 1 开始,中间没有空缺,单击"OK"按钮退出该对话框。创建好的模型如图 18-46 所示。

❽ 保存几何模型文件:从实用菜单中选择 Utility Menu > File > Save as,弹出"Save Database"对话框,在"Save Database to"文本框中输入文件名"Emage_3D_geom.db",单击"OK"按钮。

❾ 设置几何体的属性:从实用菜单中选择 Utility Menu > PlotCtrls > Pan Zoom Rotate,弹出一个移动、缩放和旋转对话框,旋转模型,改变视角方向,以便拾取电极和衔铁,单击"Close"按钮关闭该对话框。

   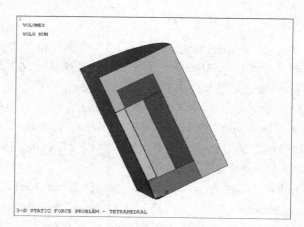

图 18-45　创建部分圆柱　　　　　　图 18-46　创建的完整几何模型外形

从主菜单中选择 Main Menu > Preprocessor > Meshing > Mesh Attributes > Picked Volumes,弹出"Volume Attributes"体拾取框,在图形窗口拾取体 1(衔铁),或者直接在拾取框的文本框中输入"1"并按〈Enter〉键,单击拾取框中的"OK"按钮,弹出如图 18-47 所示的"Volume Attributes"对话框,在"MAT Material number"下拉列表框中选取"3",给衔铁输入材料属性。单击"Apply"按钮再次弹出体拾取框。

在"Volume Attributes"体拾取框的文本框中输入"3,4,5"并按〈Enter〉键,或直接在图形界面上拾取体 3、体 4 和体 5,单击拾取框中的"OK"按钮,弹出"Volume Attributes"对话框,在"MAT Material number"下拉列表框中选取"2",给电极实体部分输入材料属性,单击"OK"按钮。

剩下的空气体默认被赋予了 1 号材料属性。

第18章 磁场分析

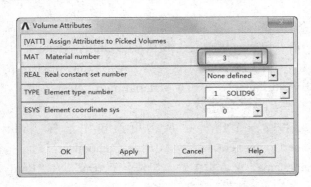

图 18-47 给体赋予属性

⑩ 选择所有的实体:从实用菜单中选择 Utility Menu > Select > Everything。

⑪ 划分网格:从主菜单中选择 Main Menu > Preprocessor > Meshing > MeshTool,弹出"MeshTool"对话框,如图 18-48 所示,选中"Smart Size"复选框,并将"Fine—Coarse"滑块拖到 8 的位置,设定智能网格划分的等级为 8(对于实际工程问题,选择更精细的等级,如 6),在"Mesh"下拉列表框中选择"Volumes",单击"Ted"单选按钮和"Free"单选按钮,然后单击"Mesh"按钮,将弹出"Mesh Volumes"拾取框,单击"Pick All"按钮,在图形窗口显示生成的网格。单击网格划分工具对话框中的"Close"按钮,关闭网格划分工具。

⑫ 按材料属性显示面:从实用菜单中选择 Utility Menu > PlotCtrls > Numbering,弹出"Plot Numbering Controls"对话框,在"Elem/Attrib numbering"后面的下拉列表框中选择"Material numbers",在"Numbering shown with"后面的下拉列表框中选择"Colors only",单击"OK"按钮,其结果如图 18-49 所示。

图 18-48 网格划分工具

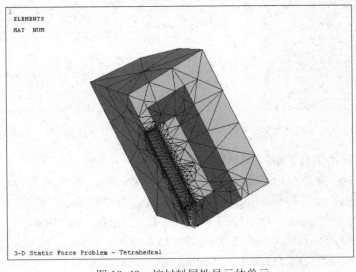

图 18-49 按材料属性显示体单元

⑬ 保存网格数据:从实用菜单中选择 Utility Menu > File > Save as,弹出"Save Database"对话框,在"Save Database to"文本框中输入文件名"Emage_3D_mesh.db",单击"OK"按钮。

03 添加边界条件和载荷

❶ 选择衔铁上的所有单元：从实用菜单中选择 Utility Menu > Select > Entities，弹出"Select Entities"对话框，如图 18-50 所示，在第一个下拉列表框中选取"Elements"，第二个下拉列表框中选择"By Attributes"，单击"Material num"单选按钮，在"Min, Max, Inc"文本框中输入"3"，单击"OK"按钮。

❷ 将所选单元生成一个组件：从实用菜单中选择 Utility Menu > Select > Comp/Assembly > Create Component，弹出"Create Component"对话框，如图 18-51 所示，在"Cname Component name"文本框中输入组件名"Arm"，在"Entity Component is made of"下拉列表框中选择"Elements"，单击"OK"按钮。

❸ 选择所有实体：从实用菜单中选择 Utility Menu > Select > Everything。

❹ 给衔铁施加力标志：从主菜单中选择 Main Menu > Preprocessor > Loads > Define Loads > Apply > Magnetic > Flag > Comp. Force/Torque，弹出如图 18-52 所示的对话框，在列表框中选取组件名"ARM"，单击"OK"按钮，给衔铁施加了力标志。

图 18-50 选择实体

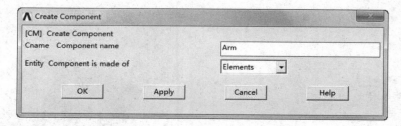

图 18-51 生成组件

单击工具条中的"SAVE_DB"按钮。

❺ 将模型单位制改成（Scale）MKS 单位制（米）：从主菜单中选择 Main Menu > Preprocessor > Modeling > Operate > Scale > Volumes，弹出一个体拾取框，单击拾取框上的"Pick All"按钮，弹出如图 18-53 所示的对话框，在"RX, RY, RZ Scale factors"文本框中依次输入"0.001, 0.001, 0.001"，在"NOELEM Items to be scaled"下拉列表框中选择"Volumes and mesh"，在"IMOVE Existing volumes will be"下拉列表框中选择"Moved"，单击"OK"按钮。

❻ 创建局部坐标系：从实用菜单中选择 Utility Menu > WorkPlane > Local Coordinate Systems > Create Local CS > At Specified Loc，弹出"Create CS at Loca…"拾取框，在文本框中输入坐标点"0, 0, 75/1000"并按〈Enter〉键，单击"OK"按钮，弹出"Create Local CS at Specified Location"对话框,如图 18-54 所示,在"KCN Ref number of new coord sys"文本框输入 12,其他接受默认设置,单击"OK"按钮,在(0,0,75/1000)处创建了一个坐标号为 12 的用户自定义笛卡儿直角坐标系。

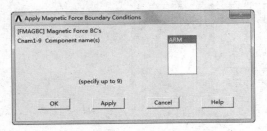
图 18-52 给衔铁施加力标志

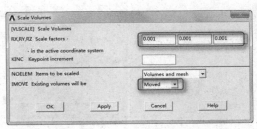
图 18-53 模型缩放

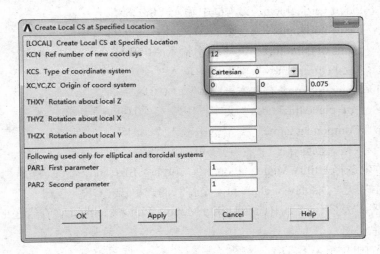
图 18-54 在指定点创建局部坐标系

❼ 移动工作平面:从实用菜单中选择 Utility Menu > WorkPlane > Align WP > Specified Coord Sys,弹出"Align WP with Specified CS"对话框,如图 18-55 所示,在"KCN Coordinate system number"文本框中输入"12",将工作平面移动到 12 号局部坐标系处。

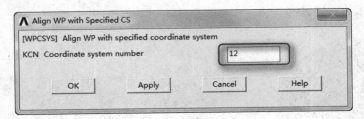
图 18-55 移动工作平面到指定坐标系

❽ 建立线圈:从主菜单中选择 Main Menu > Preprocessor > Modeling > Create > Racetrack Coil,弹出"Racetrack Current Source for 3-D Magnetic Analysis"对话框,如图 18-56 所示,分别在下列选项的文本框中输入相应的值:

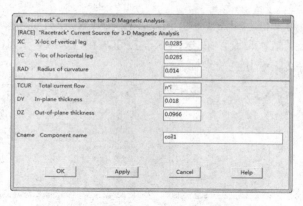

图 18-56　为三维磁场分析创建跑道形电流源

在"XC　X-loc of vertical leg"文本框中输入"0.0285";

在"YC　Y-loc of horizontal leg"文本框中输入"0.0285";

在"RAD　Radius of curvature"文本框中输入"0.014";

在"TCUR　Total current flow"文本框中输入"n*i";

在"DY　In-plane thickness"文本框中输入"0.018";

在"DZ　Out-of-plane thickness"文本框中输入"0.0966";

在"Cname　Component name"文本框中输入"coil1"。

单击"OK"按钮,创建了一个名为"coil1"的线圈。

从实用菜单中选择 Utility Menu > PlotCtrls > Style > Size and Shape,弹出"Size and Shape"对话框,检验并确认"Display of element"是打开的,单击"OK"按钮。

❾ 显示线圈:从实用菜单中选择 Utility Menu > Plot > Elements,在合适的视角可看见线圈如图 18-57 所示。

单击工具条中的"SAVE_DB"按钮。

❿ 施加边界条件:从主菜单中选择 Main Menu > Solution > Define Loads > Apply > Magnetic > Boundary > Scalar Poten > On Nodes,弹出一个节点拾取框,在文本框中输入"2"并按〈Enter〉键,2 号节点的坐标系为(0,0,0),单击"OK"按钮,又弹出"Apply MAG on Nodes"对话框,如图 18-58 所示,在"VALVE　Scalar poten(MAG)value"文本框中输入"0",单击"OK"按钮。

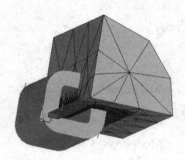

图 18-57　线圈单元

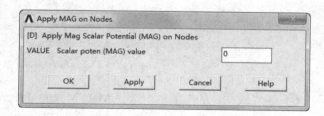

图 18-58　施加边界条件

第18章 磁场分析

⑪ 选择所有的实体：从实用菜单中选择 Utility Menu > Select > Everything。

04 求解

❶ 求解运算：从主菜单中选择 Main Menu > Solution > Solve > Electromagnet > Static Analysis > Opt&Solv，弹出如图 18-59 所示的对话框，在"Option Formulation option"下拉列表框中选择"DSP"，在"BIOT Force Biot-Savart Calc"下拉列表框中选择"YES"，其他项接受默认设置，单击"OK"按钮，开始求解运算，显示求解过程的图形跟踪界面，如图 18-60 所示，直到出现一个"Solution is done"的提示栏，表示求解结束。

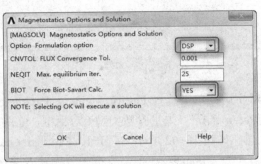

图 18-59 设置磁场分析求解

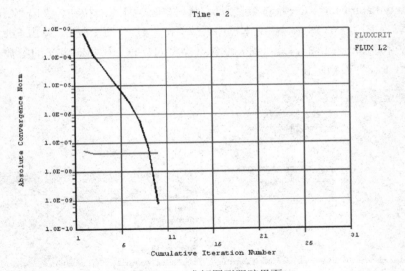

图 18-60 求解图形跟踪界面

❷ 保存计算结果到文件：从实用菜单中选择 Utility Menu > File > Save as，弹出"Save Database"对话框，在"Save Database to"文本框中输入文件名"Emage_3D_resu.db"，单击"OK"按钮。

05 查看计算结果

❶ 衔铁受力求和：从主菜单中选择 Main Menu > General Postproc > Elec&Mag Calc > Component Based > Force，弹出"Summarize Magnetic Forces"对话框，如图 18-61 所示，在"Cnam1-9 Component name(s)"列表中选择组件"ARM"，单击"OK"按钮，又弹出一个信息窗口，检查结果并确认无误后关闭该信息窗口。注意，由于对称性，力的 X 和 Y 分量不计

算，Z 分量要乘以 4。

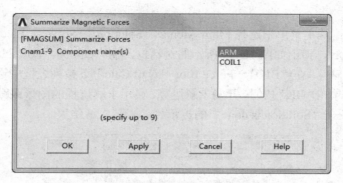

图 18-61　磁场力求和

❷ 定义矢量参数：从实用菜单中选择 Utility Menu > Parameters > Array Parameters > Define/Edit，弹出"Array Parameters"（矢量参数类型）对话框，单击"Add"按钮，弹出"Add New Array Parameter"对话框，如图 18-62 所示，在"Par　Parameter name"文本框中输入"cur"，在"I, J, K　No. of rows, cols, planes"3 个文本框中分别输入"1"，单击"OK"按钮，回到矢量参数类型对话框，定义了一个 1×1×1 的数组参数。

单击"Array Parameters"（矢量参数类型）对话框中的"Edit"按钮，弹出"Array Parameter CUR"对话框，如图 18-63 所示，在文本框中输入"i"，"i"自动变成 6，单击 File > Apply/Quit 命令保存修改并退出该对话框，又回到矢量参数类型对话框，显示已定义的参数，如图 18-64 所示，单击"Close"按钮退出。

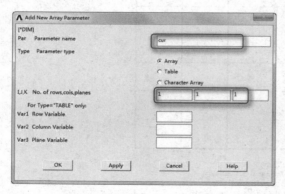

图 18-62　添加新的矢量参数

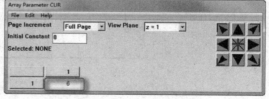

图 18-63　编辑矢量参数

❸ 计算线圈电感：从主菜单中选择 Main Menu > Solution > Solve > Electromagnet > Static Analysis > Induct Matrix，弹出"Induct Matrix"对话框，如图 18-65 所示，在"Symfac Geometric symmetry factor"文本框中输入"1"，在"Coilname Compon. name identifier"文本框中输入"coil"，确认"Use as array for coil currents"选项为"Existing array"，单击"OK"按钮，又弹出"Existing array with coil currents"对话框，如图 18-66 所示，在"Cname Existing array"列表中选择"CUR"，单击"OK"按钮，开始进行线圈电感矩阵的计算，计算结束后弹出一个显示计算结果的信息窗口，结果如下，确认无误后关闭该信息窗口。

第18章 磁场分析

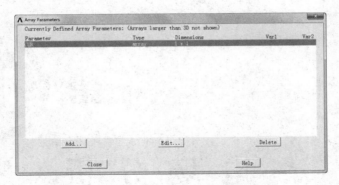

图 18-64　矢量参数类型对话框

Flux linkage of coil	1. =	0.47998E-01
Self inductance of coil	1. =	0.40276E-02

❹ 退出 ANSYS：单击工具条中的"QUIT"按钮，弹出如图 18-67 所示的"Exit from ANSYS"对话框，单击"Quit-No Save!"单选按钮，单击"OK"按钮，退出 ANSYS 软件。

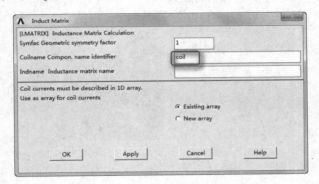

图 18-65　电感矩阵对话框

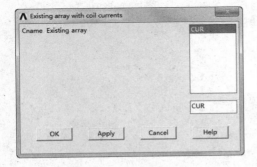

图 18-66　选择已存在数组

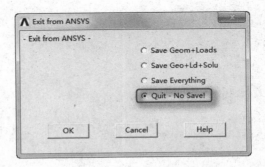

图 18-67　退出 ANSYS 对话框

18.2.3　命令流执行方式

命令流执行方式这里不再详细介绍，读者可参见云盘资料中的电子文档。

第 19 章

电场分析

很多情况下，先进行电流传导分析，或者同时进行热分析，以确定因焦耳热而导致的温度分布；也可以在电流传导分析之后直接进行磁场分析，以确定电流产生的磁场。

ANSYS 以泊松方程作为静电场分析的基础。主要的未知量（节点自由度）是标量电位（电压）。其他物理量由节点电位导出。

- ☑ 实例——正方形电流环中的磁场
- ☑ 实例——电容计算实例

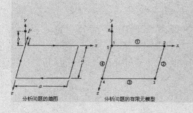
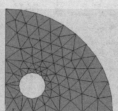
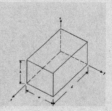

第19章 电场分析

19.1 实例——正方形电流环中的磁场

本实例介绍一个正方形电流环中的磁场分布（GUI 方式和命令流方式）。

19.1.1 问题描述

一个正方形电流环，载有电流 I，放置在空气中，如图 19-1 所示，试求 P 点处的磁通量密度值。其中 P 点处的高为 b，实例中用到的参数如表 19-1 所示。

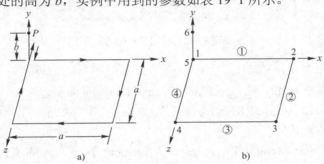

图 19-1 正方形电流环中的磁场

a) 分析问题的简图 b) 分析问题的有限元模型

表 19-1 参数说明

几何特性	材料特性	载 荷
a=1.5m b=0.35m	μ_o=4$\pi\times 10^{-7}$ H/m ρ=4.0$\times 10^{-8}$ ohm-m	I=7.5A

这是一个耦合电磁场的分析。使用 LINK68 单元来创建导线环中的电场，由此确定的电场再被用来计算 P 点处的磁场。在图 19-1b 中，节点 5 与节点 1 重合，并且紧挨着电流环。当给节点 1 施加电流 I 时，设定节点 5 的电压为 0。

第一步求解计算导线环中的电流分布，然后用 BIOT 命令从电流分布中计算磁场。

因为在求解过程中并不需要导线的横截面积，所以可以任意输入一个横截面积 1.0。由于线单元的比奥-萨法儿（Biot-Savart）磁场积分是非常精确的，因此正方形每一个边用一个单元就可以了。磁通密度可以通过磁场强度来计算，公式为 $B=\mu_0 H$。

此实例的理论值和 ANSYS 计算值比较，如表 19-2 所示。

表 19-2 理论值和 ANSYS 计算值比较

磁通密度	理 论 值	ANSYS	比 率
BX（$\times 10^{-6}$ T）	2.010	2.010	1.000
BY（$\times 10^{-6}$ T）	-0.662	-0.662	1.000
BZ（$\times 10^{-6}$ T）	2.010	2.010	1.000

19.1.2 创建物理环境

01 过滤图形界面

从主菜单中选择 Main Menu > Preferences 命令，弹出 "Preferences for GUI Filtering" 对话

框,选中"Electric",对后面的分析进行菜单及相应的图形界面过滤。

02 定义工作标题

从实用菜单中选择 Utility Menu > File > Change Title 命令,在弹出的对话框的文本框中输入"MAGNETIC FIELD FROM A SQUARE CURRENT LOOP",单击"OK"按钮,如图19-2所示。

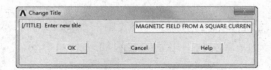

图 19-2　定义工作标题

03 指定工作名

从实用菜单中选择 Utility Menu > File > Change Jobname 命令,弹出一个对话框,在"Enter new name"文本框中输入"CURRENT LOOP",单击"OK"按钮。

04 定义单元类型

从主菜单中选择 Main Menu > Preprocessor > Element Type > Add/ Edit/Delete 命令,弹出"Element Types"(单元类型)对话框,如图19-3所示,单击"Add"按钮,弹出"Library of Element Types"(单元类型库)对话框,如图19-4所示。在"Library of Element Types"左边的列表框中选择"Elec Conduction",在右边的列表框中选择"3D Line 68",单击"OK"按钮,定义一个 LINK68 单元,得到如图19-3所示的结果。返回到单元类型对话框,单击"Close"按钮,关闭该对话框。

图 19-3　单元类型对话框

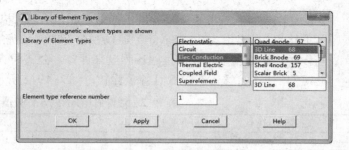

图 19-4　单元类型库对话框

05 定义材料属性

从主菜单中选择 Main Menu > Preprocessor > Material Props > Material Models 命令,弹出"Define Material Model Behavior"对话框,如图19-5所示,在"Material Models Available"列表框中依次选择"Electromagnetics > Resistivity > Constant"选项后,弹出 Resistivity for Material

Number 1"对话框,如图19-6所示,在"RSVX"文本框中输入"4E-008",单击"OK"按钮,得到结果如图19-5所示,然后选择 Material > Exit 命令。

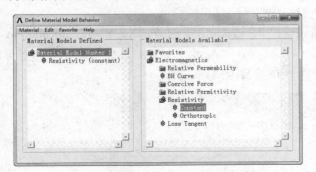

图19-5 定义材料特性

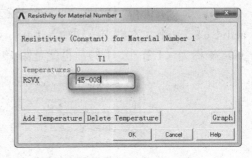

图19-6 定义电阻率

06 定义导线横截面积实常数

从主菜单中选择 Main Menu > Preprocessor > Real Constants > Add/Edit/Delete 命令,弹出"Real Constants"(实常数)对话框,在该对话框的列表框中显示"NO DEFINED",单击"Add"按钮,弹出"Element Types for R..."对话框,在该对话框的列表框中出现"Type 1 LINK68",选择单元类型1,单击"OK"按钮,出现LINK68单元的实常数对话框,如图19-7所示。

在"Cross-sectional area   AREA"后面的文本框中输入1,单击"OK"按钮,回到"Real Constants"(实常数)对话框中,其中列出了常数组1,如图19-8所示。

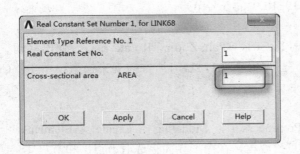

图19-7 LINK68单元的实常数对话框

图19-8 实常数数组

19.1.3 建立模型、赋予属性和划分网格

01 创建节点(用节点法建立模型)

❶ 从主菜单中选择 Main Menu > Preprocessor > Modeling > Create > Nodes > In Active CS 命令,弹出"Create Nodes in Active Coordinate System"(在当前激活坐标系下建立节点)对话框,如图19-9所示,在"NODE   Node number"文本框中输入"1",单击"Apply"按钮,这样就创建了1号节点,坐标为(0,0,0)。

❷ 将"NODE　Node number"文本框中的"1"改为"2",并在"X,Y,Z　Location in active CS"3个文本框中分别输入"1.5、0、0",单击"Apply"按钮,这样就创建了第2个节点,坐标为(1.5,0,0),也就是图19-1b中的2号节点。

❸ 将"NODE　Node number"文本框中的"2"改为"3",并在"X,Y,Z　Location in active CS"3个文本框中分别输入"1.5、0、1.5",单击"Apply"按钮,这样创建了第3个节点,坐标为(1.5,0,1.5),也就是图19-1b中的3号节点。

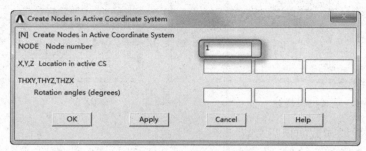

图 19-9　创建第一个节点

❹ 将"NODE　Node number"文本框中的"3"改为"4",并在"X,Y,Z　Location in active C3"3个文本框中分别输入"0、0、1.5",单击"Apply"按钮,这样创建了第4个节点,坐标为(0,0,1.5),也就是图19-1b中的4号节点。

❺ 将"NODE　Node number"文本框中的"4"改为"5",并在"X,Y,Z　Location in active CS"3个文本框中分别输入"0、0、0",单击"Apply"按钮,这样创建了第5个节点,坐标为(0,0,0),也就是图19-1b中的5号节点,此节点与1号节点重合。

❻ 将"NODE　Node number"文本框中的"5"改为"6",并在"X,Y,Z　Location in active CS"3个文本框中分别输入"0、0.35、0",单击"Apply"按钮,这样创建了第6个节点,坐标为(0,0.35,0),也就是图19-1b中的6号节点。

02　改变视角方向

从实用菜单中选择 Utility Menu > PlotCtrls > Pan, Zoom, Rotate 命令,弹出移动、缩放和旋转对话框,单击视角方向为"iso",可以在(1,1,1)方向观察模型,单击"Close"按钮关闭该对话框。

03　创建导线单元

从主菜单中选择 Main Menu > Preprocessor > Modeling > Create > Elements > Auto Numbered > Thru Nodes 命令,弹出节点拾取框,在图形界面上选取节点1和节点2,或者直接在拾取框的文本框中分别输入"1"和"2"并按〈Enter〉键,单击拾取框上的"OK"按钮,于是创建了第一个单元,如图 19-10 所示。由于只有一种材料属性,因此,此单元属性默认为1号材料属性。用节点法建模时,每得到一个单元应立即给此单元分配属性。

04　复制单元

从主菜单中选择 Main Menu > Preprocessor > Modeling > Copy > Elements > Auto Numbered 命令,弹出一个单元拾取框,在图形界面上拾取单元1,单击"OK"按钮,弹出"Copy Elements (Automatically-Numbered)"(复制单元)对话框,如图 19-11 所示,在"ITIME　Total number of copies"文本框中输入"4",单击"OK"按钮,得到的所有线圈单元如图 19-12 所示。

第19章 电场分析

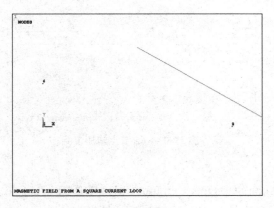

图 19-10 创建的第一个单元

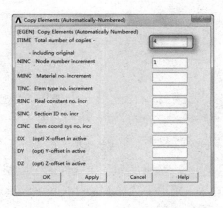

图 19-11 复制单元对话框

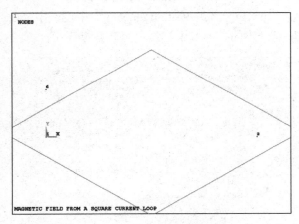

图 19-12 导线单元

19.1.4 添加边界条件和载荷

01 施加电压边界条件

从主菜单中选择 Main Menu > Solution > Define Loads > Apply > Electric > Boundary > Voltage > On Nodes 命令，弹出一个节点拾取框，在图形界面上拾取 5 号节点，或者直接在拾取框的文本框中输入 "5" 并按〈Enter〉键，单击 "OK" 按钮，弹出 "Apply VOLT on nodes"（给节点施加电压）对话框，如图 19-13 所示，在 "VALUE Load VOLT value" 文本框中输入 "0"，单击 "OK" 按钮，这样就给 5 号节点施加了 0V 电压的边界条件。

02 施加电流载荷

从主菜单中选择 Main Menu > Solution > Define Loads > Apply > Electric > Excitation > Current > On Nodes 命令，弹出一个节点拾取框，在图形界面上拾取 1 号节点，或者直接在拾取框的文本框中输入 "1" 并按〈Enter〉键，单击 "OK" 按钮，弹出 "Apply AMPS on nodes"（给节点施加电流）对话框，如图 19-14 所示，在 "VALUE Load AMPS value" 文本框中输入 "7.5"，单击 "OK" 按钮，这样就给 1 号节点施加了 7.5A 电流的载荷。

423

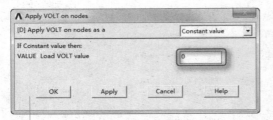
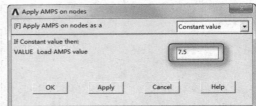

图 19-13　给节点施加电压　　　　　　　图 19-14　给节点施加电流

03 数据库和结果文件输出控制

从主菜单中选择 Main Menu > Solution > Load Step Opts > Output Ctrls > DB/Results File 命令，弹出"Controls for Database and Results File Writing"（设定数据库和结果文件输出控制）对话框，如图 19-15 所示，在"Item　Item to be controlled"下拉列表框中选择"Element solution"，检查并确认在"FREQ　File write frequency"中已选中"Last substep"单选按钮，单击"OK"按钮，把最后一步的单元解求解结果写到数据库中。

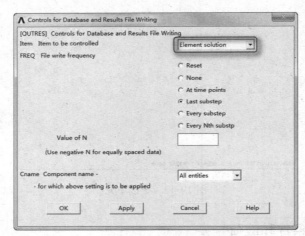

图 19-15　设置数据库和结果文件输出

19.1.5　求解

01 求解

从主菜单中选择 Main Menu > Solution > Solve > Current LS 命令，弹出一个信息窗口和一个求解当前载荷步对话框，确认信息无误后关闭，单击求解对话框中的"OK"按钮，开始求解运算，直到出现一个"Solution is done"的提示框，表示求解结束。

02 比奥-萨法儿磁场积分求解

直接在命令窗口中输入"biot,new"，并按〈Enter〉键来执行比奥-萨法儿磁场积分求解。

19.1.6　查看计算结果

01 取出 6 号节点处 X 方向磁场强度值

从实用菜单中选择 Utility Menu > Parameters > Get Scalar Data 命令，弹出"Get Scalar Data"

（获取标量参数）对话框，如图 19-16 所示。

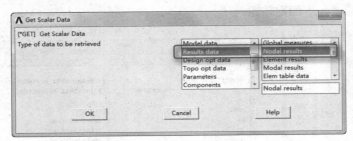

图 19-16　获取标量参数对话框

在"Type of data to be retrieved"列表中分别选择"Results data"和"Nodal results"选项，单击"OK"按钮，弹出"Get Nodal Results Data"对话框，如图 19-17 所示。在"Name of parameter to be defined"文本框中输入"hx"，在"Node number N"文本框中输入"6"，在"Results data to be retrieved"列表中分别选择"Flux & gradient"和"Mag source HSX"选项，单击"OK"按钮，将 6 号节点 X 方向磁场强度 HX 的值赋予标量参数 hx。

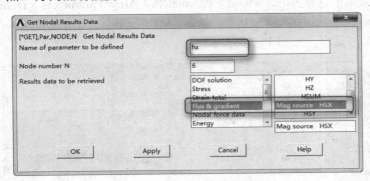

图 19-17　获取节点求解值

02 按照同样的步骤，取出 6 号节点处 Y 方向和 Z 方向的磁场强度 HY 和 HZ 值，并分别赋予标量参数 hy 和 hz。

03 定义真空磁导率和磁通密度参数

从实用菜单中选择 Utility Menu > Parameters > Scalar Parameters 命令，弹出"Scalar Parameters"对话框，在"Selection"文本框中输入"MUZRO=12.5664E-7"（真空磁导率），单击"Accept"按钮。然后依次在"Selection"文本框中输入：

```
BX=MUZRO*HX        （X 方向磁通密度）
BY=MUZRO*HY        （Y 方向磁通密度）
BZ=MUZRO*HZ        （Z 方向磁通密度）
```

每输入一项，单击"Accept"按钮确认，全部输入完后，单击"Close"按钮，关闭"Scalar Parameters"对话框，其输入参数的结果如图 19-18 所示。

04 列出当前所有参数

从实用菜单中选择 Utility Menu > List > Status > Parameters > All Parameters 命令，弹出一

个信息框,如图 19-19 所示。确认无误后,选择信息框中的 File > Close 命令将其关闭,或者直接单击右上角的"×"图标按钮关闭。

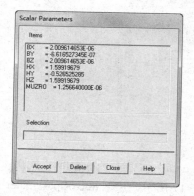

图 19-18　输入参数

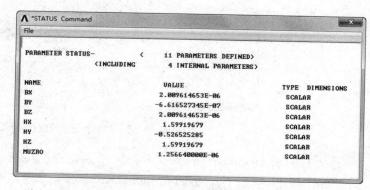

图 19-19　所有参数列表

05　定义数组

❶ 从实用菜单中选择 Utility Menu > Parameters > Array Parameters > Define/Edit 命令,弹出"Array Parameter"(数组类型)对话框,单击"Add"按钮,弹出"Add New Array Parameter"(定义数组类型)对话框,如图 19-20 所示。

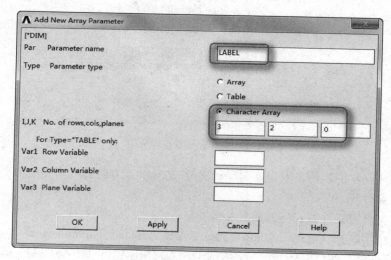

图 19-20　定义数组类型

❷ 在"Par　Parameter name"文本框中输入"LABEL",在"Type　Parameter type"后面选中"Character Array"单选按钮,在"I, J, K　No. of rows, cols, planes"3 个文本框中分别输入"3、2、0",单击"OK"按钮,回到"Array Parameters"(数组类型)对话框。这样就定义了一个数组名为"LABEL"的 3×2 字符数组。

❸ 按照同样的步骤,可以定义一个数组名为"VALUE"的 3×3 的一般数组。"Array Parameters"(数组类型)对话框中列出了已经定义的数组,如图 19-21 所示。

第19章 电场分析

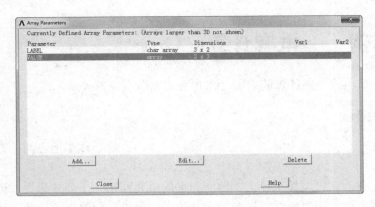

图 19-21 数组类型对话框

❹ 在命令窗口中输入以下命令给数组赋值，即把理论值、计算值和比率复制给一般数组。

LABEL(1,1) = 'BX ','BY ','BZ '
LABEL(1,2) = 'TESLA','TESLA','TESLA'
*VFILL,VALUE(1,1),DATA,2.010E-6,-.662E-6,2.01E-6
*VFILL,VALUE(1,2),DATA,BX,BY,BZ
*VFILL,VALUE(1,3),DATA,ABS(BX/(2.01E-6)),ABS(BY/.662E-6),ABS(BZ/(2.01E-6))

❺ 查看数组的值，并将结果输出到 C 盘下的一个文件中（命令流实现，没有对应的 GUI 形式，且必须是从实用菜单中选择 Utility Menu>File>Read Input from 命令读入命令流文件）。

*CFOPEN, CURRENT LOOP,TXT,C:\
*VWRITE,LABEL(1,1),LABEL(1,2),VALUE(1,1),VALUE(1,2),VALUE(1,3)
(1X,A8,A8,'   ',F12.9,'   ',F12.9,'   ',1F5.3)
*CFCLOS

06 退出 ANSYS

单击工具条中的"QUIT"按钮，弹出如图 19-22 所示的"Exit from ANSYS"对话框，单击选中"Quit-No Save！"单选按钮，单击"OK"按钮，退出 ANSYS 软件。

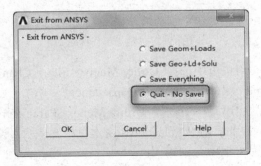

图 19-22 退出 ANSYS

19.1.7 命令流执行方式

命令流执行方式这里不再详细介绍，读者可参见云盘资料中的电子文档。

19.2 实例——电容计算

本节介绍一个电容矩阵计算的实例（GUI 方式和命令流方式）。

19.2.1 问题描述

本实例为在一个接地板上面放置两个长圆柱导体，计算导体和地之间的自电容和互电容系数。

建模时应注意：在模型外半径上，地面和远场单元同享一个公共边界，远场位置上远场单元自然满足零电位。因为地面与远场单元共边界，所以它们都视为接地导体。由于在程序内部远场单元节点为地，因此地面的节点足以代表地导体。把其他两个圆柱导体节点设置为节点组件，就可以形成一个二导体系统。

本实例计算的对地和集总电容结果如下：

$(C_g)_{11}$=0.454E-4 pF $(C_l)_{11}$=0.354E-4 pF

$(C_g)_{12}$=-0.998E-5 pF $(C_l)_{12}$=0.998E-5 pF

$(C_g)_{22}$=0.454E-4 pF $(C_l)_{22}$=0.354E-4 pF

19.2.2 创建物理环境

❶ 过滤图形界面：从主菜单中选择 Main Menu > Preferences，弹出 "Preferences for GUI Filtering" 对话框，选中 "Electric" 来对后面的分析进行菜单及相应的图形界面过滤。

❷ 定义工作标题：从实用菜单中选择 Utility Menu > File > Change Title，在弹出的对话框的文本框中输入 "Capacitance of two long cylinders above a ground plane"，单击 "OK" 按钮，如图 19-23 所示。

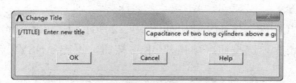

图 19-23　定义工作标题

❸ 指定工作名：从实用菜单中选择 Utility Menu > File > Change Jobname，弹出一个对话框，在 "Enter new Name" 文本框中输入 "Capacitance"，单击 "OK" 按钮。

❹ 定义分析参数：从实用菜单中选择 Utility Menu > Parameters > Scalar Parameters，弹出 "Scalar Parameters" 对话框，在 "Selection" 文本框中输入 "A=100"，单击 "Accept" 按钮。然后在 "Selection" 文本框中分别输入：

D=400   R0=800

单击 "Accept" 按钮确认，输入完后，单击 "Close" 按钮，关闭 "Scalar Parameters" 对话框，其输入参数的结果如图 19-24 所示。

❺ 打开面积区域编号显示：从实用菜单中选择 Utility Menu > PlotCtrls > Numbering，弹出 "Plot Numbering Controls" 对话框，如图 19-25 所示，选中 "AREA Area numbers" 后面

第19章 电场分析

的复选框,文字由"Off"变为"On",单击"OK"按钮关闭。

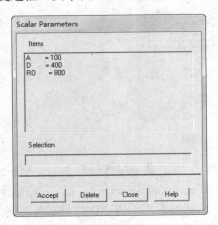

图 19-24 输入参数

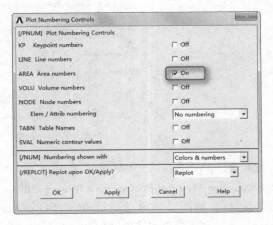

图 19-25 显示面积编号

❻ 定义单元类型和选项:从主菜单中选择 Main Menu > Preprocessor > Element Type > Add/Edit/Delete,弹出"Element Types"对话框,如图 19-26 所示,单击"Add"按钮,弹出"Library of Element Types"(单元类型库)对话框,如图 19-27 所示,在"Library of Element Types"后面的左侧列表框中选择"Electrostatic",在右侧列表框中选择"2D Quad 121",单击"Apply"按钮,定义一个"PLANE121"单元。再在"Library of Element Types"后面的左侧列表框中选择"Infinite Boundary",在右侧列表框中选择"2D Inf Quad 110",单击"OK"按钮,定义了"INFIN110"远场单元,回到"Element Types"对话框,得到如图 19-26 所示的结果。

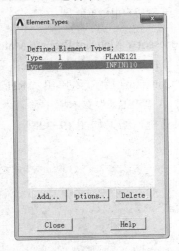

图 19-26 "Element Types"对话框

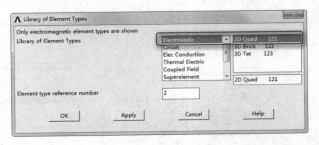

图 19-27 "Library of Element Types"对话框

在"Element Types"对话框中选择单元类型 2,单击"Options"按钮,弹出"INFIN110 element type options"(单元类型选项)对话框,如图 19-28 所示。在"Element degrees of freedom　K1"下拉列表框中选择"VOLT(charge)",在"Define element as　K2"下拉列表框中选择"8-Noded Quad",单击"OK"按钮,回到"Element Types"对话框,最后单击"Close"按钮,关闭该对话框。

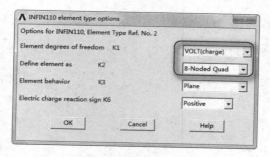

图 19-28　单元类型选项对话框

❼ 以 μMKSV 单位制设定自由空间介电常数：从主菜单中选择 Main Menu > Preprocessor > Material Props > Electromag Units，弹出 "Electromagnetic Units"（选择电磁单位制）对话框，如图 19-29 所示，单击 "User-defined" 单选按钮，单击 "OK" 按钮，又弹出 "Electromagnetic Units"（设置用户电磁单位制）对话框，如图 19-30 所示，在第二个文本框中将默认值修改为 "8.854e-006"，单击 "OK" 按钮，将用户自定义自由空间介电常数定义为 "8.854e-006"，其他单位必须与介电常数单位相一致。

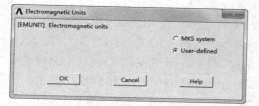

图 19-29　选择电磁单位制

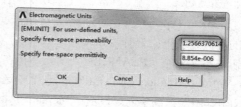

图 19-30　设置用户电磁单位制

❽ 定义材料属性：从主菜单中选择 Main Menu > Preprocessor > Material Props > Material Models，弹出 "Define Material Model Behavior" 对话框，在 "Material Models Available" 列表框中连续单击 Electromagnetics > Relative Permittivity > Constant 后，又弹出 "Relative Permittivity for Material Number 1" 对话框，如图 19-31 所示，在 "PERX" 文本框中输入 "1"，单击 "OK" 按钮，回到 "Define Material Model Behavior" 对话框，结果如图 19-32 所示，最后选择 Material > Exit 命令结束。

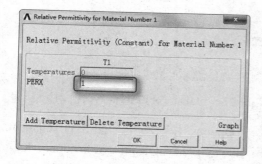

图 19-31　定义相对介电常数

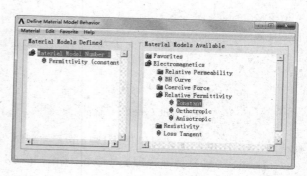

图 19-32　材料属性定义结果

第19章　电场分析

19.2.3　建立模型、赋予属性和划分网格

❶ 建立平面几何模型：从主菜单中选择 Main Menu > Preprocessor > Modeling > Create > Areas > Circle > Partial Annulus，弹出"Part Annular Circ Area"（创建圆面）对话框，如图 19-33 所示。在"WP X"文本框中输入"d/2"，在"WP Y"文本框中输入"d/2"，在"Rad-1"文本框中输入"a"，单击"Apply"按钮，创建一个半径为 a 的实心圆。

（1）在"WP X"文本框中输入"0"，在"WP Y"文本框中输入"0"，在"Rad-1"文本框中输入"ro"，在"Theta-1"文本框中输入"0"，在"Theta-2"文本框中输入"90"，单击"Apply"按钮，创建一个半径为 ro 的 1/4 圆。

（2）在"WP X"文本框中输入"0"，在"WP Y"文本框中输入"0"，在"Rad-1"文本框中输入"2*ro"，在"Theta-1"文本框中输入"0"，在"Theta-2"文本框中输入"90"，单击"Apply"按钮，创建一个半径为 2*ro 的 1/4 圆。

（3）在"WP X"文本框中输入"0"，在"WP Y"文本框中输入"0"，在"Rad-1"文本框中输入"2*ro"，在"Theta-1"文本框中输入"0"，在"Theta-2"文本框中输入"90"，单击"OK"按钮，创建一个半径为 2*ro 的 1/4 圆。

❷ 布尔叠分操作：从主菜单中选择 Main Menu > Preprocessor > Modeling > Operate > Booleans > Overlap > Areas，弹出"Overlap Areas"对话框，单击"Pick All"按钮，对所有的面进行叠分操作。

❸ 压缩不用的面号：从主菜单中选择 Main Menu > Preprocessor > Numbering Ctrls > Compress Numbers，弹出"Compress Numbers"对话框，如图 19-34 所示，在"Label Item to be compressed"下拉列表框中选择"Areas"，将面号重新压缩编排，从 1 开始，中间没有空缺，单击"OK"按钮退出该对话框。

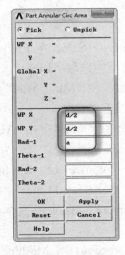

图 19-33　创建圆面

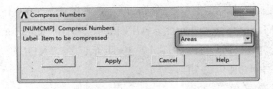

图 19-34　压缩面号

❹ 重新显示：从实用菜单中选择 Utility Menu > Plot > Replot，最后得到的几何模型，如图 19-35 所示。

❺ 智能划分网格：从主菜单中选择 Main Menu > Preprocessor > Meshing > MeshTool，弹

出"MeshTool"对话框,如图 19-36 所示,选中"Smart Size"复选框,并将"Fine—Coarse"滑块拖到 4 的位置,设定智能网格划分的等级为 4。在"Mesh"下拉列表框中选择"Areas",在"Shape"后面单击"Tri"和"Free"单选按钮,单击"Mesh"按钮,弹出"Mesh Areas"拾取框,在图形界面上拾取面 3,或者在拾取框的文本框中输入"3"并按〈Enter〉键,单击"OK"按钮,回到"MeshTool"对话框,生成的网格结果如图 19-37 所示,然后单击"MeshTool"对话框中的"Close"按钮。

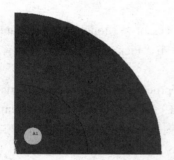

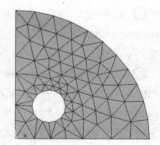

图 19-35 单个圆柱导体几何模型   图 19-36 网格工具   图 19-37 面 3 网格

❻ 选择远场区域径向线:从实用菜单中选择 Utility Menu > Select > Entities,弹出"Select Entities"对话框,如图 19-38 所示。在第一个下拉列表框中选取"Lines",第二个下拉列表框中选择"By Location",单击"X-coordinates"单选按钮,在"Min,Max"文本框中输入"1.5*ro",单击"From Full"单选按钮,单击"Apply"按钮。

单击"Y-coordinates"单选按钮,在"Min,Max"文本框中输入"1.5*ro",单击"Also Select"单选按钮,单击"OK"按钮,这样就选择了远场区域径向的两条线。

❼ 设定所选线上单元个数:从主菜单中选择 Main Menu > Preprocessor > Meshing > Size Cntrls > ManualSize > Lines > All Lines,弹出"Element Sizes on All Selected Lines"(在线上控制单元尺寸)对话框,如图 19-39 所示,在"NDIV No. of element divisions"文本框中输入"1",单击"OK"按钮。

❽ 设置单元属性:从主菜单中选择 Main Menu > Preprocessor > Meshing > Mesh Attributes > Default Attribs,弹出"Meshing Attributes"(设置单元属性)对话框,如图 19-40 所示,在"[TYPE] Element type number"下拉列表框中选择"2 INFIN110",单击"OK"按钮退出。默认是 1 号单元类型。

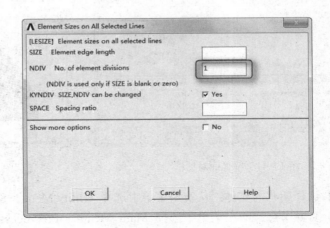

图 19-38　选择实体　　　　　图 19-39　在线上控制单元尺寸

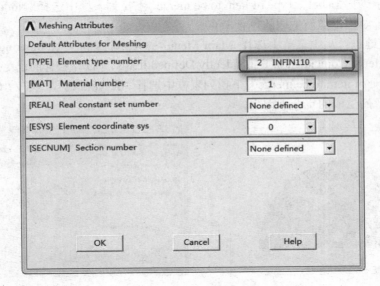

图 19-40　设置单元属性

❾ 映射网格划分：从主菜单中选择 Main Menu > Preprocessor > Meshing > MeshTool，弹出"MeshTool"对话框，如图 19-36 所示，在"Mesh"下拉列表框中选择"Areas"，在"Shape"后面单击"Quad"和"Mapped"单选按钮，单击"Mesh"按钮，弹出"Mesh Areas"拾取框，在图形界面上拾取面 2，或者在拾取框的文本框中输入"2"并按〈Enter〉键，单击"OK"按钮，回到"MeshTool"对话框，单击"Close"按钮。

❿ 生成对称镜像模型：从主菜单中选择 Main Menu > Preprocessor > Modeling > Reflect > Areas，弹出一个面拾取框，单击面拾取框上的"Pick All"按钮，又弹出"Reflect Areas"（镜像面）对话框，如图 19-41 所示，在"Ncomp　Plan of symmetry"中单击"Y-Z plane　X"单选按钮，单击"OK"按钮，这样模型就以 Y-Z 平面为对称平面将模型进行镜像，镜像后的模型如图 19-42 所示，镜像后的网格如图 19-43 所示。

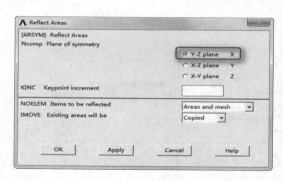

图 19-41　镜像面对话框

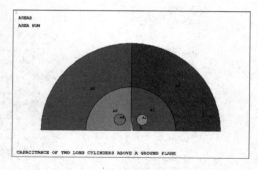

图 19-42　镜像后的模型

⓫ 选择所有的实体：从实用菜单中选择 Utility Menu > Select > Everything。

⓬ 合并节点：从主菜单中选择 Main Menu > Preprocessor > Numbering Ctrls > Merge Items，弹出"Merge Coincident or Equivalently Defined Items"（合并重合的已定义项）对话框，如图 19-44 所示，在"Label　Type of item to be merge"下拉列表框中选择"Nodes"，单击"OK"按钮，合并由于对称镜像而生成的重合节点。

⓭ 合并关键点：从主菜单中选择 Main Menu > Preprocessor > Numbering Ctrls > Merge Items，弹出"Merge Coincident or Equivalently Defined Items"（合并重合的已定义项）对话框，在"Label　Type of item to be merge"下拉列表框中选择"Keypoints"，单击"OK"按钮，合并由于对称镜像而生成的重合关键点。

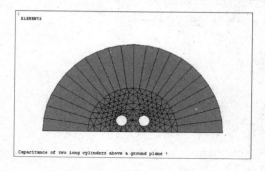

图 19-43　镜像后的网格

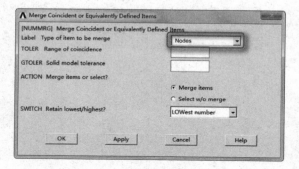

图 19-44　合并重合的已定义项

19.2.4　添加边界条件和载荷

❶ 改变坐标系：从实用菜单中选择 Utility Menu > WorkPlane > Change Active CS to > Global Cylindrical，把当前的活动坐标系由全局笛卡儿坐标系改变为全局柱坐标系。

❷ 选择远场边界上的节点：从实用菜单中选择 Utility Menu > Select > Entities，弹出"Select Entities"对话框，在第一个下拉列表框中选取"Nodes"，在第二个下拉列表框中选择"By Location"，单击"X coordinates"单选按钮，在"Min, Max"文本框中输入"2*ro"，单击"From Full"单选按钮，单击"OK"按钮，选中半径在"2*ro"处远场边界上的所有节点。

❸ 在远场外边界节点上施加远场标志：从主菜单中选择 Main Menu > Solution > Define Loads > Apply > Electric > Flag > Infinite Surf > On Nodes，弹出一个拾取节点的拾取框，单击

第19章 电场分析

"Pick All"按钮，给远场区域外边界施加远场标志。

❹ 选择所有的实体：从实用菜单中选择 Utility Menu > Select > Everything。

❺ 创建局部坐标系：从实用菜单中选择 Utility Menu > WorkPlane > Local Coordinate Systems > Create Local CS > At Specified Loc，弹出"Create CS at Loca…"拾取框，在文本框中输入坐标点"d/2, d/2, 0"并按〈Enter〉键，单击"OK"按钮，弹出"Create Local CS at Specified Location"对话框，如图19-45所示，在"KCN Ref number of new coord sys"文本框中输入"11"，在"KCS Type of coordinate system"下拉列表框中选择"Cylindrical 1"，其他接受默认设置。单击"OK"按钮，在（d/2, d/2, 0）处创建了一个坐标号为11的用户自定义柱坐标系。

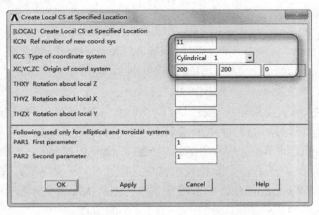

图19-45　在指定点创建局部坐标系

❻ 选择圆柱导体边界上的节点：从实用菜单中选择 Utility Menu > Select > Entities，弹出"Select Entities"对话框，在第一个下拉列表框中选取"Nodes"，在第二个下拉列表框中选择"By Location"，单击"X coordinates"单选按钮，在"Min, Max"文本框中输入"a"，单击"From Full"单选按钮，单击"OK"按钮，选中圆心在（d/2, d/2, 0）处圆柱导体边界上的节点。

❼ 通过所选单元创建一个组件：从实用菜单中选择 Utility Menu > Select > Comp/Assembly > Create Component，弹出"Create Component"对话框，如图19-46所示，在"Cname Component name"文本框中输入"cond1"，在"Entity Component is made of"下拉列表框中选择"Nodes"，单击"OK"按钮。

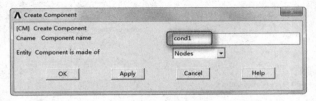

图19-46　创建组件

❽ 创建局部坐标系：从实用菜单中选择 Utility Menu > WorkPlane > Local Coordinate Systems > Create Local CS > At Specified Loc，弹出"Create CS at Loca…"拾取框，在文本框中输入坐标点"-d/2, d/2, 0"并按〈Enter〉键，单击"OK"按钮，弹出"Create Local CS at

Specified Location"对话框,如图 19-45 所示,在"KCN　Ref number of new coord sys"文本框中输入 12,在"KCS　Type of coordinate system"下拉列表框中选择"Cylindrical 1",其他项接受默认设置。单击"OK"按钮,在(d/2,d/2,0)处创建了一个坐标号为 12 的用户自定义柱坐标系。

❾ 选择圆柱导体边界上的节点:从实用菜单中选择 Utility Menu > Select > Entities,弹出"Select Entities"对话框,在第一个下拉列表框中选取"Nodes",在第二个下拉列表框中选择"By Location",单击"X coordinates"单选按钮,在"Min,Max"文本框中输入"a",单击"From Full"单选按钮,单击"OK"按钮,选中圆心在(-d/2,d/2,0)处圆柱导体边界上的节点。

❿ 将所选单元生成一个组件:从实用菜单中选择 Utility Menu > Select > Comp/Assembly > Create Component,弹出"Create Component"对话框,如图 19-46 所示。在"Cname　Component name"文本框中输入组件名"cond2",在"Entity　Component is made of"下拉列表框中选择"Nodes",单击"OK"按钮。

⓫ 改变坐标系:从实用菜单中选择 Utility Menu > WorkPlane > Change Active CS to > Global Cartesian,把当前的活动坐标系由局部 12 柱坐标系改变为全局笛卡儿坐标系。

⓬ 选择地面边界上的节点:从实用菜单中选择 Utility Menu > Select > Entities,弹出"Select Entities"对话框,在第一个下拉列表框中选取"Nodes",在第二个下拉列表框中选择"By Location",单击"Y coordinates"单选按钮,在"Min,Max"文本框中输入 0,单击"From Full"单选按钮,单击"OK"按钮,选中地面边界上的节点。

⓭ 将所选单元生成一个组件:从实用菜单中选择 Utility Menu > Select > Comp/Assembly > Create Component,弹出"Create Component"对话框,在"Cname　Component name"文本框中输入组件名"cond3",在"Entity　Component is made of"下拉列表框中选择"Nodes",单击"OK"按钮。

⓮ 选择所有的实体:从实用菜单中选择 Utility Menu > Select > Everything。

19.2.5 求解

❶ 执行静电场计算并计算两个导体与地之间的自电容和互电容系数:从主菜单中选择 Main Menu > Solution > Solve > Electromagnet > Static Analysis > Capac Matrix,弹出"Capac Matrix"(计算多导体自电容和互电容系数)对话框,如图 19-47 所示,分别在:

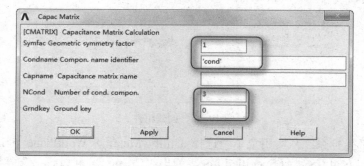

图 19-47　计算多导体自电容和互电容系数对话框

"Symfac Geometric symmetry factor"文本框中输入"1";
"Condname Compon.name identifier"文本框中输入"'cond'";
"NCond Number of cond.compon."文本框中输入"3";
"Grndkey Ground key"文本框中输入"0"。

单击"OK"按钮,开始求解运算,直到出现一个"Solution is done"的提示栏,表示求解结束,随后弹出一个信息窗口,列出默认名称为"CMATRIX"的电容矩阵值,如图19-48所示,与前述的目标值进行比较,确认无误后,关闭该信息窗口。

❷ 退出ANSYS:单击工具条中的"QUIT"按钮弹出如图19-49所示的"Exit from ANSYS"对话框,单击"Quit-No Save!"单选按钮,单击"OK"按钮,退出ANSYS软件。

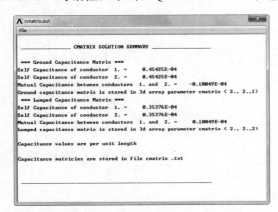

图19-48 两个导体与地之间的自电容和互电容系数值

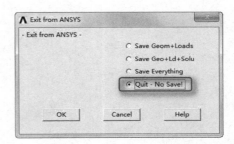

图19-49 退出ANSYS

19.2.6 命令流执行方式

命令流执行方式这里不再详细介绍,读者可参见云盘资料中的电子文档。

第 5 篇

耦合场分析篇

- ☑ 第 20 章 耦合场分析简介
- ☑ 第 21 章 直接耦合场分析
- ☑ 第 22 章 多场求解-MFS 单码的耦合分析

第 20 章

耦合场分析简介

本章主要介绍耦合场分析的基本概念、分析类型和单位制。

分析类型主要包括直接耦合分析、载荷传递分析及其他分析方法。耦合场分析单位制主要通过表格方式给出了标准 MKS 单位到 μMKSV 和 μMSVfA 单位的换算因数。

- ☑ 耦合场分析的定义
- ☑ 耦合场分析的类型
- ☑ 耦合场分析的单位制

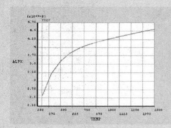 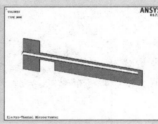 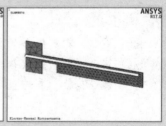

第20章 耦合场分析简介

20.1 耦合场分析的定义

耦合场分析是指考虑了两个或多个工程物理场之间相互作用的分析。例如，压电分析，考虑结构和电场的相互作用，求解由于所施加位移造成的电压分布或相反过程。其他耦合场分析的例子包括热-应力分析、热-电分析、流体结构耦合分析。

需要进行耦合场分析的工程应用包括压力容器（热-应力分析）、感应加热（磁-热分析）、超声波传感器（压电分析）及磁体成形（磁-结构分析）等。

20.2 耦合场分析的类型

20.2.1 直接方法

直接方法通常只包含一个分析，它使用一个包含所有必需自由度的耦合单元类型，通过计算包含所需物理量的单元矩阵或单元载荷向量的方式进行耦合。直接方法耦合场分析的一个例子是使用了 PLANE223、SOLID226 或 SOLID227 单元的压电分析，另一个例子是使用 TRANS126 单元的 MEMS 分析。使用 FLOTRAN 单元的 FLOTRAN 分析是另一种直接方法。

20.2.2 载荷传递分析

载荷传递方法包含了两个或多个分析，每一个分析都属于一个不同的场，通过将一个分析的结果作为载荷施加到另一个分析中的方式耦合两个场。载荷分析有不同的类型。

1. 载荷传递耦合方法——ANSYS 多场求解器

ANSYS 多场求解器可用于多类耦合分析问题，它是一个求解载荷传递耦合场问题的自动化工具，取代了基于物理文件的过程，并为求解载荷传递耦合物理问题提供了一个强大、精确、易于使用的工具。每一个物理场都可视为一个包含独立实体模型和网格的场。耦合载荷传递要确定面或体。多场求解器命令集使问题成型，并定义了求解先后顺序。通过使用求解器，耦合载荷会自动地在不同的网格中传递。求解器适用于稳态、谐波及瞬态分析，这主要取决于物理需求。以顺序（或混合顺序同步）方式可以求解许多场。ANSYS 多场求解器的两种版本是为了不同应用场合而设计的，它们拥有不同的优点及程序。

（1）MFS-单代码：基本的 ANSYS 多场求解器，当模拟包含带有所有物理场的小模型时，就可以使用它。这些物理场包含在一个软件包内（如 ANSYS 多场）。MFS-单代码求解器使用迭代耦合，其中每一个物理场要顺序求解，并且每一个矩阵方程要分别求解。求解器在每个物理场之间迭代，直到通过物理界面传递的载荷收敛为止。

（2）MFX-多代码：高级 ANSYS 多场求解器，用于模拟分布在多个软件包之间的物理场（如在 ANSYS 多场和 ANSYS CFX 之间）。MFX 求解器比 MFS 版本提供了更多的模型。MFX-多代码求解器使用迭代耦合，其中每一个物理场可以同时求解，也可以顺序求解，而每一个矩阵方程要分别求解。求解器在每一个物理场之间迭代，直到通过物理界面传递的载荷收敛为止。

2. 载荷传递耦合分析——物理文件

对于一个基于物理文件的载荷传递，必须使用物理环境明确地传递载荷。这类分析的一个例子是顺序热-应力分析,其中热分析中的节点温度作为"体力"施加到随后的应力分析中。物理分析基于一个物理场中的有限元网格。要创建用于定义物理环境的物理文件,这些文件形成数据库,并为一个给定的物理模拟提供单一网格。一般过程为读入第一个物理文件并求解,然后读入下一个物理场,确定将要传递的载荷并求解第二个物理场。使用 LDREAD 命令连接不同的物理环境,并将第一个物理环境中得到的结果数据作为载荷,通过节点-节点相似网格界面传递到下一个物理环境中求解。也可以使用 LDREAD 从一个分析中读取结果并作为载荷施加到随后的分析中,而不必使用物理文件。

3. 载荷传递耦合分析——单向载荷传递

也可以通过单向载荷传递的方法耦合流-固相互作用的分析,这种方法要求确定流体分析结果并没有严重影响固体载荷,反之亦然。ANSYS 多物理分析中的载荷可以单向地传递到 CFX 流体分析中,或者 CFX 流体分析中的载荷可以传递到 ANSYS 多物理分析中。载荷传递发生在分析的外部。

20.2.3 直接方法和载荷传递

当耦合场之间的相互作用包括强烈耦合的物理场,或者是高度非线性的,则直接耦合较具优势,它使用耦合变量一次求解得到结果。直接耦合的例子有压电分析、流体流动的共轭传热分析,以及电路-电磁分析。这些分析中使用了特殊的耦合单元直接求解耦合场的相互作用。

对于多场的相互作用非线性程度不是很高的情况,载荷传递方法更有效,也更灵活。因为每种分析都是相对独立的。耦合可以是双向的,不同物理场之间进行相互耦合分析,直到收敛达到一定精度。例如,在一个载荷传递热-应力分析中,可以先进行非线性瞬态分析,接着进行线性静力分析。可以将热分析中任一载荷步或时间点的节点温度作为载荷施加到应力分析中。在一个载荷传递耦合分析中,可使用 FLOTRAN 流体单元和 ANSYS 结构、热或耦合场单元进行非线性瞬态流体-固体相互作用分析。

直接耦合需要较少的用户干涉,因为耦合场单元会控制载荷传递。进行某些分析时,必须使用直接耦合(如压电分析)。载荷传递方法要求定义更多细节,并要手动设定传递的载荷,但是它会提供更多的灵活性,这样就可以在不同的网格之间和不同的分析之间传递载荷了。各种分析方法应用场合如表 20-1 所示,各种物理场分析方法如表 20-2 所示。

表 20-1 各种分析方法的应用场合

方法	应用场合
载荷传递方法	
热-结构	各种场合
电磁-热,电磁-热-结构	感应加热、RF加热、Peltier冷却器
静电-结构,静电-结构-流体	MEMS
磁-结构	螺线管、电磁机械
FSI,基于CFX-和FLOTRAN-	航空航天、自动燃料、水力系统、MEMS流体阻尼、药物输送泵、心脏阀
电磁-固体-流体	流体处理系统、EFI、水力系统
热-CFD	电子冷却
直接方法	
热-结构	燃气涡轮、MEMS共鸣器
声学-结构	声学、声呐,SAW

(续)

方　法	应　用　场　合
直接方法	
压电	传声器、传感器、激励器、变换器、共鸣器
电弹	MEMS
压阻	压力传感器、应变仪、加速计
热-电	温度传感器、热管理、Peltier 冷却器、热电发电机
静电-结构	MEMS
环路耦合电磁	发动机，MEMS
电-热-结构-磁	IC、PCB电热压力、MEMS激励器
流体-热	管网、歧管

表 20-2　各种物理场可用的分析方法

耦合物理场	载荷传递方法	直接方法	注　释
热-结构	ANSYS多场求解器	PLANE13，SOLID5，SOLID98，PLANE223，SOLID226，SOLID227	也可以使用LDREAD，但是如果采用载荷传递方法，推荐使用ANSYS多场求解器
热-电		PLANE223，SOLID226，SOLID227（Joule，Seebeck，Peltier，Thompson）	
热-电-结构	ANSYS多场求解器	PLANE223，SOLID226，SOLID227	也可以使用LDREAD，但是如果采用载荷传递方法，推荐使用ANSYS多场求解器。直接和载荷传递方法都支持焦耳加热。只有直接方法才能使用Seebeck、Peltier和Thompson效应
压电		PLANE13，SOLID5，SOLID98，PLANE223，SOLID226，SOLID227	
电弹		PLANE223，SOLID226，SOLID227	
压阻		PLANE223，SOLID226，SOLID227	
电磁-热	ANSYS多场求解器	PLANE13，SOLID5，SOLID98	也可以使用LDREAD，但是如果采用载荷传递方法，推荐使用ANSYS多场求解器
电磁-热-结构		PLANE13，SOLID98	
声学-结构（无粘性FSI）		FLUID29，FLUID30	
电路-耦合电磁		CIRCU124+PLANE53，或SOLID117，CIRCU94	
静电-结构		TRANS109，TRANS126	也可以使用LDREAD，但是如果采用载荷传递方法，推荐使用ANSYS多场求解器
磁-结构	ANSYS多场求解器	PLANE13，SOLID62，SOLID5，SOLID98	
流体-热（基于MFX）		CFX共轭传热	
FSI（基于Fluent）	Workbench：系统耦合		
FSI（基于MFX）	ANSYS多场求解器MFX，单向ANSYS到CFX载荷传递（EXPROFILE），单向CFX到ANSYS载荷传递（MFIMPORT）		如果需要在单独的代码间进行迭代，可以使用MFX求解器，否则使用适当的单向选项
磁-流体	ANSYS多场求解器		也可以使用LDREAD，但是如果采用载荷传递方法，推荐使用ANSYS多场求解。LDREAD能够将Lorentz力读入CFD网格中，也可以通过将CFD计算出来的速度分布输入到电磁模型中模拟发电，来说明常规速度效应（PLANE53，SOLID97，SOLID117）

20.2.4 其他分析方法

1. 降阶模拟

降阶模拟描述了一种有效求解包含柔性结构的耦合场问题的求解方法。降阶模拟（ROM）方法基于结构响应的模态表现之上，由模态振型（特征向量）的因素之和描述变形结构区域，产生的 ROM 从本质上说是一个系统对任一激励的响应的分析表达。这种方法已经用于耦合静电-结构分析，并且已应用到微型电子机械系统（MEMS）中。

2. 耦合物理电路分析

通常使用电路模拟进行耦合物理分析。例如，"集总"电阻器、源极、电容器和感应器之类的组件能够代表电设备；等效电感和电阻能够代表磁设备；弹簧、质量和节气闸能够代表机械设备。ANSYS 提供了一套在电路中进行耦合模拟的工具。Circuit Builder 可以很方便地对电、磁、压电和机械设备创建电路单元。ANSYS 电路功能允许在区域中的适当地方用"分布式"有限元模型连接两个集总单元，此区域需要用一个全有限元解表征。公共自由度组可以把集总和分布式模型连接起来。

20.3 耦合场分析的单位制

在 ANSYS 中，必须确保输入的所有数据用相同的单位制，可使用任何一个相同的单位制。对于微型电子机械系统（MEMS），元件尺寸可能只有几微米，最好用更方便的单位建立问题。如表 20-3～表 20-16 列出了从标准 MKS 单位到 μMKSV 和 μMSVfA 单位的换算因数。

表 20-3 从 MKS 到 μMKSV 的磁换算因数

磁参数	MKS单位	量纲	乘以换算因数	μMKSV单位	量纲
通量	Weber	$kg \cdot m^2/(A \cdot s^2)$	1	Weber	$kg \cdot \mu m^2/(pA \cdot s^2)$
通量密度	Tesla	$kg/(A \cdot s^2)$	10^{-12}	TTesla	$kg/(pA \cdot s^2)$
场强	A/m	A/m	10^6	$pA/\mu m$	$pA/\mu m$
电流	A	A	10^{12}	pA	pA
电流密度	A/m^2	A/m^2	1	$pA/\mu m^2$	$pA/\mu m^2$
渗透性①	H/m	$kg \cdot m/(A^2 \cdot s^2)$	10^{-18}	$TH/\mu m$	$kg \cdot \mu m/(pA^2 \cdot s^2)$
感应系数	H	$kg \cdot m^2/(A^2 \cdot s^2)$	10^{-12}	TH	$kg \cdot \mu m^2/(pA^2 \cdot s^2)$

注：① 自由空间渗透性为 $4\pi \times 10^{-25} TH/\mu m$，只有常数渗透性才能和这些单位一起使用。

表 20-4 从 MKS 到 μMKSV 的压电换算因数

压电矩阵	MKS单位	量纲	乘以换算因数	μMKSV单位	量纲
应力矩[e]	C/m^2	$A \cdot s/m^2$	1	$pC/\mu m^2$	$pA \cdot s/\mu m^2$
应变矩[d]	C/N	$A \cdot s^3/(kg \cdot m)$	10^6	$pC/\mu N$	$pA \cdot s^3/(kg \cdot \mu m)$

第20章 耦合场分析简介

表 20-5 从 MKS 到 μMKSV 的机械换算因数

机械参数	MKS单位	量纲	乘以换算因数	μMKSV单位	量纲
长度	m	m	10^6	μm	μm
力	N	Kg·m/s^2	10^6	μN	kg·μm/s^2
时间	s	s	1	s	s
质量	kg	kg	1	kg	kg
压力	Pa	kg/(m·s^2)	10^{-6}	MPa	kg/(μm·s^2)
速度	m/s	m/s	10^6	μm/s	μm/s
加速度	m/s^2	m/s^2	10^6	μm/s^2	μm/s^2
密度	kg/m^3	kg/m^3	10^{-18}	kg/μm^3	kg/μm^3
应力	Pa	kg/(m·s^2)	10^{-6}	MPa	kg/(μm·s^2)
杨氏模量	Pa	kg/(m·s^2)	10^{-6}	MPa	kg/(μm·s^2)
功率	W	kg·m^2/s^3	10^{12}	pW	kg·μm^2/s^3

表 20-6 从 MKS 到 μMKSV 的热换算因数

热参数	MKS单位	量纲	乘以换算因数	μMKSV单位	量纲
传导率	W/(m·℃)	kg·m/(℃·s^3)	10^6	pW/(μm·℃)	kg·μm/(℃·s^3)
热通量	W/m^2	kg/s^3	1	pW/μm^2	kg/s^3
比热	J/(kg·℃)	m^2/(℃·s^2)	10^{12}	pJ/(kg·℃)	μm^2/(℃·s^2)
热通量	W	kg·m^2/s^3	10^{12}	pW	kg·μm^2/s^3
单位容积的生热	W/m^3	kg/(m·s^3)	10^{-6}	pW/μm^3	kg/(μm·s^3)
对流系数	W/(m^2·℃)	kg/(s^3·℃)	1	pW/(μm^2·℃)	kg/(s^3·℃)
动力粘度	kg/(m·s)	kg/(m·s)	10^{-6}	kg/(μm·s)	kg/(μm·s)
运动粘度	m^2/s	m^2/s	10^{12}	μm^2/s	μm^2/s

表 20-7 从 MKS 到 μMKSV 的电换算因数

电参数	MKS单位	量纲	乘以换算因数	μMKSV单位	量纲
电流	A	A	10^{12}	pA	pA
电压	V	kg·m^2/(A·s^3)	1	V	kg·μm^2/(pA·s^3)
电荷	C	A·s	10^{12}	pC	pA·s
传导率	S/m	A^2·s^3/(kg·m^3)	10^6	pS/μm	pA^2·s^3/(kg·μm^3)
电阻系数	Ωm	k·gm^3/(A^2·s^3)	10^{-6}	TΩμm	kg·μm^3/(pA^2·s^3)
介电系数[①]	F/m	A^2·s^4/(kg·m^3)	10^6	pF/μm	pA^2·s^4/(kg·μm^3)
能量	J	kg·m^2/s^2	10^{12}	pJ	kg·μm^2/s^2
电容	F	A^2·s^4/(kg·m^2)	10^{12}	pF	pA^2·s^4/(kg·μm^2)
电场	V/m	kg·m/(s^3·A)	10^{-6}	V/μm	kg·μm/(s^3·pA)
电通量密度	C/m^2	A·s/m^2	1	pC/μm^2	pA·s/μm^2

注:① 自由空间介电系数为 8.854×10^{-6} pF/μm。

表 20-8 从 MKS 到 μMKSV 的压阻换算因数

压阻矩阵	MKS单位	量纲	乘以换算因数	μMKSV单位	量纲
压阻应力矩阵[π]	Pa^{-1}	$m \cdot s^2/kg$	10^6	MPa^{-1}	$\mu m \cdot s^2/kg$

表 20-9 从 MKS 到 μMSVfA 的机械换算因数

机械参数	MKS单位	量纲	乘以换算因数	μMSVfA单位	量纲
长度	m	m	10^6	μm	μm
力	N	$kg \cdot m/s^2$	10^9	nN	$g \cdot \mu m/s^2$
时间	s	s	1	s	s
质量	kg	kg	10^3	g	g
压力	Pa	$kg/(m \cdot s^2)$	10^{-3}	kPa	$g/(\mu m \cdot s^2)$
速度	m/s	m/s	10^6	μm/s	μm/s
加速度	m/s^2	m/s^2	10^6	m/s^2	$\mu m/s^2$
密度	kg/m^3	kg/m^3	10^{-15}	$g/\mu m^3$	$g/\mu m^3$
应力	Pa	$kg/(m \cdot s^2)$	10^{-3}	kPa	$g/(\mu m \cdot s^2)$
杨氏模量	Pa	$kg/(m \cdot s^2)$	10^{-3}	kPa	$g/(\mu m \cdot s^2)$
功率	W	$kg \cdot m^2/s^3$	10^{15}	fW	$g \cdot \mu m^2/s^3$

表 20-10 从 MKS 到 μMSVfA 的热换算因数

热参数	MKS单位	量纲	乘以换算因数	μMSVfA单位	量纲
传导率	$W/(m \cdot ℃)$	$kg \cdot m/(℃ \cdot s^3)$	10^9	$fW/(\mu m \cdot ℃)$	$g \cdot \mu m/(℃ \cdot s^3)$
热通量	W/m^2	kg/s^3	10^{-3}	$fW/\mu m^2$	g/s^3
比热容	$J/(kg \cdot ℃)$	$m^2/(℃ \cdot s^2)$	10^{12}	$fJ/(g \cdot ℃)$	$\mu m^2/(℃ \cdot s^2)$
热通量	W	$kg \cdot m^2/s^3$	10^{15}	fW	$g \cdot \mu m^2/s^3$
单位容积的生热	W/m^3	$kg/(m \cdot s^3)$	10^{-3}	$fW/\mu m^3$	$g/(\mu m \cdot s^3)$
对流系数	$W/(m^2 \cdot ℃)$	$kg/(s^3 \cdot ℃)$	10^{-3}	$fW/(\mu m^2 \cdot ℃)$	$g/(s^3 \cdot ℃)$
动力粘度	$kg/(m \cdot s)$	$kg/(m \cdot s)$	10^{-3}	$g/(\mu m \cdot s)$	$g/(\mu m \cdot s)$
运动粘度	m^2/s	m^2/s	10^{12}	$\mu m^2/s$	$\mu m^2/s$

表 20-11 从 MKS 到 μMSVfA 的磁换算因数

磁参数	MKS单位	量纲	乘以换算因数	μMSVfA单位	量纲
通量	Weber	$kg \cdot m^2/(A \cdot s^2)$	1	Weber	$g \cdot \mu m^2/(fA \cdot s^2)$
通量密度	Tesla	$kg/(A \cdot s^2)$	10^{-12}		$g/(fA \cdot s^2)$
场强	A/m	A/m	10^9	fA/μm	fA/μm
电流	A	A	10^{15}	fA	fA
电流密度	A/m^2	A/m^2	10^3	$fA/\mu m^2$	$fA/\mu m^2$
渗透性[①]	H/m	$kg \cdot m/(A^2 \cdot s^2)$	10^{-21}		$g \cdot \mu m/(fA^2 \cdot s^2)$
感应系数	H	$kg \cdot m^2/(A^2 \cdot s^2)$	10^{-15}		$g \cdot \mu m^2/(fA^2 \cdot s^2)$

注：① 自由空间渗透性为 $4\pi \times 10^{-28} g \cdot \mu m/(fA^2 \cdot s^2)$，只有常数渗透性才能和这些单位一起使用。

第20章 耦合场分析简介

表 20-12 从 MKS 到 μMKSV 的热电换算因数

热电参数	MKS单位	量 纲	乘以换算因数	μMKSV单位	量 纲
塞贝克系数	V/℃	kg·m²/(A·s³·℃)	1	V/℃	kg·μm²/(pA·s³·℃)

表 20-13 从 MKS 到 μMSVfA 的电换算因数

电参数	MKS单位	量 纲	乘以换算因数	μMSVfA单位	量 纲
电流	A	A	10^{15}	fA	fA
电压	V	kg·m²/(A·s³)	1	V	g·μm²/(fA·s³)
电荷	C	A·s	10^{15}	fC	fA·s
传导率	S/m	A²·s³/(kg·m³)	10^{9}	nS/μm	fA²·s³/(g·μm³)
电阻系数	Ω·m	kg·m³/(A²·s³)	10^{-9}		g·μm³/(fA²·s³)
介电系数①	F/m	A²·s⁴/(kg·m³)	10^{9}	fF/μm	fA²·s⁴/(g·μm³)
能量	J	kg·m²/s²	10^{15}	fJ	g·μm²/s²
电容	F	A²·s⁴/(kg·m²)	10^{15}	fF	fA²·s⁴/(g·μm²)
电场	V/m	kg·m/(s³·A)	10^{-6}	V/μm	g·μm/(s³·fA)
电通量密度	C/m²	A·s/m²	10^{3}	fC/μm²	fA·s/μm²

注：① 自由空间介电系数为 8.854×10⁻³fF/μm。

表 20-14 从 MKS 到 μMSVfA 的压电换算因数

压电矩阵	MKS单位	量 纲	乘以换算因数	μMSVfA单位	量 纲
压电应[e]	C/m²	A·s/m²	10^{3}	fC/μm²	fA·s/μm²
压电应[d]	C/N	A·s³/(kg·m)	10^{6}	fC/μN	fA·s³/(g·μm)

表 20-15 从 MKS 到 μMSVfA 的压阻换算因数

压阻矩阵	MKS单位	量 纲	乘以换算因数	μMSVfA单位	量 纲
压阻应力矩阵[π]	Pa⁻¹	m·s²/kg	10^{3}	kPa⁻¹	μm·s²/g

表 20-16 从 MKS 到 μMSVfA 的热电换算因数

热电参数	MKS单位	量 纲	乘以换算因数	μMSVfA单位	量 纲
塞贝克系数	V/℃	kg·m²/(A·s³·℃)	1	V/℃	g·μm²/(fA·s³·℃)

第 21 章

直接耦合场分析——微型驱动器电热耦合分析

本章介绍直接耦合场分析实例,即微型驱动器电热耦合分析。

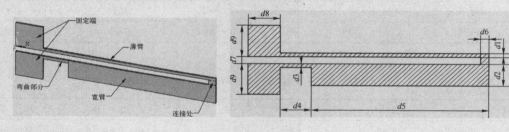

第21章 直接耦合场分析——微型驱动器电热耦合分析

21.1 问题描述

本实例中的微型驱动器芯片结构由薄臂、宽臂、弯曲部分和两个固定端组成,其中薄臂与宽臂相连接,芯片结构如图21-1所示。固定端除了起到支撑作用外,还可以导电和导热。驱动器是根据薄臂和宽臂热膨胀系数的不同而工作的。当不同的电压施加于两个固定端时,电流通过薄臂和宽臂会生成热量。由于两个臂的宽度不同,驱动器的薄臂比宽臂具有更高的电阻,因此薄臂会产生更多的热量。不均匀的受热会产生不均匀的热膨胀,也会引起驱动器尖端的偏斜。

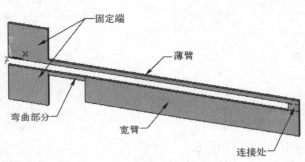

图 21-1 微型驱动器模型

当 15V 的电压差施加于两固定端时,三维静态结构热电耦合分析可以确定尖端的偏斜量和驱动器的温度分布。分析时需要考虑到表面辐射和对流换热,这对于驱动器的精确建模至关重要。微型驱动器的平面尺寸如图21-2所示,其厚度为 $d1$,单位为 m;材料基本属性如表21-1所示;导热系数与温度的关系曲线如图21-3所示;热膨胀系数与温度的关系曲线如图21-4所示。

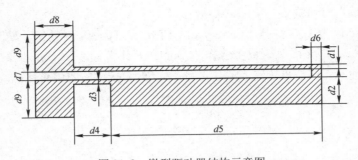

图 21-2 微型驱动器结构示意图

表 21-1 材料基本属性

属　性	数　值
弹性模量	1.69×10^5 MPa
泊松比	0.3
电阻系数	4.2×10^{-4} $\Omega \cdot$ mm

其中，$d1=40e-6$；$d2=255e-6$；$d3=40e-6$；$d4=330e-6$；$d5=1900e-6$；$d6=90e-6$；$d7=75e-6$；$d8=352e-6$；$d9=352e-6$；$d11=20e-6$。

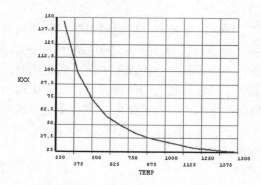

图 21-3　导热系数与温度的关系曲线

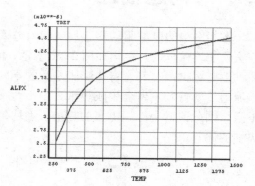

图 21-4　热膨胀系数与温度的关系曲线

21.2　前处理

01 定义工作文件名和工作标题

❶ 从菜单栏中选择 File > Change Jobname 命令，打开"Change Jobname"对话框，在"[/FILNAM] Enter new jobname"文本框中输入工作文件名"exercise"，使"NEW log and error files"保持"Yes"状态，单击"OK"按钮关闭该对话框。

❷ 从菜单栏中选择 File > Change Title 命令，打开"Change Title"对话框，在文本框中输入工作标题"Electro-Thermal Microactuator"，单击"OK"按钮关闭该对话框。

02 定义单元类型

❶ 从主菜单中选择 Main Menu > Preprocessor > Element Type > Add/Edit/Delete 命令，打开"Element Types"对话框。

❷ 单击"Add"按钮，打开"Library of Element Types"对话框，如图 21-5 所示。在"Library of Element Types"列表框中选择"Coupled Field"和"Tet 10node 227"，在"Element type reference number"文本框中输入"1"，单击"OK"按钮关闭该对话框。

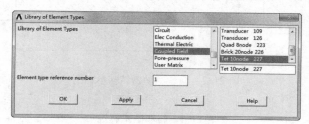

图 21-5　"Library of Element Types"对话框

❸ 单击"Element Types"对话框中的"Options"按钮，打开"SOLID227 element type options"对话框，如图 21-6 所示。在"Analysis Type　K1"下拉列表框中选择"Structural-thermoelectric"，其余选项采用系统默认设置，单击"OK"按钮关闭该对话框。

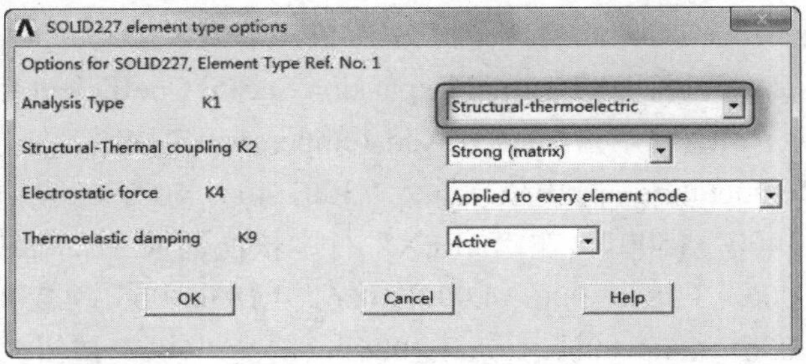

第21章 直接耦合场分析——微型驱动器电热耦合分析

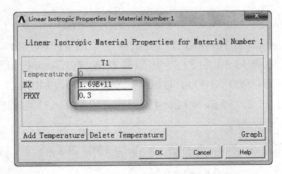

图 21-6 "SOLID227 element type options" 对话框

❹ 单击"Close"按钮关闭"Element Types"对话框。

03 定义材料性能参数

❶ 从主菜单中选择 Main Menu > Preprocessor > Material Props > Material Models 命令，打开"Define Material Model Behavior"对话框。

❷ 在"Material Models Available"列表框中依次单击 Structual > Linear > Elastic > Isotropic，打开"Linear Isotropic Properties for Material Number 1"对话框，如图 21-7 所示。在"EX"文本框中输入弹性模量"1.69E+11"，在"PRXY"文本框中输入泊松比"0.3"，单击"OK"按钮关闭该对话框。

图 21-7 "Linear Isotropic Properties for Material Number 1" 对话框

❸ 在"Material Models Available"列表框中依次单击 Electromagnetics > Resistivity > Constant，打开"Resistivity for Material Number 1"对话框，如图 21-8 所示。在"RSVX"文本框中输入电阻系数"4.2e-4"，单击"OK"按钮关闭该对话框。

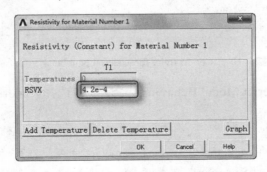

图 21-8 "Resistivity for Material Number 1" 对话框

❹ 在"Material Models Available"列表框中依次单击 Structural > Thermal Expansion > Secant Coefficient > Isotropic,打开"Thermal Expansion Secant Coefficient for Material Number 1"对话框,如图 21-9 所示。连续单击 12 次"Add Temperature"按钮,使之生成 13 列温度与热膨胀系数表格,在"Temperature"行中依次输入"300,400,500,600,700,800,900,1000,1100,1200,1300,1400,1500",在"ALPX"行中依次输入"2.568E-006,3.212E-006,3.594E-006,3.831E-006,3.987E-006,4.099E-006,4.185E-006,4.258E-006,4.323E-006,4.384E-006,4.442E-006,4.5E-006,4.556E-006",单击"OK"按钮关闭该对话框。

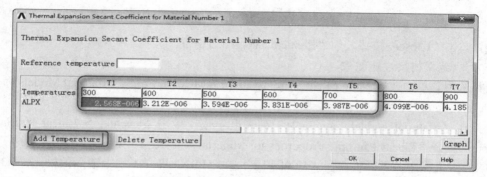

图 21-9 "Thermal Expansion Secant Coefficient for Material Number 1"对话框

❺ 在"Material Models Available"列表框中依次单击 Thermal > Conductivity > Isotropic,打开"Conductivity for Material Number 1"对话框,如图 21-10 所示。连续单击 12 次"Add Temperature"按钮,使之生成 13 列温度与导热系数表格,在"Temperature"行中依次输入"300,400,500,600,700,800,900,1000,1100,1200,1300,1400,1500",在"KXX"行中依次输入"146.4,98.3,73.2,57.5,49.2,41.8,37.6,34.5,31.4,28.2,27.2,26.1,25.1",单击"OK"按钮关闭该对话框。

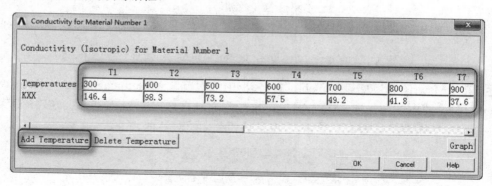

图 21-10 "Conductivity for Material Number 1"对话框

❻ 在"Define Material Model Behavior"对话框中选择 Material > Exit 命令,关闭该对话框。

04 建立几何模型

❶ 从菜单栏中选择 Parameters > Scalar Parameters 命令,打开"Scalar Parameters"对话框,如图 21-11 所示,在"Selection"文本框中依次输入:

第21章 直接耦合场分析——微型驱动器电热耦合分析

d1=40e-6；
d2=255e-6；
d3=40e-6；
d4=330e-6；
d5=1900e-6；
d6=90e-6；
d7=75e-6；
d8=352e-6；
d9=352e-6；
d11=20e-6；
Vlt=15；
Tblk=300。

图21-11 "Scalar Parameters"对话框

❷ 从主菜单中选择 Main Menu > Preprocessor > Modeling > Create > Keypoints > In Active CS 命令，打开"Create Keypoints in Active Coordinate System"对话框，如图21-12所示。在"NPT Keypoint number"文本框中输入"1"，在"X，Y，Z Location in active CS"前两个文本框中依次输入"0，0"。

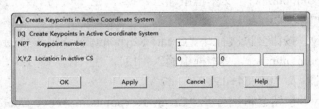

图21-12 "Create Keypoints in Active Coordinate System"对话框

❸ 单击"Apply"按钮会再次打开"Create Keypoints in Active Coordinate System"对话框。在"NPT Keypoint number"文本框中输入"2"，在"X，Y，Z Location in active CS"前两个文本框中依次输入"0，d9"。

❹ 单击"Apply"按钮会再次打开"Create Keypoints in Active Coordinate System"对话

框。在"NPT　Keypoint number"文本框中输入"3",在"X, Y, Z　Location in active CS"前两个文本框中依次输入"d8, d9"。

❺ 单击"Apply"按钮会再次打开"Create Keypoints in Active Coordinate System"对话框。在"NPT　Keypoint number"文本框中输入"4",在"X, Y, Z　Location in active CS"前两个文本框中依次输入"d8, d1"。

❻ 单击"Apply"按钮会再次打开"Create Keypoints in Active Coordinate System"对话框。在"NPT　Keypoint number"文本框中输入"5",在"X, Y, Z　Location in active CS"前两个文本框中依次输入"d8+d4+d5, d1"。

❼ 单击"Apply"按钮会再次打开"Create Keypoints in Active Coordinate System"对话框。在"NPT　Keypoint number"文本框中输入"6",在"X, Y, Z　Location in active CS"前两个文本框中依次输入"d8+d4+d5, -(d7+d2)"。

❽ 单击"Apply"按钮会再次打开"Create Keypoints in Active Coordinate System"对话框。在"NPT　Keypoint number"文本框中输入"7",在"X, Y, Z　Location in active CS"前两个文本框中依次输入"d8+d4, -(d7+d2)"。

❾ 单击"Apply"按钮会再次打开"Create Keypoints in Active Coordinate System"对话框。在"NPT　Keypoint number"文本框中输入"8",在"X, Y, Z　Location in active CS"前两个文本框中依次输入"d8+d4, -(d7+d3)"。

❿ 单击"Apply"按钮会再次打开"Create Keypoints in Active Coordinate System"对话框。在"NPT　Keypoint number"文本框中输入"9",在"X, Y, Z　Location in active CS"前两个文本框中依次输入"d8, -(d7+d3)"。

⓫ 单击"Apply"按钮会再次打开"Create Keypoints in Active Coordinate System"对话框。在"NPT　Keypoint number"文本框中输入"10",在"X, Y, Z　Location in active CS"前两个文本框中依次输入"d8, -(d7+d9)"。

⓬ 单击"Apply"按钮会再次打开"Create Keypoints in Active Coordinate System"对话框。在"NPT　Keypoint number"文本框中输入"11",在"X, Y, Z　Location in active CS"前两个文本框中依次输入"0, -(d7+d9)"。

⓭ 单击"Apply"按钮会再次打开"Create Keypoints in Active Coordinate System"对话框。在"NPT　Keypoint number"文本框中输入"12",在"X, Y, Z　Location in active CS"前两个文本框中依次输入"0, -d7"。

⓮ 单击"Apply"按钮会再次打开"Create Keypoints in Active Coordinate System"对话框。在"NPT　Keypoint number"文本框中输入"13",在"X, Y, Z　Location in active CS"前两个文本框中依次输入"d8+d4+d5-d6, -d7"。

⓯ 单击"Apply"按钮会再次打开"Create Keypoints in Active Coordinate System"对话框。在"NPT　Keypoint number"文本框中输入"14",在"X, Y, Z　Location in active CS"前两个文本框中依次输入"d8+d4+d5-d6, 0",单击"OK"按钮关闭该对话框。

⓰ 从主菜单中选择 Main Menu > Preprocessor > Modeling > Create > Areas > Arbitrary > Through KPs 命令,打开"Creat Area through KPs"对话框,依次单击关键点"1、2、3、4、5、6、7、8、9、10、11、12、13、14",单击"OK"按钮关闭该对话框。

⓱ 从主菜单中选择 Main Menu > Preprocessor > Modeling > Operate > Extrude >

第21章 直接耦合场分析——微型驱动器电热耦合分析

Areas > By XYZ Offset 命令，打开"Extrude Areas by XYZ Offset"对话框，单击"Pick All"按钮打开"Extrude Areas by XYZ Offset"对话框，如图21-13所示。在"DX, DY, DZ Offsets for extrusion"文本框中依次输入"0, 0, d11"，其余选项采用系统默认设置，单击"OK"按钮关闭该对话框。

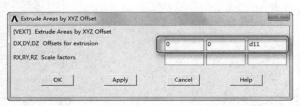

图21-13 "Extrude Areas by XYZ Offset"对话框

⑱ 从实用菜单中选择 Utility Menu > PlotCtrls > View Settings > Viewing Direction 命令，打开"Viewing Direction"对话框，如图21-14所示。在"[/VIEW] View direction XV, YV, ZV Coords of view point"文本框中依次输入"1, 2, 3"，其余选项采用系统默认设置，单击"OK"按钮关闭该对话框。

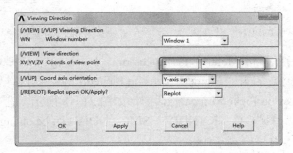

图21-14 "Viewing Direction"对话框

⑲ 从实用菜单中选择 Utility Menu > PlotCtrls > Style > Colors > Reverse Video 命令，ANSYS窗口将变成白色，生成的几何模型如图21-15所示。

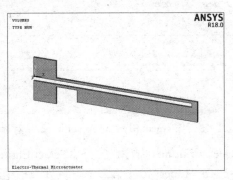

图21-15 生成的几何模型

05 划分网格

❶ 从菜单栏中选择 Select > Entities 命令，打开"Select Entities"对话框，如图21-16所示。在第一个下拉列表框中选择"Lines"，在第二个下拉列表框中选择"By Num/Pick"，单击"From Full"单选按钮。

❷ 单击"OK"按钮打开"Select lines"对话框，如图 21-17 所示。单击"Min，Max，Inc"单选按钮，并在其下的文本框中输入"31，42"，其余选项采用系统默认设置，单击"OK"按钮关闭该对话框。

图 21-16 "Select Entities"对话框

图 21-17 "Select lines"对话框

❸ 从主菜单中选择 Main Menu > Preprocessor > Meshing > Size Cntrls > ManualSize > Lines > Picked Lines 命令，打开"Element Sizes on Picked Lines"对话框，单击"Pick All"按钮，打开"Element Sizes on Picked Lines 对话框，如图 21-18 所示。在"SIZE Element edge length"文本框中输入"d11"，使"KYNDIV SIZE，NDIV can be changed"保持"No"状态，单击"OK"按钮关闭该对话框。

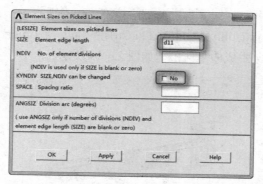

图 21-18 "Element Sizes on Picked Lines"对话框

❹ 从菜单栏中选择 Select > Entities 命令，打开"Select Entities"对话框，如图 21-16 所示。在第一个下拉列表框中选择"Lines"，在第二个下拉列表框中选择"By Num/Pick"，单击"From Full"单选按钮。

❺ 单击"OK"按钮打开"Select lines"对话框，如图 21-17 所示。单击"Min，Max，Inc"单选按钮，并在其下的文本框中输入"1，3"，其余选项采用默认设置，单击"OK"按钮关闭该对话框。

❻ 从菜单栏中选择 Select > Entities 命令，打开"Select Entities"对话框，如图 21-16 所

第21章　直接耦合场分析——微型驱动器电热耦合分析

示。在第一个下拉列表框中选择"Lines"，在第二个下拉列表框中选择"By Num/Pick"，单击"Also Select"单选按钮。

❼ 单击"OK"按钮打开"Select lines"对话框，如图21-17所示。单击"Min，Max，Inc"单选按钮，并在其下的文本框中输入"9，11"，其余选项采用默认设置，单击"OK"按钮关闭该对话框。

❽ 从菜单栏中选择Select > Entities命令，打开"Select Entities"对话框，如图21-16所示。在第一个下拉列表框中选择"Lines"，在第二个下拉列表框中选择"By Num/Pick"，单击"Also Select"单选按钮。

❾ 单击"OK"按钮打开"Select lines"对话框，如图21-17所示。单击"Min，Max，Inc"单选按钮，并在其下的文本框中输入"15，17"，其余选项采用默认设置，单击"OK"按钮关闭该对话框。

❿ 从菜单栏中选择Select > Entities命令，打开"Select Entities"对话框，如图21-16所示。在第一个下拉列表框中选择"Lines"，在第二个下拉列表框中选择"By Num/Pick"，单击"Also Select"单选按钮。

⓫ 单击"OK"按钮打开"Select lines"对话框，如图21-17所示。单击"Min，Max，Inc"单选按钮，并在其下的文本框中输入"23，25"，其余选项采用默认设置，单击"OK"按钮关闭该对话框。

⓬ 选择主菜单中的Main Menu > Preprocessor > Meshing > Size Cntrls > ManualSize > Lines > Picked Lines命令，打开"Element Sizes on Picked Lines"对话框，单击"Pick All"按钮打开"Element Sizes on Picked Lines"对话框，如图21-18所示。在"SIZE Element edge length"文本框中输入"d9/2"，使"KYNDIV SIZE, NDIV can be changed"保持"No"状态，单击"OK"按钮关闭该对话框。

⓭ 从菜单栏中选择Select > Entities命令，打开"Select Entities"对话框，如图21-16所示。在第一个下拉列表框中选择"Lines"，在第二个下拉列表框中选择"By Num/Pick"，单击"From Full"单选按钮。

⓮ 单击"OK"按钮打开"Select lines"对话框，如图21-17所示。单击"List of Items"单选按钮，并在其下的文本框中输入"5"，其余选项采用系统默认设置，单击"OK"按钮关闭该对话框。

⓯ 从菜单栏中选择Select > Entities命令，打开"Select Entities"对话框，如图21-16所示。在第一个下拉列表框中选择"Lines"，在第二个下拉列表框中选择"By Num/Pick"，单击"Also Reslect"单选按钮。

⓰ 单击"OK"按钮打开"Select lines"对话框，如图21-17所示。单击"List of Items"单选按钮，并在其下的文本框中输入"19"，其余选项采用系统默认设置，单击"OK"按钮关闭该对话框。

⓱ 从主菜单中选择Main Menu > Preprocessor > Meshing > Size Cntrls > ManualSize > Lines > Picked Lines命令，打开"Element Sizes on Picked Lines"对话框，单击"Pick All"按钮，打开"Element Sizes on Picked Lines"对话框，如图21-18所示。在"SIZE Element edge length"文本框中输入"(d1+d2+d7)/6"，使"KYNDIV SIZE, NDIV can be changed"保持"No"状态，单击"OK"按钮关闭该对话框。

⑱ 从菜单栏中选择 Select > Entities 命令，打开"Select Entities"对话框，如图 21-16 所示。在第一个下拉列表框中选择"Lines"，在第二个下拉列表框中选择"By Num/Pick"，单击"From Full"单选按钮。

⑲ 单击"OK"按钮打开"Select lines"对话框，如图 21-17 所示。单击"List of Items"单选按钮，并在其下的文本框中输入"13"，其余选项采用系统默认设置，单击"OK"按钮关闭该对话框。

⑳ 从菜单栏中选择 Select > Entities 命令，打开"Select Entities"对话框，如图 21-16 所示。在第一个下拉列表框中选择"Lines"，在第二个下拉列表框中选择"By Num/Pick"，单击"Also Reslect"单选按钮。

㉑ 单击"OK"按钮打开"Select lines"对话框，如图 21-17 所示。单击"List of Items"单选按钮，并在其下的文本框中输入"27"，其余选项采用默认设置，单击"OK"按钮关闭该对话框。

㉒ 从主菜单中选择 Main Menu > Preprocessor > Meshing > Size Cntrls > ManualSize > Lines > Picked Lines 命令，打开"Element Sizes on Picked Lines"对话框，单击"Pick All"按钮，打开"Element Sizes on Picked Lines"对话框，如图 21-18 所示。在"SIZE Element edge length"文本框中输入"d7/3"，使"KYNDIV SIZE, NDIV can be changed"保持"No"状态，单击"OK"按钮关闭该对话框。

㉓ 从菜单栏中选择 Select > Entities 命令，打开"Select Entities"对话框，如图 21-16 所示。在第一个下拉列表框中选择"Lines"，在第二个下拉列表框中选择"By Num/Pick"，单击"From Full"单选按钮。

㉔ 单击"OK"按钮打开"Select lines"对话框，如图 21-17 所示。单击"List of Items"单选按钮，并在其下的文本框中输入"8"，其余选项采用系统默认设置，单击"OK"按钮关闭该对话框。

㉕ 从菜单栏中选择 Select > Entities 命令，打开"Select Entities"对话框，如图 21-16 所示。在第一个下拉列表框中选择"Lines"，在第二个下拉列表框中选择"By Num/Pick"，单击"Also Reslect"单选按钮。

㉖ 单击"OK"按钮打开"Select lines"对话框，如图 21-17 所示。单击"List of Items"单选按钮，并在其下的文本框中输入"22"，其余选项采用系统默认设置，单击"OK"按钮关闭该对话框。

㉗ 从主菜单中选择 Main Menu > Preprocessor > Meshing > Size Cntrls > ManualSize > Lines > Picked Lines 命令，打开"Element Sizes on Picked Lines"对话框，单击"Pick All"按钮打开"Element Sizes on Picked Lines"对话框，如图 21-18 所示。在"SIZE Element edge length"文本框中输入"d4/6"，使"KYNDIV SIZE,NDIV can be changed"保持"No"状态，单击"OK"按钮关闭该对话框。

㉘ 从菜单栏中选择 Select > Entities 命令，打开"Select Entities"对话框，如图 21-16 所示。在第一个下拉列表框中选择"Lines"，在第二个下拉列表框中选择"By Num/Pick"，单击"From Full"单选按钮。

㉙ 单击"OK"按钮打开"Select lines"对话框，如图 21-17 所示。单击"List of Items"单选按钮，并在其下的文本框中输入"4"，其余选项采用系统默认设置，单击"OK"按钮关

第21章 直接耦合场分析——微型驱动器电热耦合分析

闭该对话框。

㉚ 从菜单栏中选择 Select > Entities 命令，打开"Select Entities"对话框，如图 21-16 所示。在第一个下拉列表框中选择"Lines"，在第二个下拉列表框中选择"By Num/Pick"，单击"Also Reslect"单选按钮。

㉛ 单击"OK"按钮打开"Select lines"对话框，如图 21-17 所示。单击"List of Items"单选按钮，并在其下的文本框中输入"18"，其余选项采用系统默认设置，单击"OK"按钮关闭该对话框。

㉜ 从主菜单中选择 Main Menu > Preprocessor > Meshing > Size Cntrls > ManualSize > Lines > Picked Lines 命令，打开"Element Sizes on Picked Lines"对话框，单击"Pick All"按钮打开"Element Sizes on Picked Lines"对话框，如图 21-18 所示。在"SIZE Element edge length"文本框中输入"(d4+d5)/30"，使"KYNDIV SIZE, NDIV can be changed"保持"No"状态，单击"OK"按钮关闭该对话框。

㉝ 从菜单栏中选择 Select > Entities 命令，打开"Select Entities"对话框，如图 21-16 所示。在第一个下拉列表框中选择"Lines"，在第二个下拉列表框中选择"By Num/Pick"，单击"From Full"单选按钮。

㉞ 单击"OK"按钮打开"Select lines"对话框，如图 21-17 所示。单击"List of Items"单选按钮，并在其下的文本框中输入"14"，其余选项采用系统默认设置，单击"OK"按钮关闭该对话框。

㉟ 从菜单栏中选择 Select > Entities 命令，打开"Select Entities"对话框，如图 21-16 所示。在第一个下拉列表框中选择"Lines"，在第二个下拉列表框中选择"By Num/Pick"，单击"Also Reslect"单选按钮。

㊱ 单击"OK"按钮打开"Select lines"对话框，如图 21-17 所示。单击"List of Items"单选按钮，并在其下的文本框中输入"28"，其余选项采用默认设置，单击"OK"按钮关闭该对话框。

㊲ 从主菜单中选择 Main Menu > Preprocessor > Meshing > Size Cntrls > ManualSize > Lines > Picked Lines 命令，打开"Element Size on Picked Lines"对话框，单击"Pick All"按钮打开"Element Sizes on Picked Lines"对话框，如图 21-18 所示。在"SIZE Element edge length"文本框中输入"(d8+d4+d5-d6)/40"，使"KYNDIV SIZE, NDIV can be changed"保持"No"状态，单击"OK"按钮关闭该对话框。

㊳ 从菜单栏中选择 Select > Entities 命令，打开"Select Entities"对话框，如图 21-16 所示。在第一个下拉列表框中选择"Lines"，在第二个下拉列表框中选择"By Num/Pick"，单击"From Full"单选按钮。

㊴ 单击"OK"按钮打开"Select lines"对话框，如图 21-17 所示。单击"List of Items"单选按钮，并在其下的文本框中输入"7"，其余选项采用默认设置，单击"OK"按钮关闭该对话框。

㊵ 从菜单栏中选择 Select > Entities 命令，打开"Select Entities"对话框，如图 21-16 所示。在第一个下拉列表框中选择"Lines"，在第二个下拉列表框中选择"By Num/Pick"，单击"Also Reslect"单选按钮。

㊶ 单击"OK"按钮打开"Select lines"对话框，如图 21-17 所示。单击"List of Items"

单选按钮，并在其下的文本框中输入“21”，其余选项采用默认设置，单击“OK”按钮关闭该对话框。

㊷ 从主菜单中选择 Main Menu > Preprocessor > Meshing > Size Cntrls > ManualSize > Lines > Picked Lines 命令，打开“Element Size on Picked Lines”对话框，单击“Pick All”按钮打开“Element Sizes on Picked Lines”对话框，如图 21-18 所示。在“SIZE Element edge length”文本框中输入“d2/5”，使“KYNDIV SIZE，NDIV can be changed”保持“No”状态，单击“OK”按钮关闭该对话框。

㊸ 从菜单栏中选择 Select > Entities 命令，打开“Select Entities”对话框，如图 21-16 所示。在第一个下拉列表框中选择“Lines”，在第二个下拉列表框中选择“By Num/Pick”，单击“From Full”单选按钮。

㊹ 单击“OK”按钮打开“Select lines”对话框，如图 21-17 所示。单击“List of Items”单选按钮，并在其下的文本框中输入“12”，其余选项采用系统默认设置，单击“OK”按钮关闭该对话框。

㊺ 从菜单栏中选择 Select > Entities 命令，打开“Select Entities”对话框，如图 21-16 所示。在第一个下拉列表框中选择“Lines”，在第二个下拉列表框中选择“By Num/Pick”，单击“Also Reslect”单选按钮。

㊻ 单击“OK”按钮打开“Select lines”对话框，如图 21-17 所示。单击“List of Items”单选按钮，并在其下的文本框中输入“26”，其余选项采用默认设置，单击“OK”按钮关闭该对话框。

㊼ 从主菜单中选择 Main Menu > Preprocessor > Meshing > Size Cntrls > ManualSize > Lines > Picked Lines 命令，打开“Element Sizes on Picked Lines”对话框，单击“Pick All”按钮打开“Element Sizes on Picked Lines”对话框，如图 21-18 所示。在“SIZE Element edge length”文本框中输入“(d8+d4+d5-d6) /35”，使“KYNDIV SIZE，NDIV can be changed”保持“No”状态，单击“OK”按钮关闭该对话框。

㊽ 从菜单栏中选择 Select > Entities 命令，打开“Select Entities”对话框，如图 21-16 所示。在第一个下拉列表框中选择“Lines”，在第二个下拉列表框中选择“By Num/Pick”，单击“From Full”单选按钮。

㊾ 单击“OK”按钮打开“Select lines”对话框，如图 21-17 所示。单击“List of Items”单选按钮，并在其下的文本框中输入“6”，其余选项采用默认设置，单击“OK”按钮关闭该对话框。

㊿ 从菜单栏中选择 Select > Entities 命令，打开“Select Entities”对话框，如图 21-16 所示。在第一个下拉列表框中选择“Lines”，在第二个下拉列表框中选择“By Num/Pick”，单击“Also Reslect”单选按钮。

(51) 单击“OK”按钮打开“Select lines”对话框，如图 21-17 所示。单击“List of Items”单选按钮，并在其下的文本框中输入“20”，其余选项采用默认设置，单击“OK”按钮关闭该对话框。

(52) 从主菜单中选择 Main Menu > Preprocessor > Meshing > Size Cntrls > ManualSize > Lines > Picked Lines 命令，打开“Element Sizes on Picked Lines”对话框，单击“Pick All”按钮打开“Element Sizes on Picked Lines”对话框，如图 21-18 所示。在“SIZE Element edge

第21章 直接耦合场分析——微型驱动器电热耦合分析

length"文本框中输入"d5/25",使"KYNDIV SIZE, NDIV can be changed"保持"No"状态,单击"OK"按钮关闭该对话框。

❺❸ 从菜单栏中选择 Select > Everything 命令。

❺❹ 从主菜单中选择 Main Menu > Preprocessor > Meshing > Mesh > Volumes > Free 命令,打开"MeshVolumes"对话框,单击"Pick All"按钮关闭该对话框,生成的网格模型如图 21-19 所示。

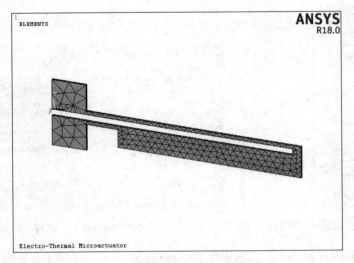

图 21-19 生成的网格模型

06 设置边界条件

❶ 单击 ANSYS 中的 Main Menu > Preprocessor > Loads > Define Loads > Settings > Reference Temp 命令,打开"Reference Temperature"对话框,如图 21-20 所示。在"[TREF] Reference temperature"文本框中输入"Tblk",单击"OK"按钮关闭该对话框。

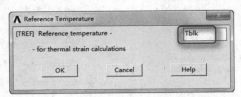

图 21-20 "Reference Temperature"对话框

❷ 从菜单栏中选择 Select > Entities 命令,打开"Select Entities"对话框,如图 21-21 所示。在第一个下拉列表框中选择"Nodes",在第二个下拉列表框中选择"By Location",单击"X coordinates"单选按钮,在"Min,Max"文本框中输入"0,d8",单击"From Full"单选按钮,单击"OK"按钮关闭该对话框。

❸ 从菜单栏中选择 Select > Entities 命令,打开"Select Entities"对话框,如图 21-21 所示。在第一个下拉列表框中选择"Nodes",在第二个下拉列表框中选择"By Location",单击"Z coordinates"单选按钮,在"Min,Max"文本框中输入"0",单击"Reselect"单选按钮,单击"OK"按钮关闭该对话框。

461

❹ 从主菜单中选择 Main Menu > Preprocessor > Loads > Define Loads > Apply > Structural > Displacement > On Nodes 命令，打开"Apply U, ROT on Nodes"对话框，如图 21-22 所示。在"Lab2 DOFs to be constrained"列表框中选择"UX、UY、UZ"，在"VALUE Displacement value"文本框中输入"0"，单击"OK"按钮关闭该对话框。

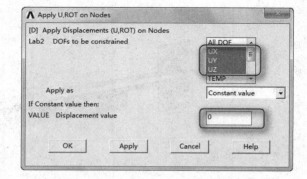

图 21-21 "Select Entities"对话框   图 21-22 "Apply U, ROT on Nodes"对话框

❺ 从主菜单中选择 Main Menu > Preprocessor > Loads > Define Loads > Apply > Thermal > Temperature > On Nodes 命令，打开"Apply TEMP on Nodes"对话框，如图 21-23 所示。在"Lab2 DOFs to be constrained"列表框中选择"TEMP"，在"VALUE Load TEMP value"文本框中输入"Tblk"，单击"OK"按钮关闭该对话框。

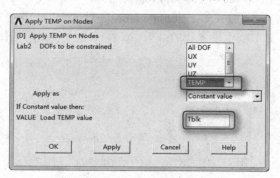

图 21-23 "Apply TEMP on Nodes"对话框

❻ 从菜单栏中选择 Select > Everything 命令。

❼ 从菜单栏中选择 Select > Entities 命令，打开"Select Entities"对话框，如图 21-21 所示。在第一个下拉列表框中选择"Nodes"，在第二个下拉列表框中选择"By Location"，单击"X coordinates"单选按钮，在"Min, Max"文本框中输入"0, d8"，单击"From Full"单选按钮，单击"OK"按钮关闭该对话框。

❽ 从菜单栏中选择 Select > Entities 命令，打开"Select Entities"对话框，如图 21-21 所

第21章 直接耦合场分析——微型驱动器电热耦合分析

示。在第一个下拉列表框中选择"Nodes",在第二个下拉列表框中选择"By Location",单击"Y coordinates"单选按钮,在"Min,Max"文本框中输入"-(d7+d9),-d7",单击"Reselect"单选按钮,单击"OK"按钮关闭该对话框。

❾ 从主菜单中选择 Main Menu > Preprocessor > Coupling / Ceqn > Couple DOFs 命令,打开"Define Coupled DOFs"对话框,单击"Pick All"按钮打开"Define Coupled DOFs"对话框,如图 21-24 所示。在"NSET Set reference number"文本框中输入"1",在"Lab Degree-of-freedom label"下拉列表框中选择"VOLT",单击"OK"按钮关闭该对话框。

❿ 从菜单栏中选择 Parameters > Scalar Parameters 命令,打开"Scalar Parameters"对话框,如图 21-11 所示。在"Selection"文本框中输入"n_gr=ndnext(0)",单击"Accept"按钮,然后单击"Close"按钮关闭该对话框。

⓫ 从主菜单中选择 Main Menu > Preprocessor > Loads > Define Loads > Apply > Electric > Boundary > Voltage > On Nodes 命令,打开"Apply VOLT on nodes"对话框,在文本框中输入"n_gr",单击"OK"按钮打开"Apply VOLT on nodes"对话框,如图 21-25 所示。在"VALUE Load VOLT value"文本框中输入"0",单击"OK"按钮关闭该对话框。

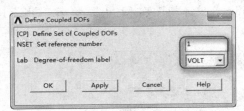
图 21-24 "Define Coupled DOFs"对话框

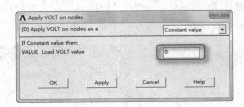
图 21-25 "Apply VOLT on nodes"对话框

⓬ 从菜单栏中选择 Select > Entities 命令,打开"Select Entities"对话框,如图 21-21 所示。在第一个下拉列表框中选择"Nodes",在第二个下拉列表框中选择"By Location",单击"X coordinates"单选按钮,在"Min,Max"文本框中输入"0,d8",单击"From Full"单选按钮,单击"OK"按钮关闭该对话框。

⓭ 从菜单栏中选择 Select > Entities 命令,打开"Select Entities"对话框,如图 21-21 所示。在第一个下拉列表框中选择"Nodes",在第二个下拉列表框中选择"By Location",单击"Y coordinates"单选按钮,在"Min,Max"文本框中输入"0,d9",单击"Reselect"单选按钮,单击"OK"按钮关闭该对话框。

⓮ 从主菜单中选择 Main Menu > Preprocessor > Coupling / Ceqn > Couple DOFs 命令,打开"Define Coupled DOFs"对话框,单击"Pick All"按钮打开"Define Coupled DOFs"对话框,如图 21-24 所示。在"NSET Set reference number"文本框中输入"2",在"Lab Degree-of-freedom label"下拉列表框中选择"VOLT",单击"OK"按钮关闭该对话框。

⓯ 从菜单栏中选择 Parameters > Scalar Parameters 命令,打开"Scalar Parameters"对话框,如图 21-11 所示。在"Selection"文本框中输入"n_vlt=ndnext(0)",单击"Accept"按钮,然后单击"Close"按钮关闭该对话框。

⓰ 从主菜单中选择 Main Menu > Preprocessor > Loads > Define Loads > Apply > Electric > Boundary > Voltage > On Nodes 命令,打开"Apply VOLT on nodes"对话框,在文本框中输入

"n_vlt",单击"OK"按钮打开"Apply VOLT on nodes"对话框,如图 21-25 所示。在"VALUE Load VOLT value"文本框中输入"Vlt",单击"OK"按钮关闭该对话框。

⑰ 从菜单栏中选择 Select > Everything 命令。

07 添加材料

❶ 从主菜单中选择 Main Menu > Preprocessor > Element Type > Add/Edit/Delete 命令,打开"Element Types"对话框。

❷ 单击"Add"按钮,打开"Library of Element Types"对话框。在"Library of Element Types"列表框中选择 Thermal Solid > Tet 10node 87,在"Element type reference number"文本框中输入"2",单击"OK"按钮关闭"Library of Element Types"对话框。

❸ 单击"Close"按钮关闭"Element Types"对话框。

08 施加载荷

❶ 从主菜单中选择 Main Menu > Preprocessor > Loads > Define Loads > Apply > Thermal > Radiation > On Nodes 命令,打开"Apply RDSF on Nodes"对话框,单击"Pick All"按钮打开"Apply RDSF on Nodes"对话框,如图 21-26 所示。在"VALUE Emissivity"文本框中输入"0.7",在"VALUE2 Enclosure number"文本框中输入"1",单击"OK"按钮关闭该对话框。

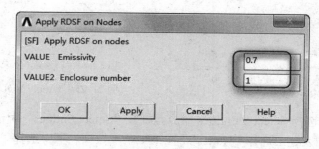

图 21-26 "Apply RDSF on Nodes"对话框

❷ 从主菜单中选择 Main Menu > Preprocessor > Radiation Opts > Solution Opt 命令,打开"Radiation Solution Options"对话框,如图 21-27 所示。在"[STEF] Stefan-Boltzmann Const"文本框中输入"5.6704e-8",在"[SPCTEMP/SPCNOD] Space option"下拉列表框中选择"Temperature",在"Value"文本框中输入"Tblk",其余选项采用系统默认设置,单击"OK"按钮关闭该对话框。

❸ 从菜单栏中选择 Select > Entities 命令,打开"Select Entities"对话框,如图 21-16 所示。在第一个下拉列表框中选择"Areas",在第二个下拉列表框中选择"By Num/Pick",单击"From Full"单选按钮。

❹ 单击"OK"按钮打开"Select lines"对话框,如图 21-17 所示。单击"List of Items"单选按钮,并在其下的文本框中输入"2",其余选项采用默认设置,单击"OK"按钮关闭该对话框。

❺ 从菜单栏中选择 Select > Entities 命令,打开"Select Entities"对话框,如图 21-28 所示。在第一个下拉列表框中选择"Nodes",在第二个下拉列表框中选择"Attached to",单击"Areas, all"单选按钮,单击"From Full"单选按钮,单击"OK"按钮关闭该对话框。

第21章 直接耦合场分析——微型驱动器电热耦合分析

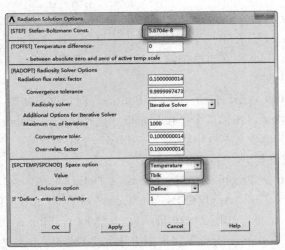

图 21-27 "Radiation Solution Options" 对话框　　图 21-28 "Select Entities" 对话框

❻ 从菜单栏中选择 Select > Entities 命令，打开 "Select Entities" 对话框，如图 21-21 所示。在第一个下拉列表框中选择 "Nodes"，在第二个下拉列表框中选择 "By Location"，单击 "X coordinates" 单选按钮，在 "Min, Max" 文本框中输入 "d8, d8+d4+d5-d6"，单击 "Reselect" 单选按钮，单击 "OK" 按钮关闭该对话框。

❼ 从菜单栏中选择 Select > Entities 命令，打开 "Select Entities" 对话框，如图 21-21 所示。在第一个下拉列表框中选择 "Nodes"，在第二个下拉列表框中选择 "By Location"，单击 "Y coordinates" 单选按钮，在 "Min, Max" 文本框中输入 "0, d1"，单击 "Reselect" 单选按钮，单击 "OK" 按钮关闭该对话框。

❽ 从主菜单中选择 Main Menu > Preprocessor > Loads > Define Loads > Apply > Thermal > Convection > On Nodes 命令，打开 "Apply CONV on nodes" 对话框，单击 "Pick All" 按钮打开 "Apply CONV on nodes" 对话框，如图 21-29 所示。在 "VAL1　Film coefficient" 文本框中输入 "-1"，在 "VAL2I　Bulk temperature" 文本框中输入 "Tblk"，单击 "OK" 按钮关闭该对话框。

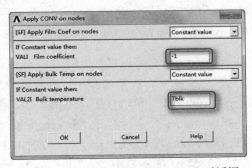

图 21-29 "Apply CONV on nodes" 对话框

❾ 从菜单栏中选择 Select > Entities 命令，打开 "Select Entities" 对话框，如图 21-28 所示。在第一个下拉列表框中选择 "Nodes"，在第二个下拉列表框中选择 "Attached to"，单击 "Areas, all" 单选按钮，单击 "From Full" 单选按钮，单击 "OK" 按钮关闭该对话框。

⑩ 从菜单栏中选择 Select > Entities 命令，打开"Select Entities"对话框，如图 21-21 所示。在第一个下拉列表框中选择"Nodes"，在第二个下拉列表框中选择"By Location"，单击"X coordinates"单选按钮，在"Min, Max"文本框中输入"d8, d8+d4"，单击"Reselect"单选按钮，单击"OK"按钮关闭该对话框。

⑪ 从菜单栏中选择 Select > Entities 命令，打开"Select Entities"对话框，如图 21-21 所示。在第一个下拉列表框中选择"Nodes"，在第二个下拉列表框中选择"By Location"，单击"Y coordinates"单选按钮，在"Min, Max"文本框中输入"-（d3+d7）,-d7"，单击"Reselect"单选按钮，单击"OK"按钮关闭该对话框。

⑫ 从主菜单中选择 Main Menu > Preprocessor > Loads > Define Loads > Apply > Thermal > Convection > On Nodes 命令，打开"Apply CONV on nodes"对话框，单击"Pick All"按钮打开"Apply CONV on nodes"对话框，如图 21-29 所示。在"VALI Film coefficient"文本框中输入"-1"，在"VAL2I Bulk temperature"文本框中输入"Tblk"，单击"OK"按钮关闭该对话框。

⑬ 从主菜单中选择 Main Menu > Preprocessor > Loads > Load Step Opts > Other > Change Mat Props > Material Models 命令，打开"Define Material Model Behavior"对话框。

⑭ 在"Material Models Available"列表框中依次单击 Thermal > Convection or Film Coef，打开"Convection or Film Coefficient for Material Number 1"对话框，如图 21-30 所示。连续单击 6 次"Add Temperature"按钮，生成 7 列温度与对流系数表格，在"Temperatures"行中依次输入"300，500，700，900，1100，1300，1500"，在"HF"行中依次输入"17.8，60，65.6，68.9，71.1，72.6，73.2"，单击"OK"按钮关闭该对话框。单击 Material > Exit 命令，关闭"Define Material Model Behavior"对话框。

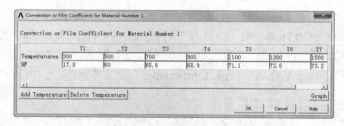

图 21-30 "Convection or Film Coefficient for Material Number 1"对话框

⑮ 从菜单栏中选择 Select > Entities 命令，打开"Select Entities"对话框，如图 21-28 所示。在第一个下拉列表框中选择"Nodes"，在第二个下拉列表框中选择"Attached to"，单击"Areas, all"单选按钮，单击"From Full"单选按钮，单击"OK"按钮关闭该对话框。

⑯ 从菜单栏中选择 Select > Entities 命令，打开"Select Entities"对话框，如图 21-21 所示。在第一个下拉列表框中选择"Nodes"，在第二个下拉列表框中选择"By Location"，单击"X coordinates"单选按钮，在"Min, Max"文本框中输入"d8+d4, d8+d4+d5-d6"，单击"Reselect"单选按钮，单击"OK"按钮关闭该对话框。

⑰ 从菜单栏中选择 Select > Entities 命令，打开"Select Entities"对话框，如图 21-21 所示。在第一个下拉列表框中选择"Nodes"，在第二个下拉列表框中选择"By Location"，单击"Y coordinates"单选按钮，在"Min, Max"文本框中输入"-（d2+d7）, -d7"，单击"Reselect"

第21章 直接耦合场分析——微型驱动器电热耦合分析

单选按钮，单击"OK"按钮关闭该对话框。

⑬ 从主菜单中选择 Main Menu > Preprocessor > Loads > Define Loads > Apply > Thermal > Convection > On Nodes 命令，打开"Apply CONV on nodes"对话框，单击"Pick All"按钮打开"Apply CONV on nodes"对话框，如图21-29所示。在"VAL1 Film coefficient"文本框中输入"-2"，在"VAL2I Bulk temperature"文本框中输入"Tblk"，单击"OK"按钮关闭该对话框。

09 添加材料2

❶ 从主菜单中选择 Main Menu > Preprocessor > Loads > Load Step Opts > Other > Change Mat Props > Material Models 命令，打开"Define Material Model Behavior"对话框，单击 Material > New Model 打开"Define Material ID"对话框，在"Define Material ID"文本框中输入"2"，单击"OK"按钮关闭该对话框。

❷ 在"Material Models Available"列表框中依次单击 Thermal > Convection or Film Coef，打开"Convection or Film Coefficient for Material Number 2"对话框。连续单击6次"Add Temperature"按钮，生成7列温度与对流系数表格，在"Temperatures"行中依次输入"300，500，700，900，1100，1300，1500"，在"HF"行中依次输入"11.2，37.9，41.4，43.4，44.8，45.7，46"，单击"OK"按钮关闭该对话框。选择 Material > Exit 命令，关闭"Define Material Model Behavior"对话框。

10 施加载荷

❶ 从菜单栏中选择 Select > Entities 命令，打开"Select Entities"对话框，如图21-28所示。在第一个下拉列表框中选择"Nodes"，在第二个下拉列表框中选择"Attached to"，单击"Areas，all"单选按钮，单击"From Full"单选按钮，单击"OK"按钮关闭该对话框。

❷ 从菜单栏中选择 Select > Entities 命令，打开"Select Entities"对话框，如图21-21所示。在第一个下拉列表框中选择"Nodes"，在第二个下拉列表框中选择"By Location"，单击"X coordinates"单选按钮，在"Min, Max"文本框中输入"d8+d4+d5-d6, d8+d4+d5"，单击"Reselect"单选按钮，单击"OK"按钮关闭该对话框。

❸ 从主菜单中选择 Main Menu > Preprocessor > Loads > Define Loads > Apply > Thermal > Convection > On Nodes 命令，打开"Apply CONV on nodes"对话框，单击"Pick All"按钮打开"Apply CONV on nodes"对话框，如图21-29所示。在"VAL1 Film coefficient"文本框中输入"-3"，在"VAL2I Bulk temperature"文本框中输入"Tblk"，单击"OK"按钮关闭该对话框。

11 添加材料3

❶ 从主菜单中选择 Main Menu > Preprocessor > Loads > Load Step Opts > Other > Change Mat Props > Material Models 命令，打开"Define Material Model Behavior"对话框，单击 Material > New Model 打开"Define Material ID"对话框，在"Define Material ID"文本框中输入"3"，单击"OK"按钮关闭该对话框。

❷ 在"Material Models Available"列表框中依次单击 Thermal > Convection or Film Coef，打开"Convection or Film Coefficient for Material Number 3"对话框。连续单击6次"Add Temperature"按钮，生成7列温度与对流系数表格，在"Temperatures"行中依次输入"300，500，700，900，1100，1300，1500"，在"HF"行中依次输入"15，50.9，55.5，58.2，60，

61.2，62.7"，单击"OK"按钮关闭该对话框。选择 Material > Exit 命令，关闭"Define Material Model Behavior"对话框。

12 施加温度载荷

❶ 从菜单栏中选择 Select > Entities 命令，打开"Select Entities"对话框，如图 21-28 所示。在第一个下拉列表框中选择"Nodes"，在第二个下拉列表框中选择"Attached to"，单击"Areas，all"单选按钮，单击"From Full"单选按钮，单击"OK"按钮关闭该对话框。

❷ 从菜单栏中选择 Select > Entities 命令，打开"Select Entities"对话框，如图 21-21 所示。在第一个下拉列表框中选择"Nodes"，在第二个下拉列表框中选择"By Location"，单击"X coordinates"单选按钮，在"Min, Max"文本框中输入"0, d8"，单击"Reselect"单选按钮，单击"OK"按钮关闭该对话框。

❸ 从主菜单中选择 Main Menu > Preprocessor > Loads > Define Loads > Apply > Thermal > Convection > On Nodes 命令，打开"Apply CONV on nodes"对话框，单击"Pick All"按钮打开"Apply CONV on nodes"对话框，如图 21-29 所示。在"VAL1 Film coefficient"文本框中输入"-4"，在"VAL2I Bulk temperature"文本框中输入"Tblk"，单击"OK"按钮关闭该对话框。

13 添加材料 4

❶ 从主菜单中选择 Main Menu > Preprocessor > Loads > Load Step Opts > Other > Change Mat Props > Material Models 命令，打开"Define Material Model Behavior"对话框，单击 Material > New Model 打开"Define Material ID"对话框，在"Define Material ID"文本框中输入"4"，单击"OK"按钮关闭该对话框。

❷ 在"Material Models Available"列表框中依次单击 Thermal > Convection or Film Coef，打开"Convection or Film Coefficient for Material Number 4"对话框。连续单击 6 次"Add Temperature"按钮，生成 7 列温度与对流系数表格，在"Temperatures"行中依次输入"300，400，500，600，700，800，900"，在"HF"行中依次输入"10.3，35，38.2，40，41.3，42.1，42.5"，单击"OK"按钮关闭该对话框。单击 Material > Exit 命令，关闭"Define Material Model Behavior"对话框。

14 施加对流载荷

❶ 从菜单栏中选择 Select > Entities 命令，打开"Select Entities"对话框，如图 21-16 所示。在第一个下拉列表框中选择"Areas"，在第二个下拉列表框中选择"By Num/Pick"，单击"From Full"单选按钮。

❷ 单击"OK"按钮打开"Select lines"对话框，如图 21-17 所示。单击"List of Items"单选按钮，并在其下的文本框中输入"1"，其余选项采用默认设置，单击"OK"按钮关闭该对话框。

❸ 从菜单栏中选择 Select > Entities 命令，打开"Select Entities"对话框，如图 21-28 所示。在第一个下拉列表框中选择"Nodes"，在第二个下拉列表框中选择"Attached to"，单击"Areas，all"单选按钮，单击"From Full"单选按钮，单击"OK"按钮关闭该对话框。

❹ 从菜单栏中选择 Select > Entities 命令，打开"Select Entities"对话框，如图 21-21 所示。在第一个下拉列表框中选择"Nodes"，在第二个下拉列表框中选择"By Location"，单击"X coordinates"单选按钮，在"Min, Max"文本框中输入"d8, d8+d4+d5-d6"，单击"Reselect"

第21章 直接耦合场分析——微型驱动器电热耦合分析

单选按钮，单击"OK"按钮关闭该对话框。

❺ 从菜单栏中选择 Select > Entities 命令，打开"Select Entities"对话框，如图21-21所示。在第一个下拉列表框中选择"Nodes"，在第二个下拉列表框中选择"By Location"，单击"Y coordinates"单选按钮，在"Min, Max"文本框中输入"0, d1"，单击"Reselect"单选按钮，单击"OK"按钮关闭该对话框。

❻ 从主菜单中选择 Main Menu > Preprocessor > Loads > Define Loads > Apply > Thermal > Convection > On Nodes 命令，打开"Apply CONV on nodes"对话框，单击"Pick All"按钮打开"Apply CONV on nodes"对话框，如图21-29所示。在"VALI   Film coefficient"文本框中输入"-5"，在"VAL2I   Bulk temperature"文本框中输入"Tblk"，单击"OK"按钮关闭该对话框。

❼ 从菜单栏中选择 Select > Entities 命令，打开"Select Entities"对话框，如图21-28所示。在第一个下拉列表框中选择"Nodes"，在第二个下拉列表框中选择"Attached to"，单击"Areas, all"单选按钮，单击"From Full"单选按钮，单击"OK"按钮关闭该对话框。

❽ 从菜单栏中选择 Select > Entities 命令，打开"Select Entities"对话框，如图21-21所示。在第一个下拉列表框中选择"Nodes"，在第二个下拉列表框中选择"By Location"，单击"X coordinates"单选按钮，在"Min, Max"文本框中输入"d8, d8+d4"，单击"Reselect"单选按钮，单击"OK"按钮关闭该对话框。

❾ 从菜单栏中选择 Select > Entities 命令，打开"Select Entities"对话框，如图21-21所示。在第一个下拉列表框中选择"Nodes"，在第二个下拉列表框中选择"By Location"，单击"Y coordinates"单选按钮，在"Min, Max"文本框中输入"-（d3+d7），-d7"，单击"Reselect"单选按钮，单击"OK"按钮关闭该对话框。

❿ 从主菜单中选择 Main Menu > Preprocessor > Loads > Define Loads > Apply > Thermal > Convection > On Nodes 命令，打开"Apply CONV on nodes"对话框，单击"Pick All"按钮打开"Apply CONV on nodes"对话框，如图21-29所示。在"VALI   Film coefficient"文本框中输入"-5"，在"VAL2I   Bulk temperature"文本框中输入"Tblk"，单击"OK"按钮关闭该对话框。

(15) 添加材料5

❶ 从主菜单中选择 Main Menu > Preprocessor > Loads > Load Step Opts > Other > Change Mat Props > Material Models 命令，打开"Define Material Model Behavior"对话框，单击 Material > New Model 打开"Define Material ID"对话框，在"Define Material ID"文本框中输入"5"，单击"OK"按钮关闭该对话框。

❷ 在"Material Models Available"列表框中依次单击 Thermal > Convection or Film Coef，打开"Convection or Film Coefficient for Material Number 5"对话框。连续单击6次"Add Temperature"按钮，生成7列温度与对流系数表格，在"Temperatures"行中依次输入"300，500，700，900，1100，1300，1500"，在"HF"行中依次输入"22.4，68.3，76.1，80.5，83.7，86，87.5"，单击"OK"按钮关闭该对话框。选择 Material > Exit 命令，关闭"Define Material Model Behavior"对话框。

(16) 施加载荷

❶ 从菜单栏中选择 Select > Entities 命令，打开"Select Entities"对话框，如图21-28所

示。在第一个下拉列表框中选择"Nodes",在第二个下拉列表框中选择"Attached to",单击"Areas,all"单选按钮,单击"From Full"单选按钮,单击"OK"按钮关闭该对话框。

❷ 从菜单栏中选择 Select > Entities 命令,打开"Select Entities"对话框,如图 21-21 所示。在第一个下拉列表框中选择"Nodes",在第二个下拉列表框中选择"By Location",单击"X coordinates"单选按钮,在"Min,Max"文本框中输入"d8,d8+d4+d5-d6",单击"Reselect"单选按钮,单击"OK"按钮关闭该对话框。

❸ 从菜单栏中选择 Select > Entities 命令,打开"Select Entities"对话框,如图 21-21 所示。在第一个下拉列表框中选择"Nodes",在第二个下拉列表框中选择"By Location",单击"Y coordinates"单选按钮,在"Min,Max"文本框中输入"-(d2+d7),-d7",单击"Reselect"单选按钮,单击"OK"按钮关闭该对话框。

❹ 从主菜单中选择 Main Menu > Preprocessor > Loads > Define Loads > Apply > Thermal > Convection > On Nodes 命令,打开"Apply CONV on nodes"对话框,单击"Pick All"按钮打开"Apply CONV on nodes"对话框,如图 21-29 所示。在"VALI Film coefficient"文本框中输入"-6",在"VAL2I Bulk temperature"文本框中输入"Tblk",单击"OK"按钮关闭该对话框。

(17) 添加材料 6

❶ 从主菜单中选择 Main Menu > Preprocessor > Loads > Load Step Opts > Other > Change Mat Props > Material Models 命令,打开"Define Material Model Behavior"对话框,单击 Material > New Model 打开"Define Material ID"对话框,在"Define Material" ID 文本框中输入"6",单击"OK"按钮关闭该对话框。

❷ 在"Material Models Available"列表框中依次单击 Thermal > Convection or Film Coef,打开"Convection or Film Coefficient for Material Number 6"对话框。连续单击 6 次"Add Temperature"按钮,生成 7 列温度与对流系数表格,在"Temperatures"行中依次输入"300,500,700,900,1100,1300,1500",在"HF"行中依次输入"13,38.6,43.6,46,47.6,49,50.1",单击"OK"按钮关闭该对话框。选择 Material > Exit 命令,关闭"Define Material Model Behavior"对话框。

(18) 施加载荷

❶ 从菜单栏中选择 Select > Entities 命令,打开"Select Entities"对话框,如图 21-28 所示。在第一个下拉列表框中选择"Nodes",在第二个下拉列表框中选择"Attached to",单击"Areas,all"单选按钮,单击"From Full"单选按钮,单击"OK"按钮关闭该对话框。

❷ 从菜单栏中选择 Select > Entities 命令,打开"Select Entities"对话框,如图 21-21 所示。在第一个下拉列表框中选择"Nodes",在第二个下拉列表框中选择"By Location",单击"X coordinates"单选按钮,在"Min,Max"文本框中输入"d8+d4+d5-d6,d8+d4+d5",单击"Reselect"单选按钮,单击"OK"按钮关闭该对话框。

❸ 从主菜单中选择 Main Menu > Preprocessor > Loads > Define Loads > Apply > Thermal > Convection > On Nodes 命令,打开"Apply CONV on nodes"对话框,单击"Pick All"按钮打开"Apply CONV on nodes"对话框,如图 21-29 所示。在"VALI Film coefficient"文本框中输入"-7",在"VAL2I Bulk temperature"文本框中输入"Tblk",单击"OK"按钮关闭该对话框。

第21章 直接耦合场分析——微型驱动器电热耦合分析

19 添加材料7

❶ 从主菜单中选择 Main Menu > Preprocessor > Loads > Load Step Opts > Other > Change Mat Props > Material Models 命令，打开"Define Material Model Behavior"对话框，单击 Material > New Model 打开"Define Material ID"对话框，在"Define Material ID"文本框中输入"7"，单击"OK"按钮关闭该对话框。

❷ 在"Material Models Available"列表框中依次单击 Thermal > Convection or Film Coef，打开"Convection or Film Coefficient for Material Number 7"对话框。连续单击6次"Add Temperature"按钮，生成7列温度与对流系数表格，在"Temperatures"行中依次输入"300，500，700，900，1100，1300，1500"，在"HF"行中依次输入"24，73.8，81，85.7，88.2，91.6，93.2"，单击"OK"按钮关闭该对话框。选择 Material > Exit 命令，关闭"Define Material Model Behavior"对话框。

❸ 从菜单栏中选择 Select > Everything 命令。

20 施加载荷

❶ 从菜单栏中选择 Select > Entities 命令，打开"Select Entities"对话框，如图 21-31 所示。在第一个下拉列表框中选择"Areas"，在第二个下拉列表框中选择"By Num/Pick"，单击"From Full"单选按钮。

❷ 单击"OK"按钮打开"Select areas"对话框，如图 21-32 所示。单击"Min，Max，Inc"单选按钮，并在其下的文本框中输入"6，16"，其余选项采用系统默认设置，单击"OK"按钮关闭该对话框。

图 21-31 "Select Entities"对话框

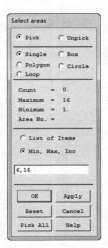

图 21-32 "Select areas"对话框

❸ 从菜单栏中选择 Select > Entities 命令，打开"Select Entities"对话框，如图 21-31 所示。在第一个下拉列表框中选择"Areas"，在第二个下拉列表框中选择"By Num/Pick"，单击"Unselect"单选按钮。

❹ 单击"OK"按钮打开"Select areas"对话框，如图 21-32 所示。单击"Min，Max，Inc"单选按钮，并在其下的文本框中输入"11，16"，其余选项采用默认设置，单击"OK"按钮关闭该对话框。

❺ 从主菜单中选择 Main Menu > Preprocessor > Loads > Define Loads > Apply > Thermal > Convection > On Areas 命令，打开"Apply CONV on areas"对话框，单击"Pick All"按钮打开"Apply CONV on areas"对话框，如图 21-33 所示。在"VAL1 Film coefficient"文本框中输入"-8"，在"VAL2 Bulk temperature"文本框中输入"Tblk"，单击"OK"按钮关闭该对话框。

(21) 添加材料 8

❶ 从主菜单中选择 Main Menu > Preprocessor > Loads > Load Step Opts > Other > Change Mat Props > Material Models 命令，打开"Define Material Model Behavior"对话框，单击 Material > New Model 打开"Define Material ID"对话框，在"Define Material ID"文本框中输入"8"，单击"OK"按钮关闭该对话框。

❷ 在"Material Models Available"列表框中依次单击 Thermal > Convection or Film Coef，打开"Convection or Film Coefficient for Material Number 8"对话框。连续单击 6 次"Add Temperature"按钮，生成 7 列温度与对流系数表格，在"Temperatures"行中依次输入"300，500，700，900，1100，1300，1500"，在"HF"行中依次输入"929，1193，1397，1597，1791，1982，2176"，单击"OK"按钮关闭该对话框。选择 Material > Exit 命令，关闭"Define Material Model Behavior"对话框。

❸ 从菜单栏中选择 Select > Everything 命令。

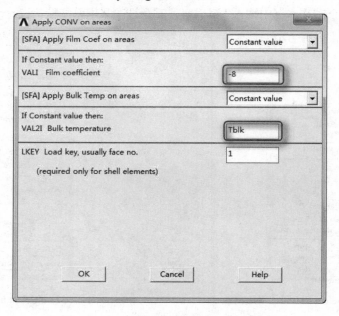

图 21-33 "Apply CONV on areas"对话框

21.3 求解

❶ 从菜单栏中选择 Main Menu > Solution > Analysis Type > New Analysis 命令，打开"New Analysis"对话框，如图 21-34 所示。在"[ANTYPE] Type of analysis"选项组中单击

第21章 直接耦合场分析——微型驱动器电热耦合分析

"Static"单选按钮,单击"OK"按钮关闭该对话框。

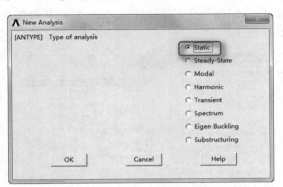

图 21-34 "New Analysis"对话框

❷ 从主菜单中选择 Main Menu > Solution > Load Step Opts > Nonlinear > Convergence Crit 命令,打开"Default Nonlinear Convergence Criteria"对话框,如图 21-35 所示。

图 21-35 "Default Nonlinear Convergence Criteria"对话框

❸ 单击图 21-35 中的"Replace"按钮,打开"Nonlinear Convergence Criteria"对话框,如图 21-36 所示。在"Lab Convergence is based on"列表框中选择"Structual"和"Force F",在"VALUE Reference value of Lab"文本框中输入"1",在"TOLER Tolerance about VALUE"文本框中输入"1e-4",其余选项采用系统默认设置,单击"OK"按钮关闭该对话框。

❹ 单击"Default Nonlinear Convergence Criteria"对话框中的"Add"按钮会再次打开"Nonlinear Convergence Criteria"对话框。在"Lab Convergence is based on"列表框中选择"Thermal"和"Heat flow HEAT",在"VALUE Reference value of Lab"文本框中输入"1",在"TOLER Tolerance about VALUE"文本框中输入"1e-5",其余选项采用系统默认设置,单击"OK"按钮关闭该对话框。

❺ 单击"Default Nonlinear Convergence Criteria"对话框中的"Add"按钮会再次打开"Nonlinear Convergence Criteria"对话框。在"Lab Convergence is based on"列表框中选择

473

"Electric"和"Current AMPS",在"VALUE Reference value of Lab"文本框中输入"1",在"TOLER Tolerance about VALUE"文本框中输入"1e-5",其余选项采用系统默认设置,单击"OK"按钮关闭该对话框。

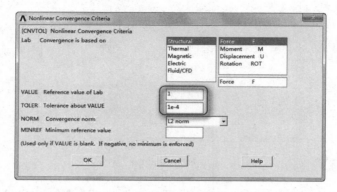

图 21-36 "Nonlinear Convergence Criteria"对话框

❻ 单击"Close"按钮关闭"Default Nonlinear Convergence Criteria"对话框。

❼ 从主菜单中选择 Main Menu > Solution > Analysis Type > Analysis Options 命令,打开"Static or Steady-State Analysis"对话框,如图 21-37 所示。勾选"[NLGEOM] Large deform effects"后面的"On"复选框,其余选项采用系统默认设置,单击"OK"按钮关闭该对话框。

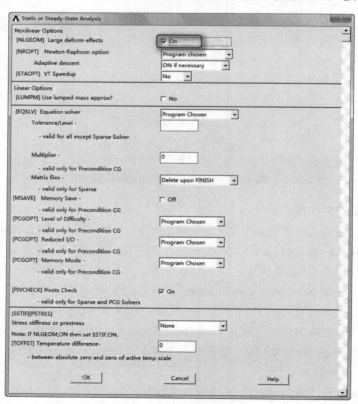

图 21-37 "Static or Steady-State Analysis"对话框

❽ 从主菜单中选择 Main Menu > Solution > Solve > Current LS 命令，打开"Verify"对话框，单击"Yes"按钮，ANSYS 开始求解。

❾ 求解结束后，打开"Note"对话框，单击"Close"按钮关闭该对话框。

21.4 后处理

❶ 从主菜单中选择 Main Menu > General Postproc > Read Results > Last Set 命令。

❷ 从主菜单中选择 Main Menu > General Postproc > Plot Results > Contour Plot > Nodal Solu 命令，打开"Contour Nodal Solution Date"对话框。在"Item to be contoured"列表框中单击 Nodal Solution > DOF Solution > Displacement vector sum 命令，单击"OK"按钮关闭该对话框，ANSYS 窗口将显示位移场分布等值线图，如图 21-38 所示。

❸ 从主菜单中选择 Main Menu > General Postproc > Plot Results > Contour Plot > Nodal Solu 命令，打开"Contour Nodal Solution Date"对话框。在"Item to be contoured"列表框中单击 Nodal Solution > DOF Solution > Nodal Temperature 命令，单击"OK"按钮关闭该对话框，ANSYS 窗口将显示温度场分布等值线图，如图 21-39 所示。

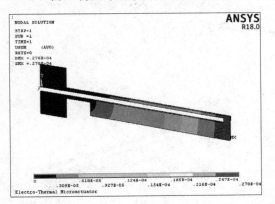
图 21-38　位移场分布等值线图

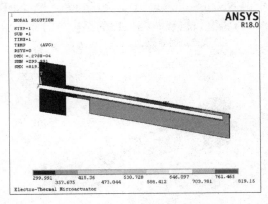
图 21-39　温度场分布等值线图

❹ 从菜单栏中选择 PlotCtrls > Style > Contours > Uniform Contours 命令，打开"Uniform Contours"对话框，如图 21-40 所示。在"WN　Window number"下拉列表框中选择"Window 1"，在"NCONT　Number of contours"文本框中输入"18"，其余选项采用系统默认设置，单击"OK"按钮关闭该对话框。

❺ 从菜单栏中选择 PlotCtrls > Style > Displacement Scaling 命令，打开"Displacement Display Scaling"对话框，如图 21-41 所示。在"DMULT　Displacement scale factor"选项组中单击"User specified"单选按钮，在"User specified factor"文本框中输入"10"，其余选项采用系统默认设置，单击"OK"按钮关闭该对话框。

❻ 从主菜单中选择 Main Menu > General Postproc > Plot Results > Contour Plot > Nodal Solu 命令，打开"Contour Nodal Solution Date"对话框。在"Item to be contoured"列表框中单击 Nodal Solution > DOF Solution > Displacement vector sum 命令，单击"OK"按钮关闭该对话框，ANSYS 窗口将显示缩放后的位移场分布等值线图，如图 21-42 所示。

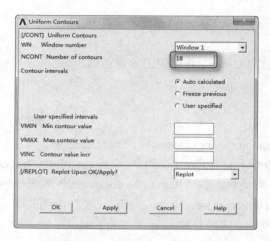
图 21-40 "Uniform Contours" 对话框

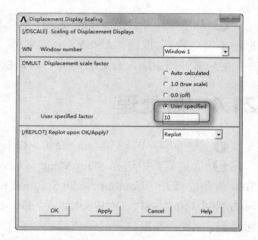
图 21-41 "Displacement Display Scaling" 对话框

❼ 从主菜单中选择 Main Menu > General Postproc > Plot Results > Contour Plot > Nodal Solu 命令，打开 "Contour Nodal Solution Date" 对话框。在 "Item to be contoured" 列表框中单击 Nodal Solution > DOF Solution > Nodal Temperature 命令，单击 "OK" 按钮关闭该对话框，ANSYS 窗口将显示缩放后的温度场分布等值线图，如图 21-43 所示。

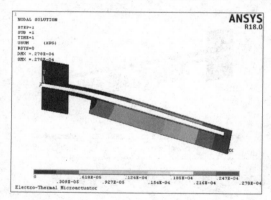
图 21-42 缩放后的位移场分布等值线图

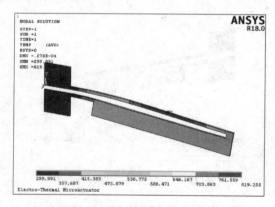
图 21-43 缩放后的温度场分布等值线图

21.5 命令流执行方式

命令流执行方式这里不再详细介绍，读者可参见随书网盘资料中的电子文档。

第 22 章

多场求解-MFS 单码的耦合分析
——静电驱动的梁分析

本章为实例章节,介绍多场求解的耦合分析的实例,即静电驱动的梁分析。

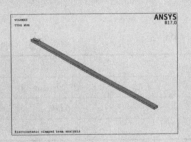

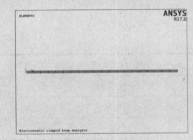

22.1 问题描述

模拟分析静电驱动的固定梁可以求解在施加外电压情况下的中心挠度。由静电场产生的力可以使梁弯曲。对于梁的建模和划分网格时,需要使用 SOLID185 单元,对于位于梁下面空气的建模和划分网格,需要使用 SOLID123 单元。

几何模型的平面示意图如图 22-1 所示。

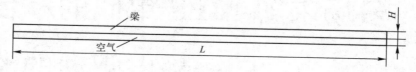

图 22-1 几何模型示意图

其中,梁和空气长度 L=150μm;梁和空气高度 H=2μm;梁和空气宽度 W=4μm。梁的材料属性如表 22-1 所示。

表 22-1 材料属性

材 料 属 性	数 值
弹性模量	1.69×10^{-5} kg/(μm·s^2)
泊松比	0.066
密度	2.329×10^{-15} kg/μm^3

22.2 前处理

01 定义工作文件名和工作标题

❶ 从菜单栏中选择 File > Change Jobname 命令,打开"Change Jobname"对话框,在"[/FILNAM] Enter new jobname"文本框中输入工作文件名"exercise",并将"NEW log and error files"设置为"Yes",单击"OK"按钮关闭该对话框。

❷ 从菜单栏中选择 File > Change Title 命令,打开"Change Title"对话框,在对话框的文本框中输入工作标题"Electrostatic clamped beam analysis",单击"OK"按钮关闭该对话框。

02 定义单元类型

❶ 从主菜单中选择 Main Menu > Preprocessor > Element Type > Add/Edit/Delete 命令,打开"Element Types"对话框,如图 22-2 所示。

❷ 单击"Add"按钮,打开"Library of Element Types"对话框,如图 22-3 所示。在"Library of Element Types"列表框中选择"Structural Solid"和"Brick 8 node 185",在"Element type reference number"文本框中输入"1",单击"OK"按钮关闭"Library of Element Types"对话框。

❸ 单击"Element Types"对话框中的"Options"按钮,打开"SOLID185 element type options"对话框,在"Element technology K2"下拉列表框中选择"Simple Enhanced Strn",其余选项采用系统默认设置,单击"OK"按钮关闭该对话框。

第22章 多场求解-MFS单码的耦合分析——静电驱动的梁分析

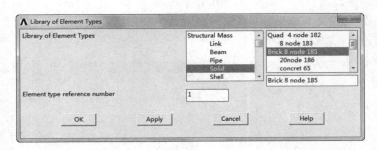

图 22-2 "Element Types" 对话框　　　图 22-3 "Library of Element Types" 对话框

❹ 单击"Add"按钮，打开"Library of Element Types"对话框，如图 22-3 所示。在"Library of Element Types"列表框中选择"Electrostatic"和"3D Tet 123"，在"Element type reference number"文本框中输入"2"，单击"OK"按钮关闭"Library of Element Types"对话框。

❺ 单击"Close"按钮关闭"Element Types"对话框。

03 设置标量参数

从菜单栏中选择 Parameters > Scalar Parameters 命令，打开"Scalar Parameters"对话框，如图 22-4 所示。在"Selection"文本框中依次输入：

L=150；
H=2；
W=4。

04 定义材料性能参数

❶ 从主菜单中选择 Main Menu > Preprocessor > Material Props > Material Models 命令，打开"Define Material Model Behavior"对话框。

❷ 在"Material Models Available"列表框中依次单击 Structual > Linear > Elastic > Orthotropic，打开"Linear Orthotropic Properties for Material Number 1"对话框，如图 22-5 所示。单击"Choose Poisson's Ratio"按钮，选择"Minor_Nu"，单击"OK"按钮关闭该对话框。

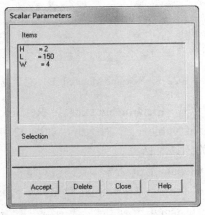

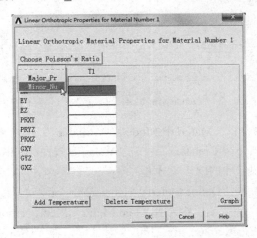

图 22-4 "Scalar Parameters"对话框　　　图 22-5 "Linear Orthotropic Properties for Material Number 1"对话框

❸ 在"Material Models Available"列表框中依次单击 Structual > Linear > Elastic > Isotropic，打开"Linear Isotropic Properties for Material Number 1"对话框，如图22-6所示。在"EX"文本框中输入"1.69e5"，在"PRXY"文本框中输入"0.066"，单击"OK"按钮关闭该对话框。

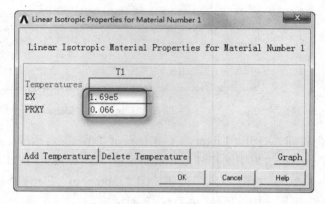

图22-6 "Linear Isotropic Properties for Material Number 1"对话框

❹ 在"Material Models Available"列表框中依次单击 Structual > Density，打开"Density for Material Number 1"对话框，如图22-7所示。在"DENS"文本框中输入"2.329e-15"，单击"OK"按钮关闭该对话框。

❺ 在"Define Material Model Behavior"对话框中，选择 Material > New Model 命令，打开"Define Material ID"对话框，如图22-8所示。在"Define Material ID"文本框中输入"2"，单击"OK"按钮关闭该对话框。

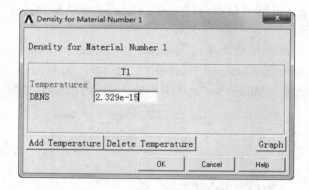

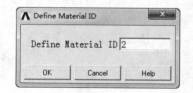

图22-7 "Density for Material Number 1"对话框　　　图22-8 "Define Material ID"对话框

❻ 在"Material Models Available"列表框中依次单击 Electromagnetics > Relative Permittivity > Constant，打开"Relative Permittivity for Material Number 2"对话框，如图22-9所示。在"PERX"文本框中输入"1"，单击"OK"按钮关闭该对话框。

❼ 在"Define Material Model Behavior"对话框中选择 Material > Exit 命令，关闭该对话框。

❽ 从主菜单中选择 Main Menu > Preprocessor > Material Props > Electromag Units 命令，打开"Electromagnetic Units"对话框，在"[EMUNIT] Electromagnetic units"选项组中单击

第22章 多场求解-MFS单码的耦合分析——静电驱动的梁分析

"User-defined"单选按钮,如图22-10所示。

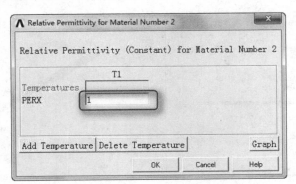

图22-9 "Relative Permittivity for Material Number 2"对话框

❾ 单击"OK"按钮打开"Electromagnetic Units"对话框,如图22-11所示。在"Specify free-space permittivity"文本框中输入"8.854e-6",单击"OK"按钮关闭该对话框。

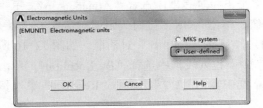 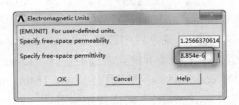

图22-10 "Electromagnetic Units"对话框1　　　图22-11 "Electromagnetic Units"对话框2

05 建立结构模型及划分网格

❶ 从菜单栏中选择 Main Menu > Preprocessor > Modeling > Create > Volumes > Block > By Dimensions 命令,打开"Create Block by Dimensions"对话框,如图22-12所示。在"X1,X2 X-coordinates"文本框中依次输入"0"和"L",在"Y1,Y2 Y-coordinates"文本框中依次输入"0"和"H",在"Z1,Z2 Z-coordinates"文本框中依次输入"0"和"W",单击"OK"按钮关闭该对话框。

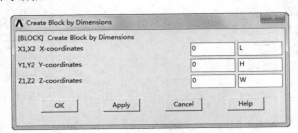

图22-12 "Create Block by Dimensions"对话框

❷ 从菜单栏中选择 PlotCtrls > Style > Colors > Reverse Video 命令,ANSYS窗口将变成白色,生成的平面和三维几何模型分别如图22-13和图22-14所示。

❸ 从菜单栏中选择 Select > Entities 命令,打开"Select Entities"对话框,如图22-15所示。在第一个下拉列表框中选择"Areas",在第二个下拉列表框中选择"Attached to",单击

"Volumes"单选按钮,单击"From Full"单选按钮,单击"OK"按钮关闭该对话框。

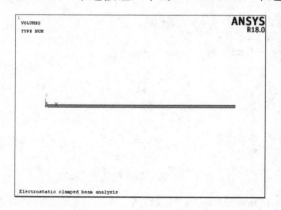

图 22-13 生成的平面几何模型　　　　图 22-14 生成的三维几何模型

❹ 从菜单栏中选择 Select > Entities 命令,打开"Select Entities"对话框,如图 22-15 所示。在第一个下拉列表框中选择"Areas",在第二个下拉列表框中选择"Attached to",单击"Volumes"单选按钮,单击"From Full"单选按钮,单击"OK"按钮关闭该对话框。

❺ 从菜单栏中选择 Select > Entities 命令,打开"Select Entities"对话框,如图 22-16 所示。在第一个下拉列表框中选择"Lines",在第二个下拉列表框中选择"By Location",单击"X coordinates"单选按钮,在"Min,Max"文本框中输入"L/2",单击"Reselect"单选按钮,单击"OK"按钮关闭该对话框。

图 22-15 "Select Entities"对话框 1　　　图 22-16 "Select Entities"对话框 2

❻ 从主菜单中选择 Main Menu > Preprocessor > Meshing > Size Cntrls > ManualSize > Lines > Picked Lines 命令,打开"Element Sizes on Picked Lines"对话框,单击"Pick All"按钮打开"Element Sizes on Picked Lines"对话框,如图 22-17 所示。在"NDIV No. of element divisions"文本框中输入"20",其余选项采用系统默认设置,单击"OK"按钮关闭该对话框。

❼ 从菜单栏中选择 Select > Entities 命令,打开"Select Entities"对话框,如图 22-15 所示。在第一个下拉列表框中选择"Areas",在第二个下拉列表框中选择"Attached to",单击

"Volumes"单选按钮，单击"From Full"单选按钮，单击"OK"按钮关闭该对话框。

❽ 从菜单栏中选择 Select > Entities 命令，打开"Select Entities"对话框，如图 22-16 所示。在第一个下拉列表框中选择"Lines"，在第二个下拉列表框中选择"By Location"，单击"Y coordinates"单选按钮，在"Min, Max"文本框中输入"H/2"，单击"Reselect"单选按钮，单击"OK"按钮关闭该对话框。

❾ 从主菜单中选择 Main Menu > Preprocessor > Meshing > Size Cntrls > ManualSize > Lines > Picked Lines 命令，打开"Element Sizes on Picked Lines"对话框，单击"Pick All"按钮打开"Element Sizes on Picked Lines"对话框，如图 22-17 所示。在"NDIV No. of element divisions"文本框中输入"2"，其余选项采用系统默认设置，单击"OK"按钮关闭该对话框。

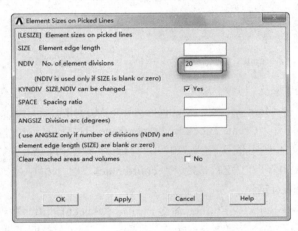

图 22-17 "Element Sizes on Picked Lines"对话框

❿ 从菜单栏中选择 Select > Entities 命令，打开"Select Entities"对话框，如图 22-15 所示。在第一个下拉列表框中选择"Lines"，在第二个下拉列表框中选择"Attached to"，单击"Areas"单选按钮，单击"From Full"单选按钮，单击"OK"按钮关闭该对话框。

⓫ 从菜单栏中选择 Select > Entities 命令，打开"Select Entities"对话框，如图 22-16 所示。在第一个下拉列表框中选择"Lines"，在第二个下拉列表框中选择"By Location"，单击"Z coordinates"单选按钮，在"Min, Max"文本框中输入"W/2"，单击"Reselect"单选按钮，单击"OK"按钮关闭该对话框。

⓬ 从主菜单中选择 Main Menu > Preprocessor > Meshing > Size Cntrls > ManualSize > Lines > Picked Lines 命令，打开"Element Sizes on Picked Lines"对话框，单击"Pick All"按钮打开"Element Sizes on Picked Lines"对话框，如图 22-17 所示。在"NDIV No. of element divisions"文本框中输入"1"，其余选项采用系统默认设置，单击"OK"按钮关闭该对话框。

⓭ 从主菜单中选择 Main Menu > Preprocessor > Meshing > Mesh Attributes > Picked Volumes 命令，打开"Volume Attributes"对话框，在文本框中输入"1"，单击"OK"按钮打开"Volume Attributes"对话框，如图 22-18 所示。在"MAT Material number"下拉列表框中选择"1"，在"TYPE Element type nember"下拉列表框中选择"1 SOLID185"，其余选项采用系统默认设置，单击"OK"按钮关闭该对话框。

⓮ 从主菜单中选择 Main Menu > Preprocessor > Meshing > Mesh > Volumes > Mapped > 4 to 6 sided 命令，打开"Mesh Volumes"对话框，单击"Pick All"按钮关闭该对话框。

⑮ ANSYS 窗口会显示生成的网格模型，如图 22-19 所示。

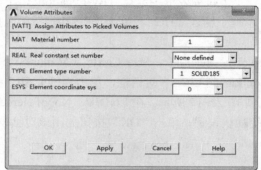
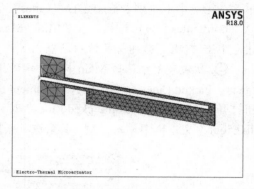

图 22-18 "Volume Attributes"对话框　　　图 22-19 生成的网格模型

06 建立静电模型及划分网格

❶ 从主菜单中选择 Main Menu > Preprocessor > Modeling > Create > Volumes > Block > By Dimensions 命令，打开"Create Block by Dimensions"对话框，如图 22-12 所示。在"X1，X2　X-coordinates"文本框中依次输入"0"和"L"，在"Y1，Y2　Y-coordinates"文本框中依次输入"-H"和"0"，在"Z1，Z2　Z-coordinates"文本框中依次输入"0"和"W"，单击"OK"按钮关闭该对话框。

❷ 从菜单栏中选择 Select > Entities 命令，打开"Select Entities"对话框，如图 22-20 所示。在第一个下拉列表框中选择"Volumes"，在第二个下拉列表框中选择"By Num/Pick"，单击"From Full"单选按钮。

❸ 单击"OK"按钮打开"Select volumes"对话框，如图 22-21 所示。在文本框中输入"2"，单击"OK"按钮关闭该对话框。

图 22-20 "Select Entities"对话框　　　图 22-21 "Select volumes"对话框

❹ 从主菜单中选择 Main Menu > Preprocessor > Meshing > Size Cntrls > SmartSize > Basic

命令，打开"Basic SmartSize Settings"对话框，如图 22-22 所示。在"LVL　Size Level"下拉列表框中选择"2"，单击"OK"按钮关闭该对话框。

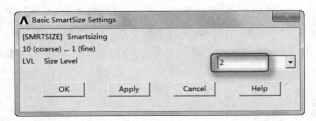

图 22-22　"Basic SmartSize Settings"对话框

❺ 从主菜单中选择 Main Menu > Preprocessor > Meshing > Mesh Attributes > Picked Volumes 命令，打开"Volume Attributes"对话框，在文本框中输入"2"，单击"OK"按钮打开"Volume Attributes"对话框，如图 22-18 所示。在"MAT　Material number"下拉列表框中选择"2"，在"TYPE　Element type nember"下拉列表框中选择"2　SOLID123"，其余选项采用系统默认设置，单击"OK"按钮关闭该对话框。

❻ 从主菜单中选择 Main Menu > Preprocessor > Meshing > Mesh > Volumes > Free 命令，打开"Mesh Areas"对话框，单击"Pick All"按钮关闭该对话框。

❼ 从菜单栏中选择 Select > Everything 命令。此时，ANSYS 窗口会显示生成的网格模型，如图 22-23 所示。

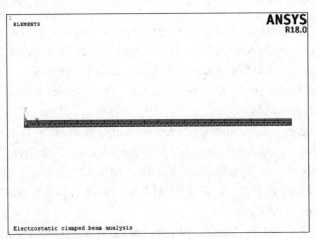

图 22-23　生成的网格模型

07　设置边界条件

❶ 从菜单栏中选择 Select > Entities 命令，打开"Select Entities"对话框，如图 22-24 所示。在第一个下拉列表框中选择"Areas"，在第二个下拉列表框中选择"By Location"，单击"Y coordinates"单选按钮，在"Min, Max"文本框中输入"H/2"，单击"From Full"单选按钮，单击"OK"按钮关闭该对话框。

❷ 从菜单栏中选择 Select > Entities 命令，打开"Select Entities"对话框，如图 22-24 所示。在第一个下拉列表框中选择"Areas"，在第二个下拉列表框中选择"By Location"，单击

"Z coordinates"单选按钮,在"Min,Max"文本框中输入"W/2",单击"Reselect"单选按钮,单击"OK"按钮关闭该对话框。

❸ 从菜单栏中选择 Select > Entities 命令,打开"Select Entities"对话框,如图 22-25 所示。在第一个下拉列表框中选择"Nodes",在第二个下拉列表框中选择"Attached to",单击"Areas,all"单选按钮,单击"From Full"单选按钮,单击"OK"按钮关闭该对话框。

图 22-24 "Select Entities"对话框 1

图 22-25 "Select Entities"对话框 2

❹ 从主菜单中选择 Main Menu > Preprocessor > Loads > Define Loads > Apply > Structural > Displacement > On Areas 命令,打开"Apply U,ROT on Areas"对话框,单击"Pick All"按钮打开"Apply U,ROT on Areas"对话框,如图 22-26 所示。在"Lab2 DOFs to be constrained"下拉列表框中选择"UX",在"VALUE Displacement value"文本框中输入"0",单击"OK"按钮关闭该对话框。

❺ 从主菜单中选择 Main Menu > Preprocessor > Loads > Define Loads > Apply > Structural > Displacement > On Areas 命令,打开"Apply U,ROT on Areas"对话框,单击"Pick All"按钮打开"Apply U,ROT on Areas"对话框,如图 22-26 所示。在"Lab2 DOFs to be constrained"下拉列表框中选择"UY",在"VALUE Displacement value"文本框中输入"0",单击"OK"按钮关闭该对话框。

❻ 从主菜单中选择 Main Menu > Preprocessor > Loads > Define Loads > Apply > Structural > Displacement > On Areas 命令,打开"Apply U,ROT on Areas"对话框,单击"Pick All"按钮打开"Apply U,ROT on Areas"对话框,如图 22-26 所示。在"Lab2 DOFs to be constrained"下拉列表框中选择"UZ",在"VALUE Displacement value"文本框中输入"0",单击"OK"按钮关闭该对话框。

❼ 从菜单栏中选择 Select > Everything 命令。

❽ 从菜单栏中选择 Select > Entities 命令,打开"Select Entities"对话框,如图 22-24 所示。在第一个下拉列表框中选择"Areas",在第二个下拉列表框中选择"By Location",单击"Y coordinates"单选按钮,在"Min,Max"文本框中输入"H/2",单击"From Full"单选按

钮，单击"OK"按钮关闭该对话框。

❾ 从菜单栏中选择 Select > Entities 命令，打开"Select Entities"对话框，如图 22-24 所示。在第一个下拉列表框中选择"Areas"，在第二个下拉列表框中选择"By Location"，单击"Z coordinates"单选按钮，在"Min，Max"文本框中输入"0"，单击"Reselect"单选按钮，单击"OK"按钮关闭该对话框。

❿ 从菜单栏中选择 Select > Entities 命令，打开"Select Entities"对话框，如图 22-25 所示。在第一个下拉列表框中选择"Nodes"，在第二个下拉列表框中选择"Attached to"，单击"Areas，all"单选按钮，单击"From Full"单选按钮，单击"OK"按钮关闭该对话框。

⓫ 从主菜单中选择 Main Menu > Preprocessor > Loads > Define Loads > Apply > Structural > Displacement > On Areas 命令，打开"Apply U，ROT on Areas"对话框，单击"Pick All"按钮打开"Apply U，ROT on Areas"对话框，如图 22-26 所示。在"Lab2 DOFs to be constrained"下拉列表框中选择"UZ"，在"VALUE Displacement value"文本框中输入"0"，单击"OK"按钮关闭该对话框。

⓬ 从菜单栏中选择 Select > Everything 命令。

⓭ 从菜单栏中选择 Select > Entities 命令，打开"Select Entities"对话框，如图 22-24 所示。在第一个下拉列表框中选择"Nodes"，在第二个下拉列表框中选择"By Location"，单击"Y coordinates"单选按钮，在"Min，Max"文本框中输入"0"，单击"From Full"单选按钮，单击"OK"按钮关闭该对话框。

⓮ 从主菜单中选择 Main Menu > Preprocessor > Loads > Define Loads > Apply > Field Surface Intr > On Nodes 命令，打开"Apply FSIN on nodes"对话框，单击"Pick All"按钮打开"Apply FSIN on nodes"对话框，如图 22-27 所示。在"VALUE Define FSIN number"文本框中输入"1"，单击"OK"按钮关闭该对话框。

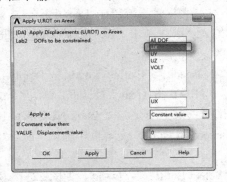
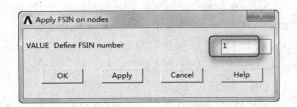

图 22-26 "Apply U，ROT on Areas"对话框　　　图 22-27 "Apply FSIN on nodes"对话框

⓯ 从菜单栏中选择 Select > Entities 命令，打开"Select Entities"对话框，如图 22-15 所示。在第一个下拉列表框中选择"Areas"，在第二个下拉列表框中选择"Attached to"，单击"Volumes"和"From Full"单选按钮，单击"OK"按钮关闭该对话框。

⓰ 从菜单栏中选择 Select > Entities 命令，打开"Select Entities"对话框，如图 22-24 所示。在第一个下拉列表框中选择"Areas"，在第二个下拉列表框中选择"By Location"，单击"X coordinates"单选按钮，在"Min，Max"文本框中输入"0"，单击"Reselect"单选按钮，

单击"OK"按钮关闭该对话框。

⓱ 从主菜单中选择 Main Menu > Preprocessor > Loads > Define Loads > Apply > Structural > Displacement > On Areas 命令,打开"Apply U, ROT on Areas"对话框,单击"Pick All"按钮打开"Apply U, ROT on Areas"对话框,如图 22-26 所示。在"Lab2 DOFs to be constrained"下拉列表框中选择"UX",在"VALUE Displacement value"文本框中输入"0",单击"OK"按钮关闭该对话框。

⓲ 从菜单栏中选择 Select > Entities 命令,打开"Select Entities"对话框,如图 22-15 所示。在第一个下拉列表框中选择"Areas",在第二个下拉列表框中选择"Attached to",单击"Volumes"单选按钮,单击"From Full"单选按钮,单击"OK"按钮关闭该对话框。

⓳ 从菜单栏中选择 Select > Entities 命令,打开"Select Entities"对话框,如图 22-24 所示。在第一个下拉列表框中选择"Areas",在第二个下拉列表框中选择"By Location",单击"X coordinates"单选按钮,在"Min, Max"文本框中输入"L",单击"Reselect"单选按钮,单击"OK"按钮关闭该对话框。

⓴ 从主菜单中选择 Main Menu > Preprocessor > Loads > Define Loads > Apply > Structural > Displacement > On Areas 命令,打开"Apply U, ROT on Areas"对话框,单击"Pick All"按钮打开"Apply U, ROT on Areas"对话框,如图 22-26 所示。在"Lab2 DOFs to be constrained"下拉列表框中选择"UX",在"VALUE Displacement value"文本框中输入"0",单击"OK"按钮关闭该对话框。

㉑ 从菜单栏中选择 Select > Entities 命令,打开"Select Entities"对话框,如图 22-15 所示。在第一个下拉列表框中选择"Areas",在第二个下拉列表框中选择"Attached to",单击"Volumes"单选按钮,单击"From Full"单选按钮,单击"OK"按钮关闭该对话框。

㉒ 从菜单栏中选择 Select > Entities 命令,打开"Select Entities"对话框,如图 22-24 所示。在第一个下拉列表框中选择"Areas",在第二个下拉列表框中选择"By Location",单击"Z coordinates"单选按钮,在"Min, Max"文本框中输入"0",单击"Reselect"单选按钮,单击"OK"按钮关闭该对话框。

㉓ 从主菜单中选择 Main Menu > Preprocessor > Loads > Define Loads > Apply > Structural > Displacement > On Areas 命令,打开"Apply U, ROT on Areas"对话框,单击"Pick All"按钮打开"Apply U, ROT on Areas"对话框,如图 22-26 所示。在"Lab2 DOFs to be constrained"列表框中选择"UZ",在"VALUE Displacement value"文本框中输入"0",单击"OK"按钮关闭该对话框。

㉔ 从菜单栏中选择 Select > Entities 命令,打开"Select Entities"对话框,如图 22-15 所示。在第一个下拉列表框中选择"Areas",在第二个下拉列表框中选择"Attached to",单击"Volumes"单选按钮,单击"From Full"单选按钮,单击"OK"按钮关闭该对话框。

㉕ 从菜单栏中选择 Select > Entities 命令,打开"Select Entities"对话框,如图 22-24 所示。在第一个下拉列表框中选择"Areas",在第二个下拉列表框中选择"By Location",单击"Z coordinates"单选按钮,在"Min, Max"文本框中输入"W",单击"Reselect"单选按钮,单击"OK"按钮关闭该对话框。

㉖ 从主菜单中选择 Main Menu > Preprocessor > Loads > Define Loads > Apply > Structural > Displacement > On Areas 命令,打开"Apply U, ROT on Areas"对话框,单击"Pick All"按钮打

第22章　多场求解-MFS单码的耦合分析——静电驱动的梁分析

开"Apply U, ROT on Areas"对话框，如图22-26所示。在"Lab2 DOFs to be constrained"列表框中选择"UZ"，在"VALUE Displacement value"文本框中输入"0"，单击"OK"按钮关闭该对话框。

㉗ 从菜单栏中选择Select > Entities命令，打开"Select Entities"对话框，如图22-15所示。在第一个下拉列表框中选择"Areas"，在第二个下拉列表框中选择"Attached to"，单击"Volumes"单选按钮，单击"From Full"单选按钮，单击"OK"按钮关闭该对话框。

㉘ 从菜单栏中选择Select > Entities命令，打开"Select Entities"对话框，如图22-24所示。在第一个下拉列表框中选择"Areas"，在第二个下拉列表框中选择"By Location"，单击"Y coordinates"单选按钮，在"Min, Max"文本框中输入"-H"，单击"Reselect"单选按钮，单击"OK"按钮关闭该对话框。

㉙ 从主菜单中选择Main Menu > Preprocessor > Loads > Define Loads > Apply > Structural > Displacement > On Areas命令，打开"Apply U, ROT on Areas"对话框，单击"Pick All"按钮打开"Apply U, ROT on Areas"对话框，如图22-26所示。在"Lab2 DOFs to be constrained"列表框中选择"UY"，在"VALUE Displacement value"文本框中输入"0"，单击"OK"按钮关闭该对话框。

㉚ 从菜单栏中选择Select > Entities命令，打开"Select Entities"对话框，如图22-15所示。在第一个下拉列表框中选择"Areas"，在第二个下拉列表框中选择"Attached to"，单击"Volumes"单选按钮，单击"From Full"单选按钮，单击"OK"按钮关闭该对话框。

㉛ 从菜单栏中选择Select > Entities命令，打开"Select Entities"对话框，如图22-24所示。在第一个下拉列表框中选择"Areas"，在第二个下拉列表框中选择"By Location"，单击"Y coordinates"单选按钮，在"Min, Max"文本框中输入"0"，单击"Reselect"单选按钮，单击"OK"按钮关闭该对话框。

㉜ 从菜单栏中选择Select > Entities命令，打开"Select Entities"对话框，如图22-25所示。在第一个下拉列表框中选择"Nodes"，在第二个下拉列表框中选择"Attached to"，单击"Areas, all"单选按钮，单击"From Full"单选按钮，单击"OK"按钮关闭该对话框。

㉝ 从主菜单中选择Main Menu > Preprocessor > Loads > Define Loads > Apply > Field Surface Intr > On Nodes命令，打开"Apply FSIN on nodes"对话框，单击"Pick All"按钮打开"Apply FSIN on nodes"对话框，如图22-27所示。在"VALUE Define FSIN number"文本框中输入"1"，单击"OK"按钮关闭该对话框。

㉞ 从主菜单中选择Main Menu > Solution > Define Loads > Apply > Electric > Boundary > Voltage > On Nodes命令，打开"Apply VOLT on nodes"对话框，单击"Pick All"按钮打开"Apply VOLT on nodes"对话框，如图22-28所示。在"VALUE Load VOLT value"文本框中输入"120"，单击"OK"按钮关闭该对话框。

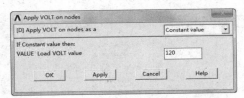

图22-28　"Apply VOLT on nodes"对话框

㉟ 从菜单栏中选择 Select > Entities 命令，打开"Select Entities"对话框，如图 22-24 所示。在第一个下拉列表框中选择"Nodes"，在第二个下拉列表框中选择"By Location"，单击"Y coordinates"单选按钮，在"Min，Max"文本框中输入"-H"，单击"From Full"单选按钮，单击"OK"按钮关闭该对话框。

㊱ 从主菜单中选择 Main Menu > Solution > Define Loads > Apply > Electric > Boundary > Voltage > On Nodes 命令，打开"Apply VOLT on nodes"对话框，单击"Pick All"按钮打开"Apply VOLT on nodes"对话框，如图 22-28 所示。在"VALUE Load VOLT value"文本框中输入"0"，单击"OK"按钮关闭该对话框。

㊲ 从菜单栏中选择 Select > Everything 命令。

㊳ 从主菜单中选择 Main Menu > Preprocessor > Loads > Load Step Opts > Other > Element Morphing 命令，打开"Activate Element Morphing"对话框，如图 22-29 所示。在"Morph Elements"选项组中单击"ON"单选按钮，单击"OK"按钮关闭该对话框。

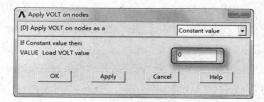

图 22-29 "Activate Element Morphing"对话框

22.3 求解

❶ 从主菜单中选择 Main Menu > Solution > Multi-field Set Up > Select method 命令，打开"Multi-field ON/OFF"对话框，如图 22-30 所示。在"[MFAN] MFS/MFX Activation key"选项组中单击"ON"单选按钮，单击"OK"按钮关闭该对话框。

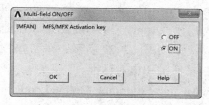

图 22-30 "Multi-field ON/OFF"对话框

❷ 单击"OK"按钮打开"Select Multi-field method"对话框，如图 22-31 所示。在"Select MF method"选项组中单击"MFS-Single Code"单选按钮，单击"OK"按钮关闭该对话框。

图 22-31 "Select Multi-field method"对话框

第22章　多场求解-MFS单码的耦合分析——静电驱动的梁分析

❸ 从主菜单中选择 Main Menu > Solution > Multi-field Set Up > MFS-Single Code > Define > Define 命令，打开"MFS Define"对话框，如图 22-32 所示。在"Field number"文本框中输入"1"，在"Element type"列表框中选择"1 SOLID185"，单击"OK"按钮关闭该对话框。

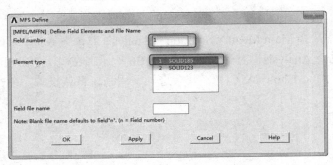

图 22-32　"MFS Define"对话框

❹ 从主菜单中选择 Main Menu > Solution > Multi-field Set Up > MFS-Single Code > Define > Define 命令，打开"MFS Define"对话框，如图 22-32 所示。在"Field number"文本框中输入"2"，在"Element type"列表框中选择"2 SOLID123"，单击"OK"按钮关闭该对话框。

❺ 从主菜单中选择 Main Menu > Solution > Multi-field Set Up > MFS-Single Code > Setup > Order 命令，打开"MFS Solution Order Options"对话框，如图 22-33 所示。在第一个下拉列表框中选择"2"，在第二个下拉列表框中选择"1"，单击"OK"按钮关闭该对话框。

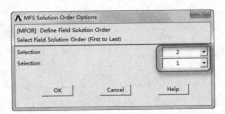

图 22-33　"MFS Solution Order Options"对话框

❻ 从主菜单中选择 Main Menu > Solution > Multi-field Set Up > MFS-Single Code > Stagger > Convergence 命令，打开"MFS Convergence Options"对话框，在"[MFCO] Convergence items"下拉列表框中选择"ALL"，如图 22-34 所示。

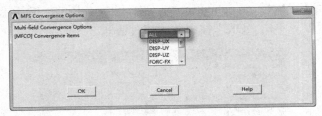

图 22-34　"MFS Convergence Options"对话框

❼ 单击"OK"按钮打开"Set Convergence values"对话框，如图 22-35 所示。在"Convergence values for ALL items"文本框中输入"1e-5"，单击"OK"按钮关闭该对话框。

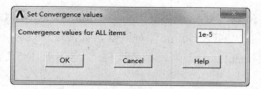

图 22-35 "Set Convergence values" 对话框

❽ 从主菜单中选择 Main Menu > Solution > Analysis Type > Analysis Options 命令，打开 "Static or Steady-State Analysis" 对话框，如图 22-36 所示。在"[EQSLV] Equation solver"下拉列表框中选择"Inc Cholesky CG"，其余选项采用系统默认设置，单击"OK"按钮关闭该对话框。

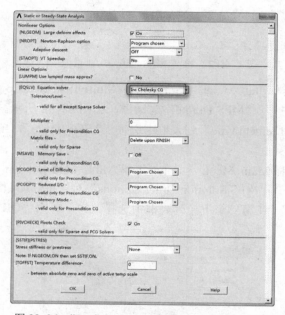

图 22-36 "Static or Steady-State Analysis" 对话框

❾ 从主菜单中选择 Main Menu > Solution > Load Step Opts > Other > Element Morphing 命令，打开"Activate Element Morphing"对话框。在"Morph Elements"选项组中单击"ON"单选按钮，单击"OK"按钮关闭该对话框。

❿ 从主菜单中选择 Main Menu > Solution > Multi-field Set Up > MFS-Single Code > Capture 命令，打开"MFS Solution option capture"对话框，如图 22-37 所示。在"Field number"下拉列表框中选择"2"，单击"OK"按钮关闭该对话框。

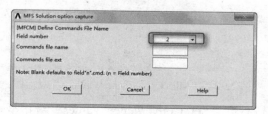

图 22-37 "MFS Solution option capture" 对话框

第22章 多场求解-MFS单码的耦合分析——静电驱动的梁分析

⓫ 从主菜单中选择 Main Menu > Solution > Analysis Type > Sol'n Control，弹出 "Solution Controls" 对话框，如图 22-38 所示。在 "Analysis Options" 下拉列表框中选择 "Large Displacement Static"，其余选项采用系统默认设置，单击 "OK" 按钮关闭该对话框。

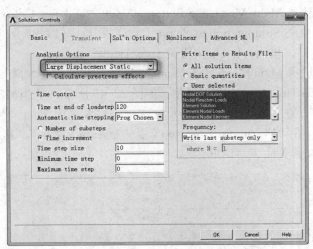

图 22-38 "Solution Controls" 对话框

⓬ 从主菜单中选择 Main Menu > Solution > Load Step Opts > Time/Frequenc > Time - Time Step 命令，打开 "Time and Time Step Options" 对话框，如图 22-39 所示。在 "[DELTIM] Time step size" 文本框中输入 "10"，在 "[KBC] Stepped or ramped b.c." 选项组中单击 "Ramped" 单选按钮，其余选项采用系统默认设置，单击 "OK" 按钮关闭该对话框。

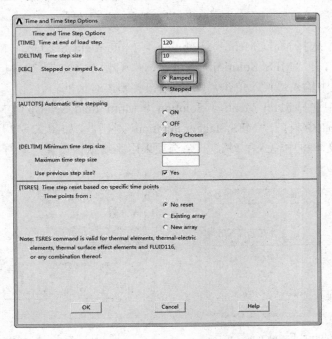

图 22-39 "Time and Time Step Options" 对话框

⑬ 从主菜单中选择 Main Menu > Solution > Load Step Opts > Other > Element Morphing 命令，打开"Activate Element Morphing"对话框。在"Morph Elements"选项组中单击"OFF"单选按钮，单击"OK"按钮关闭该对话框。

⑭ 从主菜单中选择 Main Menu > Solution > Multi-field Set Up > MFS-Single Code > Capture 命令，打开"MFS Solution option capture"对话框，如图 22-37 所示。在"Field number"下拉列表框中选择"1"，单击"OK"按钮关闭该对话框。

⑮ 从主菜单中选择 Main Menu > Solution > Multi-field Set Up > MFS-Single Code > Time Ctrl 命令，打开"MFS Time Control"对话框，如图 22-40 所示。在"[MFTI] MFS End time"文本框中输入"120"，在"Initial Time step"文本框中输入"10"，在"Minimum Time step"文本框中输入"10"，在"Maximum Time step"文本框中输入"10"，其余选项采用系统默认设置，单击"OK"按钮关闭该对话框。

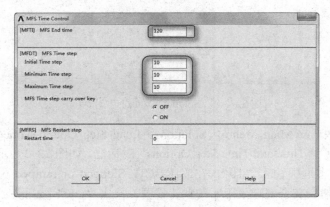

图 22-40 "MFS Time Control"对话框

⑯ 从主菜单中选择 Main Menu > Solution > Multi-field Set Up > MFS-Single Code > Frequency 命令，打开"MFS Solution Frequency"对话框，如图 22-41 所示。在"Output frequency"文本框中输入"1"，单击"OK"按钮关闭该对话框。

⑰ 从主菜单中选择 Main Menu > Solution > Multi-field Set Up > MFS-Single Code > Stagger > Iterations 命令，打开"MFS Stagger Iteration"对话框，如图 22-42 所示。在"Maximum Stagger Iteration"文本框中输入"20"，其余选项采用系统默认设置，单击"OK"按钮关闭该对话框。

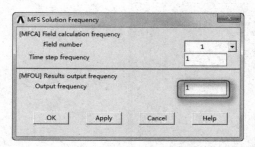

图 22-41 "MFS Solution Frequency"对话框

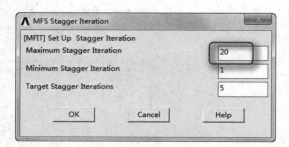

图 22-42 "MFS Stagger Iteration"对话框

⑱ 从主菜单中选择 Main Menu > Solution > Multi-field Set Up > MFS-Single Code > Setup > Global 命令，打开"MFS Setup"对话框，如图 22-43 所示。在"[MFIN] Load transfer option"选项组中单击"Global Conservative"单选按钮，其余选项采用系统默认设置，单击"OK"按钮关闭该对话框。

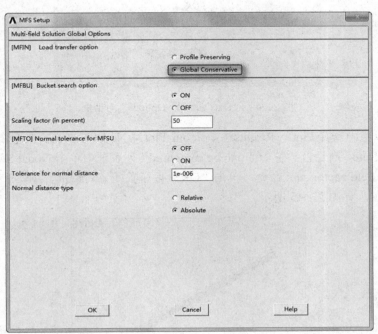

图 22-43 "MFS Setup"对话框

⑲ 在命令流文本框中输入以下循环语句：

mfsu,1,2,forc,1；

mfsu,1,1,disp,2。

⑳ 从主菜单中选择 Main Menu > Solution > Solve > Current LS 命令，打开"/STATUS Command"和"Solve Current Load Step"对话框，关闭"/STATUS Command"对话框，单击"Solve Current Load Step"对话框中的"OK"按钮，ANSYS 开始求解。

㉑ 求解结束后，打开"Note"对话框，单击"Close"按钮关闭该对话框。

22.4 后处理

❶ 从主菜单中选择 Main Menu > General Postproc > Data & File Opts 命令，打开"Data and File Options"对话框，如图 22-44 所示。在工作目录下找到"field2.rth"文件，单击"OK"按钮关闭该对话框。

❷ 从主菜单中选择 Main Menu > General Postproc > Read Results > Last Set 命令。

❸ 从菜单栏中选择 Select > Entities 命令，打开"Select Entities"对话框。在第一个下拉列表框中选择"Elements"，在第二个下拉列表框中选择"By Attributes"，单击"Elem type num"

单选按钮，在文本框中输入"2"，单击"From Full"单选按钮，单击"OK"按钮关闭该对话框。

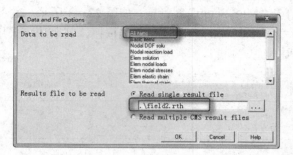

图 22-44 "Data and File Options" 对话框

❹ 从菜单栏中选择 Plot > Results > Contour Plot > Nodal Solution 命令，打开"Contour Nodal Solution Date"对话框。在"Item to be contoured"列表框中单击 Nodal Solution > Electric Field > Electric field vector sum 命令，单击"OK"按钮关闭该对话框，ANSYS 窗口将显示电场分布等值线图，如图 22-45 所示。

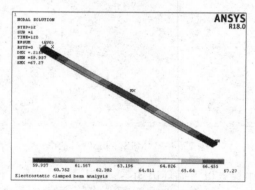

图 22-45 电场分布等值线图

❺ 从主菜单中选择 Main Menu > Finish 命令。

❻ 从主菜单中选择 Main Menu > General Postproc > Data & File Opts 命令，打开"Data and File Options"对话框，如图 22-44 所示。在工作目录下找到"field1.rst"文件，单击"OK"按钮关闭该对话框。

❼ 从主菜单中选择 Main Menu > General Postproc > Read Results > Last Set 命令。

❽ 从菜单栏中选择 Select > Entities 命令，打开"Select Entities"对话框。在第一个下拉列表框中选择"Elements"，在第二个下拉列表框中选择"By Attributes"，单击"Elem type num"单选按钮，在文本框中输入"1"，单击"From Full"单选按钮，单击"OK"按钮关闭该对话框。

❾ 从菜单栏中选择 Select > Entities 命令，打开"Select Entities"对话框。在第一个下拉列表框中选择"Nodes"，在第二个下拉列表框中选择"Attached to"，单击"Elements"单选按钮，单击"From Full"单选按钮，单击"OK"按钮关闭该对话框。

❿ 从菜单栏中选择 Plot > Results > Contour Plot > Nodal Solution 命令，打开"Contour Nodal Solution Date"对话框。在"Item to be contoured"列表框中单击 Nodal Solution > DOF Solution > Displacement vector sum 命令，单击"OK"按钮关闭该对话框，ANSYS 窗口将显

示位移分布等值线图，如图22-46所示。

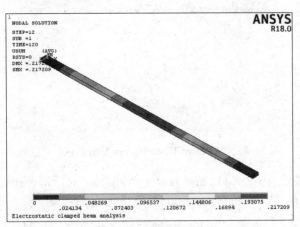

图22-46 位移分布等值线图

⑪ 从菜单栏中选择 Plot > Results > Contour Plot > Nodal Solution 命令，打开"Contour Nodal Solution Date"对话框。在"Item to be contoured"列表框中单击 Nodal Solution > DOF Solution > Y-Component of displacement，单击"OK"按钮关闭该对话框，ANSYS 窗口将显示 Y 方向位移分布等值线图，如图22-47所示。

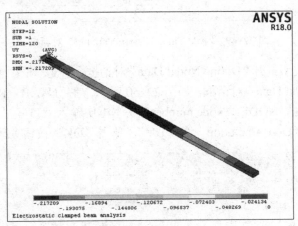

图22-47 Y方向位移分布等值线图

⑫ 从主菜单中选择 Main Menu > Finish 命令。

⑬ 从主菜单中选择 Main Menu > TimeHist Postpro 命令，打开"Select Results File"对话框，在工作目录下找到"field1.rst"单击"打开"按钮关闭该对话框，然后打开"Result File Mismatch"对话框，单击"是（Y）"按钮关闭该对话框。

◆ 注意：关闭弹出的"Time History Variables-field1.rst"对话框。

⑭ 选择 Menu > TimeHist Postpro > Define Variables 命令，打开"Defined Time-History Variables"对话框，如图22-48所示。

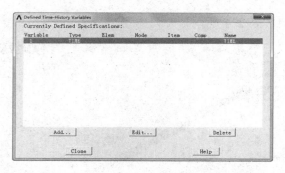

图 22-48 "Defined Time-History Variables" 对话框

⓯ 单击"Add"按钮打开"Add Time-History Variable"对话框，如图 22-49 所示，在"Type of variable"选项组中单击"Nodal DOF result"单选按钮。

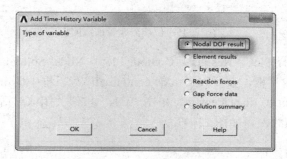

图 22-49 "Add Time-History Variable" 对话框

⓰ 单击"OK"按钮打开"Define Nodal Data"对话框，在文本框中输入"35"，单击"OK"按钮打开"Define Nodal Data"对话框，如图 22-50 所示。在"NVAR Ref number of variable"文本框中输入"2"，在"NODE Node number"文本框中输入"35"，在"Item, Comp Data item"列表框中选择"DOF solution"和"UY"，单击"OK"按钮关闭该对话框。

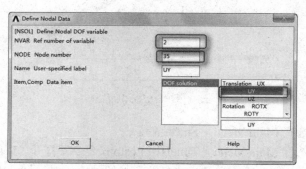

图 22-50 "Define Nodal Data" 对话框

⓱ 从菜单栏中选择 PlotCtrls > Style > Graphs > Modify Axes 命令，打开"Axes Modifications for Graph Plots"对话框，如图 22-51 所示。在"[/AXLAB] X-axis label"文本框中输入"Voltage"，在"[/AXLAB] Y-axis label"文本框中输入"UY"，其余选项采用系统默认设置，单击"OK"按钮关闭该对话框。

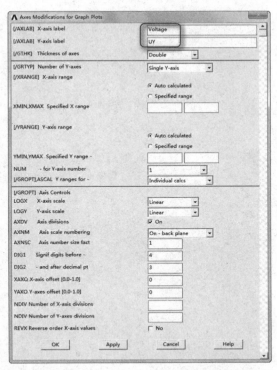

图 22-51 "Axes Modifications for Graph Plots"对话框

⑱ 从主菜单中选择 Main Menu > TimeHist Postpro > Graph Variables 命令，打开"Graph Time-History Variables"对话框，如图 22-52 所示。在"NVAR1   1st variable to graph"文本框中输入"2"，单击"OK"按钮关闭该对话框。

⑲ ANSYS 窗口会显示位移随电压的变化曲线，如图 22-53 所示。

图 22-52 Graph Time-History Variables 对话框

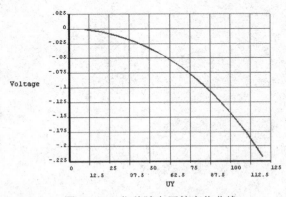

图 22-53 位移随电压的变化曲线

22.5 命令流执行方式

命令流执行方式这里不再详细介绍，读者可参见云盘资料中的电子文档。